Arnulf Kost

Numerische Methoden in der Berechnung elektromagnetischer Felder

Mit 251 Abbildungen

Springer-Verlag

Berlin Heidelberg New York
London Paris Tokyo
Hong Kong Barcelona Budapest

Prof. Dr.-Ing. Arnulf Kost

Technische Universität Berlin
Institut für Elektrische Maschinen
Einsteinufer 11
D - 10587 Berlin

ISBN 3-540-55005-4 Springer-Verlag Berlin Heidelberg New York

Die Deutsche Bibliothek - CIP-Einheitsaufnahme
Kost, Arnulf: Numerische Methoden in der Berechnung elektromagnetischer Felder/
Arnulf Kost. - Berlin; Heidelberg; New York; London; Paris; Tokyo; Hong Kong; Barcelona;
Budapest: Springer, 1994
ISBN 3-540-55005-4

SPIN: 10055536   62/3020 - 5 4 3 2 1 0 - Gedruckt auf säurefreiem Papier

Meiner Familie

Vorwort

In den letzten zwei Jahrzehnten sind große Fortschritte bei der Entwicklung und Anwendung numerischer Methoden zur elektromagnetischen Feldberechnung zu verzeichnen. Aufgrund der parallel dazu verlaufenden rasanten Entwicklung der Rechnertechnik ist es heute möglich, elektromagnetische Felder in technischen Problemstellungen auch bei komplizierter Geometrie und nichtlinearem Materialverhalten für den zwei- und dreidimensionalen Fall zu berechnen.

Auf diese Weise ist die numerische Feldberechnung zu einem der wichtigsten Werkzeuge der computergestützten Entwicklung und Konstruktion geworden. Trotz der schon erreichten Resultate und praktisch einsetzbaren Software-Produkte in diesem Bereich, ist noch ein großes Potential für weitere Entwicklungen vorhanden.

Dieses Buch beabsichtigt, in vergleichender Darstellung das Verständnis der verschiedenen Methoden zu fördern und ihre gemeinsamen Wurzeln freizulegen. Gleichzeitig reflektiert es den internationalen Stand der Forschung. Es soll den Anfänger zur erfolgreichen Anwendung der Methoden und den Fortgeschrittenen zur Weiterentwicklung der einen oder anderen Methode anregen. Wenn auch die numerische Feldberechnung bewußt an einfachen Aufgaben erläutert wird, ist dennoch grundlegendes Wissen über die Behandlung elektrodynamischer Problemstellungen für die Lektüre notwendig.

Das Buch wäre in der vorliegenden Form nicht ohne die vielfältige Unterstützung meiner Mitarbeiter entstanden, denen ich an dieser Stelle herzlich danken möchte.

An erster Stelle ist hier Herr Dr.-Ing. Lutz Jänicke zu nennen, der Beiträge zur Methode der Finiten Elemente (FEM), wie die Abschnitte über die Fehlerschätzung und die adaptive Netzgenerierung, lieferte. Mit den von ihm zu dieser Methode entwickelten Programmen wurden die meisten der vorgestellten Beispiele berechnet. Das Kapitel über die Feldgleichungen wurde weitgehend von ihm gestaltet. Schließlich scheute er nicht den beachtlichen Aufwand, das gesamte Manuskript in die vorliegende Textgestaltung (LaTeX) zu übertragen.

Auch Herr Dr.-Ing. Jinxing Shen hat aufgrund seiner profunden Kenntnisse der Boundary Element Methode (BEM) wesentlichen Anteil am Zustandekommen des Buchs. Er hat den Abschnitt über die methodenspezifischen Integrale gestaltet. Etliche Beispiele, auch zur BEM/FEM-Kopplungsmethode, wurden von ihm mit seinen Programmen behandelt und diesbezügliche Ergebnisse veranschaulicht.

Herr Dipl.-Ing. Dieter Lederer las das Manuskript Korrektur und lieferte konstruktive Beiträge zur Textgestaltung, Herr Dr. Jiansheng Yuan behandelte Beispiele zur indirekten BEM. Frau Ilse Bernhöft und Frau Rosel Fischer fertigten zahlreiche Abbildungen an.

Dem Springer-Verlag und hier persönlich Herrn Lehnert danke ich schließlich für die stets erfreuliche Zusammenarbeit.

Berlin, Juni 1994   Arnulf Kost

Inhaltsverzeichnis

1 Einführung

Die Entwicklung und Konstruktion elektrotechnischer Bauelemente, Baugruppen und Anlagen hat in den letzten 100 Jahren eine stürmische Entwicklung erfahren. Ohne Elektrizität und ihre technischen Anwendungen ist das Leben in einer Industriegesellschaft heute nicht mehr vorstellbar. Konsequenterweise ergeben sich hohe Ansprüche an Forschung und Entwicklung in diesem Bereich.

Entsprechend den Anforderungen an eine moderne Ingenieurwissenschaft besteht die Aufgabe eines Entwicklers oder Konstrukteurs weniger im Experimentieren auf der Suche nach dem Unbekannten, sondern mehr darin, *Werkzeuge* zu schaffen, mit denen unbekannte Zusammenhänge leichter erkannt werden können und mit denen gewünschte Konstruktionen schnell und zuverlässig zustande kommen. Werkzeuge für die letztere Aufgabe können sowohl klassische Entwurfsregeln und Tabellenwerke wie auch hochmoderne Arbeitsplätze für *Computer Aided Engineering* (CAE) sein. Hinsichtlich der Anforderungen an die Werkzeuge ist aufgrund von Erfahrungen bemerkenswert, daß die Kosten für Änderungen in einer Konstruktion mit jeder Stufe vom Rohentwurf bis zur Fertigung verzehnfacht werden. Sehr wichtig ist es also, den Entwurf so früh wie möglich von Fehlern zu befreien, was nur mit präzisen und zuverlässigen Methoden möglich ist.

1.1 Computergestützte Entwicklung und Konstruktion

Die computergestützte Entwicklung hat die Arbeitsweise des Ingenieurs erheblich verändert. Beginnend mit der computergestützten Konstruktion (*Computer Aided Design*, CAD), bei der der Computer als leistungsfähiges Zeichengerät und Verwaltungshilfe eingesetzt wurde, werden immer mehr Arbeitsgänge mit Rechnerunterstützung bewältigt. War die Berechnung mit Hilfe bekannter Ansätze früher Aufgabe des Ingenieurs, so wurde zunächst der Rechner für die *Verifizierung* der erhaltenen Resultate eingesetzt.

Aufgrund der zunehmenden Erfahrung mit numerischen Methoden werden moderne Computerprogramme heute zur *Berechnung* eingesetzt, wobei der Ingenieur jetzt die erhaltenen Resultate anhand seiner Erfahrung und bewährter Abschätzungen überprüft. Die Vorgehensweise ist aber nach wie vor klassisch, da der Entwurf selbst vom Ingenieur stammt und nur die Berechnungsmethode sich verändert hat.

Der nächste Schritt der Entwicklung ist die automatische Optimierung des Entwurfs, an der zur Zeit in vielen Bereichen gearbeitet wird. Fernziel ist der möglichst vollautomatische Entwurf, wobei die Möglichkeiten und Grenzen nicht präzise auszumachen sind. Sicher ist, daß mit jedem der aufgeführten Schritte die Anforderungen an die Robustheit der Berechnungsmethoden gestiegen sind. Außerdem sind die Anforderungen an die Schnelligkeit der Rechner beträchtlich gewachsen, da die einzusetzenden Optimierungsalgorithmen eine Vielzahl iterativer Berechnungszyklen benötigen. Gleichzeitig entstand die Notwendigkeit eines vollautomatischen Ablaufs der Rechnung, der den Ingenieur weitestgehend entlastet und unbeaufsichtigt abläuft.

1.2 Elektromagnetische Felder in der Technik

Die Wirkung elektromagnetischer Felder ist die Basis für den Einsatz elektrischer Apparate in den verschiedensten Gebieten. Die drahtlose Übertragung von Informationen über größere Distanzen bedient sich der Ausbreitung elektromagnetischer Wellen, die Wirkung elektrischer Maschinen beruht auf den Kräften im magnetischen Feld. Neben dem nutzbringenden Einsatz elektromagnetischer Felder rufen diese aber auch unerwünschte Nebeneffekte hervor, mit denen sich z.B. die Untersuchungen zur *Elektromagnetischen Verträglichkeit* beschäftigen.

Die geeignete Auslegung elektromagnetischer Apparate beinhaltet somit die Optimierung der Konstruktion in Hinsicht auf maximalen Nutzen bei minimalen Nebenwirkungen. Zu diesem Zweck ist es erforderlich, die elektromagnetischen Felder während des Entwicklungsvorgangs berechnen und dann optimieren zu können. Zur Berechnung stehen verschiedene Methoden zur Verfügung.

Auf klassischem Weg können die elektromagnetischen Felder mit analytischen Mitteln bestimmt werden, hierbei sind die entstehenden Differentialgleichungen mit Hilfe mathematischer Methoden zu lösen. Dieser Weg ist sehr zeitaufwendig und in vielen Fällen können die Problemstellungen gar nicht oder nur unter vereinfachenden Annahmen berechnet werden, siehe hierzu Kapitel 3. Liegt jedoch eine Lösung vor, kann durch Variation der Parameter leicht eine Optimierung der Konstruktion vorgenommen werden.

Eine andere Möglichkeit ist die Vereinfachung des Feldproblems unter Verwendung geeigneter Abschätzungen, wie sie z.B. bei der Methode des magnetisch-äquivalenten Kreises stattfindet. Das Feldproblem wird zu einem Netzwerkproblem umgestaltet, das ungleich leichter zu lösen ist.

Die beiden eben genannten Verfahren haben sich in den letzten Jahrzehnten bewährt und aufbauend auf der Forschung und den Erfahrungen eines Jahrhunderts ist eine Wissensbasis entstanden, mit deren Hilfe sehr viele Problemstellungen mit sehr guter Genauigkeit berechnet werden können. Die Konstruktion großer elektrischer Maschinen mag hier als Beispiel für die erfolgreiche Anwendung dienen.

1.3 Numerische Feldberechnung

Im Hinblick auf vom internationalen Markt geforderte optimierte Konstruktionen ist weltweit zu beobachten, daß die Anwendung von Näherungslösungen oder Vereinfachungen deutlich rückläufig ist. Das liegt daran, daß optimierte Konstruktionen nur selten von geometrisch einfacher Art sind. Für komplizierte Geometrie und Materialverteilung ist aber die numerische Feldberechnung unabdingbar. Parallel zur explosionsartigen Entwicklung der Leistungsfähigkeit moderner Computer hat ihre Bedeutung in den letzten Jahren daher stark zugenommen. Dies wird durch eine Fülle von Beiträgen auf internationalen Konferenzen und in einschlägigen Fachzeitschriften belegt. Dabei sind interessante Ansätze zur Verbesserung und Kombination der Methoden zu beobachten, so die Einbeziehung nichtnumerischer Prinzipien wie „fuzzy logic" und „neuronale Netze".

1.4 Einzelne numerische Methoden

Die heute verwendeten numerischen Methoden zur Berechnung elektromagnetischer Felder basieren überwiegend auf Verfahren, die zumeist für Problem-

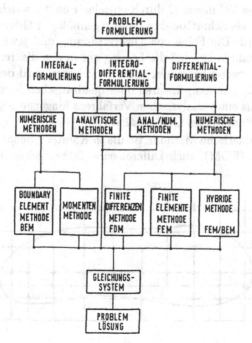

Abb. 1.1. Überblick über numerische Methoden der elektromagnetischen Feldberechnung

stellungen in der Mechanik entwickelt und erst später für die Elektrotechnik adaptiert wurden. Abbildung 1.1 gibt eine Übersicht über die wichtigsten Methoden.

Die Problemstellung liegt zumeist als Randwertproblem – allgemeiner als Anfangs-Randwertproblem – vor, seltener auch in Form eines Variationsintegrals. Hieraus entsteht nun je nach Wahl eines geeigneten Vorgehens eine Differential- oder Integralformulierung. Dabei kann es sich schlicht um eine Differential- oder Integralgleichung handeln oder um eine durch das Prinzip der gewichteten Residuen bestimmte Formulierung. Seltener treten auch Integrodifferential-Formulierungen auf.

In geometrisch einfacheren Fällen lassen sich die Probleme dann mit analytischen Methoden weiterbehandeln, wobei diese, wie in Kapitel 3 erörtert, schnell an die Grenzen ihrer Möglichkeiten stoßen. In geometrisch nicht zu komplizierten Fällen kann man mit Methoden Erfolg haben, die auf analytischen Ansätzen beruhen, welche jedoch die Randbedingungen nur näherungsweise erfüllen. Sie werden als analytisch-numerische Methoden bezeichnet.

Den Hauptteil des Buches nehmen titelgemäß die numerischen Methoden ein. Ihr Hauptmerkmal ist die Tatsache, daß eine Diskretisierung des Kontinuums vorgenommen wird, wovon je nach Methode das gesamte zu betrachtende Volumen Ω oder nur dessen Rand Γ erfaßt wird; letzteres geschieht z.B. bei der Boundary Element Methode (BEM). Abbildung 1.2 zeigt eine solche Diskretisierung des Volumens Ω durch einzelne Punkte, welche z.B. beim Differenzenverfahren als Schnittpunkte eines regelmäßigen Gitters entstehen, das über Ω gelegt wird. Die Folge von Diskretisierung und jeweils angewandtem numerischem Verfahren ist, daß die Lösung nur in den diskreten Punkten und dort nur näherungsweise berechnet wird. Dazwischen wird der Lösungsverlauf in der Regel mit konstanten, linearen oder quadratischen Funktionen approximiert. Als Ergebnis eines analytischen Verfahrens hingegen liegt die Lösung für jeden beliebigen Punkt eines Gebiets Ω vor.

Die älteste numerische Methode ist die in Kapitel 7 behandelte *Finite Differenzen Methode* (FDM), auch Differenzenverfahren genannt. Sie basiert auf

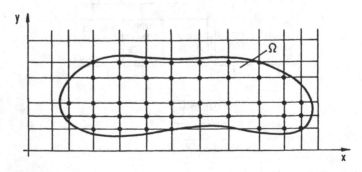

Abb. 1.2. Diskretisierung des Gebiets Ω zur näherungsweisen Lösung einer Differentialgleichung

einer Diskretisierung der Problemstellung mit einem meist rechtwinkligen, zumindest aber regelmäßigen Gitter, wie es in Abb. 1.2 gezeigt ist. Die Differentialgleichung wird lokal in den Gitterpunkten mit Hilfe der Nachbarpunkte in eine Differenzengleichung überführt. Aufgrund der unflexiblen Diskretisierung und der damit verbundenen Nachteile ist die FDM von den moderneren Methoden in weiten Bereichen verdrängt worden, auch wenn heute noch einige Programmpakete auf der FDM basieren.

Eine interessante Variante der FDM stellt die gleichfalls in Kapitel 7 behandelte *Finite Integration Theory* (FIT) dar. Die MAXWELL'schen Gleichungen werden hier in Integralform direkt diskretisiert, was zu günstigen Stetigkeitseigenschaften an den Elementgrenzen und zu der bemerkenswerten Tatsache führt, daß die analytischen Eigenschaften der Lösungen der MAXWELL'schen Gleichungen ein diskretes Analogon haben. Dies wiederum ermöglicht einfache Kontrollen der erhaltenen Lösung. Der Nachteil der bei der FDM vorliegenden unflexiblen Diskretisierung besteht jedoch auch hier.

Ein Vorteil der FDM, aber auch der FIT ist rein didaktischer Natur: Aufgrund ihres einfachen methodischen Kerns sind sie leicht zu verstehen, und der Anfänger sollte daher vielleicht die Lektüre mit dem Kapitel 7 beginnen.

Den anderen in Abb. 1.1 enthaltenen Methoden liegt das übergeordnete Prinzip der gewichteten Residuen als leistungsfähige Basis zugrunde. Auch die FDM ist übrigens als Sonderfall aus ihm ableitbar, wie in Kapitel 7 ausgeführt wird.

Die in Kapitel 4 behandelte *Finite Elemente Methode* (FEM) ist die heute am häufigsten eingesetzte Methode. Wenn auch noch nicht so alt wie die FDM, ist die FEM seit 10–15 Jahren zu einem bewährten und robusten Werkzeug geworden. Dennoch bietet sie, insbesondere bei Potentialformulierungen für elektromagnetische dreidimensionale Felder noch einen weiten Spielraum für Verbesserungen und Erweiterungen.

Bei der FEM wird die Formulierung der gewichteten Residuen mit Hilfe des ersten GREEN'schen Satzes umgeformt. Als Gewichtsfunktion werden dieselben, nur lokal existierenden Formfunktionen verwendet, die auch den Lösungsverlauf approximieren (auch lokales GALERKIN-Verfahren genannt). Damit wird es möglich, bei Differentialgleichungen zweiter Ordnung mit einfachen linearen Formfunktionen zu arbeiten. Eine weitere Stärke des Verfahrens liegt in der problemlosen Verwendbarkeit einfacher, aber flexibler Elemente wie Dreiecken und Tetraedern. Dies erst ermöglicht die Generierung flexibler Netze, die dort fein sein sollen, wo starke Feldänderungen auftreten und grob sein können, wo jene schwach sind. Eine automatische Veränderung in diesem Sinn, die adaptive Netzgenerierung, ist ein Schlüssel für die erfolgreiche Behandlung dreidimensionaler Feldprobleme, auch im Hinblick auf nachgeschaltete Optimierungsalgorithmen. Ihr wird daher entsprechender Raum in Kapitel 4 gewidmet. Sie ist ein sehr aktuelles Thema und wird selbst in der aktuellen Forschung aufgrund der schwierigen Materie erst von wenigen Gruppen eingesetzt.

Die noch recht junge *Boundary Element Methode* (BEM), die in Kapitel 5 behandelt wird, basiert wie die FEM auf dem Prinzip der gewichteten Resi-

duen. Durch Einsatz des zweiten GREEN'schen Satzes und der DIRAC-Delta-
Funktion für die zweite Ableitung der Gewichtsfunktion wird hier jedoch ein
völlig anderer Weg eingeschlagen, der es ermöglicht, daß anstelle eines Volumens Ω, in dem das Feld gesucht wird, nur dessen Rand Γ diskretisiert werden
muß. Der geometrische Aufwand zur Diskretisierung ist hierdurch entscheidend
verringert, was sich besonders bei 3D-Problemen bemerkbar macht. Auch unbegrenzte Gebiete können problemlos behandelt werden, was mit der FEM
und FDM wegen der Notwendigkeit, eine geeignete, künstlich erzeugte äußere
Berandung vorzusehen, nicht der Fall ist.

Mit einer *Kopplung von FEM und BEM*, die in Kapitel 6 behandelt wird,
gelingt es, die Vorteile beider Methoden zu kombinieren. Für die FEM kommen
dabei abgeschlossene Bereiche und nichtlineare Materialien in Frage, für die
BEM die gerade erwähnten unbegrenzten Gebiete. Ein aktuelles Anwendungsfeld besteht in der Berechnung offener Abschirmungen in Form von dünnen leitenden Flächen in der *Elektromagnetischen Verträglichkeit*. Diese Kopplungs-
methode ist noch besonders jung, weist aber vielversprechende Eigenschaften
auf.

Die in Kapitel 7 behandelte *Momentenmethode* ist fast so alt wie die FDM
und im Grunde nur ein anderer Begriff für die gewichteten Residuen. Daher
fehlen ihr zwangsläufig die Verfeinerungen der ja auf diesem Prinzip erst aufbauenden FEM und BEM. Gleichwohl hat sie sich insbesondere bei der Lösung
von Integralgleichungen im Zusammenhang mit Stromverteilungen auf Antennen als robustes, einfaches Werkzeug erwiesen und wird dort auch weiterhin
eingesetzt.

Abgesehen von einfachen analytischen Lösungen führen alle Methoden
schließlich auf die Lösung eines Gleichungssystems, das typischerweise bei der
Momentenmethode und der BEM voll bzw. dicht besetzt und bei den anderen
erwähnten Methoden sehr dünn und diagonaldominant besetzt ist.

Nichtlineare Materialien können relativ problemlos mit der FDM, FEM und
gekoppelter FEM/BEM, etwas schwieriger mit der reinen BEM behandelt werden, wobei der im letzteren Fall auftretende große Rechenzeitverbrauch durch
die Eignung für den Einsatz eines Parallelrechners entschärft werden kann.

Ein Vorspann über die Feldgleichungen in Kapitel 2 bildet die analytische
Basis für die numerischen Methoden.

2 Feldgleichungen

Dieses Kapitel beinhaltet eine zusammenfassende Darstellung grundlegender feldtheoretischer Beziehungen, deren Kenntnis für die folgenden Kapitel vorausgesetzt wird. Weitergehende Ausführungen können Lehrbüchern über Feldtheorie entnommen werden, von denen hier die Werke von STRATTON [140], SMYTHE [137], HANNAKAM [48] und LEHNER [88] genannt seien.

Die zur Lösung von Feldproblemen notwendigen Grundgleichungen beschreiben das Verhalten der elektrischen und magnetischen Feldstärken und Flußdichten. In vielen Fällen lassen sich Problemstellungen aber einfacher berechnen, wenn die Felder nicht direkt durch die Feldgrößen, sondern durch Potentiale beschrieben werden.

Demgemäß werden nach der Darstellung der Grundgleichungen der elektrischen und magnetischen Felder in Abschnitt 2.1 die möglichen Potentialansätze in Abschnitt 2.2 entwickelt. Ein Vergleich der Ansätze unter den Gesichtspunkten der Finite Elemente Methode findet sich in Abschnitt 4.2.1. In Abschnitt 2.3 werden die verschiedenen typischen Problemstellungen betrachtet und die möglichen Vereinfachungen diskutiert.

2.1 Feldgrößen

2.1.1 MAXWELL'sche Gleichungen

Die Basis für alle Überlegungen sind die *MAXWELL*'schen Gleichungen, siehe MAXWELL [92], STRATTON [140]:

$$\operatorname{rot} \vec{H} = \vec{J} + \frac{\partial \vec{D}}{\partial t} \qquad (2.1)$$

$$\operatorname{rot} \vec{E} = -\frac{\partial \vec{B}}{\partial t} \qquad (2.2)$$

$$\operatorname{div} \vec{B} = 0 \qquad (2.3)$$

$$\operatorname{div} \vec{D} = \rho \qquad (2.4)$$

Die Feldgrößen sind dabei über die Materialeigenschaften verknüpft:

$$\vec{B} = \underline{\mu}\vec{H} + \mu_0\vec{M}_e \qquad (2.5)$$

$$\vec{D} = \underline{\varepsilon}\vec{E} + \vec{P}_e \tag{2.6}$$

$$\vec{J} = \underline{\kappa}\vec{E} + \vec{J}_e \tag{2.7}$$

Dabei sind $\vec{M}_e$ die Magnetisierung, $\vec{P}_e$ die elektrische Polarisation und $\vec{J}_e$ die eingeprägte Stromdichte, es handelt sich also um Größen, die in einem Feldproblem als Erregung dienen können. Die Materialgrößen $\underline{\mu}$, $\underline{\varepsilon}$ und $\underline{\kappa}$ sind allgemeine ortsabhängige, nichtlineare Tensoren des Rangs zwei.

Die Gleichungen sind für ruhende Anordnungen angegeben. Sind zusätzlich bewegte Objekte zu berücksichtigen, so müssen die Gleichungen erweitert werden, wie z.B. bei SOMMERFELD [138] angegeben. Die Effekte von Bewegungen sollen hier aber nicht weiter betrachtet werden.

2.1.2 Stetigkeitsbedingungen

An Grenzflächen zwischen verschiedenen Materialien sind die Stetigkeitsbedingungen zu erfüllen. Da die Bedingungen später (Kapitel 4) unter anderem für die Fehlerabschätzung herangezogen werden, werden sie im folgenden betrachtet. Gegeben ist die Trennfläche Γ_{12} zwischen den beiden Gebieten Ω_1 und Ω_2 (Abb. 2.1).

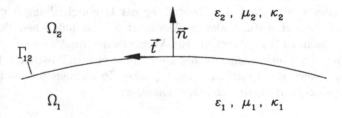

Abb. 2.1. Trennfläche zwischen zwei Materialien

2.1.2.1 Elektrisches Feld

Die Quellen des elektrischen Felds sind nach (2.4) die Ladungen. Beim Durchtritt durch eine Trennfläche springt die Normalkomponente der elektrischen Flußdichte um den Wert der Flächenladung η auf der Oberfläche

$$\vec{n} \cdot (\vec{D}_2 - \vec{D}_1) = \eta, \tag{2.8}$$

während die Tangentialkomponente der elektrischen Feldstärke an der Trennfläche stetig sein muß:

$$\vec{n} \times (\vec{E}_2 - \vec{E}_1) = \vec{K}_m \overset{!}{=} 0; \tag{2.9}$$

ein Sprung der Tangentialfeldstärke hätte die physikalische Bedeutung eines magnetischen Strombelags $\vec{K}_m$.

2.1.2.2 Magnetisches Feld

Die magnetische Flußdichte $\vec{B}$ ist quellenfrei (2.3), so daß die Normalkomponente der Flußdichte beim Durchgang durch eine Trennfläche stetig sein muß:

$$\vec{n} \cdot (\vec{B}_2 - \vec{B}_1) = \eta_m \overset{!}{=} 0; \qquad (2.10)$$

ein Sprung der Normalinduktion wäre als (physikalisch nicht existierende) magnetische Flächenladung η_m zu deuten. Es gibt jedoch nützliche, indirekte Formulierungen, wie z.B. die indirekte BEM-Formulierung in Kapitel 5.2.3, die mit derartigen physikalisch nicht existierenden Größen (auch „virtuelle Größen" genannt) arbeiten. Daher werden sie hier bereits erwähnt.

Die Tangentialkomponente der magnetischen Feldstärke $\vec{H}$ springt beim Durchgang durch eine Trennfläche um den Strombelag auf der Fläche

$$\vec{n} \times (\vec{H}_2 - \vec{H}_1) = \vec{K}. \qquad (2.11)$$

2.1.2.3 Kontinuität des Stroms

Die Kontinuität des Stroms an Trennflächen muß gewahrt bleiben, so daß die Bedingung

$$\vec{n} \cdot (\vec{J}_2 - \vec{J}_1) = -\frac{\partial \eta}{\partial t} \qquad (2.12)$$

erfüllt werden muß. Die Flächenladungen η sind gleichzeitig als Quellen des elektrischen Felds mit der Verschiebungsdichte $\vec{D}$ über die Stetigkeitsbedingung (2.8) verknüpft, so daß eine direkte Konsequenz die Beziehung

$$\vec{n} \cdot (\vec{J}_2 - \vec{J}_1) = -\frac{\partial}{\partial t}(\vec{D}_2 - \vec{D}_1) \cdot \vec{n} \qquad (2.13)$$

ist. Im statischen Fall ergibt sich aus (2.12) die Forderung nach einer nicht existierenden Flächenladung unendlicher Ergiebigkeit, so daß die Bedingung $\partial \eta / \partial t = 0$ erfüllt werden muß. An Trennflächen zu nicht leitenden und somit stromfreien Materialien kann damit für die Stromdichte die Beziehung

$$\vec{n} \cdot \vec{J} = 0 \qquad (2.14)$$

angegeben werden.

2.1.3 Randbedingungen

Die Randbedingungen für die Lösung der Problemstellung ergeben sich aus den physikalischen Bedingungen. Gegeben ist der Rand Γ des Rechengebiets Ω (Abb. 2.2).

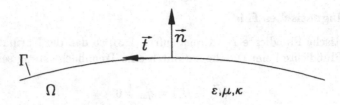

Abb. 2.2. Rand Γ des Rechengebiets Ω

2.1.3.1 Elektrisches Feld

Die Berandung Γ muß unterteilt werden in Abschnitte Γ_E und Γ_D:

- Auf den Teilstücken Γ_E der Berandung ist die Tangentialkomponente der elektrischen Feldstärke $\vec{E}$ durch

$$\vec{E} \times \vec{n} = \vec{K}_m \tag{2.15}$$

gegeben, wobei $\vec{K}_m$ die (fiktive) magnetische Flächenstromdichte ist. Für die weiteren Betrachtungen wird nur der Fall metallischer Elektroden bzw. von Symmetrieflächen betrachtet, auf denen die Feldstärke senkrecht steht, so daß $\vec{E} \times \vec{n} = 0$.

- Auf den Teilstücken Γ_D der Berandung ist die Normalkomponente der Flußdichte $\vec{D}$ durch die Flächenladung η bestimmt:

$$\vec{D} \cdot \vec{n} = -\eta. \tag{2.16}$$

Eine ausführliche Betrachtung der Randbedingungsvorgabe für Feldstärken wird bei BIRO [16] vorgenommen.

2.1.3.2 Magnetisches Feld

Die Randbedingungen des magnetischen Felds sind entsprechend bestimmt:

- Auf den Teilstücken Γ_H der Berandung ist die Tangentialkomponente der magnetischen Feldstärke $\vec{H}$ durch die Stromdichte auf der Oberfläche

$$\vec{H} \times \vec{n} = \vec{K} \tag{2.17}$$

gegeben.

- Auf den Teilstücken Γ_B der Berandung ist die Normalkomponente der Flußdichte $\vec{B}$ durch eine (fiktive) magnetische Flächenladung η_m bestimmt:

$$\vec{B} \cdot \vec{n} = -\eta_m. \tag{2.18}$$

Die fiktive magnetische Flächenladung kann z.B. zur Modellierung bekannter Flußverteilungen verwendet werden.

2.2 Potentiale

Für die Berechnung eines elektromagnetischen Feldproblems sind also die vektoriellen Feldgrößen mit drei Unbekannten pro Größe zu berechnen. Unter Ausnutzung der Maxwell'schen Gleichungen können aber *Potentiale* eingeführt werden, die die Zahl der Unbekannten – und damit den Berechnungsaufwand – erheblich reduzieren.

Im folgenden werden die möglichen Potentialansätze abgeleitet und die daraus resultierenden Differentialgleichungen bestimmt. Die Randbedingungen werden für die Potentiale formuliert. Die Auswahl resp. geeignete Kombination der Potentialansätze für die Finite Elemente Methode wird im Abschnitt 4.2.1 diskutiert.

2.2.1 Elektrisches Skalarpotential

Für den Fall eines elektrostatischen Felds genügt es, die elektrischen Feldgrößen zu bestimmen. Da $\partial \vec{B}/\partial t = 0$ ist, wird (2.2) zu

$$\operatorname{rot} \vec{E} = 0, \tag{2.19}$$

und somit kann die elektrische Feldstärke durch das Gradientenfeld des elektrischen Skalarpotentials V ausgedrückt werden:

$$\vec{E} = -\operatorname{grad} V. \tag{2.20}$$

Unter Verwendung der Materialeigenschaften (2.6) und des Ausdrucks für die Quellen des elektrischen Felds (2.4) ergibt sich die folgende Differentialgleichung zur Beschreibung des elektrostatischen Felds:

$$\operatorname{div} \underline{\varepsilon} \operatorname{grad} V = -\rho + \operatorname{div} \vec{P}_{\mathrm{e}}. \tag{2.21}$$

Die Wahl des Symbols V für das elektrische Skalarpotential ist typisch für den deutschen Sprachraum, während in Aufsätzen aus den USA oft das Symbol φ für die gleiche Größe verwendet wird. Literatur über numerische Verfahren wird häufig sehr allgemein verfaßt, und das Symbol u wird als *allgemeines* Skalarpotential verstanden und von den Autoren dann auch für das *elektrische* Skalarpotential benutzt. Im vorliegenden Buch spiegelt sich diese unterschiedliche Wahl der Symbole wieder: Im Kapitel 4 über die Finite Elemente Methode werden verschiedene Potentialformulierungen für elektromagnetische Problemstellungen diskutiert, so daß das Symbol V ausdrücklich für das elektrische Skalarpotential steht. An anderer Stelle, insbesondere im Kapitel 5 über die Boundary Element Methode, findet hingegen das allgemeinere Symbol u Verwendung, da die behandelten LAPLACE- und POISSON-Gleichungen zwar anhand elektrostatischer Aufgabenstellungen eingeführt werden, diese Differentialgleichungen jedoch ebenso für Problemstellungen aus anderen Bereichen auftreten und dann mit identischen Mitteln bearbeitet werden.

2.2.1.1 Randbedingungen

Auf dem Rand Γ_D ist die Normalkomponente der elektrischen Flußdichte durch die Flächenladung η vorgegeben. Unter Verwendung von (2.20) ergibt sich die NEUMANN'sche Randbedingung

$$\vec{n} \cdot \vec{D} = -\vec{n} \cdot (\varepsilon \operatorname{grad} V - \vec{P}_e) = -\eta. \tag{2.22}$$

Die Tangentialkomponente der elektrischen Feldstärke ist auf dem Rand Γ_E vorgegeben (2.15), die Vorgabe stellt eine DIRICHLET'sche Randbedingung dar. Wird auf die Modellierung mit Hilfe fiktiver magnetischer Strombeläge verzichtet, ergibt sich

$$\vec{E} \times \vec{n} = -\operatorname{grad} V \times \vec{n} = 0 \quad \Rightarrow \quad V = V_i |_{\Gamma_{Ei}}. \tag{2.23}$$

Das Skalarpotential auf jedem der Teilränder Γ_{Ei} ist also konstant. Der Wert der Konstanten ergibt sich durch vorgegebene Spannungswerte.

Sind magnetische Strombeläge auf dem Rand Γ_E vorgegeben, so sind die Potentiale auf den Teilrändern Γ_{Ei} nicht mehr konstant, sondern aus $\vec{K}_m$ zu berechnen, siehe BIRO [16].

2.2.2 Magnetisches Vektorpotential

Aus der Quellenfreiheit (2.3) der magnetischen Flußdichte $\vec{B}$ folgt, daß die Flußdichte durch die Wirbel eines Vektorpotentials $\vec{A}$ angegeben werden kann:

$$\vec{B} = \operatorname{rot} \vec{A}. \tag{2.24}$$

Da die Wirbel eines Gradientenfelds verschwinden, kann zu einem Vektorfeld $\vec{A}_0$ der Gradient einer beliebigen skalaren Ortsfunktion Ψ addiert werden, ohne daß die Rotation dadurch beeinflußt wird:

$$\vec{A} = \vec{A}_0 + \operatorname{grad} \Psi. \tag{2.25}$$

Das Vektorpotential $\vec{A}$ ist also durch (2.24) noch nicht eindeutig bestimmt. Die Eindeutigkeit wird durch Wahl einer geeigneten Eichung erreicht (siehe unten).

Unter Verwendung der modifizierten Materialgleichung (2.5)

$$\vec{H} = \underline{\nu}\vec{B} - \vec{M}'_e$$

ergibt sich für die magnetische Feldstärke:

$$\vec{H} = \underline{\nu} \operatorname{rot} \vec{A} - \vec{M}'_e \tag{2.26}$$

Zur Bestimmung der elektrischen Feldstärke $\vec{E}$ wird die Flußdichte $\vec{B}$ in (2.2) eingesetzt:

$$\operatorname{rot}(\vec{E} + \frac{\partial \vec{A}_0}{\partial t}) = 0 \quad \text{bzw.} \quad \operatorname{rot}(\vec{E} + \frac{\partial \vec{A}}{\partial t}) = 0 \tag{2.27}$$

Da auch hier nur die Rotation betrachtet wird, ergibt sich erneut ein Freiheits-grad durch den Gradienten einer skalaren Funktion V, dem bereits behandelten elektrischen Skalarpotential.

$$\vec{E} = -\frac{\partial \vec{A}}{\partial t} - \operatorname{grad} V \qquad (2.28)$$

Durch Einsetzen in (2.1) ergibt sich

$$\operatorname{rot}(\underline{\nu}\operatorname{rot}\vec{A} - \vec{M}'_e) = \vec{J} + \frac{\partial \vec{D}}{\partial t}, \qquad (2.29)$$

wobei die Stromdichte $\vec{J}$ und die elektrische Flußdichte $\vec{D}$ über die Material-gleichungen (2.7) und (2.6) durch $\vec{E}$ und damit durch $\vec{A}$ ausgedrückt werden müssen. Es ergibt sich die vollständige Gleichung (2.30) für das magnetische Vektorpotential:

$$\operatorname{rot}(\underline{\nu}\operatorname{rot}\vec{A} - \vec{M}'_e) = \vec{J}_e - \underline{\kappa}(\frac{\partial \vec{A}}{\partial t} + \operatorname{grad} V) - \underline{\varepsilon}(\frac{\partial^2 \vec{A}}{\partial t^2} + \frac{\partial \operatorname{grad} V}{\partial t}). \qquad (2.30)$$

2.2.2.1 Eichung

Aufgrund von (2.25) ist das magnetische Vektorpotential noch nicht eindeu-tig bestimmt. Zur eindeutigen Festlegung fehlt eine zusätzliche *Eichungsbe-dingung* für $\vec{A}$. Die Eichung erfolgt durch Festlegung der Divergenz des Vek-torpotentials. Die Auswahl einer geeigneten Bedingung erfolgt unter Berück-sichtigung der zu bearbeitenden Problemstellung. Bei Verwendung der FEM sind die COULOMB- und die LORENTZ-Eichung, siehe SMYTHE [137], von wesentlichem Interesse:

COULOMB-Eichung Für die COULOMB-Eichung wird die Divergenz des Vek-torpotentials zu Null gesetzt:
$$\operatorname{div}\vec{A} = 0. \qquad (2.31)$$

Die COULOMB-Eichung ist die für die Finite Elemente Methode am häufigsten angewendete Eichung.

LORENTZ-Eichung Für den Fall $\rho = 0$ kann auch die LORENTZ-Eichung angewendet werden. Die Bestimmungsgleichung lautet in diesem Fall

$$\Delta V = -\frac{\partial \operatorname{div}\vec{A}}{\partial t}. \qquad (2.32)$$

Die LORENTZ-Eichung findet insbesondere bei der Berechnung von Wellenaus-breitungsvorgängen Verwendung. Die LORENTZ-Eichung ergibt symmetrische Differentialgleichungen für die Potentiale $\vec{A}$ und V.

2.2.2.2 Randbedingungen

Die Randbedingungen für magnetische Felder sind Vorgaben für Feldstärke bzw. Flußdichte. Um die Eindeutigkeit des Vektorpotentials sicherzustellen, genügen die Vorgaben nicht. Auf dem Rand Γ muß zusätzlich immer die Tangential- oder die Normalkomponente des Vektorpotentials festgelegt werden.

Auf dem Rand Γ_B ist die Normalkomponente der magnetischen Flußdichte durch magnetische Flächenladungen η_m gegeben. Die Gleichung für die Randbedingung (2.18) wird durch den Ausdruck

$$\vec{n} \times \vec{A} = \vec{\alpha} \tag{2.33}$$

erfüllt, wenn $\vec{\alpha}$ der Bedingung

$$\operatorname{div} \vec{\alpha} = \eta_m \qquad \text{auf} \qquad \Gamma_B \tag{2.34}$$

entspricht. Die geeignete Wahl von $\vec{\alpha}$ ermöglicht die Vorgabe von Flüssen [16], analog zum elektrostatischen Fall für den Rand Γ_E. In den meisten Fällen werden keine Flüsse vorgegeben, so daß mit $\eta_m = 0$ resp. $\vec{\alpha} = 0$

$$\vec{n} \times \vec{A} = 0 \qquad \text{auf} \qquad \Gamma_B \tag{2.35}$$

gilt.

Die Tangentialkomponente der magnetischen Feldstärke ist auf dem Rand Γ_H durch Strombeläge $\vec{K}$ (2.17) vorgegeben. Es ergibt sich der Ausdruck

$$(\nu \operatorname{rot} \vec{A} - \vec{M}'_e) \times \vec{n} = \vec{K} \qquad \text{auf} \qquad \Gamma_H. \tag{2.36}$$

Zusätzlich wird die Normalkomponente des Vektorpotentials durch die Bedingung [17]

$$\vec{n} \cdot \vec{A} = 0 \qquad \text{auf} \qquad \Gamma_H \tag{2.37}$$

vorgeschrieben, um die Eindeutigkeit sicherzustellen. Die Randbedingung (2.17) wird hierdurch nicht beeinflußt.

2.2.3 Magnetisches Skalarpotential

Wird für ein magnetisches Problem ein Gebiet oder eine Problemstellung ohne Ströme oder Verschiebungsströme betrachtet, vereinfacht sich (2.1) zu

$$\operatorname{rot} \vec{H} = 0. \tag{2.38}$$

Analog zum elektrostatischen Feld kann die magnetische Feldstärke $\vec{H}$ in diesem Fall durch das Gradientenfeld des *totalen* magnetischen Skalarpotentials ψ ausgedrückt werden.

$$\vec{H} = - \operatorname{grad} \psi \tag{2.39}$$

Aus der Quellenfreiheit des magnetischen Felds (2.3) und der Materialgleichung (2.5) ergibt sich die Differentialgleichung für das Skalarpotential.

$$\operatorname{div}(\mu \operatorname{grad} \psi) = 0 \qquad (2.40)$$

Auch Gebiete mit erregender Stromdichte können mit Hilfe des magnetischen Skalarpotentials berechnet werden, wenn die Feldstärke $\vec{H}$ in eine rotationsfreie Komponente $\vec{H}_M$ und eine erregende Komponente $\vec{H}_e$ aufgeteilt wird:

$$\vec{H} = \vec{H}_e + \vec{H}_M = \vec{H}_e - \operatorname{grad} \phi. \qquad (2.41)$$

Das Skalarpotential ϕ wird als *reduziertes* magnetisches Skalarpotential bezeichnet, da die Erregungsterme nicht durch ϕ beschrieben werden.

Die erregende Feldstärke $\vec{H}_e$ kann z.B. mit Hilfe des Gesetzes von BIOT-SAVART (2.42) aus den erregenden Strömen berechnet werden, und ist somit als bekannte Größe zu betrachten.

$$\vec{H}_e = \frac{1}{4\pi} \int\limits_{\Omega} \frac{\vec{J} \times \vec{r}}{|\vec{r}|^3} \mathrm{d}\Omega \qquad (2.42)$$

Die Differentialgleichung für das reduzierte Skalarpotential lautet demzufolge

$$\operatorname{div}(\underline{\mu} \operatorname{grad} \phi) = \operatorname{div} \mu \vec{H}_e. \qquad (2.43)$$

2.2.3.1 Randbedingungen

Da die Formulierung des magnetischen Skalarpotentials mit der des elektrischen Skalarpotentials vergleichbar ist, ergibt sich eine entsprechende Anwendung der Randbedingungen. Auf dem Rand Γ_B ist die Normalkomponente der Flußdichte vorgegeben (2.18):

$$\vec{n} \cdot \vec{B} = -\underline{\mu} \operatorname{grad} \psi = -\eta_m, \qquad (2.44)$$

so daß sich eine NEUMANN'sche Randbedingung ergibt.

Die DIRICHLET'sche Randbedingung für das Skalarpotential ψ ergibt sich auf dem Rand Γ_H. Mit (2.17) ist die Tangentialkomponente der Feldstärke vorgeschrieben, wobei mit

$$\vec{H} \times \vec{n} = -\operatorname{grad} \psi \times \vec{n} = \vec{K} \quad \Rightarrow \quad \psi = \psi_i + \psi_{Ki}(\vec{r})\,|_{\Gamma_{Hi}} \qquad (2.45)$$

das Skalarpotential auf dem Teilrand Γ_{Hi} in der Form eines konstanten Terms ψ_i, der die magnetische Spannung ausdrückt, und einer aus dem Strombelag $\vec{K}$ zu berechnenden Funktion ψ_{Ki} bestimmt wird. Die Funktion ψ_{Ki} ist so zu wählen, daß (2.45) erfüllt ist. Für das reduzierte Skalarpotential ϕ ergeben sich die entsprechenden Ausdrücke mit Korrektur um $\vec{H}_e$.

2.2.4 Übergeordnete Potentiale

Für die Behandlung spezieller Problemstellungen wurden zusätzlich *übergeordnete* Potentiale entwickelt, die eine einfachere Berechnung ermöglichen sollen, siehe STRATTON [140], SMYTHE [137], HANNAKAM [48].

Für die Wellenausbreitung in isotropen, homogenen Medien ohne freie Ladungen findet z.B. das HERTZ'sche Vektorpotential $\vec{Z}$ Anwendung, das die Berechnung von $\vec{A}$ und V zusammenfaßt:

$$\vec{A} = \mu\kappa\vec{Z} + \mu\varepsilon\frac{\partial\vec{Z}}{\partial t} \quad \text{und} \quad V = -\operatorname{div}\vec{Z}. \tag{2.46}$$

Die LORENTZ-Eichung ist in $\vec{Z}$ implizit enthalten, so daß die zusätzliche Anwendung nicht erforderlich ist. Die Zahl der Freiheitsgrade wird um eins von vier auf drei verringert, da $\vec{Z}$ die Kombination aus $\vec{A}$ und V ersetzt. Das HERTZ'sche Vektorpotential vereinfacht damit die Berechnung durch Reduktion der Zahl der Unbekannten und Gleichungen. Probleme entstehen bei der Anwendung für die numerischen Methoden allgemein und die Methode der Finiten Elemente im speziellen dadurch, daß für die Bestimmung der elektrischen Feldstärke $\vec{E}$ die zweite Ableitung des Hertz'schen Potentials

$$\vec{E} = \operatorname{grad}(\operatorname{div}\vec{Z}) - \Delta\vec{Z} = \operatorname{rot}\operatorname{rot}\vec{Z} \tag{2.47}$$

benötigt wird. Aufgrund der verwendeten Näherung mittels stückweise definierter einfacher Ansatzfunktionen wird die Anwendung erheblich erschwert (siehe Abschnitt 4.1.1). Auch bei der Boundary Element Methode kann es infolge der zweiten Ableitung Probleme auf dem Rand oder in Randnähe geben.

Ein anderer möglicher Ansatz für Wellenausbreitungsprobleme und Stromverdrängungsprobleme, die in einer Richtung unendlich ausgedehnt sind, ist das übergeordnete Vektorpotential $\vec{W}$, siehe SMYTHE [137], HANNAKAM [48].

$$\vec{A} = \operatorname{rot}\vec{W} = \operatorname{rot}(\vec{e}W_1 + \vec{e} \times \operatorname{grad}W_2). \tag{2.48}$$

Die Zahl der Unbekannten wird in diesem Fall auf zwei reduziert, die Anwendbarkeit ist aber auf bestimmte Problemklassen beschränkt. Die Probleme bezüglich der notwendigen höheren Ableitungen für die FEM und in abgeschwächter Form für die BEM bei der Gewinnung der Feldstärken sind auch bei diesem übergeordneten Potential vorhanden.

2.3 Problemklassen

Die vorgestellten Ansätze wurden bisher allgemein gehalten, ohne daß auf die spezifischen zu lösenden Problemstellungen eingegangen wurde. Bei Untersuchung der Aufgabenstellungen lassen sich die Ansätze erheblich vereinfachen, da einige Terme zu Null werden und weitere Terme durch geeignete Näherung entfallen können.

2.3.1 Statische Probleme

Im Fall statischer Problemstellungen sind alle Größen Gleichgrößen, eine Zeitabhängigkeit besteht also nicht ($\partial/\partial t = 0$). Für elektrostatische Problemstellungen wurde bereits im Abschnitt 2.2.1 die Feldgleichung (2.19) angegeben, die über die Festlegung (2.20) des elektrostatischen Potentials zur Differentialgleichung (2.21) führte.

2.3.1.1 Magnetostatische Probleme

Für magnetostatische Probleme folgt aus (2.1) für die magnetische Feldstärke der Ausdruck

$$\text{rot}\,\vec{H} = \vec{J}. \tag{2.49}$$

Die Festlegungen der magnetischen Potentiale (2.24) und (2.39) bleiben hiervon unberührt, so daß die Differentialgleichung (2.30) für das Vektorpotential zu

$$\text{rot}(\underline{\nu}\,\text{rot}\,\vec{A} - \vec{M}_e') = \vec{J}_e - \underline{\kappa}\,\text{grad}\,V \tag{2.50}$$

vereinfacht werden kann. Da das elektrische Feld nicht durch das magnetische Feld beeinflußt wird (2.19), liefert das elektrische Skalarpotential in (2.50) nur einen Beitrag als Erregung. Dieser Beitrag läßt sich aber in $\vec{J}_e$ integrieren, so daß der Term $\underline{\kappa}\,\text{grad}\,V$ entfallen kann.

Die LORENTZ-Eichung (2.32) ist aufgrund der enthaltenen Zeitabhängigkeit für statische Probleme nicht anwendbar, so daß die COULOMB-Eichung (2.31) für das Vektorpotential bleibt.

Die Differentialgleichung (2.40) für das Skalarpotential bietet keine weitere Vereinfachungsmöglichkeit.

2.3.2 Zeitabhängige Probleme

Werden zeitabhängige Felder betrachtet, so sind magnetisches und elektrisches Feld eng miteinander verkoppelt. Das elektrische Feld erhält einen zusätzlichen Term durch *Induktion* (2.2). Im allgemeinen Fall sind die Vorgänge *transient* und müssen mit den gegebenen zeitabhängigen Gleichungen behandelt werden. Vereinfachungen ergeben sich zum einen für langsam veränderliche Vorgänge, zum anderen für sehr schnell veränderliche Vorgänge.

2.3.2.1 Wirbelstrom- und Skineffektprobleme

Für langsam veränderliche Vorgänge in metallischen Leitern überwiegen die Anteile für den Leiterstrom deutlich den Verschiebungsstrom

$$\underline{\kappa}\vec{E} \gg \frac{\partial \underline{\varepsilon}\vec{E}}{\partial t}, \tag{2.51}$$

so daß der Anteil für den Verschiebungsstrom in der Differentialgleichung (2.30) entfallen kann. Raumladungen ρ und erregende elektrische Polarisationen $\vec{P}_e$

sind in Wirbelstrom-Aufgabenstellungen bedeutungslos und können während der Berechnung vernachlässigt werden.

2.3.2.2 Wellenausbreitung

Für sehr schnell veränderliche Felder kann häufig der Leiterstrom gegenüber dem Verschiebungsstrom vernachlässigt werden, wenn

$$\kappa \vec{E} \ll \frac{\partial \epsilon \vec{E}}{\partial t} \tag{2.52}$$

gilt. Die Berechnung von Verlusten, die sich aufgrund fließender Ströme einstellen würden, ist dann aber nicht mehr möglich. Auch für Probleme der Wellenausbreitung sind Raumladungen und erregende elektrische Polarisationen normalerweise bedeutungslos und werden daher vernachlässigt.

2.3.3 Sinusförmige Zeitabhängigkeit

Probleme mit sinusförmiger Erregung und *linearen* Materialeigenschaften können besonders vorteilhaft unter Einsatz komplexer Rechnung bearbeitet werden. Die Feldgrößen werden als Zeigergrößen

$$\vec{A}(t) = \text{Re}\{\underline{\vec{A}} \cdot e^{j\omega t}\} \tag{2.53}$$

angegeben. Die Differentialgleichungen werden entsprechend vereinfacht, da die Zeitableitungen durch eine Multiplikation mit $j\omega$ ersetzt werden. Die Differentialgleichung für das magnetische Vektorpotential (2.30) lautet in diesem Fall

$$\text{rot}(\underline{\nu} \text{ rot } \underline{\vec{A}}) = \underline{\vec{J}}_e - \underline{\kappa}(j\omega \underline{\vec{A}} + \text{grad } \underline{V}) - \underline{\epsilon}(-\omega^2 \underline{\vec{A}} + j\omega \text{ grad } \underline{V}). \tag{2.54}$$

Die erregende Magnetisierung $\vec{M}_e'$ entfällt, da alle Feldgrößen in (2.54) der sinusförmigen Zeitabhängigkeit unterliegen, die Magnetisierung also entsprechend sinusförmig gerechnet würde. Die Differentialgleichung (2.21) für das elektrische Skalarpotential $\underline{V}$ bleibt unverändert.

Die Anwendung der komplexen Rechnung ergibt also eine Berechnungsmethode für Größen jeweils einer Frequenz ω. Liegen Erregungen verschiedener Frequenzen vor, so können die einzelnen Frequenzen unabhängig voneinander berechnet werden, da im linearen Fall das Superpositionsprinzip gilt.

Problemstellungen mit sinusförmiger Anregung und *nichtlinearen* Materialeigenschaften sind wesentlich aufwendiger zu berechnen, da die Nichtlinearität zur Ausbildung von Oberwellen führt, die Feldgrößen somit nicht mehr sinusförmig, aber weiterhin periodisch sind. Die einzelnen Frequenzkomponenten müssen hierbei verknüpft und gemeinsam bearbeitet werden. Ansätze zur Behandlung etwa nichtlinearer Wirbelstromprobleme finden sich z.B. in KOST u.a. [71,77], SHEN [132]. Die Notwendigkeit, nichtlineare Wirbelstromprobleme zu berechnen, ergibt sich z.B. im Zusammenhang mit durch Stahlplatten realisierte Abschirmungen für elektromagnetische Felder, die durch Wechselströme hervorgerufen werden.

2.3.4 Ebene Probleme

In vielen Fällen kann die Aufgabenstellung als ebenes Problem dargestellt oder angenähert werden, somit ist das Feldproblem nur noch in zwei Dimensionen zu lösen. Für alle Feldgrößen gelte also $\vec{F} = \vec{F}(x, y)$. Während für elektrostatische Probleme die Lösung mit Hilfe des elektrischen Skalarpotentials unverändert bleibt, vereinfacht sich die Vorgehensweise für das magnetische Feld.

Für das ebene Problem ist nur die Stromflußrichtung $\vec{J} = \vec{e}_z J_z$ zulässig. Da magnetische Feldstärke und Flußdichte nur x- und y-Komponenten aufweisen dürfen, genügt die z-Komponente des Vektorpotentials $\vec{A}$ für die Lösung des Problems, die Potentialdarstellung lautet also

$$\vec{A} = \vec{e}_z A_z(x, y). \tag{2.55}$$

Unter Verwendung des Ausdrucks für Divergenz

$$\text{div}\,\vec{A} = \frac{\partial A_z}{\partial z} = 0, \tag{2.56}$$

ist die Bedingung der COULOMB-Eichung automatisch erfüllt, so daß die explizite Anwendung der Eichungsbedingung nicht mehr erforderlich ist. Für die Randbedingungen ergeben sich entsprechend die folgenden Überlegungen: Während (2.35) für Γ_B auf

$$|\vec{n} \times \vec{e}_z A_z| = |1| \cdot |A_z| \underbrace{\sin \frac{\pi}{2}}_{=1} = 0 \quad \Rightarrow \quad A_z = 0 \tag{2.57}$$

führt, ist, da nur eine z-Komponente von $\vec{A}$ vorhanden ist, die Bedingung (2.37) für Γ_H automatisch erfüllt und somit nicht explizit zu erzwingen. Dieses Resultat für Γ_H war zu erwarten, da durch die automatische Erfüllung der COULOMB-Eichung kein Freiheitsgrad verbleiben durfte.

Da das Feldproblem durch nur eine Unbekannte, A_z, vollständig beschreibbar ist, bietet die Anwendung des magnetischen Skalarpotentials keine Vorteile. Da die Nachteile des Skalarpotentials – es ist nur für stromlose Gebiete anwendbar und benötigt eine zusätzliche Behandlung der Quellen – unverändert bestehen bleiben, findet es für ebene Probleme keine Verwendung.

3 Analytische und analytisch-numerische Verfahren

In diesem Kapitel sollen die Vorteile und Grenzen der *analytischen Verfahren* aufgezeigt werden. Obwohl numerische Verfahren wie das Differenzenverfahren schon seit langem bekannt sind, wie z.B. bei RICHARDSON [121] dokumentiert, konnten sie erst mit dem Erscheinen der Digitalrechner in zunehmendem Maße seit den 50er Jahren für praktische Problemstellungen eingesetzt werden. Vorher wurde die häufig komplizierte Geometrie praktischer Problemstellungen soweit vereinfacht, daß die reale Problemstellung noch nicht zu sehr verfälscht wurde, andererseits aber analytische Verfahren zur Feldberechnung eingesetzt werden konnten.

In der Literatur ist zwar keine eindeutige Trennlinie zwischen analytischen und numerischen Verfahren auszumachen, doch wird allgemein bei Verwendung des Begriffs *numerische Verfahren* eine Raum- bzw. Zeit-Diskretisierung zugrunde gelegt, durch die das Ergebnis aus einer meist großen, aber endlichen Zahl diskreter Werte besteht. Eine solche Diskretisierung existiert bei einem *analytischen Verfahren* nicht, bei dem das Ergebnis generell mit Mitteln der Analysis gewonnen und durch eine globale, kontinuierliche Funktion repräsentiert wird. Letztere kann eine elementare oder höhere Funktion, eine Reihe oder ein Integral über elementare oder höhere Funktionen sein. Auch der Fall, daß sich die Koeffizienten der Reihe auf dem Lösungsweg nicht explizit, sondern erst aus der Lösung eines häufig großen Gleichungssystems ergeben, wird üblicherweise zum Bereich analytischer Verfahren gezählt.

Letzten Endes erzwingt die endliche Stellenzahl auf dem Rechner zwar auch bei der Durchrechnung analytischer Verfahren eine Art (Feinst-)Diskretisierung, doch soll dies hier außer Acht gelassen werden. Der damit zusammenhängende Fehler wird als Rundungsfehler auch deutlich von dem durch die Orts- oder Zeit-Diskretisierung entstehenden Diskretisierungsfehler unterschieden.

Unter analytisch-numerischen Verfahren sollen hier solche verstanden werden, bei denen die Differentialgleichung durch analytische Lösungsansätze exakt erfüllt wird, während die Rand- bzw. Übergangsbedingungen nur näherungsweise befriedigt werden, z.B. durch Minimierung des mittleren quadratischen Fehlers.

Als *Nachteile der analytischen Verfahren* sind zu nennen:

• Nur relativ einfache Geometrien sind behandelbar

– z.B. mit konformer Abbildung, die nur im 2D-Fall anwendbar ist, oder

– z.B. mit der Methode der Variablenseparation, die nur bei einer begrenzten Zahl von Koordinatensystemen möglich ist, zu denen ferner die Geometrie der Problemstellung passen muß.

• Nichtlineare Medien sind nur in Ausnahmefällen behandelbar, wobei die nichtlinearen Materialeigenschaften stark vereinfacht zu modellieren sind.

Sind analytische Verfahren jedoch einsetzbar, sei es, weil eine relativ einfache Problem-Geometrie vorliegt, oder weil eine komplizierte Geometrie durch wohlbegründete Überlegungen vereinfacht werden kann, so sind die folgenden *Vorteile der analytischen Verfahren* aufzuzählen:

• Das Feldverhalten kann in der Umgebung singulärer Orte wie Ecken, Kanten und Kegelspitzen exakt beschrieben werden.

• Da keine Raum- oder Zeit-Diskretisierung vorgenommen wird, existiert kein Diskretisierungsfehler.

• Eine Approximation oder Interpolation zwischen diskreten Lösungswerten ist nicht nötig.

3.1 Analytische Verfahren

In diesem Abschnitt wird gezeigt, wie durch Veränderung der Geometrie von einem einfachen Körper (Kugel) zu einem unwesentlich komplizierteren (Rotationsellipsoid) der Aufwand bei der analytischen Lösung eines Wirbelstromproblems bereits drastisch ansteigt. Ähnliches ist im Falle des anschließend kurz behandelten elliptischen Zylinders festzustellen.

3.1.1 Beispiel: Leitende Kugel im Wechselfeld einer Kreisschleife

Gemäß Abb. 3.1 liegt eine Kupfer-Kugel im Feld einer rotationssymmetrisch angeordneten Kreisschleife, die von sinusförmigem Wechselstrom durchflossen wird. Gesucht ist die induzierte Stromdichte-Verteilung in der Kugel.

Im folgenden sollen nur die wesentlichen und für eine derartige Behandlung typischen Lösungsschritte skizziert werden, insbesondere im Hinblick auf das nächste Beispiel eines Rotationsellipsoids in Abschnitt 3.1.2.

Die Behandlung erfolgt zweckmäßigerweise mit dem Vektorpotential bei sinusförmiger Zeitabhängigkeit nach (2.53)

$$\vec{A}(t) = \mathrm{Re}\{\underline{\vec{A}} \cdot e^{j\omega t}\},$$

dessen Zeiger $\underline{\vec{A}}$ aufgrund der Rotationssymmetrie nur eine φ-Komponente aufweist:

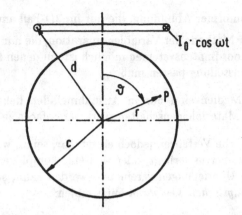

Abb. 3.1. Kugel (Material: Kupfer) im Feld einer wechselstromdurchflossenen Kreisschleife (rotationssymmetrische Anordnung)

$$\vec{A} = \underline{A}_\varphi \vec{e}_\varphi = \underline{A}\vec{e}_\varphi.$$

Hieraus ergibt sich die induzierte Stromdichte $\vec{J}$ zu

$$\vec{J} = -\mathrm{j}\omega\kappa\underline{\vec{A}} \qquad \underline{J} = -\mathrm{j}\omega\kappa\underline{A}$$

Die feldbeschreibende Differentialgleichung ergibt sich aus (2.54) zu

$$\mathrm{rot}\,\mathrm{rot}\,\underline{\vec{A}} = \begin{cases} -\mathrm{j}\omega\kappa\mu\underline{\vec{A}} & \text{innerhalb der Kugel,} \\ 0 & \text{außerhalb der Kugel.} \end{cases}$$

Mit der Eindringtiefe

$$\delta = \sqrt{\frac{1}{2}\omega\kappa\mu}$$

führt der BERNOULLI'sche Produktansatz

$$\underline{A}(r,\vartheta) = \underline{R}(r)\cdot\underline{T}(\vartheta)$$

für das Vektorpotential in Kugelkoordinaten zu folgendem *Lösungs-Ansatz*:

$$\begin{aligned}
\underline{A}^{\mathrm{i}}(r,\vartheta) &= \sum_{n=1}^{\infty} A_n^{\mathrm{i}} \mathrm{I}_{n+\frac{1}{2}}\left[(1+\mathrm{j})\tfrac{r}{\delta}\right] P_n^1(\cos\vartheta) & \text{für} \quad r \le c \\
\underline{A}^{\mathrm{a}}(r,\vartheta) &= \sum_{n=1}^{\infty} \left[E_n^{\mathrm{i}}\left(\tfrac{r}{d}\right)^n + A_n^{\mathrm{a}}\left(\tfrac{r}{c}\right)^{-n-1}\right] P_n^1(\cos\vartheta) & \text{für} \quad c \le r \le d
\end{aligned}$$

$$(3.1)$$

E_n^{i} ist bekannt und enthält Informationen über die erregende Kreisschleife. A_n^{i} und A_n^{a} sind noch unbekannte Koeffizienten, die aus den Übergangsbedingungen an der Kugeloberfläche ermittelt werden müssen. Der Term mit A_n^{a} beschreibt die Rückwirkung der Kugel auf den Außenraum (Index „a").

Übergangsbedingungen an der Kugeloberfläche:

$$\text{I:} \quad \vec{n}(\vec{B}^{\text{a}} - \vec{B}^{\text{i}})|_c = 0 \qquad \Rightarrow \qquad \underline{A}^{\text{a}}|_c = \underline{A}^{\text{i}}|_c, \tag{3.2}$$

$$\text{II:} \quad \vec{n} \times (\vec{H}^{\text{a}} - \vec{H}^{\text{i}})|_c = 0 \qquad \Rightarrow \qquad \frac{\partial \underline{A}^{\text{a}}}{\partial r}\bigg|_c = \frac{\partial \underline{A}^{\text{i}}}{\partial r}\bigg|_c. \tag{3.3}$$

Das Einsetzen der Lösungsansätze (3.1) in die Gleichungen (3.2) und (3.3) liefert die Bestimmungsgleichungen

$$\begin{aligned}
\text{I:} \quad & \sum_{n=1}^{\infty} A_n^{\text{i}} a_n^{\text{I}} P_n^1(\cos\vartheta) = \sum_{n=1}^{\infty} (e_n^{\text{I}} + A_n^{\text{a}} b_n^{\text{I}}) P_n^1(\cos\vartheta) \\
\text{II:} \quad & \sum_{n=1}^{\infty} A_n^{\text{i}} a_n^{\text{II}} P_n^1(\cos\vartheta) = \sum_{n=1}^{\infty} (e_n^{\text{II}} + A_n^{\text{a}} b_n^{\text{II}}) P_n^1(\cos\vartheta)
\end{aligned} \tag{3.4}$$

für die unbekannten Koeffizienten A_n^{i} und A_n^{a}.

Gleichung (3.4) muß für den gesamten Bereich $0 \leq \vartheta \leq \pi$ gelten, so daß die Koeffizienten der Funktionen $P_n^1(\cos\vartheta)$ gleich sein müssen:

$$\text{I:} \quad A_n^{\text{i}} a_n^{\text{I}} = e_n^{\text{I}} + A_n^{\text{a}} b_n^{\text{I}}$$

$$\text{II:} \quad A_n^{\text{i}} a_n^{\text{II}} = e_n^{\text{II}} + A_n^{\text{a}} b_n^{\text{II}}.$$

Hieraus ergeben sich explizit die Koeffizienten A_n^{i}:

$$A_n^{\text{i}} = \frac{e_n^{\text{I}} b_n^{\text{II}} - e_n^{\text{II}} b_n^{\text{I}}}{a_n^{\text{I}} b_n^{\text{II}} - a_n^{\text{II}} b_n^{\text{I}}}, \tag{3.5}$$

mit denen das Vektorpotential nach (3.1) und die Stromdichte in der Kugel nunmehr bekannt sind und als Reihe über modifizierte BESSEL-Funktionen halbzahliger Ordnung sowie zugeordnete Kugelfunktionen erster Art und erster Zuordnung dargestellt werden. Letztere sind für die Ordnungszahlen $n = 1, 2, 3$ in Abb. 3.2 dargestellt.

3.1.2 Beispiel: Leitendes Rotationsellipsoid im Wechselfeld einer Kreisschleife

Die leitende Kugel in Abb. 3.1 werde nun so durch ein leitendes Rotationsellipsoid ersetzt, daß die Rotationssymmetrie erhalten bleibt. Abbildung 3.3 zeigt die Anordnung und das zweckmäßigerweise gewählte Koordinatensystem des gestreckten Rotationsellipsoids.

Die feldbeschreibende Differentialgleichung ist grundsätzlich dieselbe wie bei der Kugel, doch ist hier mit dem den Koordinaten des gestreckten Rotationsellipsoids angepaßten BERNOULLI'schen Produktansatz

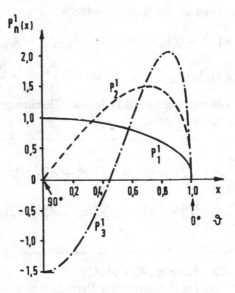

Abb. 3.2. Zugeordnete Kugelfunktionen $P_n^1(x)$ für $n = 1, 2, 3$

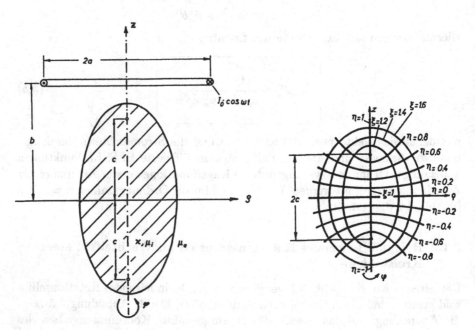

Abb. 3.3. Rotationsellipsoid (Material: Kupfer) im Feld einer wechselstromdurch-flossenen Kreisschleife und Koordinatensystem

$$\underline{A}(\xi, \eta) = \underline{F}(\xi) \cdot \underline{G}(\eta)$$

für das Vektorpotential zu arbeiten. Er führt zu folgendem *Lösungsansatz*:

$$\underline{A}^{\mathrm{i}}(\xi, \eta) = \sum_{k=1}^{\infty} A_k^{\mathrm{i}} R_k(\delta, \xi) S_k(\delta, \eta) \qquad \text{für} \quad 1 \le \xi \le \xi_1$$

$$\underline{A}^{\mathrm{a}}(\xi, \eta) = \sum_{n=1}^{\infty} \left[E_n^{\mathrm{i}} \mathfrak{P}_n^1(\xi) + A_n^{\mathrm{i}} \mathfrak{Q}_n^1(\xi) \right] P_n^1(\cos \eta) \qquad \text{für} \quad \xi_1 \le \xi \le \xi_2$$

$$(3.6)$$

mit $\xi = \xi_1$:   Ellipsoid-Oberfläche

$\xi = \xi_2, \eta = \eta_2$:   Lage der Kreisschleife

$R_k(\delta, \xi)$, $S_k(\delta, \eta)$:   Sphäroidfunktionen

$\mathfrak{P}_n^1(\xi)$, $\mathfrak{Q}_n^1(\xi)$:   Zugeordnete Kugelfunktionen erster und zweiter Art vom Argument $\xi \ge 1$

Im Gegensatz zu höheren Funktionen wie BESSEL- und Kugelfunktionen sind die hiesigen Sphäroidfunktionen nicht in einschlägigen Lehrbüchern und Tabellen zu finden. Man findet die mit erheblichem mathematischen Aufwand verbundene Berechnung der komplexen Eigenwerte bzw. Separationsparameter, für die die Eigenfunktionen $S_k(\delta, \eta)$ auf der Rotationsachse stetig sind, bei KOST [80]. Die Darstellung einiger Eigenfunktionen $S_k(\delta, \eta)$ sowie der radialen Funktionen $R_k(\delta, \xi)$ finden sich in den Abbildungen 3.4 und 3.5. Abbildung 3.6 gibt die Lage der komplexen Eigenwerte als Ortskurven wieder.

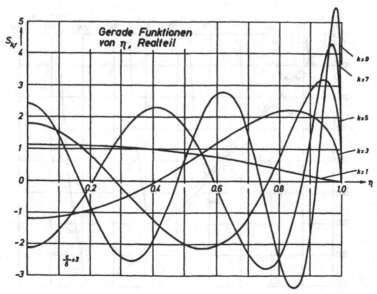

Abb. 3.4. Einige Eigenfunktionen $S_k(\delta, \eta)$ nach KOST [80]

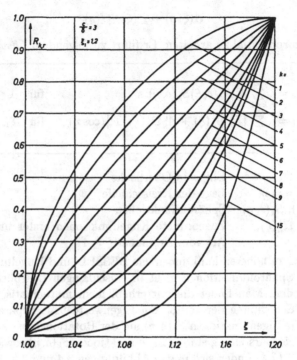

Abb. 3.5. Realteil der Funktion $R_k(\delta, \xi)$

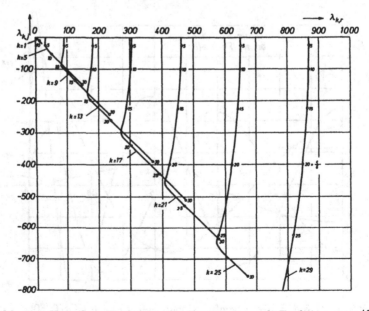

Abb. 3.6. Komplexe Eigenwerte für $k = 1, 5, 9, \ldots$ als Funktion von c/δ

Wie im Beispiel mit der Kugel beschreibt auch hier der Term mit A_n^{a} die Rückwirkung des Rotationsellipsoids auf den Außenraum. A_n^{a} und A_k^{i} sind zu ermitteln aus den *Übergangsbedingungen* an der Ellipsoid-Oberfläche:

$$\text{I:} \quad \vec{n}(\vec{B}^{\mathrm{a}} - \vec{B}^{\mathrm{i}})|_{\xi_1} = 0 \quad \Rightarrow \quad \underline{A}^{\mathrm{a}}|_{\xi_1} = \underline{A}^{\mathrm{i}}|_{\xi_1}, \tag{3.7}$$

$$\text{II:} \quad \vec{n} \times (\vec{H}^{\mathrm{a}} - \vec{H}^{\mathrm{i}})|_{\xi_1} = 0 \quad \Rightarrow \quad \left[\frac{\partial \underline{A}^{\mathrm{a}}}{\partial \xi} + \frac{\xi}{\xi^2 - 1} \underline{A}^{\mathrm{a}}\right]_{\xi_1} = \frac{\partial \underline{A}^{\mathrm{i}}}{\partial \xi}\bigg|_{\xi_1}. \tag{3.8}$$

Das Einsetzen der Lösungsansätze aus (3.6) in die Gleichungen (3.7) und (3.8) liefert die Bestimmungsgleichungen

$$
\begin{aligned}
\text{I:} \quad & \sum_{n=1}^{\infty} (e_n^{\mathrm{I}} + A_n^{\mathrm{a}} f_n^{\mathrm{I}}) P_n^1(\eta) \;=\; \sum_{k=1}^{\infty} A_k^{\mathrm{i}} f_k^{\mathrm{I}} S_k(\delta, \eta) \\[2mm]
\text{II:} \quad & \sum_{n=1}^{\infty} (e_n^{\mathrm{II}} + A_n^{\mathrm{a}} f_n^{\mathrm{II}}) P_n^1(\eta) \;=\; \sum_{k=1}^{\infty} A_k^{\mathrm{i}} f_k^{\mathrm{II}} S_k(\delta, \eta)
\end{aligned}
\tag{3.9}
$$

Sie sind also von der allgemeinen Form

$$\sum_{n=1}^{\infty} h_n P_n^1(\eta) = \sum_{k=1}^{\infty} g_k S_k(\delta, \eta), \tag{3.10}$$

woraus klar wird, daß wegen der unterschiedlichen Lösungsfunktionen $P_n^1(\eta)$ und $S_k(\delta, \eta)$ hier jedoch im Gegensatz zur Kugel *kein Koeffizientenvergleich* zur Auffindung der Unbekannten A_k^{i} und A_n^{a} möglich ist.

Um überhaupt eine Relation zwischen h_n und g_k zu bekommen, ist es erforderlich, eine Umentwicklung von $P_n^1(\eta)$ nach $S_k(\delta, \eta)$ oder umgekehrt vorzunehmen. Es werde S_k nach P_n^1 entwickelt:

$$S_k(\delta, \eta) = \sum_{n=1,2}^{\infty}{}' d_{nk} P_n^1(\eta) \quad \text{mit} \quad \sum_{n=1,2}^{\infty}{}' = \begin{cases} \displaystyle\sum_{n=1,3,5,\ldots}^{\infty} & \text{für ungerade } k, \\ \displaystyle\sum_{n=2,4,6,\ldots}^{\infty} & \text{für gerade } k. \end{cases}$$

Damit lautet die allgemeine Form der Übergangsbedingungen:

$$
\begin{aligned}
\sum_{n=1}^{\infty} h_n P_n^1(\eta) \;&=\; \sum_{k=1}^{\infty} g_k \sum_{n=1,2}^{\infty}{}' d_{nk} P_n^1(\eta) \\[2mm]
&=\; \sum_{n=1,3,5,\ldots}^{\infty} \sum_{k=1,3,5,\ldots}^{\infty} g_k d_{nk} P_n^1(\eta) + \sum_{n=2,4,6,\ldots}^{\infty} \sum_{k=2,4,6,\ldots}^{\infty} g_k d_{nk} P_n^1(\eta),
\end{aligned}
$$

$$\sum_{n=1}^{\infty} h_n P_n^1(\eta) = \sum_{n=1}^{\infty} \sum_{k=1,2}^{\infty}{}' g_k d_{nk} P_n^1(\eta) \quad \text{mit} \quad \sum_{k=1,2}^{\infty}{}' = \begin{cases} \displaystyle\sum_{k=1,3,5,\ldots}^{\infty} & \text{für ungerade } n, \\ \displaystyle\sum_{k=2,4,6,\ldots}^{\infty} & \text{für gerade } n. \end{cases}$$

womit nun hinsichtlich $P_n^1(\eta)$ ein Koeffizientenvergleich möglich ist:

$$h_n = \sum_{k=1,2}^{\infty}{}' g_k d_{nk}.$$

Somit ergibt sich mit (3.10) aus (3.9):

$$\text{I:} \quad e_n^{\text{I}} + A_n^{\text{a}} f_n^{\text{I}} = \sum_{k=1,2}^{\infty}{}' A_k^{\text{i}} f_k^{\text{I}} d_{nk},$$

$$\text{II:} \quad e_n^{\text{II}} + A_n^{\text{a}} f_n^{\text{II}} = \sum_{k=1,2}^{\infty}{}' A_k^{\text{i}} f_k^{\text{II}} d_{nk}.$$

A_n^{a} wird eliminiert, da das Hauptinteresse am Raum innerhalb des Rotations-ellipsoids, also an A_k^{i} besteht:

$$\sum_{k=1,2}^{\infty}{}' \underbrace{(f_n^{\text{II}} f_k^{\text{I}} - f_n^{\text{I}} f_k^{\text{II}}) d_{nk}}_{=:g_{nk}} A_k^{\text{i}} = \underbrace{e_n^{\text{I}} f_n^{\text{II}} - e_n^{\text{II}} f_n^{\text{I}}}_{=:f_n}.$$

Das bedeutet

$$\boxed{\begin{array}{cc} \text{für ungerade } n & \text{für gerade } n \\ \displaystyle\sum_{k=1,3,5,\dots}^{\infty} g_{nk} A_k^{\text{i}} = f_n, & \displaystyle\sum_{k=2,4,6,\dots}^{\infty} g_{nk} A_k^{\text{i}} = f_n. \end{array}} \qquad (3.11)$$

Für ungerade k einerseits und gerade k andererseits ergeben sich also jeweils zwei Gleichungssysteme zur Bestimmung der Konstanten A_k^{i}. Für ungerade k beispielsweise lautet das System in Matrix-Schreibweise

$$\mathbf{G}\mathbf{A}^{\text{i}} = \mathbf{F}$$

mit

$$\mathbf{G} = \begin{bmatrix} g_{11} & g_{13} & g_{15} & \cdots \\ g_{31} & g_{33} & g_{35} & \cdots \\ g_{51} & g_{53} & g_{55} & \cdots \\ \vdots & \vdots & \vdots & \ddots \end{bmatrix}, \quad \mathbf{A}^{\text{i}} = \begin{bmatrix} A_1^{\text{i}} \\ A_3^{\text{i}} \\ A_5^{\text{i}} \\ \vdots \end{bmatrix}, \quad \mathbf{F} = \begin{bmatrix} f_1 \\ f_3 \\ f_5 \\ \vdots \end{bmatrix}.$$

Ein solches unendliches System ist nur dann numerisch auswertbar, wenn es durch ein endliches ersetzt werden kann. Hierfür ist Voraussetzung, daß die Reihe der Lösungskoeffizienten A_k^{i} in dem unendlichen System mit wachsendem k konvergiert:

$$S_1 = \sum_{k=1,3,5,\dots}^{\infty} A_k^{\text{i}}, \qquad S_2 = \sum_{k=2,4,6,\dots}^{\infty} A_k^{\text{i}}.$$

Diese Voraussetzung ist bei dem vorliegenden Problem nach KOST [81] erfüllt. Abb. 3.7 veranschaulicht die Stromdichte-Verteilung im Rotationsellipsoid.

Wie der Lösungsweg gezeigt hat, ist der Aufwand beim geometrisch nur un-wesentlich komplizierteren Rotationsellipsoid erheblich höher als bei der Kugel und zwar gleich aus mehreren Gründen:

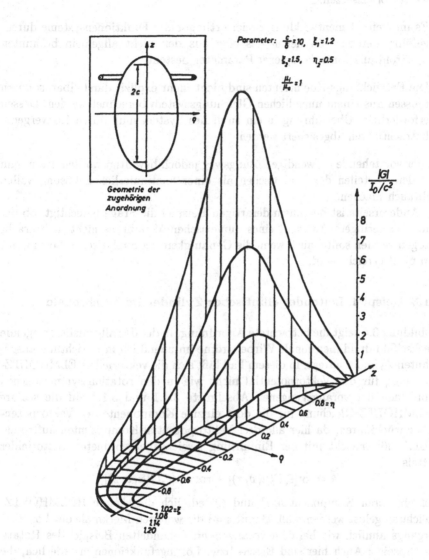

Abb. 3.7. Stromdichte-Verteilung im Rotationsellipsoid nach KOST [81]

• Es sind Eigen- bzw. Lösungsfunktionen erforderlich, die in der Literatur nicht allgemein bekannt sind und eine aufwendige Berechnung komplexer Eigenwerte voraussetzen.

• Es muß eine Umentwicklung zweier orthogonaler Funktionensysteme durchgeführt werden, von denen das eine aus den nicht allgemein bekannten Sphäroidfunktionen komplexer Parameter besteht.

• Die Entwicklungs-Koeffizienten sind nicht mehr explizit darstellbar, sondern müssen aus einem unendlichen Gleichungssystem berechnet werden. Dessen erforderliche Überführung in ein endliches System muß durch Konvergenzbetrachtungen abgesichert werden.

Ist der vorstehende aufwendige Lösungsweg jedoch bewältigt worden, kann man von den Vorteilen der analytischen als einer kontinuierlichen Lösung vollen Gebrauch machen.

Andererseits ist bei einem derartigen Beispiel die Frage berechtigt, ob der deutliche geringere Aufwand eines numerischen Verfahrens nicht in Betracht gezogen werden sollte, auch wenn die Genauigkeit der analytischen Lösung mit ihm nicht erreicht wird.

3.1.3 Beispiel: Leitender elliptischer Zylinder im Wechselfeld

Abbildung 3.8 zeigt die betrachtete Anordnung, in der das allgemeine erregende Wechselfeld dreidimensionale Wirbelströme im unendlich in z-Richtung ausgedehnten Zylinder anregt. In diesem Fall läßt sich die vektorielle HELMHOLTZ-Gleichung für das Vektorpotential nicht wie in den rotationssymmetrischen Problemen der vorangegangenen Abschnitte 3.1.1 und 3.1.2 auf die skalare HELMHOLTZ-Gleichung für die dort einzige Komponente des Vektorpotentials zurückführen, da hier alle drei Vektorpotential-Komponenten auftreten. FILTZ [36] erreicht mit der Einführung zweier übergeordneter Vektorfelder mittels

$$\vec{A} = \mathrm{rot}[\vec{e}_z P(u, v, z)] + \mathrm{rot}\,\mathrm{rot}[\vec{e}_z Q(u, v, z)],$$

daß für deren Komponenten P und Q lediglich die skalare HELMHOLTZ-Gleichung gelöst werden muß. Damit sind die weiteren Merkmale des Lösungsvorgangs ähnlich wie bei dem vorangehend behandelten Beispiel des Rotationsellipsoids: Auch hier sind Eigen- bzw. Lösungsfunktionen erforderlich, die vorher nicht bekannt waren, nämlich MATHIEU'sche Funktionen mit komplexen Parametern. Auch hier sind deren zugehörige komplexe Eigenwerte erst einmal in einem aufwendigen Prozeß aufzufinden. Gleichfalls ist die Lösung eines unendlichen Gleichungssystems für die Entwicklungs-Koeffizienten erforderlich.

Insgesamt ist der Aufwand für den analytischen Lösungsweg ähnlich groß wie beim Rotationsellipsoid. Andererseits wird er auch hier durch eine hohe Genauigkeit der Resultate und eine niedrige Zahl an erforderlichen Entwicklungs-

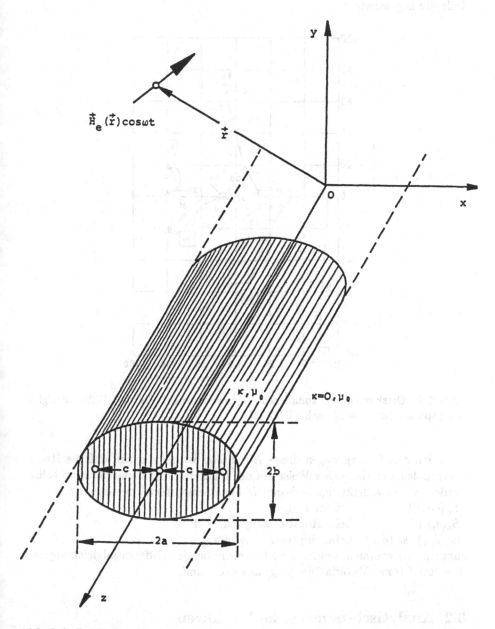

Abb. 3.8. Leitender elliptischer Zylinder im erregenden magnetischen Wechselfeld nach FILTZ [36]

Koeffizienten (gute Konvergenz) belohnt. Abb. 3.9 zeigt die Ortskurven eines Teils der Eigenwerte.

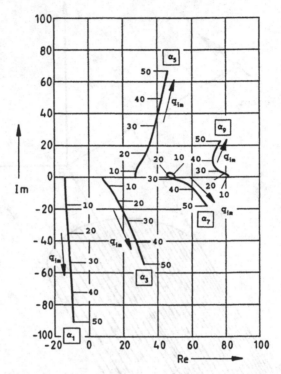

Abb. 3.9. Ortskurven der komplexen Eigenwerte α_{2i-1} für den Differentialgleichungsparameter $q_{re} = 10$ nach FILTZ [36]

Allen drei Lösungswegen dieses Abschnitts ist gemeinsam, daß die Randwertprobleme in klassischer Weise auf der Basis der Variablenseparation gelöst werden, wobei vollständige *orthogonale Funktionssysteme*, bestehend aus

$P_n^1(\cos\vartheta)$ bei der Kugel,

$S_k(\delta,\eta)$ beim Rotationsellipsoid und

$ce_i(\delta,v)$, $se_i(\delta,v)$ beim elliptischen Zylinder,

zum Einsatz kommen, welche der feldbeschreibenden Differentialgleichung *und* dem Rand (bzw. Materialübergang) angepaßt sind.

3.2 Analytisch-numerische Verfahren

Bei diesen Verfahren wird die gesuchte Lösung, beispielsweise für das Potential V in einem Volumen Ω durch ein Funktionensystem dargestellt, dessen Funktionen V_k die in Ω gültige Differentialgleichung exakt erfüllen, siehe auch Abb. 3.12.

In der im folgenden Abschnitt 3.2.1 behandelten Methode bilden die Funktionen V_k ein vollständiges Orthogonalsystem, das zu dem Ansatz

$$V(x,y,z) = \sum_{k=1}^{\infty} C_k V_k(x,y,z) \quad \text{in } \Omega \tag{3.12}$$

führt. Abgesehen von den einfachen Geometrieverhältnissen, die in Abschnitt 3.1 zu einem rein analytischen Verfahren führen, erfüllt der Ansatz nach (3.12) die Rand- oder Übergangsbedingungen auf dem Rande Γ eines geometrisch komplizierten Körpers nurmehr näherungsweise, wobei der Fehler nach unterschiedlichen Kriterien global auf dem Rand minimiert werden kann und somit eine numerische Komponente in das Verfahren hineinkommt.

Bei der in Abschnitt 3.2.2 vorgestellten MMP-Methode nach HAFNER [45] wird die Forderung nach Vollständigkeit und Orthogonalität aufgegeben, so daß (3.12) nurmehr eine endliche Reihe enthält:

$$V(x,y,z) = \sum_{k=1}^{K} C_k V_k(x,y,z) \quad \text{in } \Omega. \tag{3.13}$$

Auch dieser Ansatz erfüllt die Rand- oder Übergangsbedingungen nur noch näherungsweise, nämlich bei dieser Methode nur in diskreten Randpunkten („point matching").

3.2.1 Analytisch-numerische Verfahren mit vollständigem Orthogonalsystem

Ein elektrostatisches Beispiel, dargestellt in Abb. 3.10, dient dazu, die Methode zu verdeutlichen.

Unter Einarbeitung der Randbedingungen $V = 0$ für $x = 0$ und $x = a$ sowie des nach Abb. 3.10 vorgegebenen sinusförmigen Potentialverlaufs am Boden $y = 0$ der Anordnung ergeben sich nach klassischer Variablentrennung für die Lösung der LAPLACE-Gleichung

$$\Delta V = 0 \quad \text{in } \epsilon_a, \epsilon_i$$

die folgenden Lösungsansätze:

$$\begin{aligned}
\frac{V_i(x,y)}{V_0} &= \cosh\left(\pi\frac{y}{a}\right)\sin\left(\pi\frac{x}{a}\right) + \sum_{n=1}^{\infty} C_n^i \sinh\left(n\pi\frac{y}{a}\right)\sin\left(n\pi\frac{x}{a}\right), \\
\frac{V_a(x,y)}{V_0} &= \sum_{p=1}^{\infty} D_p^a e^{-p\pi\frac{y}{a}} \sin\left(p\pi\frac{x}{a}\right).
\end{aligned}$$

$$\tag{3.14}$$

Hierbei bilden die trigonometrischen Funktionen ein vollständiges Orthogonalsystem hinsichtlich des Intervalls $0 \leq x \leq a$, und die Ansätze nach (3.14)

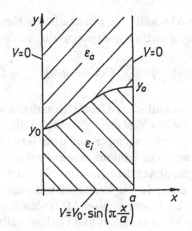

Abb. 3.10. Bereichsweise homogene Dielektrika mit weitgehend allgemeiner Trennfläche nach KOST u. VIX [82]

erfüllen die Differentialgleichung exakt. Für die weiteren Überlegungen muß nach KOST und VIX [82] die die Trennfläche beschreibende Funktion $y_s = f(x)$ stetig und eindeutig sein.

Die Übergangsbedingungen in dieser Trennfläche lauten nach Kapitel 2.1.2.1

$$V_i|_{y_s=f(x)} = V_a|_{y_s=f(x)}$$
$$\epsilon \vec{n} \vec{E}_i|_{y_s=f(x)} = \epsilon \vec{n} \vec{E}_a|_{y_s=f(x)},$$

woraus sich die folgenden Bestimmungsgleichungen

$$g_1(x) + \sum_{n=1}^{\infty} C_n^i f_n^i(x) = \sum_{p=1}^{\infty} D_p^a f_p^a(x) \qquad (3.15)$$

$$\sum_{n=1}^{\infty} C_n^i g_n^i(x) = \sum_{p=1}^{\infty} D_p^a g_p^a(x) + g_2(x) \qquad (3.16)$$

für die Entwicklungskoeffizienten C_n^i und D_p^a ergeben. In ihnen bilden infolge der allgemeinen Trennfläche die Funktionen $f_n^i(x)$, $f_p^a(x)$, $g_n^i(x)$ und $g_p^a(x)$ im Intervall $0 \leq x \leq a$ allerdings kein orthogonales Funktionensystem mehr.

Nun werden in (3.15) die Funktionen $g_1(x)$ und $C_n^i f_n^i(x)$ nach den nichtorthogonalen Funktionen $f_p^a(x)$ mit den unbekannten Koeffizienten D_p^a ebenso wie in (3.16) die Funktionen $D_p^a g_p^a(x)$ und $g_2(x)$ nach den nichtorthogonalen Funktionen $g_n^i(x)$ mit den unbekannten Koeffizienten C_n^i entwickelt.

Die unbekannten Koeffizienten C_n^i und D_p^a sollen dabei den mittleren quadratischen Fehler der Entwicklungen minimieren:

$$Q_1 = \int_0^a \left[\left(g_1(x) + \sum_{n=1}^{\infty} C_n^i f_n^i(x) \right) - \sum_{p=1}^{\infty} D_p^a f_p^a(x) \right]^2 \, \mathrm{d}x \stackrel{!}{=} \min,$$
$$Q_2 = \int_0^a \left[\left(g_2(x) + \sum_{p=1}^{\infty} D_p^a g_p^a(x) \right) - \sum_{n=1}^{\infty} C_n^i g_n^i(x) \right]^2 \, \mathrm{d}x \stackrel{!}{=} \min.$$

(3.17)

Die Minimalforderung ist erfüllt, wenn die Bedingungen

$$\frac{\partial Q_1}{\partial D_l^a} = 0 \quad \text{und} \quad \frac{\partial Q_2}{\partial C_k^i} = 0$$

erfüllt werden, woraus sich ein unendliches Gleichungssystem für die C_n^i und D_p^a ergibt, welches bei der numerischen Auswertung durch ein endliches approximiert wird. In den bei KOST und VIX [82] ausgewerteten Beispielen zeigt sich, daß in den kritischen Fällen mit Kanten in den Trennflächen pro Teilraum 20 Reihenglieder genügen, um bei der Potentialberechnung den maximalen relativen Fehler in der Trennfläche unter 5 % zu halten. Abbildung 3.11 zeigt bei dem Beispiel von zwei einen Winkel bildenden Trennflächen den Verlauf der Äquipotentialflächen. Trennflächen, welche keine Kanten aufweisen und senkrecht auf die leitenden seitlichen Begrenzungsflächen stoßen, weisen bei gleicher

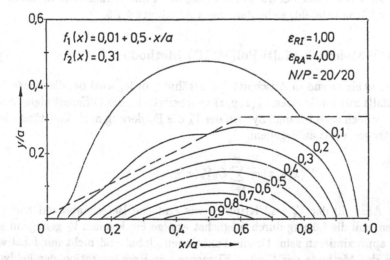

Abb. 3.11. Äquipotentialflächen $V/V_0 =$ const bei zwei einen Winkel miteinander bildenden ebenen Trennflächen nach KOST und VIX [82]; N, P: Zahl der Reihenglieder je Teilraum

Reihengliederzahl erheblich niedrigere relative Fehler unter 10^{-4} sowohl für das Potential als auch die Normalkomponente der Verschiebungsdichte auf.

Für die Approximation der Übergangsbedingungen können anstelle der Minimierung des quadratischen Fehlers auch andere Verfahren herangezogen werden. So setzt VIX [151] die TSCHEBYSCHEFF-Approximation ein und vergleicht sie auch mit dem hiesigen Verfahren. Generelle Vorzüge für das eine oder andere Verfahren können nicht festgestellt werden, die Entscheidung ist problemabhängig zu treffen.

Im Sinne des vorgestellten analytisch-numerischen Verfahrens kann auch das Problem mit dem Rotationsellipsoid aus Abschnitt 3.1.2 behandelt werden, indem als orthogonales Funktionensystem die zugeordneten Kugelfunktionen $P_n^1(\eta)$ anstelle der Sphäroidfunktionen $S_k(\delta, \eta)$ eingesetzt werden. Bei sehr schlanken Rotationsellipsoiden $\xi < 1.1$ und kleiner Eindringtiefe δ (bei $c/\delta > 10$) ist die Oberflächenstromdichte in ihrer polaren (η-)Abhängigkeit jedoch von hochfrequenten Anteilen überlagert, was auf eine zu ungenaue Ermittlung der Lösungskoeffizienten höherer Ordnung zurückzuführen sein dürfte. Dieses Problem trat bei der aufwendigeren analytischen Lösung aus Abschnitt 3.1.2 nicht auf.

Generell darf wohl gesagt werden, daß das hiesige Verfahren gut arbeitet, solange der Rand bzw. Materialübergang nicht extrem von demjenigen abweicht, für den das vollständige Orthogonalsystem entwickelt wurde.

Das Prinzip des Verfahrens wurde von NEUBAUER und REICHERT [109] auch auf Felder in aneinandergrenzenden Bereichen von dreieckiger Gestalt übertragen. Auch dabei wird mit Funktionensystemen gearbeitet, die in der Trennfläche nicht orthogonal sind. Die Ergebnisse wurden zur Kontrolle des Fehlers verwendet, der bei der Anwendung der Finiten Elemente Methode in der Trennfläche entsteht, siehe dazu auch Abschnitt 4.1.5.

3.2.2 Die Mehrfach-Multi-Pol(MMP)-Methode

Wie bereits einleitend in Abschnitt 3.2 erwähnt wurde, wird bei dieser Methode ebenfalls mit Funktionen $V_k(x, y, z)$ gearbeitet, die die Differentialgleichung erfüllen, jedoch wird bei dem System der V_k die Forderung nach Vollständigkeit und Orthogonalität aufgegeben:

$$V(x, y, z) = \sum_{k=1}^{K} C_k V_k(x, y, z) \quad \text{in } \Omega.$$

Bei der Auswahl der V_k sind Kriterien wie einfache Berechenbarkeit wichtig, außerdem soll die Lösung durch möglichst wenige Funktionen V_k genügend genau zu approximieren sein. Da die Funktionen global und nicht nur lokal wie z.B. bei der Methode der Finiten Elemente zur Repräsentation der Feldverteilung beitragen sollen, zeigt es sich, daß fast nur solche in Frage kommen, die als Lösungsfunktionen nach der Variablentrennung aus den Feldgleichungen für einfache Koordinatensysteme wie das kartesische, kreiszylindrische oder kugelförmige hervorgehen. Es handelt sich insbesondere um folgende Funktionen:

- Bei der *skalaren HELMHOLTZ-Gleichung*:

$$V_n^m = r^{-\frac{1}{2}} H_{n+\frac{1}{2}}^{(2)} P_n^m(\cos\vartheta) \cdot \begin{cases} \sin m\varphi \\ \cos m\varphi \end{cases} \quad (3D)$$

$$V_n = H_n^{(2)}(kr) \cdot \begin{cases} \sin n\varphi \\ \cos n\varphi \end{cases} \quad (2D).$$

- Bei der *LAPLACE-Gleichung*:

$$V_n^m = r^{-n} P_n^m(\cos\vartheta) \cdot \begin{cases} \sin m\varphi \\ \cos m\varphi \end{cases} \quad (3D)$$

$$V_n = \ln r; \quad V_n = r^{-n} \cdot \begin{cases} \sin n\varphi \\ \cos n\varphi \end{cases} \quad (2D).$$

Nicht ohne Grund enthalten die vorstehenden Funktionen alle einen Pol (für $r = 0$), denn dies ist für die MMP-Methode wichtig. Bei ihr wird nämlich das Feld innerhalb des Volumens Ω in Abb. 3.12 aus den vorstehend genannten Funktionen aufgebaut, deren Pole O_1, O_2 und O_3 jedoch *außerhalb* des Volumens mit jeweils eigenen Koordinatensystemen angeordnet werden. Das hat den Vorteil, daß das Feld in Ω in der Nähe starker Randkrümmungen (wie Nahezu-Kanten oder -Ecken) sehr gut approximiert werden kann. Die Existenz mehrerer Pole wird durch „Mehrfach" im MMP-Kürzel zum Ausdruck gebracht. Nimmt der Parameter n in obigen Funktionen mehrere Werte an, spricht man von einem „Multipol", dessen nullte Ordnung $n = 0$ beispielsweise im 2D-Fall auf den $\ln r$ bzw. die HANKEL-Funktion $H_0^{(2)}(kr)$ führt.

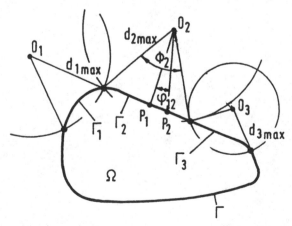

Abb. 3.12. Pole O außerhalb des Feldvolumens Ω und Kollokationspunkte P auf Γ

Nach Festlegung der Pole O und Funktionen V_k werden deren Entwicklungskoeffizienten nun dadurch ermittelt, daß der Ansatz nach (3.12) in vorher festgelegten Kollokationspunkten P die Rand- bzw. Übergangsbedingungen auf dem Rand Γ erfüllen muß bzw. dort gewissermaßen „aufgehängt" wird. Hieraus resultiert ein lineares Gleichungssystem für die Koeffizienten C_k.

Die *Kunst des Verfahrens* besteht nun darin, eine ganze Reihe von Parametern sinnvoll auszuwählen, wie z.B.

- die Lage und Zahl der Pole O_1, O_2, O_3, $\ldots$,

- die Funktionen $V_k(x, y, z)$,

- die Abstände $d_{1,\max}$, $d_{2,\max}$, $\ldots$,

- die „Sehwinkel" Φ_1, Φ_2, $\ldots$,

- die „Sehwinkel" $\varphi_{12}, \ldots$ hinsichtlich der Kollokationspunkte und letztere selbst.

HAFNER [45] nennt weitere Kriterien.

Während keine der in den folgenden Kapiteln behandelten numerischen Methoden vom Anwender sozusagen „blind" eingesetzt werden kann, sondern ein gewisses Verständnis der Methode verlangt, so kann man wohl sagen, daß der Anwender der MMP-Methode besonders gute Kenntnisse der analytischen Verfahren hinsichtlich der im konkreten Fall zu erwartenden Feldverteilung haben sollte, um die zahlreichen aufgeführten Parameter sinnvoll zu wählen und somit die Methode erfolgreich einzusetzen.

4 Finite Elemente Methode

In der Mechanik wurden die Nachteile der Methode der Finiten Differenzen frühzeitig erkannt, und man hielt Ausschau nach anderen Verfahren, wie z.B. dem Variationsintegral und seiner numerischen Auswertung. Dabei standen allerdings nicht die schon seit dem Ende des letzten Jahrhunderts bekannten Ansätze mit globalen Ansatzfunktionen nach RITZ und GALERKIN im Vordergrund, sondern entsprechende lokale, lediglich über einzelnen Elementen des betrachteten Bereichs definierte Ansatzfunktionen. Hieraus entstand der Begriff „Methode der Finiten Elemente", der erstmalig in einer Arbeit von CLOUGH [25] zur Kontinuumsmechanik im Jahre 1960 geprägt wurde. Die Herkunft der FEM ist auch heute noch deutlich an in der Literatur verwendeten Begriffen erkennbar. So wird z.B. die Hauptmatrix des resultierenden Gleichungssystems für die Unbekannten häufig als Steifigkeitsmatrix bezeichnet.

Erst mit zeitlicher Verzögerung fand die FEM auch Einzug in die Elektrotechnik. Um 1970 wurden die ersten Arbeiten veröffentlicht, darunter auch bereits eine Arbeit von SILVESTER u. CHARI [135], welche nichtlineare Effekte, nämlich Sättigungserscheinungen in elektrischen Maschinen berücksichtigt. Die frühzeitige Berücksichtigung nichtlinearer Effekte zeigt an, daß die Methode für ihre Behandlung gut geeignet ist. Neben magnetostatischen Problemen wurden in der Folgezeit auch zahlreiche elektrostatische Probleme, Strömungsfeldprobleme und Wirbelstromprobleme behandelt. Später erfolgte die erfolgreiche Behandlung transienter Probleme.

Bei der Wellenausbreitung wurde die FEM seltener angewendet, was bei der Wellenausbildung in abgeschlossenen Bereichen wie Hohlleitern und Resonatoren weniger an einer schlechten Eignung liegt, sondern an der Etablierung der in diesem Anwendungsfall verbreiteten Finite Differenzen Methode. Wegen der häufig vorkommenden regelmäßigen Geometrie (= Anpassung an einfache Koordinatensysteme) in diesem Anwendungsbeispiel ist letztere Methode hier auch gut geeignet. Im nicht abgeschlossenen offenen Raum hat die FEM jedoch generell Probleme mit der Frage, wohin der äußere Rand zu legen ist, und so ist es verständlich, daß bei der Wellenausbreitung und Streuung im offenen Raum die Momentenmethode und neuerdings auch die Boundary Element Methode Einsatz finden.

Auch anisotrope Materialien können mit der FEM gut behandelt werden, wobei einfache Materialmodelle (Tensor weist nur Diagonale auf) im 2D-Fall beispielsweise bereits 1973 von WEXLER [156] verarbeitet wurden.

Da im elektromagnetischen Feld nicht für alle vorkommenden Randwertprobleme auch das äquivalente Variationsintegral bekannt ist, kann das Variationsintegral nicht immer die schon oben erwähnte Basis der FEM sein. Das ist an sich schade, da es häufig eine physikalisch anschauliche Bedeutung, nämlich die im Feld gespeicherte Energie hat. Stattdessen wird als Basis die Methode der gewichteten Residuen verwendet, die den Vorteil hat, für alle Randwertprobleme herangezogen werden zu können, andererseits jedoch stärker mathematisch als physikalisch definiert ist. Ein weiterer Vorteil ist, daß sie auch die Basis für die Boundary Element Methode und weitere Methoden darstellt, also eine sehr nützliche Basis ist.

Am besten lassen sich typische Fähigkeiten der FEM anhand eines Beispiels zeigen. Abbildung 4.1 zeigt den Querschnitt einer permanentmagneterregten Gleichstrommaschine und bereits ein mit der FEM berechnetes Ergebnis, nämlich die Flußröhrenverteilung, deren Dichte ein Maß für den Betrag der Induktion ist. Die Läuferwicklungen in Abb. 4.1 führen keinen Strom.

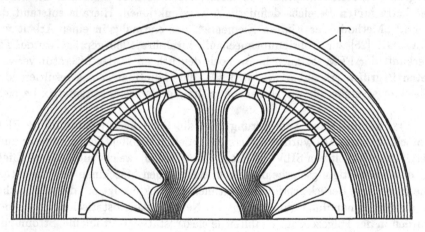

Abb. 4.1. Permanentmagneterregte Gleichstrommaschine; Querschnitt und Flußröhren, 2D-Rechnung

Das Beispiel ist ein typischer Fall für relativ komplizierte geometrische Verhältnisse. Bei der FEM wird das Volumen, hier im 2D-Fall die innerhalb des äußeren Randes Γ liegende Querschnittsfläche, unterteilt (diskretisiert) in Elemente, hier Dreieckselemente, siehe Abb. 4.3. Letztere sind für eine Implementierung in der Gesamtmethode noch relativ einfach, andererseits aber geometrisch bereits recht anpassungsfähig. Über diesen Elementen wird der Lösungsverlauf approximiert, hier durch lineare Ansatzfunktionen für das Vektorpotential, siehe Abb. 4.2. Dessen Werte sind in den Dreiecksknoten, abgesehen von den Randknoten auf dem DIRICHLET-Rand, zunächst unbekannt.

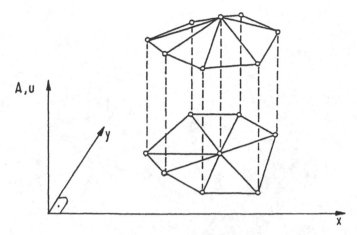

Abb. 4.2. Elementweise linearer Verlauf der Lösung $A(x,y)$ bzw. $u(x,y)$

Das in Abb. 4.3 dargestellte, aus den Dreieckselementen gebildete Netz weist rund 100000 Knoten, somit also 100000 Unbekannte auf. Sie werden aus einem Gleichungssystem mit 100000 Gleichungen berechnet, in das das feldbeschreibende Randwertproblem über die Methode der gewichteten Residuen, letztere gekoppelt mit dem lokalen GALERKIN-Verfahren, transformiert wird. Dieser Transformationsvorgang wird in Abschnitt 4.1 ausführlich beschrieben.

Von besonderer Bedeutung, ist vor allem bei Netzen mit vielen Elementen (Abb. 4.3), eine adaptive Netzgenerierung, die ausgehend von einem einfachen Startnetz selbständig das Netz dort verfeinert, wo das Ergebnis noch stärkere Fehler aufweist. Dazu bedarf es eines zuverlässigen Fehlerschätzers. Am Ende des iterativen Verfeinerungsprozesses liegt dann ein Netz wie in Abb. 4.3 vor. In schwarzen Flächen sind dort die einzelnen Elemente in der Darstellung optisch nicht mehr trennbar. Eminent wichtig ist die adaptive Netzgenerierung bei 3D-Problemen. Das Ziel besteht in der bestmöglichen Ausnutzung der Rechner-Ressourcen im Hinblick auf das Verhältnis von Genauigkeit zu Aufwand. Die adaptive Netzgenerierung wurde Anfang der 80er Jahre eingeführt und ist heute bei 2D-Problemen weitgehend implementiert, bei 3D-Problemen wird sie erst ganz vereinzelt eingesetzt, da die Implementierung wesentlich schwieriger als bei 2D-Fällen ist.

Die *Vorteile der FEM* sollen im folgenden bereits zusammengestellt werden, wobei in den nächsten Abschnitten deutlich wird, warum sie zustande kommen:

- Die Matrizen sind dünn besetzt und diagonalendominant, sowie

- überwiegend symmetrisch und positiv definit.

- Zahlreiche effektive Gleichungslöser für derartige Matrizen sind bekannt.

- Eine sehr hohe Zahl von Knoten und Unbekannten ist möglich (mit heutigen Workstations rund 500000).

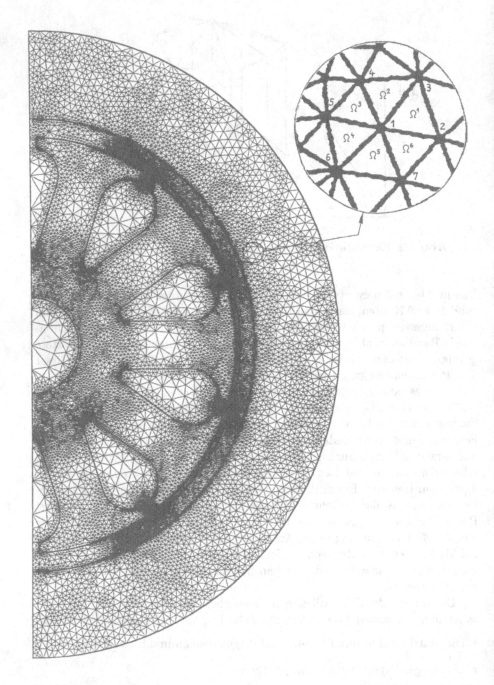

Abb. 4.3. Adaptiv generiertes Dreiecksnetz zu Abb. 4.1; rund 100000 Knoten, rund 200000 lineare Elemente

- Die FEM ist geeignet für komplizierte Geometrieverhältnisse, wobei hierfür relativ einfache Elemente einsetzbar sind: In 2D: Dreiecke, in 3D: Tetraeder. Beide sind

  - relativ einfach hinsichtlich Geometrie, Formulierung, Verständnis,
  - aber auch sehr anpassungsfähig hinsichtlich der Geometrie
  - und geeignet für 2D bzw. 3D adaptive Netzverfeinerung.

- Die FEM ist geeignet für nichtlineare Materialien wie

  - ferromagnetische Werkstoffe und
  - Halbleitermaterialien

- sowie für anisotrope Materialien.

Als *Nachteile der FEM* sind zu nennen:

- Der gesamte Problembereich ist mit Elementen zu diskretisieren, auch bei linearen Materialien, also

  - Volumina in 3D,
  - Querschnittsflächen in 2D.

- Schwierigkeiten treten bei Problemen mit offenem Rand auf.

- Im Vergleich mit der BEM sind ein besseres geometrisches Vorstellungsvermögen und eine aufwendigere Elementimplementierung bei dreidimensionalen Problemen (Tetraeder) erforderlich als bei den entsprechenden Oberflächen (Dreiecken) in der BEM.

Im weiteren werden diese Vor- und Nachteile vereinzelt bereits mit vergleichenden Hinweisen auf die BEM (Kapitel 5) versehen.

4.1 Statisches Randwertproblem

Mit den statischen Randwertproblemen wird zunächst bewußt eine Problemklasse ausgewählt, die mathematisch noch recht einfach (von der Differentialgleichung und der skalaren Lösungsvariablen her) beschreibbar ist, es aber gleichzeitig ermöglicht, alle wichtigen Verfahrensschritte der FEM darzulegen.

Statische Randwertprobleme lassen sich mit skalaren Lösungsvariablen sowohl bei Problemen der Elektrostatik als auch solchen des stationären Strömungsfeldes beschreiben, während bei manchen Problemen der Magnetostatik vektorielle Lösungsvariablen vorzuziehen sind. Generell ist also der Anwendungshintergrund dieses Kapitels in der Elektrotechnik bereits recht groß.

Ein praktisches Beispiel, nämlich das der Isolationswiderstands-Berechnung in einem Mikrostreifenleiter, wird frühzeitig in der Herleitung zur Veranschaulichung der Methode herangezogen. Dazu dient es gleichfalls in Kapitel 5 bei der Erklärung der Boundary Element Methode (BEM).

4.1.1 Integrale Formulierung und FEM-Strategie

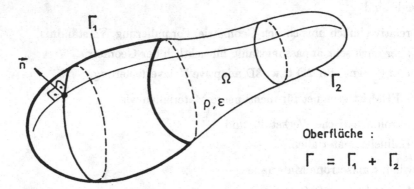

Abb. 4.4. Gemischtes Randwertproblem

4.1.1.1 Randwertproblem

Betrachtet werde das statische Randwertproblem gemäß Abb. 4.4. Dabei handelt es sich um ein gemischtes Randwertproblem, bei dem im abgeschlossenen Volumen Ω das Material eine ortsabhängige Permittivität ϵ aufweist und eine bekannte Raumladungsdichte ρ vorliegt und somit die folgende POISSON'sche Differentialgleichung zu erfüllen ist:

$$\operatorname{div}(\epsilon \operatorname{grad} u_0) = -\rho \qquad (4.1)$$

mit u_0: gesuchte exakte Lösung,
ρ: Raumladungsdichte,
ϵ: Permittivität,
und bei dem auf der Oberfläche Γ des Volumens Ω in einem Teilbereich Γ_1 eine DIRICHLET'sche und im restlichen Teilbereich Γ_2 eine NEUMANN'sche Randbedingung vorgegeben ist:

$$
\begin{aligned}
u_0 &= \overline{u} \quad \text{auf } \Gamma_1 \\
q_0 &= \frac{\partial u_o}{\partial n} = \overline{q} \quad \text{auf } \Gamma_2
\end{aligned}
\qquad (4.2)
$$

4.1.1.2 Technischer Anwendungsfall

Zur Illustration soll bereits jetzt dem allgemeinen gemischten Randwertproblem gemäß Abb. 4.4 ein technischer Anwendungsfall zur Seite gestellt werden.

Er ist ausführlich in Abschnitt 5.1.1.2 im Zusammenhang mit der Boundary Element Methode (BEM) beschrieben und durch die Abbildungen 5.2, 5.3 und 5.4 dargestellt, wobei wegen der verschwindenden Raumladung und örtlich konstanten Permittivität der Sonderfall der LAPLACE-Gleichung vorliegt.

4.1.1.3 Strategie eines gewichteten Residuums

Wie im folgenden erkennbar wird, ist die mit der FEM gewonnene Lösung, abgesehen von sehr einfachen Fällen, nicht die exakte, sondern nur eine approximierte Lösung u, welche die feldbeschreibende Differentialgleichung nurmehr fehlerhaft erfüllt:

$$\text{div}(\epsilon \, \text{grad} \, u) + \rho = R \qquad (4.3)$$

mit u_0:   approximierte Lösung $u \approx u_0$,
      R: Residuum.

Wie aus der Einleitung zu diesem Kapitel bereits hervorging und in Abschnitt 4.1.2 ausführlich dargelegt wird, nähert man die Lösung u_0 durch eine approximierte Lösung u der Form

$$u(x, y, z) = \sum_{k=1}^{p} \alpha_k(x, y, z) u_k \qquad (4.4)$$

mit ausgewählten und somit bekannten Formfunktionen α_k sowie p unbekannten Potentialwerten u_k in den Knoten k an. Setzt man diese Näherung in die Differentialgleichung (4.3) ein, so folgt

$$\text{div} \left(\epsilon \, \text{grad} \sum_{k=1}^{p} \alpha_k(x, y, z) u_k \right) + \rho = R.$$

Die p Unbekannten u_k kann man nun auf die folgende, rudimentäre Weise gewinnen, vorausgesetzt, die Formfunktionen erfüllen die Randbedingungen von (4.2): Man wähle p Punkte in Ω und zwinge das Residuum in diesen Punkten zu $R = 0$. Damit erhält man p Bestimmungsgleichungen für die u_k und die Näherungslösung gemäß (4.4). Diese Methode wird *Kollokationsmethode* (engl. point matching) und die ausgewählten Punkte Kollokationspunkte genannt.

Eine wesentlich bessere Approximation der wahren Lösung unter Verwendung desselben Ansatzes (4.4) erreicht man jedoch, wenn das Residuum im Sinne einer gewichteten Mittelwertsbildung zum Verschwinden gebracht wird und nicht nur in einzelnen, zusammenhanglosen Kollokationspunkten. Hierdurch führt man die *Strategie eines gewichteten Residuums* (engl. method of weighted residuals)

$$\int_{\Omega} R w \, d\Omega = \int_{\Omega} [\text{div}(\epsilon \, \text{grad} \, u) + \rho] w \, d\Omega = 0 \qquad (4.5)$$

mit zunächst beliebiger Gewichtsfunktion w ein.

Im Falle der exakten Lösung $u = u_0$ ist das Residuum $R = 0$ und (4.5) unabhängig von der Gewichtsfunktion erfüllt. Im Falle einer FEM-Lösung nach (4.4) wird das mit einer Gewichtsfunktion w gewichtete und ortsabhängige Residuum R über das gesamte Volumen Ω integriert und im Mittel zum Verschwinden gebracht. Die Methode hat sich mit speziellen Gewichtsfunktionen als Basis nicht nur für die FEM, sondern auch für die BEM (s. Kapitel 5) bewährt. Nähere Einzelheiten können bei ZIENKIEWICZ und TAYLOR [161], Kapitel 9, nachgelesen werden.

Wählt man als spezielle Gewichtsfunktion die DIRAC-Delta-Funktion

$$w = \delta_k = \delta(\vec{x} - \vec{x}_k) = \begin{cases} 0 & \text{für} \quad \vec{x} \neq \vec{x}_k \\ \infty & \text{für} \quad \vec{x} = \vec{x}_k \end{cases}$$

mit der weiteren Eigenschaft

$$\int_\Omega \delta_k \, d\Omega = 1,$$

so geht übrigens die auf die Punkte $\vec{x}_k$ angewendete Kollokationsmethode direkt als Sonderfall aus der Strategie eines gewichteten Residuums (4.5) hervor.

Wie die numerische Praxis gezeigt hat, sind lineare Formfunktionen α_k (4.4) geeignet und seht stark verbreitet. Die beiden Hauptgründe sind: Erstens erreicht man mit ihnen in vielen Fällen bereits eine hohe Genauigkeit und zweitens ist der programmiertechnische Umgang mit ihnen nicht so umfangreich wie mit Formfunktionen höherer Ordnung. Typische Lösungsverläufe mit linearen Formfunktionen werden in Abb. 4.2 für den 2D-Fall $u(x, y)$ und in Abb. 4.5 für den 1D-Fall $u(x)$ gezeigt. Für letzteren ist in Abb. 4.5 nicht nur der Lösungsverlauf, sondern auch dessen erste und zweite Ableitung dargestellt. Wegen der Knickstelle im Lösungsverlauf an der Elementgrenze springt die erste Ableitung dort und die zweite verläuft nach einem DIRAC-Stoß. Innerhalb der Elemente ist die erste Ableitung konstant und die zweite verschwindet.

Geht man mit einem solchen Ansatz in Gleichung (4.5), so ist mit

$$\text{div}(\epsilon \, \text{grad} \, u) = \epsilon \Delta u + \text{grad} \, \epsilon \, \text{grad} \, u \tag{4.6}$$

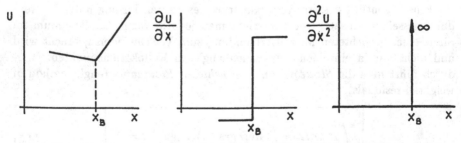

Abb. 4.5. 1D-Fall: Lösungsverlauf $u(x)$ sowie 1. und 2. Ableitung, x_b: Elementgrenze

festzustellen, daß es Probleme bei der Integration über die Elementgrenzen hinweg wegen des Auftretens der zweiten Ableitung Δu (4.6) geben wird. Soll trotzdem die Strategie eines gewichteten Residuums nach (4.5) ohne Schwierigkeiten angewendet werden, so sind in (4.4) Formfunktionen auszuwählen, bei denen nicht nur die Funktion selbst, sondern auch ihre erste Ableitung stetig sein muß, um singuläre Integranden zu vermeiden.

Wird lediglich die Stetigkeit der Formfunktionen gefordert, spricht man von C_0-*Kontinuität*. Wird außerdem die Stetigkeit ihrer $s$ten Ableitung gefordert, spricht man von C_s-Kontinuität, siehe ZIENKIEWICZ und TAYLOR [161]. Im Falle von Gleichung (4.6) wäre also C_1-Kontinuität notwendig.

Die für Δu (also die zweite Ableitung von u) aufgestellten Kontinuitätsforderungen sind natürlich entsprechend für die Gewichtsfunktion w in (4.5) zu erheben.

4.1.1.4 Anwendung des 1. GREEN'schen Satzes

Da man lineare Formfunktionen (C_0-Kontinuität) wegen ihrer einfachen Beschreibbarkeit jedoch gerne beibehalten möchte, hat man versucht, die zweite Ableitung in (4.5) zu vermeiden. Und dies ist mit dem *1. GREEN'schen Satz*

$$\int\limits_{\Omega} U_1 \Delta U_2 \, d\Omega = - \int\limits_{\Omega} \operatorname{grad} U_1 \operatorname{grad} U_2 \, d\Omega + \int\limits_{\Gamma} U_1 \operatorname{grad} U_2 \vec{n} \, d\Gamma,$$

angewendet auf Δu in (4.6), auch tatsächlich zu erreichen. Mit $u = U_2$ lautet das in (4.5) enthaltene Integral

$$\int\limits_{\Omega} \underbrace{\epsilon w}_{=U_1} \underbrace{\Delta u}_{=\Delta U_2} \, d\Omega = - \int\limits_{\Omega} \operatorname{grad}(\epsilon w) \operatorname{grad} u \, d\Omega + \int\limits_{\Gamma} \epsilon w \frac{\partial u}{\partial n} \, d\Gamma,$$

womit aus (4.5) folgt

$$\int\limits_{\Omega} \operatorname{div}(\epsilon \operatorname{grad} u) w \, d\Omega = \int\limits_{\Omega} (\operatorname{grad} \epsilon \operatorname{grad} u) w \, d\Omega$$

$$\underbrace{- \int\limits_{\Omega} \operatorname{grad}(\epsilon w) \operatorname{grad} u \, d\Omega}_{= \int\limits_{\Omega} [\epsilon \operatorname{grad} w + w \operatorname{grad} \epsilon] \operatorname{grad} u \, d\Omega = I_1} + \int\limits_{\Gamma} \epsilon w \frac{\partial u}{\partial n} \, d\Gamma.$$

Da sich das erste Integral der rechten Seite und der erste Summand des Integrals I_1 gegenseitig aufheben, geht (4.5) über in

$$\boxed{\int\limits_{\Omega} (\epsilon \operatorname{grad} u) \operatorname{grad} w \, d\Omega - \int\limits_{\Gamma} \epsilon w \frac{\partial u}{\partial n} \, d\Gamma + \int\limits_{\Omega} \rho w \, d\Omega = 0} \qquad (4.7)$$

Wie man in (4.7) sieht, ist die zweite Ableitung wunschgemäß eliminiert worden, es tritt maximal die erste Ableitung grad u auf. Also ist C_0-Kontinuität der Formfunktionen ausreichend.

Der Preis, der dafür zu zahlen ist, besteht darin, daß nun auch die erste Ableitung der Gewichtsfunktion auftritt, von dieser also ebenfalls C_0-Kontinuität zu fordern ist, während in (4.5) nur die Gewichtsfunktion selbst auftrat. Auch bei anderen Differentialgleichungen führt der 1. GREEN'sche Satz dazu, daß die Kontinuitätsanforderungen an den Lösungsverlauf u zwar reduziert, jene an die Gewichtsfunktion jedoch erhöht werden. Weiterhin kommt durch den 1. GREEN'schen Satz ein Randintegrals in (4.7) ins Spiel.

Gleichung (4.7) wird auch als *schwache Formulierung* oder *schwache Form* der Differentialgleichung (4.1) bezeichnet, weil wie oben erläutert, schwächere Stetigkeitsvoraussetzungen von der Lösung erfüllt werden müssen als von der Lösung der Differentialgleichung, die folgerichtig auch *starke Form* genannt wird.

Aus den vorausgehenden Bemerkungen wird sofort klar, daß die einfachsten, nämlich konstante Formfunktionen für den FEM-Ansatz nach (4.7) nicht in Frage kommen, da sie nicht die geforderte C_0-Kontinuität aufweisen. Wie Kapitel 5 zeigt, sind konstante Formfunktionen bei der BEM jedoch ohne weiteres verwendbar und haben dort sogar etliche Vorteile gegenüber höheren Ansatzfunktionen.

4.1.1.5 Randintegral

Das in (4.7) auftretende Randintegral ist im 3D-Fall ein Oberflächen- und im ebenen 2D-Fall ein Konturintegral. Bei der sich anschließenden Diskretisierung zeigt sich, daß ein solches Randintegral eigentlich den regelmäßigen Aufbau der aus dem Volumenintegral in (4.7) hervorgehenden Systemmatrix stört. So möchte man es am liebsten zum Verschwinden bringen, während man bei der BEM, siehe Kapitel 5, gerade Randintegrale und kein Volumenintegral haben möchte.

Betrachtet man Abb. 4.4, so ist auf dem Teilrand Γ_1 laut Randbedingung (4.2) das Potential $\overline{u}$ vorgegeben und die Normalableitung unbekannt:

$$u|_{\Gamma_1} = \overline{u}, \qquad \left.\frac{\partial u}{\partial n}\right|_{\Gamma_1} \quad \text{unbekannt.}$$

Die DIRICHLET-Bedingung wird erzwungen bzw. in (4.7) eingearbeitet, indem die Knotenpotentiale u_k aus (4.4) in den auf Γ_1 liegenden Randknoten vorgegeben werden. Man spricht dabei auch von einer *essentiellen Randbedingung*. Die unbekannte Normalableitung $\partial u/\partial n$ wird im Randintegral in (4.7) wirkungslos gemacht, indem die frei wählbare Gewichtsfunktion dort auf Null gesetzt wird. Damit tritt das Randintegral nicht auf.

Auf dem Teilrand Γ_2 ist laut Randbedingung (4.2) die Normalableitung $\overline{q}$ vorgegeben und das Potential unbekannt:

$$\frac{\partial u}{\partial n}\bigg|_{\Gamma_2} = \overline{q}, \qquad u|_{\Gamma_2} \quad \text{unbekannt.}$$

Um die NEUMANN-Bedingung in (4.7) einzuarbeiten, ist das Randintegral zu berücksichtigen und auszuwerten. Nur für den (allerdings häufig vorkommenden) Sonderfall $\overline{q} = 0$, wie in Abb. 5.4, verschwindet das Randintegral von selbst. Damit wird die *homogene NEUMANN-Bedingung* automatisch in (4.7) eingearbeitet und man nennt sie auch *natürliche Randbedingung*. Dies bedeutet aber nicht, daß sich mit dem Näherungs-Ansatz nach (4.4) aus (4.7) automatisch $q = 0$ auf Γ_2 einstellt: Die NEUMANN-Bedingung $\overline{q} = 0$ läßt sich nicht erzwingen. Sie wird jedoch mit zunehmender Elementzahl immer besser approximiert, wie dies in den Abbildungen 4.32 und 4.33 veranschaulicht wird.

4.1.1.6 Lokales GALERKIN-Verfahren

Nun stellt sich die Frage nach einer geeigneten Gewichtsfunktion in (4.7). Zur Erinnerung sei der Lösungsansatz (4.4)

$$u(x, y, z) = \sum_{k=1}^{p} \alpha_k(x, y, z) u_k$$

hier wiederholt mit seinen Formfunktionen α_k.

Im Lauf der Zeit hat sich aus mehreren Gründen das *GALERKIN-Verfahren* bewährt, bei dem als Gewichtsfunktion die Formfunktionen selbst verwendet werden. So wurden über lange Zeit bei geometrisch einfacheren Problemen als Formfunktionen globale Funktionen verwendet, die im gesamten Bereich Ω definiert sind, und wobei die Werte u_k die Rolle von zunächst unbekannten Koeffizienten spielen, ähnlich wie bei den Eigenfunktionen zum Ansatz der Variationsseparation in Kapitel 3. Man spricht dabei auch vom *globalen GALERKIN-Verfahren*.

Für geometrisch komplizierte Fälle erwiesen sich die globalen Funktionen jedoch als ungeeignet zur Beschreibung einer sich beispielsweise in Teilgebieten stark, in anderen Teilgebieten wenig ändernden Lösung. So kam es zur Einführung der Formfunktionen in ihrer eigentlichen Bedeutung. Sie sind, wie Abb. 4.6 für den ebenen Fall und lineare Formfunktionen veranschaulicht, nur in einem elementweise begrenzten Teilbereich des Volumens Ω definiert und verschwinden im gesamten Restbereich. Werden diese lokalen Formfunktionen als Gewichtsfunktionen verwendet, so spricht man vom *lokalen GALERKIN-Verfahren*.

$$w_l(x, y, z) = \alpha_l(x, y, z) \tag{4.8}$$

Bei ihm sind die in Abschnitt 4.1.1.3 diskutierten Kontinuitätsforderungen für lineare und höhere Formfunktionen erfüllt.

Die numerische Praxis der letzten zwei Jahrzehnte hat gezeigt, daß das GALERKIN-Verfahren, abgesehen von wenigen Einzelfällen, bessere Genauigkeit als andere Gewichtsfunktionen liefert. Auch die Konvergenz ist besser,

$\alpha\,(x,y)$

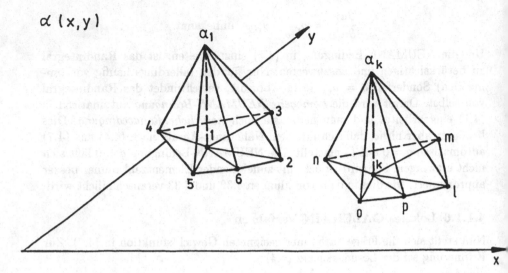

Abb. 4.6. Lineare Formfunktionen $\alpha_1(x,y)$ und $\alpha_k(x,y)$, zugeordnet zu den Knoten 1 und k

als dies z.B. beim Punkt-Kollokations-Verfahren der Fall ist, wie von TROW-BRIDGE in [14], Seite 238, für ein konkretes magnetostatisches Beispiel gezeigt wurde und wovon auch in anderen Arbeiten berichtet wird.

Die Leistungsfähigkeit des GALERKIN-Verfahrens (sowohl des globalen als auch des lokalen) in Kombination mit der Methode der gewichteten Residuen ist aus folgenden Gründen plausibel: Ist für das zu lösende Randwertproblem das äquivalente Variationsintegral bekannt, so liefert es mit vorgegebenen Formfunktionen exakt dieselbe Formulierung und dasselbe Gleichungssystem wie das GALERKIN-Verfahren in obiger Kombination. Es liefert also hinsichtlich der Feldenergie-Minimierung, die ja im Variationsproblem formuliert ist, die beste Lösung. Die Äquivalenz der Formulierungen wird in Abschnitt 4.1.1.7 gezeigt.

Das lokale GALERKIN-Verfahren in Kombination mit der Methode der gewichteten Residuen hat noch einen entscheidenden Vorteil, der aus der folgenden Überlegung hervorgeht. Gleichung (4.7) enthalte p Potentiale u_k in den Knoten $k = 1 \dots p$. Für deren Bestimmung sind p Gleichungen erforderlich, die dadurch entstehen, daß man die Gewichtsfunktion w nacheinander die Formfunktionen α_k mit $k = 1 \dots p$ annehmen läßt. In jeder dieser Gleichungen gibt es nun im Volumenintegral

$$\int_\Omega (\epsilon \, \text{grad} \, u) \, \text{grad} \, w \, d\Omega$$

offensichtlich nur dann von Null verschiedene Beiträge, wenn sich die Formfunktionen und damit ihre Gradienten überlappen. In dem in Abb. 4.6 dargestellten Beispiel überlappen sich die Formfunktionen α_1 und α_k beispielsweise nicht. Da es zu relativ wenigen Überlappungen kommt, entsteht in dem aus (4.7) resultierenden Gleichungssystem eine dünn besetzte, diagonalendominante Matrix und damit der große Vorteil, iterative Gleichungslöser einsetzen zu können.

Die Integration über ein einzelnes Element Ω^i in (4.7) liefert

$$E^i = \int\limits_{\Omega^i} (\epsilon\,\mathrm{grad}\,u)\,\mathrm{grad}\,w\,\mathrm{d}\Omega + \int\limits_{\Omega^i} \rho w\,\mathrm{d}\Omega$$

und mit der Gewichtsfunktion $w = \alpha_l(x, y, z)$ sowie dem Ansatz (4.4) folgt

$$E_l^i = \sum_{k=1}^{p} \left[\int\limits_{\Omega^i} \epsilon\,\mathrm{grad}\,\alpha_k\,\mathrm{grad}\,\alpha_l\,\mathrm{d}\Omega \right] u_k + \int\limits_{\Omega^i} \rho\alpha_l\,\mathrm{d}\Omega.$$

Damit resultiert aus (4.7) bei Integration über den gesamten Bereich

$$\sum_{i=1}^{n} \sum_{k=1}^{p} \left[\int\limits_{\Omega^i} \epsilon\,\mathrm{grad}\,\alpha_k\,\mathrm{grad}\,\alpha_l\,\mathrm{d}\Omega \right] u_k + \sum_{i=1}^{n} \int\limits_{\Omega^i} \rho\alpha_l\,\mathrm{d}\Omega = 0, \quad l = 1\ldots p.$$

(4.9)

Um anstelle von (4.9) p Gleichungen für p Werte u_k zu erhalten, sind nacheinander p Gewichtsfunktionen α_l mit $l = 1\ldots p$ einzuführen. Auf dem Rand Γ_2 wurde hier eine homogene NEUMANN-Bedingung angenommen.

4.1.1.7 Variationsintegral

Die vorstehend erläuterte Methode der gewichteten Residuen in Kombination mit dem GALERKIN-Verfahren ist universell einsetzbar und wird daher auch im weiteren verfolgt. Wie bereits erwähnt, ist für etliche Randwertprobleme der Elektrotechnik auch das äquivalente Variationsproblem bekannt, dessen Behandlung zum selben Ergebnis führt.

Liegt auf dem Rand Γ_2 eine homogene NEUMANN-Bedingung vor (parallel zum Rand gerichtetes Feld), so lautet das *dem Randwertproblem* nach (4.1) und (4.2) *äquivalente Variationsproblem*

$$L(u) = \frac{1}{2} \int\limits_{\Omega} \epsilon(\mathrm{grad}\,u)^2\,\mathrm{d}\Omega + \int\limits_{\Omega} \rho u\,\mathrm{d}\Omega \overset{!}{=} \min.$$

(4.10)

Es besagt, daß die LAGRANGE-Energie $L(u)$ des zugehörigen Feldes für die sich einstellende Lösung der Potentialverteilung minimiert wird.

Im folgenden wird gezeigt, daß die Aussage von (4.10) auf dasselbe Ergebnis wie die Anwendung des lokalen GALERKIN-Verfahrens führt. Der Ansatz nach (4.4)

$$u(x, y, z) = \sum_{k=1}^{p} \alpha_k(x, y, z) u_k,$$

eingesetzt in den Ausdruck für die LAGRANGE-Energie (4.10), ergibt

$$L(u) = \frac{1}{2} \int_{\Omega} \epsilon \underbrace{\left[\mathrm{grad} \sum_{k=1}^{p} \alpha_k u_k \right]^2}_{\left[\sum_{k=1}^{p} (\mathrm{grad}\, \alpha_k) u_k \right]^2} r d\Omega + \int_{\Omega} \rho \sum_{k=1}^{p} \alpha_k u_k\, r d\Omega.$$

Die Minimierung der LAGRANGE-Energie bedeutet, zu fordern

$$\frac{\partial L}{\partial u_l} = 0 \qquad \text{für} \quad l = 1 \ldots p.$$

Mit

$$\frac{\partial u_k}{\partial u_l} = \begin{cases} 1 & \text{für } l = k \\ 0 & \text{für } l \neq k \end{cases}$$

ergibt sich

$$\frac{\partial L}{\partial u_l} = \frac{1}{2} \int_{\Omega} \epsilon \cdot 2 \cdot \sum_{k=1}^{p} (\mathrm{grad}\, \alpha_k) u_k \cdot \mathrm{grad}\, \alpha_l\, d\Omega + \int_{\Omega} \rho \alpha_l\, d\Omega = 0.$$

Wird Ω ersetzt durch die Summe der n einzelnen Elemente Ω_i ersetzt, ergibt sich schließlich

$$\frac{\partial L}{\partial u_l} = \sum_{i=1}^{n} \sum_{k=1}^{p} \left[\int_{\Omega^i} \epsilon\, \mathrm{grad}\, \alpha_k\, \mathrm{grad}\, \alpha_l\, d\Omega \right] u_k + \sum_{i=1}^{n} \int_{\Omega^i} \rho \alpha_l\, d\Omega, \quad l = 1 \ldots p.$$

(4.11)

und somit dieselbe Gleichung wie (4.9).

Auch für andere Randbedingungen als die oben angenommene homogene NEUMANN-Bedingung auf Γ_2 läßt sich dasselbe Ergebnis für das Variationsproblem und das lokale GALERKIN-Verfahren/Residuumsmethode herbeiführen.

4.1.1.8 Gleichungssystem

Der letzte Schritt der FEM-Strategie besteht nun darin, das Gleichungssystem (4.9) bzw. (4.11) auszuwerten, nachdem eine Entscheidung getroffen wurde, welche Art von Elementen, also z.B. Dreiecke, Rechtecke in 2D oder Tetraeder, Quader in 3D, verwendet werden soll und welche Art von Formfunktionen α_k, also lineare, quadratische oder solche höherer Ordnung, zum Einsatz gelangen soll.

Faßt man die aus dem Produkt $\operatorname{grad}\alpha_k \operatorname{grad}\alpha_l$ und der Integration über die einzelnen Elemente Ω_i in (4.9) entstehenden Matrixelemente K_{lk} zu einer Matrix $\mathbf{K}$ zusammen

$$K_{lk} \longrightarrow \mathbf{K},$$

die unbekannten Knotenpotentiale u_k zu einem Spaltenvektor $\mathbf{U}$

$$u_k \longrightarrow \mathbf{U}$$

und die bekannten Raumintegrale über die Raumladungsdichte ρ sowie die vorgegebenen Randpotentiale zu einem Spaltenvektor $\mathbf{F}$, so entsteht das lineare Gleichungssystem

$$\boxed{\mathbf{K} \cdot \mathbf{U} + \mathbf{F} = 0} \tag{4.12}$$

4.1.2 Geometrie der Elemente

Zur Auswertung von (4.9) ist zunächst die Entscheidung zu treffen, welche geometrische Form die einzelnen Elemente Ω_i aufweisen sollen. Hierfür sind die Aufgabenstellung und auch die Implementierung entscheidend.

4.1.2.1 Querschnitts-Elemente (2D)

Das einfachste zur Verfügung stehende Grundelement im 2D-Fall ist das *Dreieck*. Da die äußere Umrandung Γ in der Elektrotechnik häufig ein Polygonzug ist und ein solcher sich immer in zu Dreiecken gehörige Seiten zerlegen läßt, ist das Dreieck für unterschiedliche Polygone und damit Problemstellungen flexibel einsetzbar, siehe Abb. 4.7.

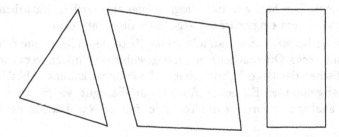

Abb. 4.7. Querschnitts-Elemente (2D) Dreieck, Viereck, Rechteck

Bei genügend vielen Elementen Ω_i, wie sie für die meisten Aufgabenstellungen wegen der geforderten Genauigkeit auch benötigt werden, kann man mit den Seiten von Dreiecken auch Kreisbogen-Ränder und -Übergänge sehr gut nachbilden, wie Abb. 4.3 für den Maschinen-Querschnitt zeigt.

Besonders einfach gestaltet sich die Verarbeitung der Elementdaten bei *Rechtecken*, wenn ihre Seiten parallel zu den kartesischen Koordinaten verlaufen, denn in diesem Fall ist die Auswertung der Differentialoperatoren trivial.

Rechteckige Elemente sind aber leider nicht universell einsetzbar und müssen bei Rändern, die nicht mit den kartesischen Koordinaten $x = $ const, $y = $ const zusammenfallen, durch Dreieckselemente ergänzt werden.

Mit dem nächst vielseitigeren Element, dem *Viereck*, kann man aufgrund der freigegebenen Winkel die Randgeometrie ebenfalls gut approximieren. Vorteilhaft ist bei viereckigen Elementen (nicht rechteckförmigen) die kleinere erforderliche Elementzahl, die eine entsprechend kleinere Zahl von Verarbeitungsschritten bei der Aufstellung des Gleichungssystems zur Folge hat. Daher kann man die Verwendung von viereckigen Elementen in FEM-Programmen ohne adaptive Netzgenerierung häufig antreffen. Bei adaptiver Netzgenerierung, siehe auch Abschnitt 4.4, ist die Anwendbarkeit von viereckigen Elementen jedoch dadurch eingeschränkt, daß die notwendigen Schritte zur Netzglättung, siehe ebenfalls Abschnitt 4.4, nur schwer anwendbar sind und die Netzqualität somit verschlechtert wird. Daher werden diese Elemente im folgenden nicht weiter behandelt.

4.1.2.2 Volumen-Elemente (3D)

Im 3D-Fall ist das einfachste zur Verfügung stehende Element das *Tetraeder*. Aus ebenen Teilflächen bestehende Gesamtoberflächen Γ werden durch die Seitenflächen der Tetraeder exakt nachgebildet. Obwohl es einfach ist, weist das Tetraeder als Element zum Auffüllen von Volumina Ω die größte Flexibilität auf.

Da im 3D-Fall durch Verwendung komplexerer Elementgeometrien der Aufwand für das Aufstellen des Gleichungssystems noch deutlicher reduziert werden kann als im 2D-Fall, sind Elementgeometrien wie der *Quader* mit rechteckigen Seitenflächen häufig in den Programmen anzutreffen. Natürlich ist die Flexibilität wiederum eingeschränkt gegenüber dem Tetraeder.

Letztere ist besser, wenn man allgemeine Hexaeder (allgemeine achteckige Elemente mit *sechs* Oberflächen) mit frei gewählten Winkeln verwendet, für die im Englischen der Begriff „brick element" häufig vorkommt. Abbildung 4.8 zeigt die drei genannten Elemente. Auch im 3D-Fall gilt wie für zwei Dimensionen, daß analog zum Dreieck das Tetraeder für die Nachbildung der Grund-

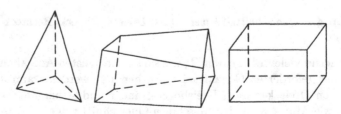

Abb. 4.8. Volumen-Elemente (3D) Tetraeder, allgemeines Hexaeder (brick element), Quader

geometrien und vor allem für die adaptive Netzgenerierung mit Netzglättung
die anpassungsfähigste Geometrie darstellt.

Aus der Anfangszeit der 3D-Feldberechnung mit der FEM stammt ein da-
mals häufig verwendetes Element, nämlich das *Prisma* oder Pentaeder. Das
liegt einfach daran, daß man den Übergang von 2D zu 3D mit den Elementen
auf möglichst einfache Weise vornehmen wollte und eine mit Dreiecken diskretisierte x-y-Ebene einfach in die dritte Dimension, die z-Richtung, schichtenweise
wachsen ließ, wodurch naturgemäß Prismen entstehen. Abbildung 4.9 zeigt ein
solches Schichtenmodell. Natürlich ist seine Anpassungsfähigkeit begrenzt, da
die in der Ausgangsebene $z = \text{const}$ festgelegte Dreiecksdiskretisierung in den
übrigen Ebenen $z = \text{const}$ erhalten bleibt. Daher befindet sich die Verbreitung des Schichtenmodells angesichts in allen drei Dimensionen echt adaptiver
Verfahren mit Tetraedern, siehe Abschnitt 4.4, im Rückzug.

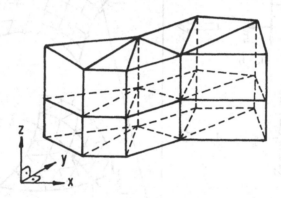

Abb. 4.9. Schichtenmodell: Diskretisierung mit Prismen

4.1.2.3 Transformation von Elementen (2D und 3D)

Bei einer gegebenen Aufgabenstellung kann man entweder mit vielen einfachen Elementen, wie den in den Abschnitten 4.1.2.1 und 4.1.2.2 besprochenen
arbeiten oder mit weniger, aber komplizierter gestalteten, um die Geometrie
nachzubilden. Letzteres läuft dann auch auf weniger Knoten und Unbekannte
hinaus.

Erzeugen lassen sich solche Elemente von komplizierterer Form durch eine Transformation aus einfacheren Elementen. Abbildung 4.10 zeigt zwei Beispiele für eine solche Transformation. Dabei werden im Falle des Rechtecks
die lokalen Koordinaten $\{\xi, \eta\}$ in ein neues, krummliniges Koordinatensystem
transformiert, so daß anstelle des Rechtecks ein verbogenes Viereck entsteht.
Im Falle des Dreiecks werden die baryzentrischen Koordinaten $\{\xi, \eta\}$, auch
Flächenkoordinaten genannt, in neue krummlinige baryzentrische Koordinaten
transformiert.

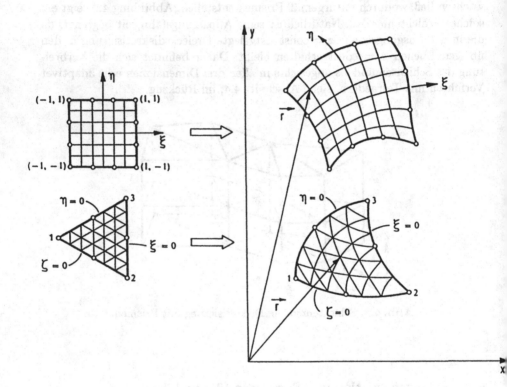

Abb. 4.10. Transformation von 2D-Elementen

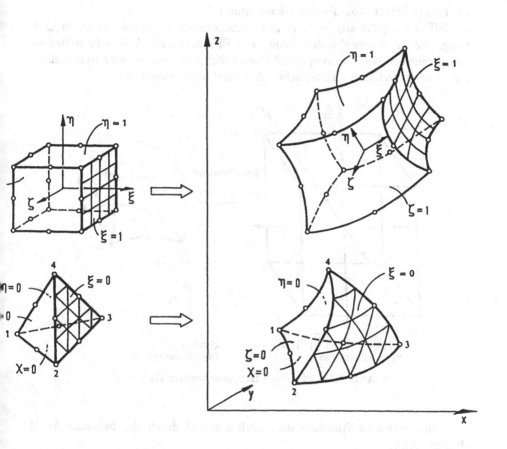

Abb. 4.11. Transformation von 3D-Elementen

Abbildung 4.11 zeigt den entsprechenden Transformationsvorgang für wiederum zwei Beispiele. Der Quader mit den lokalen Koordinaten $\{\xi, \eta, \zeta\}$ wird in einen verbogenen Quader mit neuen krummlinigen Koordinaten transformiert, das Tetraeder mit den lokalen baryzentrischen Koordinaten $\{\xi, \eta, \zeta\}$, auch Volumen-Koordinaten genannt, wird in ein verbogenes Tetraeder mit neuen, krummlinigen Koordinaten transformiert.

BIRO u.a. [100] arbeiten z.B. mit transformierten Hexaedern zweiter Ordnung. Die dabei entstehenden 26knotigen Elemente nach Abb. 4.12 stellen offenbar einen effizienten Kompromiß hinsichtlich numerischer Genauigkeit einerseits und vertretbarem numerischen Aufwand andererseits dar.

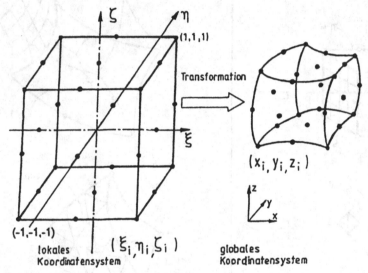

Abb. 4.12. 26knotige Hexaeder zweiter Ordnung

Die gewünschte Transformation muß natürlich durch eine bekannte Abbildungsfunktion

$$\begin{bmatrix} x \\ y \end{bmatrix} = f \begin{bmatrix} \xi \\ \eta \end{bmatrix} \qquad \text{bzw.} \qquad \vec{r} = f(\xi, \eta) \qquad \text{in 2D,}$$

$$\begin{bmatrix} x \\ y \\ z \end{bmatrix} = f \begin{bmatrix} \xi \\ \eta \\ \zeta \end{bmatrix} \qquad \text{bzw.} \qquad \vec{r} = f(\xi, \eta, \zeta) \qquad \text{in 3D}$$

mit x, y, z: globale Koordinaten, siehe Abb. 4.11
      $\vec{r}$:   Ortsvektor
beschrieben werden können. Ist sie bekannt, können auch die noch zu behandelnden *Formfunktionen* $\alpha_k(\xi, \eta)$ bzw. $\alpha_k(\xi, \eta, \zeta)$ in lokalen Koordinaten angegeben werden.

Ein bequemer Weg, um die Koordinaten-Transformation anzugeben, besteht darin, die in Abschnitt 4.1.3 noch zu behandelnden Standard-Formfunktionen einzusetzen, welche dort zur Approximation der unbekannten Lösungsfunktion verwendet werden.

So kann man für jedes Element ansetzen

$$
\begin{aligned}
x(\xi,\eta,\zeta) &= \alpha_1'(\xi,\eta,\zeta)x_1 + \alpha_2'(\xi,\eta,\zeta)x_2 + \cdots + \alpha_p'(\xi,\eta,\zeta)x_p, \\
y(\xi,\eta,\zeta) &= \alpha_1'(\xi,\eta,\zeta)y_1 + \alpha_2'(\xi,\eta,\zeta)y_2 + \cdots + \alpha_p'(\xi,\eta,\zeta)y_p, \\
z(\xi,\eta,\zeta) &= \alpha_1'(\xi,\eta,\zeta)z_1 + \alpha_2'(\xi,\eta,\zeta)z_2 + \cdots + \alpha_p'(\xi,\eta,\zeta)z_p,
\end{aligned}
$$

bzw.

$$
\vec{r}(\xi,\eta,\zeta) = \sum_{k=1}^{p} \alpha_k'(\xi,\eta,\zeta)\vec{r}_k \qquad (4.13)
$$

mit
$x,\,y,\,z$:	globale Koordinaten,
$\vec{r}_k$:	Ortsvektor,
α_k':	Standard-Formfunktion,
$x_k,\,y_k,\,z_k$:	Knoten-Koordinaten des Knotens k,
$\vec{r}_k$:	Ortsvektor des Knotens k; $k = 1\ldots p$.

Setzt man nun die die Geometrie definierenden Formfunktionen $\alpha_k'(\xi,\eta,\zeta)$ den den Lösungsverlauf bestimmenden Formfunktionen $\alpha_k(\xi,\eta,\zeta)$ gleich und verwendet für Geometrie und Lösung dieselben Knoten k, so spricht man von *isoparametrischen Elementen*:

$$
\boxed{\alpha_k(\xi,\eta,\zeta) = \alpha_k'(\xi,\eta,\zeta).} \qquad (4.14)
$$

Abbildung 4.13 zeigt ein solches Beispiel eines isoparametrischen Elements. Mit den drei jeweils pro Seite zusammenfallenden Knoten für Geometrie- und Lösungsnachbildung kann man einen quadratischen Geometrie- und quadratischen Lösungsverlauf erzeugen und spricht dann von einem quadratischen isoparametrischen Element.

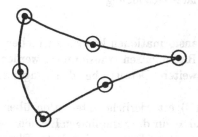

Abb. 4.13. Isoparametrisches Element; ● Knoten für Geometrie-Nachbildung, ○ Knoten für Lösungsverlauf-Nachbildung

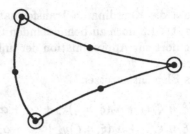

Abb. 4.14. Superparametrisches Element; ● Knoten für Geometrie-Nachbildung,
○ Knoten für Lösungsverlauf-Nachbildung

Verwendet man zur Festlegung des Lösungsverlaufs nur die Eckknoten, wie
in Abb. 4.14, so spricht man von einem *superparametrischen Element*. In entsprechender Weise kann man andersherum mehr Knoten für die Nachbildung
des Lösungsverlaufs vorsehen, als für diejenige der Geometrie, was häufig geschieht. So arbeitet man z.B. bei ebenen Problemen oft mit geradlinigen Dreiecken, setzt jedoch für den Lösungsverlauf Polynome höherer Ordnung an, für
die man mehr als die drei Eckknoten benötigt. Insbesondere bei der adaptiven
Netzgenerierung mittels p-Verfeinerung (siehe Abschnitt 4.4) kommt dies vor.
Konsequenterweise wurde für solche Elemente der Begriff *subparametrischer
Elemente* eingeführt. Abbildung 4.15 zeigt ein solches Beispiel.

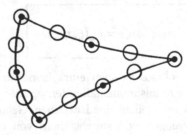

Abb. 4.15. Subparametrisches Element; ● Knoten für Geometrie-Nachbildung,
○ Knoten für Lösungsverlauf-Nachbildung

Durch derartige Transformationen können auch ebene Elemente wie Drei-
ecke und Rechtecke in Raumflächen transformiert werden. ZIENKIEWICZ u.
TAYLOR [161] geben weitere Details über den Umgang mit transformierten
Elementen an.

Während die in (4.9) erforderliche Integration über die Formfunktionen
bzw. ihre Ableitung grad α_k für die geradlinigen Elemente in den meisten Fällen
analytisch erfolgen kann, ist im Fall transformierter Elemente eine numerische
Integration erforderlich, siehe auch [161]. Der Vorteil einer guten Geometrie-
approximation wird also mit einem erhöhten numerischen Aufwand bei der
Aufstellung der Matrix für das Gleichungssystem erkauft. Bei begrenzten Spei-

cherressourcen und dem damit verbundenen Zwang, die Zahl der Knoten und Unbekannten möglichst gering zu halten, erscheinen die transformierten Elemente jedoch interessant. Allerdings dürfte bei fortschreitender Entwicklung von Rechnertechnik und Speichergröße der zusätzliche Aufwand bei Implementierung und Einsatz eher gegen die transformierten, gekrümmten Elemente sprechen. Auch eine adaptive Netzgenerierung läßt sich mit ihnen wohl nur schwer effizient gestalten.

4.1.3 Diskretisierung mit linearen Elementen

Unter linearen Elementen werden üblicherweise solche verstanden, die einen linearen Verlauf der Lösungsfunktion und somit auch einen linearen Verlauf der Formfunktionen aufweisen. Wird durch die letzteren auch die Elementgeometrie definiert, so liegt der häufig verwendete Fall isoparametrischer linearer Elemente vor, wie er in Abschnitt 4.1.2.3 behandelt wurde.

Von der FEM-Formulierung (4.7) her ist die Forderung zu rekapitulieren, daß der Lösungsverlauf und damit die Formfunktionen C_0-Kontinuität hinsichtlich der Elementgrenzen aufweisen, an diesen also stetig sein müssen. Die linearen Elemente sind somit die einfachst möglichen, die diese Forderung erfüllen. Gleichwohl sind sie leistungsfähig, insbesondere, wenn man Dreiecke und Tetraeder auswählt, siehe Abschnitt 4.1.2. Auch die Abbildungen 4.1 und 4.3 vermitteln einen Eindruck davon. Der elementweise lineare Verlauf der Vektorpotentialverteilung zu Abb. 4.3 wird in Abb. 4.2 und der sich daraus ergebende elementweise konstante, aber nicht mehr stetige Verlauf der Feldstärke bzw. Induktion in Abb. 4.16 dargestellt.

4.1.3.1 Querschnitts-Diskretisierung (2D)

Abbildung 4.3 zeigt einen typischen Anwendungsfall für die Diskretisierung eines Querschnitts mit Dreieckselementen, wobei die herausvergrößerte Zone mit einigen Elementen $\Omega_1 \ldots \Omega_6$ und Knoten $1 \ldots 7$ gleichfalls typisch für die verwendete Netzstruktur ist. Es wird also der gesamte zu behandelnde Querschnitt Ω in n Elemente Ω^i aufgeteilt:

$$\Omega = \sum_{i=1}^{n} \Omega^i$$

Abbildung 4.17 gibt die in Abb. 4.3 herausvergrößerte Zone wieder.

Die folgenden Betrachtungen beziehen sich sowohl auf die Potentiallösung $u(x, y)$ zu dem bislang behandelten Randwertproblem gemäß (4.1) und (4.2) und seiner FEM-Formulierung (4.9) als auch auf die Vektorpotentiallösung $A(x, y)$, die sich bei der Anordnung gemäß Abb. 4.1 formal entsprechend ergibt und aus der Differentialgleichung für Stillstand und ohne Rotorstrom hervorgeht:

$$\boxed{\operatorname{div}(\nu \operatorname{grad} A_0) = -G_e} \tag{4.15}$$

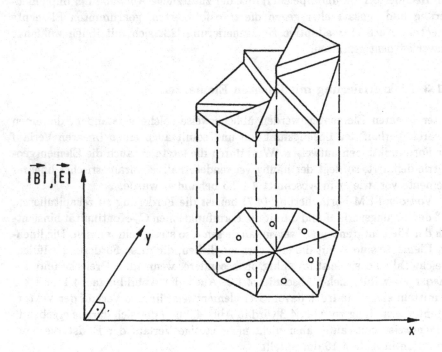

Abb. 4.16. Elementweise konstanter und insgesamt unstetiger Verlauf der Feldstärke $|\vec{E}(x,y)|$ bzw. $|\vec{B}(x,y)|$

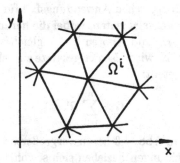

Abb. 4.17. Typischer Ausschnitt aus der 2D-Netzstruktur mit Dreiecken

mit A_0:   gesuchte exakte Lösung,

G_e: äquivalente Stromdichte für Permanentmagnet,

$\nu = 1/\mu$:   Reluktivität.

Die Randbedingung auf der Statoraußenfläche Γ lautet wegen der sehr hohen Permeabilität

$$A_0 = 0 \quad \text{auf } \Gamma, \tag{4.16}$$

und die zugehörige FEM-Formulierung ergibt sich entsprechend Abschnitt 4.1.1 zu

$$\sum_{i=1}^{n} \sum_{k=1}^{p} \left[\int_{\Omega^i} \nu \, \mathrm{grad}\, \alpha_k \, \mathrm{grad}\, \alpha_l \, \mathrm{d}\Omega \right] A_k + \sum_{i=1}^{n} \int_{\Omega^i} G_e \alpha_l \, \mathrm{d}\Omega = 0, \quad l = 1 \ldots p.$$

$$\tag{4.17}$$

Der aufgrund der Analogie des Skalarpotentials $u(x,y)$ als Lösung des Randwertproblems nach (4.1) und (4.2) und des Vektorpotentials $A(x,y)$ als Lösung des analogen Randwertproblems nach (4.15) und (4.2) resultierende identische Lösungsverlauf in Abb. 4.2 überträgt sich im ebenen Fall auch auf den örtlichen Verlauf der Beträge von elektrischer Feldstärke und Induktion in Abb. 4.16, was im folgenden leicht zu erkennen ist:

$$\vec{E} = -\, \mathrm{grad}\, u = -\frac{\partial u}{\partial x} \vec{e}_x - \frac{\partial u}{\partial y} \vec{e}_y,$$

$$|\vec{E}| = \sqrt{(\frac{\partial u}{\partial x})^2 + (\frac{\partial u}{\partial y})^2};$$

$$\vec{B} = \mathrm{rot}\, \vec{A} = \frac{\partial A}{\partial y} \vec{e}_x - \frac{\partial A}{\partial x} \vec{e}_y \quad \text{mit} \quad \vec{A} = A(x,y)\vec{e}_z,$$

$$|\vec{B}| = \sqrt{(\frac{\partial A}{\partial x})^2 + (\frac{\partial A}{\partial y})^2}.$$

4.1.3.2 Lokale Basisfunktionen (2D)

Nun wird die exakte Lösung $A_0(x,y)$ bzw. $u_0(x,y)$ approximiert durch eine Summe von lokalen Basisfunktionen $u^i(x,y)$

$$u(x,y) = \sum_{i=1}^{n} u^i(x,y), \quad u(x,y) \text{ stetig}, \tag{4.18}$$

die die obengenannte Forderung nach stetigem Gesamtverlauf zu erfüllen hat und in Abb. 4.2 dargestellt ist. Die lokalen Basisfunktionen $u^i(x.y)$ sind dabei nur über dem Element Ω^i definiert und werden daher auch Basisfunktionen mit finitem Träger genannt:

$$u^i(x,y): \quad \text{lokale Basisfunktion} \quad \begin{cases} \neq 0 & \text{in} \quad \Omega^i, \\ = 0 & \text{außerhalb} \quad \Omega^i. \end{cases}$$

Sie stellen den Lösungsverlauf über dem Element Ω^i dar, bei linearen Elementen somit einen linearen Verlauf, wie ihn Abb. 4.18, zeigt und der durch die einfache Funktion

$$u^i(x,y) = a_1 + a_2x + a_3y$$

beschrieben werden kann.

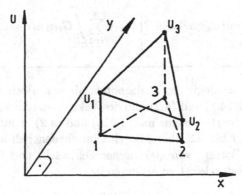

Abb. 4.18. Lineare lokale Basisfunktion über dem Element Ω^i

In der FEM-Formulierung gemäß (4.9) bzw. (4.17) sind bereits lokale Formfunktionen eingeführt worden, welche nur von der Geometrie abhängen und zweckmäßiger als die lokalen Basisfunktionen sind.

4.1.3.3 Lokale Standard-Formfunktionen (2D)

Der approximierte Verlauf der Lösung $u(x,y)$ kann allgemein dargestellt werden durch

$$u(x,y) = \sum_{k=1}^{p} \alpha_k(x,y)a_k, \tag{4.19}$$

wobei a_k die noch zu findenden Parameter (Unbekannten) sind. Identifiziert man diese mit den Werten des Lösungsverlaufs $u(x,y)$ in den Elementknoten k, setzt man also

$$a_k = u_k, \tag{4.20}$$

werden die so definierten Formfunktionen $\alpha_k(x,y)$ *Standard-Formfunktionen* genannt.

Verwendet man Polynome für letztere, so führt ein angenommener Fall gleichgroßer Werte u_k in allen Knoten k zu einem konstanten Lösungsverlauf

$$u(x, y) = u_k,$$

woraus mit (4.19) sofort

$$\boxed{\sum_{k=1}^{p} \alpha_k(x, y) = 1} \tag{4.21}$$

in allen Punkten des Gebietes Ω folgt. Dies ist ein weiteres Charakteristikum der Standard-Formfunktionen.

Die soeben durchgeführte Begriffsbildung gilt ebenso für einen skalaren Lösungsverlauf $u(x, y, z)$ im 3D-Fall.

Da wegen (4.20) in einem Knoten k die zugehörige Standard-Formfunktion $\alpha_k(x, y)$ immer den Wert 1 haben muß, haben mit (4.21) automatisch alle anderen Formfunktionen den Wert 0. Es gilt also

$$\boxed{\alpha_k(x_l, y_l) = \delta_{lk} = \begin{cases} 1 & \text{für} \quad l = k, \\ 0 & \text{für} \quad l \neq k, \end{cases}} \tag{4.22}$$

mit x_l, y_l: Knoten-Koordinaten des Knotens l.

Somit läßt sich im linearen Fall die bereits in Abb. 4.18 gezeigte lokale Basisfunktion über dem Dreieckselement Ω^1 darstellen durch eine Superposition von drei linearen Formfunktionen α_1, α_2, α_3, welche jeweils zu den Knoten 1, 2 und 3 gehören:

$$u(x, y) = \sum_{k=1}^{3} \alpha_k(x, y) u_k \quad \text{in} \quad \Omega^1. \tag{4.23}$$

Die zu überlagernden Funktionen sind in Abbildung 4.19 gezeigt.

In der FEM-Formulierung (4.9) treten die Basisfunktionen nicht auf, sondern nur die Formfunktionen. Abbildung 4.20 zeigt die vollständige Formfunktion $\alpha_1(x, y)$, die dem Knoten $k = 1$ zugeordnet ist. Man sieht, daß sie von ihrem maximalen Wert 1 aus über allen den Knoten 1 umgebenden Dreiecken linear abfällt, bis sie auf deren Seiten den Wert 0 erreicht.

Um den Verlauf der Formfunktion über Dreieckselementen auch analytisch zu beschreiben, kann man die globalen kartesischen Koordinaten verwenden. Einfacher zu bewerkstelligen ist dies jedoch mit speziellen Dreiecks-Koordinaten wie im sich anschließenden Abschnitt.

4.1.3.4 Dreiecks-Koordinaten

Während kartesische Koordinaten parallel zu den Seiten eines Rechtecks eine natürliche, zweckmäßige Wahl zur Beschreibung desselben darstellen, sind sie für die Dreiecksbeschreibung unbequem.

Ebenso wie für das Rechteck muß es auch für das Dreieck als Fläche (eben, aber auch gekrümmt) möglich sein, letztere durch zwei voneinander unabhängige Koordinaten zu beschreiben. Hierzu werden in Abb. 4.21 für das dargestellte

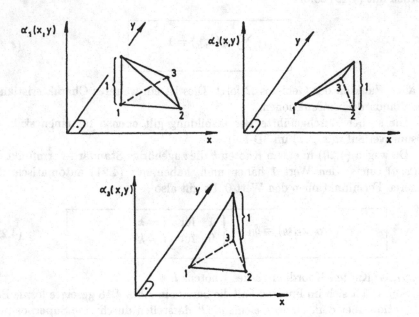

Abb. 4.19. Zu überlagernde Formfunktionen

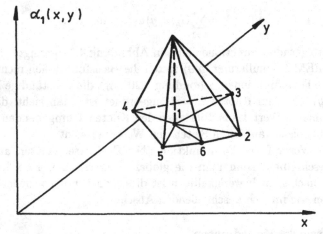

Abb. 4.20. Vollständige lineare Formfunktion $\alpha_1(x, y)$ zu Knoten 1

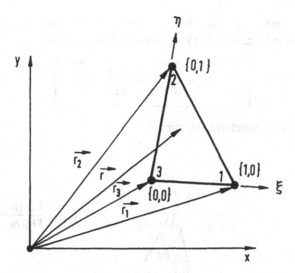

Abb. 4.21. Globale $(x, y$ bzw. $\vec{r})$ und lokale $\{\xi, \eta\}$ Koordinaten für ein Dreieckselement

Dreieck die lokalen Koordinaten $\{\xi, \eta\}$ eingeführt, die durch die folgende Relation zu den globalen Koordinaten (x, y) bzw. dem zugehörigen Ortsvektor $\vec{r}$ festgelegt werden:

$$x = \xi x_1 + \eta x_2 + \zeta x_3$$
$$y = \xi y_1 + \eta y_2 + \zeta y_3 \qquad (4.24)$$

bzw.

$$\vec{r} = \xi \vec{r}_1 + \eta \vec{r}_2 + \zeta \vec{r}_3$$

mit (x_k, y_k): globale Koordinaten der Dreiecksknoten $k = 1 \ldots 3$,

$\quad\;\; \vec{r}_k$: Ortsvektoren der Dreiecksknoten $k = 1 \ldots 3$.

Die dritte Koordinate ζ fungiert dabei als eine Art Hilfskoordinate. Da zwei Koordinaten für die Flächenbeschreibung ausreichen, muß eine lineare Abhängigkeit zwischen den drei Koordinaten ξ, η und ζ bestehen. Aus (4.24) ergeben sich zwangsläufig die folgenden gewollten Zuordnungen:

$$\vec{r} = \vec{r}_1 : \quad \xi = 1 \quad \rightarrow \quad \eta|_{\vec{r}_1} = \zeta|_{\vec{r}_1} = 0,$$
$$\vec{r} = \vec{r}_2 : \quad \eta = 1 \quad \rightarrow \quad \xi|_{\vec{r}_2} = \zeta|_{\vec{r}_2} = 0,$$
$$\vec{r} = \vec{r}_3 : \quad \zeta = 1 \quad \rightarrow \quad \xi|_{\vec{r}_3} = \eta|_{\vec{r}_3} = 0.$$

Hieraus folgt

$$\xi + \eta + \zeta = 1 \qquad (4.25)$$

als lineare Abhängigkeit der drei lokalen Koordinaten voneinander.

Die Frage, wo die Konturlinien $\xi = $ const, $\eta = $ const im Dreieck zu finden sind, läßt sich am leichtesten beantworten, wenn man eine weitere mögliche

Definition der Dreieckskoordinaten heranzieht. So läßt sich beispielsweise die Koordinate ξ eines Punktes $P(\vec{r})$ im Dreieck definieren als

$$\xi = \frac{\text{Fläche} \quad P23}{\text{Fläche} \quad 123},$$ (4.26)

wie in Abb. 4.22 veranschaulicht wird.

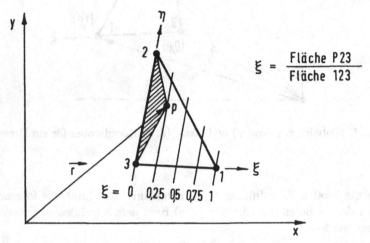

Abb. 4.22. Lokale Koordinaten $\{\xi, \eta\}$ für Dreieckselement, definiert als Flächenkoordinaten

Damit wird aufgrund des linearen Zusammenhangs von Fläche und Höhe eines Dreiecks schnell klar, daß die Konturlinien $\xi = $ const parallel zur Dreiecksseite 23 verlaufen, auf welcher $\xi = 0$ gilt, wie Abb. 4.22 zeigt. Entsprechendes gilt für die Konturlinien $\eta = $ const (parallel zur Dreiecksseite 13) und auch für die Hilfskoordinate $\zeta = $ const (parallel zur Dreiecksseite 12).

Aufgrund der vorstehenden Definition werden die *Dreieckskoordinaten* auch als *Flächen-Koordinaten* (engl. area coordinates) bezeichnet. Auch der Name „baryzentrische Koordinaten" ist gebräuchlich.

Wegen der erläuterten Eigenschaften der Dreieckskoordinaten ist offenkundig, daß ihr Verlauf

$$\{\xi, \eta, \zeta\} = f(x, y)$$

offenbar identisch ist mit dem Verlauf der linearen Formfunktionen in (4.23)

$$\{\alpha_1, \alpha_2, \alpha_3\} = f(x, y),$$

wie er in Abb. 4.19 dargestellt wurde.

Somit lassen sich die *linearen Formfunktionen in Dreieckskoordinaten* besonders einfach durch diese Koordinaten selbst darstellen:

$$
\begin{aligned}
\alpha_1(\xi,\eta,\zeta) &= \xi, \\
\alpha_2(\xi,\eta,\zeta) &= \eta, \\
\alpha_3(\xi,\eta,\zeta) &= \zeta = 1 - \xi - \eta.
\end{aligned}
\tag{4.27}
$$

Sowohl die linearen Formfunktionen als auch die Dreieckskoordinaten sind jeweils vom Wert 1 an einem Dreiecksknoten, vom Wert 0 an den anderen und verlaufen im übrigen linear.

Will man die lokalen Dreieckskoordinaten durch die globalen kartesischen Koordinaten ausdrücken, so ergibt sich aus (4.24) nach elementarer Zwischenrechnung

$$
\begin{aligned}
\xi &= \frac{a_1 + b_1 x + c_1 y}{2\Omega^1}, \\
\eta &= \frac{a_2 + b_2 x + c_2 y}{2\Omega^1}, \\
\zeta &= \frac{a_3 + b_3 x + c_3 y}{2\Omega^1},
\end{aligned}
\tag{4.28}
$$

mit

$$
\begin{aligned}
a_1 &= x_2 y_3 - x_3 y_2, \\
b_1 &= y_2 - y_3, \\
c_1 &= x_3 - x_2
\end{aligned}
\tag{4.29}
$$

usw. mit zyklischer Vertauschung der Indizes für a_2, b_2, c_2 und a_3, b_3, c_3. Ω^1 ist die Dreiecksfläche:

$$
\Omega^1 = \frac{1}{2} \det \begin{vmatrix} 1 & x_1 & y_1 \\ 1 & x_2 & y_2 \\ 1 & x_3 & y_3 \end{vmatrix} = \text{Fläche 123}.
\tag{4.30}
$$

Die Nützlichkeit der Dreieckskoordinaten zeigt sich weiter bei den aus der FEM-Formulierung (4.9) resultierenden erforderlichen Rechenoperationen.

Hierzu seien zunächst zwei auch für höhere Formfunktionen nützliche Integrale unter Verwendung der Dreieckskoordinaten angegeben, nämlich das *Flächenintegral über die Elementfläche Ω^i*

$$
\int_{\Omega^i} \xi^a \eta^b \zeta^c \, d\Omega = 2\Omega^i \frac{a!\,b!\,c!}{(a+b+c+2)!},
\tag{4.31}
$$

sowie das *Kantenintegral über die Kante der Länge $\Gamma_{21} = |\vec{r}_2 - \vec{r}_1|$* zwischen den Knoten 1 und 2

$$
\int_{\Gamma_{12}} \xi^a \eta^b \, d\Gamma = 2\Gamma_{12} \frac{a!\,b!}{(a+b+1)!}.
\tag{4.32}
$$

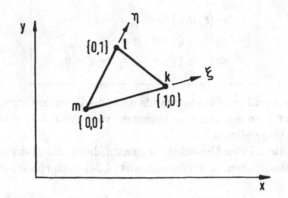

Abb. 4.23. Zur Integration über einem Dreieckselement mit den Dreieckskoordinaten $\{\xi, \eta\}$

In der FEM-Formulierung (4.9) sind bei Voraussetzung elementweise konstanter Permittivität ϵ^i und Raumladungsdichte ρ^i zwei Integrale zu behandeln, wozu man sich auch die Abb. 4.23 ansehe:

$$K_{lk} = \epsilon^i \int\limits_{\Omega^i} \operatorname{grad} \alpha_k \operatorname{grad} \alpha_l \, d\Omega, \qquad (4.33)$$

$$F_l = \rho^i \int\limits_{\Omega^i} \alpha_l \, d\Omega. \qquad (4.34)$$

Nun gilt

$$\operatorname{grad} \alpha_k \operatorname{grad} \alpha_l = \left(\frac{\partial \alpha_k}{\partial x} \vec{e}_x + \frac{\partial \alpha_k}{\partial y} \vec{e}_y \right) \left(\frac{\partial \alpha_l}{\partial x} \vec{e}_x + \frac{\partial \alpha_l}{\partial y} \vec{e}_y \right)$$

$$= \frac{\partial \alpha_k}{\partial x} \frac{\partial \alpha_l}{\partial x} + \frac{\partial \alpha_k}{\partial y} \frac{\partial \alpha_l}{\partial y}.$$

Mit den Formfunktionen

$$\alpha_k = \xi, \qquad \alpha_l = \eta$$

und Gleichung (4.28) lauten die Ableitungen, welche leicht auf die Knoten k, l, m übertragbar sind:

$$\frac{\partial \alpha_k}{\partial x} = \frac{\partial \alpha_k}{\partial \xi} \frac{\partial \xi}{\partial x} = 1 \cdot \frac{b_k}{2\Omega^i},$$

$$\frac{\partial \alpha_l}{\partial x} = \frac{\partial \alpha_k}{\partial \eta} \frac{\partial \eta}{\partial x} = 1 \cdot \frac{b_l}{2\Omega^i},$$

$$\frac{\partial \alpha_k}{\partial y} = \frac{\partial \alpha_k}{\partial \xi} \frac{\partial \xi}{\partial y} = 1 \cdot \frac{c_k}{2\Omega^i},$$

$$\frac{\partial \alpha_l}{\partial y} = \frac{\partial \alpha_k}{\partial \eta} \frac{\partial \eta}{\partial y} = 1 \cdot \frac{c_l}{2\Omega^i}.$$

Damit folgt aus (4.33) das Integral

$$K_{lk} = \epsilon^i \int\limits_{\Omega^i} \left[\frac{b_k b_l}{4(\Omega^i)^2} + \frac{c_k c_l}{4(\Omega^i)^2} \right] \, d\Omega,$$

welches elementar lösbar ist und

$$K_{lk} = \epsilon^i \frac{b_k b_l + c_k c_l}{4\Omega^i} \tag{4.35}$$

ergibt. Hieraus ist auch sofort das Ergebnis für $k = l$ ablesbar:

$$K_{ll} = \epsilon^i \frac{b_l^2 + c_l^2}{4\Omega^i}. \tag{4.36}$$

Gehört einer der beiden Knoten k, l nicht zum Dreieck Ω^i, so überlappen sich α_k und α_l nicht, und es gilt $K_{lk} = 0$.

Für das Integral (4.34) kann mit der Formfunktion

$$\alpha_l = \xi$$

die Lösung des Integrals (4.31) verwendet werden, indem dort $a = c = 0$ und $b = 1$ gesetzt werden:

$$F_l = \rho^i \int\limits_{\Omega^i} \alpha_l \, d\Omega = \rho^i \cdot 2\Omega^i \frac{1}{3!} = \rho^i \frac{1}{3} \Omega^i \tag{4.37}$$

Der vorteilhafte Umgang mit Dreieckskoordinaten bei der Verwendung von Dreieckselementen dürfte somit deutlich geworden sein.

4.1.3.5 Volumen-Diskretisierung (3D) mit Tetraederelementen

In Abbildung 4.24 ist ein 3D-Fall dargestellt, bei dem Tetraeder als Finite Elemente verwendet wurden, obwohl von der Außengeometrie her Quader als Elemente geeigneter erscheinen. Für die Tetraeder spricht jedoch sehr stark die Möglichkeit der adaptiven Netzgenerierung, die in Abb. 4.24 wegen der vorhandenen Singularitäten unumgänglich erscheint.

Das Gesamtvolumen Ω wird nun in Tetraederelemente Ω^i aufgeteilt:

$$\Omega = \sum_{i=1}^{n} \Omega^i.$$

Die folgenden Betrachtungen beziehen sich sowohl auf die Potentiallösung $u(x, y, z)$ zu dem Randwertproblem gemäß (4.1) und (4.2) als auch auf das der Abb. 4.24 zugrunde liegende ähnliche Randwertproblem.

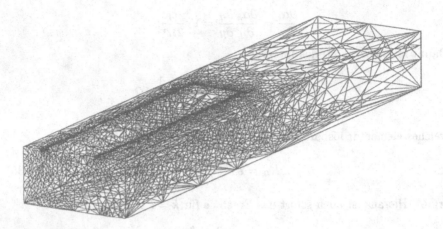

Abb. 4.24. Diskretisierung einer Streifenleitung mit Tetraederelementen (dargestellt ist das Oberflächennetz)

4.1.3.6 Lokale Basisfunktionen (3D)

Ganz entsprechend dem ebenen Fall mit Dreieckselementen wird auch im 3D-Fall die exakte Lösung $u_0(x, y, z)$ approximiert durch eine Summe von lokalen Basisfunktionen $u^i(x, y, z)$

$$u(x, y, z) = \sum_{i=1}^{n} u^i(x, y, z), \qquad u(x, y, z) \quad \text{stetig}, \qquad (4.38)$$

die die Forderung nach stetigem Gesamtverlauf zu erfüllen hat. Leider läßt sich dies über einem Volumen kaum anschaulich darstellen, so daß im Gegensatz zum 2D-Fall im folgenden etliche erläuternde Graphiken fehlen werden. Hat man jedoch die Zusammenhänge im 2D-Fall verstanden, so sind sie auch ohne Graphiken relativ leicht auf den 3D-Fall zu übertragen.

Die lokalen Basisfunktionen sind nur in dem Element Ω^i definiert:

$$\boxed{u^i(x, y, z): \quad \text{lokale Basisfunktion} \quad \begin{cases} \neq 0 & \text{in} \quad \Omega^i \\ = 0 & \text{außerhalb} \quad \Omega^i. \end{cases}}$$

Bei linearen Elementen hat $u^i(x, y, z)$ einen linearen Verlauf, der durch die einfache Funktion

$$u^i(x, y, z) = a_1 + a_2 x + a_3 y + a_4 z$$

beschrieben werden kann.

4.1.3.7 Lokale Standard-Formfunktionen (3D)

Wie im 2D-Fall sollen auch hier *Standard-Formfunktionen* $\alpha_k(x, y, z)$ eingeführt werden, die in den Knoten k den Wert 1 und in allen anderen Knoten $l \neq k$

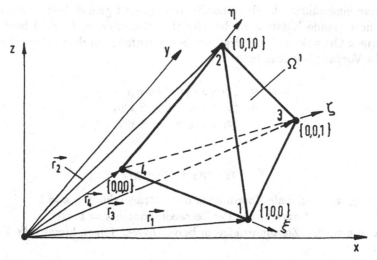

Abb. 4.25. Globale (x, y, z) und lokale $\{\xi, \eta, \zeta\}$ Koordinaten für Tetraederelement vom Volumen Ω^1

den Wert 0 haben sollen:

$$u(x, y, z) = \sum_{k=1}^{p} \alpha_k(x, y, z) u_k \qquad (4.39)$$

mit

$$\alpha_k(x_l, y_l, z_l) = \delta_{lk} = \begin{cases} 1 & \text{für} \quad l = k \\ 0 & \text{für} \quad l \neq k \end{cases} \qquad (4.40)$$

Damit läßt sich im linearen Fall die lokale Basisfunktion im Tetraederelement Ω^i, wie es in Abb. 4.25 dargestellt ist, durch eine Superposition von 4 linearen Formfunktionen α_1, α_2, α_3 und α_4, angeben, welche jeweils zu den Knoten 1, 2, 3 und 4 gehören:

$$u(x, y, z) = \sum_{k=1}^{4} \alpha_k(x, y, z) u_k \quad \text{in} \quad \Omega^1. \qquad (4.41)$$

Analog zur Einführung von Dreieckskoordinaten bei Dreiecken, sind hier spezielle Tetraederkoordinaten von Vorteil.

4.1.3.8 Tetraederkoordinaten

Auch für die Tetraeder-Beschreibung sind kartesische Koordinaten unbequem. Wie für den Quader, so muß es auch für das Tetraeder als Volumen möglich sein, dieses durch drei voneinander unabhängige Koordinaten zu beschreiben.

Die hierzu eingeführten lokalen Koordinaten $\{\xi, \eta, \zeta\}$ gemäß Abb. 4.25 werden durch die folgende Relation zu den globalen Koordinaten (x, y, z) bzw. dem zugehörigen Ortsvektor $\vec{r}$ festgelegt, wobei der Aufbau auf dem entsprechenden Dreiecks-Vorgang offenkundig ist:

$$\begin{aligned} x &= \xi x_1 + \eta x_2 + \zeta x_3 + \chi x_4, \\ y &= \xi y_1 + \eta y_2 + \zeta y_3 + \chi y_4, \\ z &= \xi z_1 + \eta z_2 + \zeta z_3 + \chi z_4 \end{aligned} \qquad (4.42)$$

bzw.

$$\vec{r} = \xi \vec{r}_1 + \eta \vec{r}_2 + \zeta \vec{r}_3 + \chi \vec{r}_4$$

mit (x_k, y_k, z_k):   globale Koordinaten der Tetraederknoten $k = 1 \ldots 4$,
$\qquad \vec{r}_k$:   Ortsvektoren der Tetraederknoten $k = 1 \ldots 4$.
In Analogie zu den Zusammenhängen beim Dreieck folgen hieraus die Zuordnungen

$$\begin{aligned} \vec{r} = \vec{r}_1: &\quad \xi = 1 \;\rightarrow\; \eta|_{\vec{r}_1} = \zeta|_{\vec{r}_1} = \chi|_{\vec{r}_1} = 0, \\ \vec{r} = \vec{r}_2: &\quad \eta = 1 \;\rightarrow\; \xi|_{\vec{r}_2} = \zeta|_{\vec{r}_2} = \chi|_{\vec{r}_2} = 0, \\ \vec{r} = \vec{r}_3: &\quad \zeta = 1 \;\rightarrow\; \xi|_{\vec{r}_3} = \eta|_{\vec{r}_3} = \chi|_{\vec{r}_3} = 0, \\ \vec{r} = \vec{r}_4: &\quad \chi = 1 \;\rightarrow\; \xi|_{\vec{r}_4} = \eta|_{\vec{r}_4} = \zeta|_{\vec{r}_4} = 0 \end{aligned}$$

und die lineare Abhängigkeit

$$\xi + \eta + \zeta + \chi = 1. \qquad (4.43)$$

Auch beim Tetraeder gibt es eine weitere Möglichkeit, die lokalen Koordinaten zu definieren. Dies erfolgt am Beispiel der Koordinate ξ eines Punktes $P(\vec{r})$ im Tetraeder durch

$$\boxed{\xi = \frac{\text{Volumen} \quad P234}{\text{Volumen} \quad 1234}}, \qquad (4.44)$$

wie in Abb. 4.26 veranschaulicht wird. Die Ebenen $\xi = \text{const}$ verlaufen parallel zur Tetraeder-Teiloberfläche 234; entsprechendes gilt für die Ebenen $\eta = \text{const}$, $\zeta = \text{const}$ und auch für die Hilfskoordinate $\chi = \text{const}$.

Aufgrund der vorstehenden Definition nennt man die *Tetraederkoordinaten* auch *Volumenkoordinaten* (engl. volume coordinates). Als Oberbegriff wird wiederum der Name „baryzentrische Koordinaten" verwendet.

Da die Tetraederkoordinaten sich linear mit den kartesischen Koordinaten ändern, und zwar vom Werte 1 an einem Knoten fallend auf den Wert 0 auf der diesem Knoten gegenüberliegenden Tetraeder-Teiloberfläche, lassen sich die *linearen Formfunktionen in Tetraederkoordinaten* besonders einfach durch diese Koordinaten selbst darstellen:

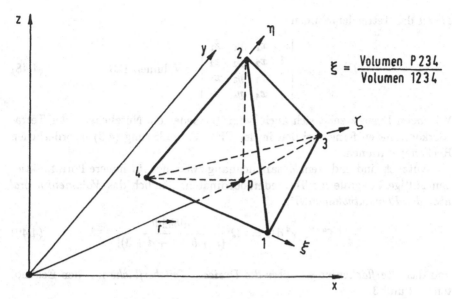

$$\xi = \frac{\text{Volumen } P\,234}{\text{Volumen } 1234}$$

Abb. 4.26. Lokale Koordinaten $\{\xi, \eta, \zeta\}$ für Tetraederelement definiert als Volumenkoordinaten

$$
\begin{aligned}
\alpha_1(\xi, \eta, \zeta, \chi) &= \xi \\
\alpha_2(\xi, \eta, \zeta, \chi) &= \eta \\
\alpha_3(\xi, \eta, \zeta, \chi) &= \zeta \\
\alpha_4(\xi, \eta, \zeta, \chi) &= \chi = 1 - \xi - \eta - \zeta
\end{aligned}
\tag{4.45}
$$

Wenn die lokalen Tetraederkoordinaten durch die globalen kartesischen Koordinaten ausgedrückt werden sollen, so ergibt sich aus (4.42)

$$
\begin{aligned}
\xi &= \frac{a_1 + b_1 x + c_1 y + d_1 z}{6\Omega^1}, \\
\eta &= \frac{a_2 + b_2 x + c_2 y + d_2 z}{6\Omega^1}, \\
\zeta &= \frac{a_3 + b_3 x + c_3 y + d_3 z}{6\Omega^1}, \\
\chi &= \frac{a_4 + b_4 x + c_4 y + d_4 z}{6\Omega^1},
\end{aligned}
\tag{4.46}
$$

mit beispielsweise

$$
a_2 = \begin{vmatrix} 1 & 1 & 1 \\ y_1 & y_3 & y_4 \\ z_1 & z_3 & z_4 \end{vmatrix}, \qquad
c_4 = \begin{vmatrix} 1 & 1 & 1 \\ x_1 & x_2 & x_3 \\ z_1 & z_2 & z_3 \end{vmatrix}.
\tag{4.47}
$$

Ω^1 ist das Tetraedervolumen

$$\Omega^1 = \frac{1}{6} \det \begin{vmatrix} 1 & x_1 & y_1 & z_1 \\ 1 & x_2 & y_2 & z_2 \\ 1 & x_3 & y_3 & z_3 \\ 1 & x_4 & y_4 & z_4 \end{vmatrix} = \text{Volumen 123.} \tag{4.48}$$

Wie beim Dreieck zeigt sich auch beim Tetraeder die Nützlichkeit der Tetraederkoordinaten ferner bei den in der FEM-Formulierung (4.9) erforderlichen Rechenoperationen.

Nützlich sind in diesem Zusammenhang zwei auch für höhere Formfunktionen gültige Integrale für Tetraederkoordinaten, nämlich das *Volumenintegral über das Elementvolumen* Ω^i:

$$\int_{\Omega^i} \xi^a \eta^b \zeta^c \chi^d \, \mathrm{d}\Omega = 6\Omega^i \frac{a!b!c!d!}{(a+b+c+d+3)!} \tag{4.49}$$

und das *Oberflächenintegral über die Dreiecks-Teiloberfläche* mit den Eckknoten 1, 2 und 3:

$$\int_{\Gamma_{123}} \xi^a \eta^b \zeta^c \, \mathrm{d}\Gamma = 2\Gamma_{123} \frac{a!b!c!}{(a+b+c+2)!}. \tag{4.50}$$

In der FEM-Formulierung (4.9) sind auch beim Tetraeder die Integrale (4.33) und (4.34) zu behandeln, wobei k und l Eckknoten des Tetraeders gemäß Abb. 4.27 sind.

Für das Tetraeder gilt:

$$\begin{aligned} \operatorname{grad} \alpha_k \operatorname{grad} \alpha_l &= \left(\frac{\partial \alpha_k}{\partial x} \vec{e}_x + \frac{\partial \alpha_k}{\partial y} \vec{e}_y + \frac{\partial \alpha_k}{\partial z} \vec{e}_z \right) \left(\frac{\partial \alpha_l}{\partial x} \vec{e}_x + \frac{\partial \alpha_l}{\partial y} \vec{e}_y + \frac{\partial \alpha_l}{\partial z} \vec{e}_z \right) \\ &= \frac{\partial \alpha_k}{\partial x} \frac{\partial \alpha_l}{\partial x} + \frac{\partial \alpha_k}{\partial y} \frac{\partial \alpha_l}{\partial y} + \frac{\partial \alpha_k}{\partial z} \frac{\partial \alpha_l}{\partial z}. \end{aligned}$$

Mit den Formfunktionen

$$\alpha_k = \xi \qquad \text{und} \qquad \alpha_l = \eta$$

lauten die Ableitungen mit der auf die Knoten k, l, m, n übertragbaren Gleichung (4.46):

$$\frac{\partial \alpha_k}{\partial x} = \frac{\partial \alpha_k}{\partial \xi} \frac{\partial \xi}{\partial x} = 1 \cdot \frac{b_k}{6\Omega^i},$$

$$\frac{\partial \alpha_l}{\partial x} = \frac{\partial \alpha_k}{\partial \eta} \frac{\partial \eta}{\partial x} = 1 \cdot \frac{b_l}{6\Omega^i},$$

$$\frac{\partial \alpha_k}{\partial y} = \frac{\partial \alpha_k}{\partial \xi} \frac{\partial \xi}{\partial y} = 1 \cdot \frac{c_k}{6\Omega^i},$$

$$\frac{\partial \alpha_l}{\partial y} = \frac{\partial \alpha_k}{\partial \eta} \frac{\partial \eta}{\partial y} = 1 \cdot \frac{c_l}{6\Omega^i},$$

$$\frac{\partial \alpha_k}{\partial z} = \frac{\partial \alpha_k}{\partial \xi} \frac{\partial \xi}{\partial z} = 1 \cdot \frac{d_k}{6\Omega^i},$$

$$\frac{\partial \alpha_l}{\partial z} = \frac{\partial \alpha_k}{\partial \eta} \frac{\partial \eta}{\partial z} = 1 \cdot \frac{d_l}{6\Omega^i}.$$

Hiermit ergibt sich für das Integral (4.33) sofort

$$K_{lk} = \epsilon^i \int_{\Omega^i} \left[\frac{b_k b_l}{36(\Omega^i)^2} + \frac{c_k c_l}{36(\Omega^i)^2} + \frac{d_k d_l}{36(\Omega^i)^2} \right] d\Omega, = \epsilon^i \frac{b_k b_l + c_k c_l + d_k d_l}{36\Omega^i}. \quad (4.51)$$

Das Ergebnis für $k = l$ ist darin auch enthalten.

Wenn einer der beiden Knoten k, l nicht zum Tetraeder Ω^i gehört, überlappen sich α_k und α_l nicht, so daß $K_{lk} = 0$ gilt.

Für das Integral (4.34) zieht man mit der Formfunktion

$$\alpha_l = \eta$$

zweckmäßigerweise die Lösung des Integrals (4.49) heran, indem man dort $a = c = d = 0$ und $b = 1$ setzt:

$$F_l = \rho^i \int_{\Omega^i} \alpha_l \, d\Omega = \rho^i \cdot 6\Omega^i \frac{1}{4!} = \rho^i \frac{1}{4} \Omega^i. \quad (4.52)$$

Auch bei Tetraederelementen erweist sich, ähnlich wie bei Dreieckselementen, der Umgang mit den „elementgerechten" Tetraederkoordinaten als sehr vorteilhaft.

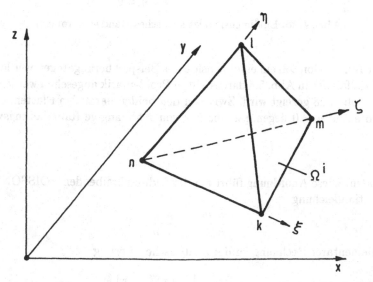

Abb. 4.27. Zur Integration über einem Tetraederelement mit den Tetraederkoordinaten $\{\xi, \eta, \zeta\}$

4.1.3.9 Hierarchische Formfunktionen (1D, 2D, 3D)

Die bisher behandelten Standard-Formfunktionen werden in den meisten Programmen zur FEM verwendet. Nicht nur bei linearen sondern auch bei höheren Elementen macht man regen Gebrauch von ihnen. Allerdings müssen bei der Elementverfeinerung alle Standard-Formfunktionen neu bestimmt und somit auch die darauf aufbauenden weiteren Rechnungen wiederholt werden.

Es wäre daher von Vorteil, Formfunktionen zu verwenden, die diesen Nachteil nicht aufweisen. Führt man eine Netzverfeinerung so durch, daß keine Knotenverschiebung auftritt, d.h., daß alle „alten" Knoten bestehen bleiben, so bieten *hierarchische Formfunktionen* den gewünschten Vorteil. Hierarchisch bedeutet hier, daß die oberste Stufe aus Formfunktionen besteht, die den wenigen Knoten eines groben Netzes zugeordnet sind. In der nächsten Stufe kommen Formfunktionen hinzu, die den neuen, meist zahlenmäßig mehr Knoten eines feineren Netzes zugeordnet sind, wobei diejenigen der obersten Stufe bestehen bleiben. Entsprechend setzt sich die Hierarchie zu weiteren unteren Stufen fort.

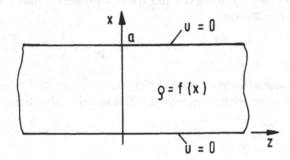

Abb. 4.28. Eindimensionales statisches Randwertproblem

Zur Illustration soll ein eindimensionales Beispiel herangezogen werden, das als Spezialfall der in Abb. 5.4 dargestellten Problematik angesehen werden kann und in Abb. 4.28 gezeigt wird. Zwischen den beiden parallelen Platten, die auf dem Potential $u = 0$ liegen, sei eine nur von x abhängige Raumladungsverteilung

$$\rho = \rho_0 \frac{x}{a}$$

vorhanden. Diese Anordnung führt bei der feldbeschreibenden POISSON'schen Differentialgleichung

$$\frac{\partial^2 u}{\partial x^2} = -\frac{\rho_0}{\epsilon} \frac{x}{a}$$

nach elementarer Rechnung zu der analytischen Lösung

$$u = \underbrace{\frac{1}{6} \frac{\rho_0}{\epsilon} a^2}_{u^*} \left[-\left(\frac{x}{a}\right)^3 + \frac{x}{a} \right]$$

für den Potentialverlauf.

Behandelt man das Problem mit der FEM, so wird die Näherungslösung, den bisherigen Abschnitten folgend, aus linearen Standard-Formfunktionen aufgebaut, was Abb. 4.29 für ein grobes Netz (ein Knoten und zwei Randknoten) sowie ein feines Netz (drei Knoten und zwei Randknoten) zeigt. Die Näherung fällt in den Knoten mit der exakten Lösung zusammen, was aber leider nicht generell gilt, wohl aber im Fall der hiesigen Differentialgleichung.

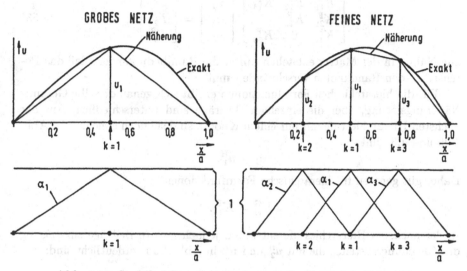

Abb. 4.29. Standard-Formfunktionen zum Problem nach Abb. 4.28

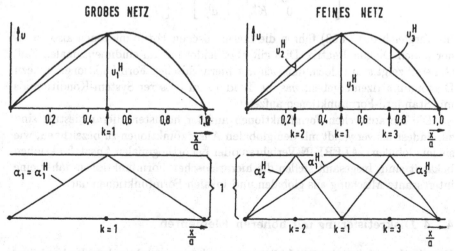

Abb. 4.30. Hierarchische Formfunktionen (Index H) zum Problem nach Abb. 4.28

Ausgehend von der FEM-Formulierung (4.9) führt die Rechnung, wie an einem anderen Beispiel später ausführlich gezeigt wird, für das grobe Netz auf lediglich eine Gleichung für das einzige unbekannte Knotenpotential u_1

$$K_{11}^G u_1 = F_1^G$$

mit dem Index G für „grobes Netz".

Im Fall des feinen Netzes (Index F) sind 3 Knotenpotentiale, nämlich u_1, u_2 und u_3 unbekannt und das zugehörige Gleichungssystem lautet

$$\begin{bmatrix} K_{11}^F & K_{12}^F & K_{13}^F \\ K_{21}^F & K_{22}^F & 0 \\ K_{31}^F & 0 & K_{33}^F \end{bmatrix} \begin{bmatrix} u_1 \\ u_2 \\ u_3 \end{bmatrix} = \begin{bmatrix} F_1^F \\ F_2^F \\ F_3^F \end{bmatrix}. \tag{4.53}$$

Die Nullen in der Matrix entstehen durch die Randbedingungen, daß das Potential in den Randknoten verschwinden muß.

Für die hierarchischen Formfunktionen ergibt sich genau dieselbe Gesamt-Näherungslösung, aber die einzelnen Beiträge sind unterschiedlich. Auf der höchsten Hierarchiestufe mit nur einem Knoten sind sie noch gleich, siehe Abb. 4.29 und 4.30 links:

$$u_1 = u_1^H.$$

Daher gilt generell für hierarchische Formfunktionen

$$K_{11}^G = K_{11}^F.$$

In der nächsten Hierarchiestufe entstehen jedoch andere Beiträge zur Lösung des Gleichungssystems, die mit u_2^H und u_3^H in Abb. 4.30 verdeutlicht sind:

$$\begin{bmatrix} K_{11}^G & 0 & 0 \\ 0 & K_{22}^F & 0 \\ 0 & 0 & K_{33}^F \end{bmatrix} \begin{bmatrix} u_1^H \\ u_2^H \\ u_3^H \end{bmatrix} = \begin{bmatrix} F_1^G \\ F_2^F \\ F_3^F \end{bmatrix}. \tag{4.54}$$

Im Vergleich mit (4.53) führen die hierarchischen Formfunktionen also zu einer reinen Diagonalmatrix. Dies gilt aber leider nur im eindimensionalen Fall. Generell zeigt sich jedoch, daß sich mit hierarchischen Formfunktionen nahezu Diagonalmatrizen ergeben, was die Tendenz zu besserer System-Kondition als mit Standard-Formfunktionen aufzeigt.

Die hierarchischen Formfunktionen auf der höchsten Hierarchiestufe sind zumindest als verwandt mit den globalen Ansatzfunktionen zu bezeichnen, wie sie im globalen GALERKIN-Verfahren oder bei orthogonalen Ansatzfunktionen bekannt sind. Insgesamt stellen die hierarchischen Formfunktionen daher eine interessante Mischung aus globalen und lokalen Formfunktionen dar.

4.1.4 Diskretisierung mit höheren Elementen

Um die Genauigkeit der FEM-Lösung zu verbessern, steht neben der Vergrößerung der Element- bzw. Knotenzahl die Möglichkeit zur Verfügung, höhere

Elemente zu verwenden. Für diese höheren Elemente werden Polynome höherer Ordnung als Formfunktionen eingesetzt, mit denen sich ein glatterer Verlauf der Lösungsfunktion erzielen läßt. Ob sich damit Vorteile gegenüber einer größeren Zahl linearer Elemente ergeben, hängt von der jeweiligen Problemstellung ab, so daß keine generelle Empfehlung gegeben werden kann. Allgemein ist der glattere Verlauf sehr vorteilhaft zum Beispiel bei der Berechnung von Kräften aus dem Feldverlauf, andererseits wird die Matrix aufgrund der größeren Zahl von Knoten pro Element bei höheren Elementen dichter besetzt, wodurch der Speicherplatz- und Rechenzeitbedarf zunehmen.

4.1.4.1 Polynom-Ansatz

Will man den Potentialverlauf $u(x, y)$ im 2D-Fall mehr oder weniger genau annähern, so kann man hierfür Polynome mehr oder weniger hohen Grades einsetzen. In Abschnitt 4.1.3 wurden Polynome ersten Grades

$$u^{(1)}(x, y) = U_1 + U_2 x + U_3 y \qquad (4.55)$$

eingesetzt, was zu linearen Formfunktionen und somit hinsichtlich des Lösungsverlaufs linearen Elementen führte.

Das entsprechende Polynom zweiten Grades lautet

$$u^{(2)}(x, y) = U_1 + U_2 x + U_3 y + U_4 x^2 + U_5 y^2 + U_6 xy \qquad (4.56)$$

usw. bei höheren Polynomen. Die Zahl n der Freiheitsgrade U_i pro Element ergibt sich also zu drei beim Polynom ersten Grades und zu sechs beim Polynom zweiten Grades. Allgemein ergibt sich für ein Polynom $p$ten Grades

$$n_{2D} = \frac{(p+1)(p+2)}{2} \qquad \text{(2D-Fall)},$$

$$n_{3D} = \frac{(p+1)(p+2)(p+3)}{6} \qquad \text{(3D-Fall)}.$$

Die Gleichungen (4.55) und (4.56) stellen jeweils die vollständigen Polynome dar, deren Vollständigkeit man allerdings nicht grundsätzlich übernehmen muß. Eine Unvollständigkeit kann unangenehme Folgen auf die Genauigkeit der approximierten Lösung haben oder auch sinnvoll sein. Setzt man z.B. beim linearen Ansatz nach (4.55) $U_3 = 0$, so ist keine y-Abhängigkeit der Lösung beschreibbar, was beim 2D-Fall natürlich eine sehr grobe Ungenauigkeit bedeutet. Andererseits kann man in (4.56) $U_4 = U_5 = 0$ setzen und erhält so vier Freiheitsgrade, die für die vollständige Beschreibung einer einfachen Lösungsfunktion über einem Rechteck mit vier Eckknoten passen. Mit ihr ist entlang der vier Rechteckränder ein linearer Lösungsverlauf beschreibbar und damit ein stetiger Verlauf zum Nachbarelement hin erreichbar. Innerhalb des Rechteckelementes ist der Lösungsverlauf von höherer als erster Ordnung, z.B. quadratisch längs der Diagonale. Trotzdem spricht man in der Literatur aufgrund des linearen Verlauf längs des Randes von linearen Elementen.

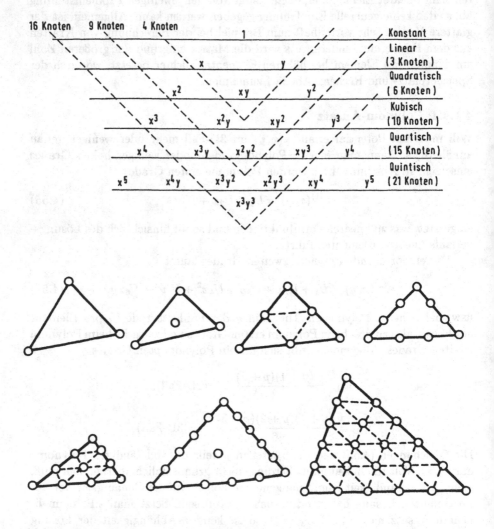

Abb. 4.31. Erzeugung von Polynomen (2D) mit dem PASCAL'schen Dreieck und zugeordnete Dreieckselemente

Abbildung 4.31 zeigt zeilenweise die vollständigen Polynome mit pro Zeile zunehmendem Grad, was in der Gesamtdarstellung auch als PASCAL'sches Dreieck bekannt ist. Bei einem Dreieckselement sind also beim linearen Polynom 3 Knoten vorzusehen, beim quadratischen 6, beim kubischen 10 usw. Man kann jedoch, wie die Abb. 4.31 zeigt, auch unvollständige Polynome wählen, und kommt so auf 4, 9 und 16 Knoten. Die zugehörigen Elemente samt Eck-, Seiten- und Innenknoten sind ebenfalls in Abb. 4.31 dargestellt. Entsprechende Verhältnisse ergeben sich bei Rechteckelementen für 4, 8 und 13 Knoten, was in Abb. 4.32 dargestellt ist.

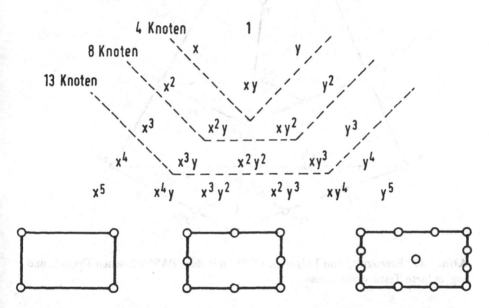

Abb. 4.32. Erzeugung von Polynomen (2D) mit dem PASCAL'schen Dreieck und zugeordnete Rechteckelemente

Abbildung 4.33 veranschaulicht die Verhältnisse für Tetraederelemente. Von oben nach unten fortschreitend wird pro Ebene der Polynomgrad um eins so erhöht, so daß dabei fortschreitend 1 (konstante), 4 (lineare), 10 (quadratische), 20 (kubische Elemente) Knoten erforderlich sind, um jeweils ein vollständiges Polynom zu erzeugen.

Wie bei den linearen Ansätzen sind auch die Polynom-Ansätzen höheren Grades zweckmäßigerweise unter Verwendung baryzentrischer Koordinaten auszudrücken. Dabei gibt es mehrere Wege, von denen im folgenden der Ansatz nach SILVESTER [134] und der hierarchische Ansatz angegeben werden sollen.

4.1.4.2 Ansatz nach SILVESTER

Dieser Ansatz nach SILVESTER [134] erzeugt Formfunktionen in baryzentrischen Koordinaten, die die vollständigen Polynome des vorigen Abschnitts rea-

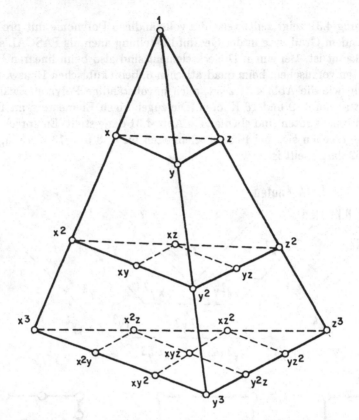

Abb. 4.33. Erzeugung von Polynomen (3D) mit dem PASCAL'schen Dreieck und zugeordnete Tetraederelemente

lisieren. Werden die Formfunktionen des Polynomgrads p

$$\alpha_{ijk}^{(p)} = P_i^{(p)}(\xi)P_j^{(p)}(\eta)P_k^{(p)}(\zeta) \qquad (4.57)$$

für alle möglichen Kombinationen

$$i + j + k = p$$

unter Ausnutzung der rekursiven Vorschrift

$$P_m^{(p)}(\xi) = \left[\frac{p\xi - m + 1}{m}\right] P_{m-1}^{(p)} \quad \text{für} \quad m > 0,$$

$$P_0^{(p)} = 1, \qquad (4.58)$$

$$P_m^{(p)} = 0 \quad \text{für} \quad m < 0$$

bestimmt, so ergeben sich die folgenden Eigenschaften:

• Jede Formfunktion $\alpha_{ijk}^{(p)}$ hat an genau einem Punkt den Wert 1.

- Alle anderen Formfunktionen haben an diesem Punkt den Wert 0.

- Der Formfunktion $\alpha_{ijk}^{(p)}$ wird dieser ausgezeichnete Punkt zugeordnet, er wird als Knoten bezeichnet.

- Das Potential u hat im Knoten genau den Wert der zum Knoten gehörigen Unbekannten u_{ijk}.

- Der Knoten hat in baryzentrischen Koordinaten die Lage

$$\xi = i/p, \qquad \eta = j/p, \qquad \zeta = k/p.$$

Bis auf die letzte dieser Eigenschaften sind alle bereits von den linearen Standard-Formfunktionen her bekannt.

Sowohl lineare als auch höhere Elemente dieser Eigenschaften werden auch als *Knoten-Elemente* (engl. nodal elements) bezeichnet.

Wie Abb. 4.31 zeigt, ergeben sich damit für Dreieckselemente die folgenden Verhältnisse:

- Elemente erster Ordnung (lineare Elemente):
  3 Knoten (die Dreiecks-Eckpunkte).

- Elemente zweiter Ordnung (quadratische Elemente):
  6 Knoten (die Dreiecks-Eckpunkte und zusätzlich drei Knoten in der Mitte der Dreiecksseiten).

- Elemente dritter Ordnung (kubische Elemente):
  10 Knoten (die Dreiecks-Eckpunkte und zusätzlich zwei Knoten auf jeder Dreiecksseite sowie ein Knoten im Schwerpunkt des Dreiecks).

Für ein Element dritter Ordnung hat die Formfunktion für den Knoten P_1 gemäß (4.57) die Gestalt

$$\alpha_{300}^{(3)} = \frac{1}{2}(3\xi - 1)(3\xi - 2)\xi.$$

Die weiteren Formfunktionen können in den Tabellen im Abschnitt 4.1.4.7 nachgeschlagen werden.

Die Formfunktion ist somit ein Polynom, das bei Ausmultiplikation mehrere Summanden mit verschiedenen Potenzen der baryzentrischen Koordinaten enthält. Da gemäß der FEM-Formulierung (4.9) für die Matrixelemente-Berechnung die Formfunktionen bzw. deren Ableitungen multipliziert und anschließend integriert werden müssen, ergibt sich für Ansätze höherer Ordnung (höhere Elemente) ein beträchtlicher Aufwand.

4.1.4.3 Hierarchischer Ansatz

Wie schon bei linearen Formfunktionen gezeigt, ist auch bei höheren Formfunktionen ein hierarchischer Ansatz möglich. Es besteht jedoch ein Unterschied hinsichtlich der Art der Hierarchie: Während sich bei linearen hierarchischen Formfunktionen die Hierarchiestufe nach der mehr oder weniger globalen Art der Formfunktion richtet, ist hier die Ordnung der beteiligten Form- und Ansatzfunktionen maßgebend. Somit ergibt sich als Ansatz für ein Element der Ordnung p

$$u = \underbrace{\sum_{k_1} \alpha_{k_1} u_{k_1}}_{\text{Ordnung 1}} + \underbrace{\sum_{k_2} \alpha_{k_2} u_{k_2}}_{\text{Ordnung 2}} + \cdots + \underbrace{\sum_{k_p} \alpha_{k_p} u_{k_p}}_{\text{Ordnung } p}, \qquad (4.59)$$

es werden also die Formfunktionen jeden Polynomgrads für sich zusammengefaßt. Die Bestimmung der Formfunktionen α_{k_p} zeigt aber, daß die einzelnen Formfunktionen wieder aus aufwendigen Polynomen zusammengesetzt sind, siehe ZIENKIEWICZ u. TAYLOR [161].

Kommt ein Algorithmus zum Einsatz, bei dem nur Polynomordnungen erhöht werden, ermöglicht (4.59) die Erweiterung der Matrix um zusätzliche Terme, ohne daß die bereits berechneten verändert werden müssen. Dies ist ein ähnlicher Vorteil wie bei linearen hierarchischen Formfunktionen, wenn das Netz verfeinert wird. Andererseits ist der Aufwand zur Generierung und Verarbeitung der einzelnen Formfunktionen ebenso hoch wie beim Ansatz nach SILVESTER.

4.1.4.4 Vereinfachter Ansatz

Eine deutliche Reduzierung des Aufwands ergibt sich durch die Verwendung eines stark vereinfachten Ansatzes. Für jeden Knoten wird als Formfunktion dabei direkt

$$\alpha_{ijk}^{(p)} = \xi^i \eta^j \zeta^k$$

verwendet und vorgeschrieben:

$$i + j + k = 1 \qquad \text{für Eckknoten,}$$
$$i + j + k = p \qquad \text{für Kanten- und Innenknoten.}$$

Dieser Ansatz bietet zwar nicht die Vorteile der beiden bisherigen Konzepte, d.h. weder ist das Potential in den Knoten mit der zugeordneten Unbekannten identisch, wie beim Ansatz nach SILVESTER, sondern muß unter Berücksichtigung aller Formfunktionen ermittelt werden, noch ist eine Weiterverwendung der bereits ermittelten Matrixelemente möglich, wie beim hierarchischen Ansatz. Aufgrund des Verzichts auf die rekursive Ermittlung der Formfunktionen und der einfachen Struktur, bestehend aus nur einem Produktterm, ergibt sich jedoch eine sehr einfache und schnelle Verarbeitung der Formfunktionen und ihrer Ableitungen sowie der sich anschließenden Multiplikation und Integration. Ein Vergleich der berechneten Resultate mit den möglichen Polynomansätzen ergab keine Nachteile für den vereinfachten Ansatz, siehe JÄNICKE [57].

4.1.4.5 Ansätze in 3D-Fällen

Soweit die 3D-Fälle nicht bereits in den vorangegangenen Abschnitten berücksichtigt wurden, läßt sich feststellen, daß sich die beschriebenen Verfahren und Ansätze ohne weiteres auch auf Tetraeder übertragen lassen, es ist lediglich die vierte baryzentrische Koordinate χ hinzuzufügen. Als neue Knoten kommen noch Volumenknoten hinzu, wobei letztere erst mit dem vierten Polynomgrad auftreten.

4.1.4.6 Globale und lokale Koordinaten, Gradientenbildung, Integration

In der FEM-Formulierung (4.9) ist die Gradientenbildung grad α_k durchzuführen, also die Ortsableitung der Formfunktionen nach den globalen Koordinaten (x, y, z). Da die Formfunktionen in globalen Koordinaten $\{\xi, \eta, \zeta\}$ dargestellt werden, ist auch die Gradientenbildung in diesen vorzunehmen. Auf diesem Wege liefert die Kettenregel zunächst für die Potentialapproximation

$$u(\xi, \eta, \zeta) = \sum_{k=1}^{p} \alpha_k(\xi, \eta, \zeta) u_k \qquad (4.60)$$

den Ausdruck

$$\begin{bmatrix} \dfrac{\partial u}{\partial \xi} \\[2mm] \dfrac{\partial u}{\partial \eta} \\[2mm] \dfrac{\partial u}{\partial \zeta} \end{bmatrix} = \underbrace{\begin{bmatrix} \dfrac{\partial x}{\partial \xi} & \dfrac{\partial y}{\partial \xi} & \dfrac{\partial z}{\partial \xi} \\[2mm] \dfrac{\partial x}{\partial \eta} & \dfrac{\partial y}{\partial \eta} & \dfrac{\partial z}{\partial \eta} \\[2mm] \dfrac{\partial x}{\partial \zeta} & \dfrac{\partial y}{\partial \zeta} & \dfrac{\partial z}{\partial \zeta} \end{bmatrix}}_{\mathbf{J}} \begin{bmatrix} \dfrac{\partial u}{\partial x} \\[2mm] \dfrac{\partial u}{\partial y} \\[2mm] \dfrac{\partial u}{\partial z} \end{bmatrix} \qquad (4.61)$$

bzw. mit der hierin enthaltenen JACOBI-Matrix $\mathbf{J}$

$$\begin{bmatrix} \dfrac{\partial u}{\partial \xi} \\[2mm] \dfrac{\partial u}{\partial \eta} \\[2mm] \dfrac{\partial u}{\partial \zeta} \end{bmatrix} = \mathbf{J} \begin{bmatrix} \dfrac{\partial u}{\partial x} \\[2mm] \dfrac{\partial u}{\partial y} \\[2mm] \dfrac{\partial u}{\partial z} \end{bmatrix} . \qquad (4.62)$$

Durch Invertieren der JACOBI-Matrix erhält man die gewünschte Darstellung der Richtungsableitungen in globalen Koordinaten durch solche in lokalen Koordinaten:

$$\begin{bmatrix} \dfrac{\partial u}{\partial x} \\[2mm] \dfrac{\partial u}{\partial y} \\[2mm] \dfrac{\partial u}{\partial z} \end{bmatrix} = \mathbf{J}^{-1} \begin{bmatrix} \dfrac{\partial u}{\partial \xi} \\[2mm] \dfrac{\partial u}{\partial \eta} \\[2mm] \dfrac{\partial u}{\partial \zeta} \end{bmatrix} . \qquad (4.63)$$

Da auch der Zusammenhang zwischen globalen und lokalen Koordinaten durch Formfunktionen festgelegt wurde – zur Erinnerung sei (4.13) nochmals angegeben –

$$\vec{r}(\xi, \eta, \zeta) = \sum_{k=1}^{p} \alpha_k(\xi, \eta, \zeta) \vec{r}_k$$

mit

$$\vec{r} = x(\xi, \eta, \zeta)\vec{e}_x + y(\xi, \eta, \zeta)\vec{e}_y + z(\xi, \eta, \zeta)\vec{e}_z,$$

sind die Elemente der JACOBI-Matrix $\mathbf{J}$ in (4.62) und (4.63) bekannt, und mit Hilfe von (4.63) kann die Gradientenbildung

$$\operatorname{grad} u = \frac{\partial u}{\partial x}\vec{e}_x + \frac{\partial u}{\partial y}\vec{e}_y + \frac{\partial u}{\partial z}\vec{e}_z$$

bzw.

$$\operatorname{grad} \alpha_k = \frac{\partial \alpha_k}{\partial x}\vec{e}_x + \frac{\partial \alpha_k}{\partial y}\vec{e}_y + \frac{\partial \alpha_k}{\partial z}\vec{e}_z$$

durchgeführt werden.

Für lineare Dreiecks- und Tetraederelemente ist sie bereits in den Abschnitten 4.1.3.4 und 4.1.3.8 ausführlich erfolgt. Die Ergebnisse werden in den Tabellen 4.1 und 4.2 nochmals zusammengestellt, da sie auch für höhere Elemente gültig sind. Das Linienelement ist zusätzlich für den eindimensionalen Fall mit aufgeführt, es kommt wegen der seltenen Anwendung der FEM auf 1D-Probleme nicht oft vor, ist dafür aber in der Boundary Element Methode (Kapitel 5) sowie der FEM/BEM-Kopplungsmethode (Kapitel 6) von Bedeutung.

Zum Linienelement in Tabelle 4.1 soll noch angemerkt werden, daß die Festlegung der lokalen Koordinate ξ (und auch der Hilfskoordinate η) so erfolgt, wie es von den bisherigen Festlegungen in der FEM bei Dreiecken und Tetraedern für die Formfunktionen bekannt ist: Der Wert 1 und der Wert 0 fallen jeweils mit einem Randknoten (Nr. 1 bzw. Nr. 2) zusammen. Vergleicht man dies mit der späteren Festlegung lokaler Koordinaten in der BEM, wie z.B in Abb. 5.20, so sieht man, daß dort der lokale Ursprung $\xi = 0$ in die Elementmitte gelegt wird. Dieser auf die Elementmitte gerichtete Blick in der BEM ist einfach so zu erklären, daß dort konstante Elemente und konstante Formfunktionen eine große Rolle spielen, so daß ihre Lokalisierung in der Elementmitte ganz natürlich erscheint. Bei der FEM scheiden konstante Elemente jedoch wie erläutert aus.

Die beiden Festlegungen wurden in diesem Buch bewußt nicht vereinheitlicht, da man auch in der weiterführenden Literatur mit beiden leben muß und auch in der FEM-Literatur gelegentlich die bei der BEM übliche Festlegung übernommen wird, siehe z.B. Tabelle 5.3.

4.1.4.7 Zusammenstellung von Standard-Elementen

Im folgenden werden einige Linien-, Flächen- und Volumenelemente besonders hinsichtlich ihrer Formfunktionen zusammengestellt. Die Linienelemente für

Tabelle 4.1. Abbildung, Gradientenbildung und Integration für Linien- und Dreieckselement

Baryzentrische Koordinaten (ξ, η, ζ, χ)	Abbildung	Gradientenbildung	Integration
Linienelement (Länge l) $\eta = 1 - \xi$: Hilfskoordinate Knoten 1: x_1; Knoten 2: x_2	$$\begin{bmatrix} 1 \\ x \end{bmatrix} = \begin{bmatrix} 1 & 1 \\ x_1 & x_2 \end{bmatrix}\begin{bmatrix} \xi \\ \eta \end{bmatrix}$$ $$\begin{bmatrix} \xi \\ \eta \end{bmatrix} = \frac{1}{l}\begin{bmatrix} x_2 & -1 \\ -x_1 & 1 \end{bmatrix}\begin{bmatrix} 1 \\ x \end{bmatrix}$$	$$\frac{d\alpha}{dx} = \sum_{i=1}^{2}\frac{\partial \xi_i}{\partial x}\frac{\partial \alpha}{\partial \xi_i}$$ $\xi_1 = \xi$ $\xi_2 = \eta$	$$\int_l \xi^a \eta^b \, dl = l\,\frac{a!\,b!}{(a+b+1)!}$$
Dreieckselement (Fläche A) $\zeta = 1 - \xi - \eta$: Hilfskoordinate Knoten 1: x_1, y_1; Knoten 2: x_2, y_2; Knoten 3: x_3, y_3 A_{ij}: Fläche des Dreiecks ($ij0$) 0: Globaler x-y-Ursprung	$$\begin{bmatrix} 1 \\ x \\ y \end{bmatrix} = \begin{bmatrix} 1 & 1 & 1 \\ x_1 & x_2 & x_3 \\ y_1 & y_2 & y_3 \end{bmatrix}\begin{bmatrix} \xi \\ \eta \\ \zeta \end{bmatrix}$$ $$\begin{bmatrix} \xi \\ \eta \\ \zeta \end{bmatrix} = \frac{1}{2A}\begin{bmatrix} 2A_{23} & b_1 & a_1 \\ 2A_{31} & b_2 & a_2 \\ 2A_{12} & b_3 & a_3 \end{bmatrix}\begin{bmatrix} 1 \\ x \\ y \end{bmatrix}$$ $a_1 = x_3 - x_2 \qquad b_1 = y_2 - y_3$ $a_2 = x_1 - x_3 \qquad b_2 = y_3 - y_1$ $a_3 = x_2 - x_1 \qquad b_3 = y_1 - y_2$ $$2A = \begin{vmatrix} 1 & x_1 & y_1 \\ 1 & x_2 & y_2 \\ 1 & x_3 & y_3 \end{vmatrix}$$	$$\frac{\partial \alpha}{\partial x} = \sum_{i=1}^{3}\frac{\partial \xi_i}{\partial x}\frac{\partial \alpha}{\partial \xi_i}$$ $$= \sum_{i=1}^{3}\frac{b_i}{2A}\frac{\partial \alpha}{\partial \xi_i}$$ $$\frac{\partial \alpha}{\partial y} = \sum_{i=1}^{3}\frac{\partial \xi_i}{\partial y}\frac{\partial \alpha}{\partial \xi_i}$$ $$= \sum_{i=1}^{3}\frac{a_i}{2A}\frac{\partial \alpha}{\partial \xi_i}$$ $\xi_1 = \xi$ $\xi_2 = \eta$ $\xi_3 = \zeta$	$$\int_A \xi^a \eta^b \zeta^c \, dA = 2A\,\frac{a!\,b!\,c!}{(a+b+c+2)!}$$

Tabelle 4.2. Abbildung, Gradientenbildung und Integration für Tetraederelement

Baryzentrische Koordinaten (ξ, η, ζ, χ)	Abbildung	Gradientenbildung	Integration
<u>Tetraederelement</u> (Volumen Ω)	$$\begin{bmatrix}1\\x\\y\\z\end{bmatrix}=\begin{bmatrix}1&1&1&1\\x_1&x_2&x_3&x_4\\y_1&y_2&y_3&y_4\\z_1&z_2&z_3&z_4\end{bmatrix}\begin{bmatrix}\xi\\\eta\\\zeta\\\chi\end{bmatrix}$$ $$\begin{bmatrix}\xi\\\eta\\\zeta\\\chi\end{bmatrix}=\frac{1}{6\Omega}\begin{bmatrix}\Omega_{234}&a_1&b_1&c_1\\\Omega_{341}&a_2&b_2&c_2\\\Omega_{412}&a_3&b_3&c_3\\\Omega_{123}&a_4&b_4&c_4\end{bmatrix}\begin{bmatrix}1\\x\\y\\z\end{bmatrix}$$ a_i, b_i, c_i: Den Knoten i gegenüberliegende Dreiecksflächen, projiziert auf jeweils die Flächen $x, y, z = $ const, z.B. $$a_2=\begin{vmatrix}1&1&1\\y_1&y_3&y_4\\z_1&z_3&z_4\end{vmatrix}$$ $$c_4=\begin{vmatrix}1&1&1\\x_1&x_2&x_3\\z_1&z_2&z_3\end{vmatrix}$$	$$\frac{\partial\alpha}{\partial z}=\sum_{i=1}^{4}\frac{\partial\xi_i}{\partial z}\frac{\partial\alpha}{\partial\xi_i}$$ $$=\sum_{i=1}^{4}\frac{b_i}{6\Omega}\frac{\partial\alpha}{\partial\xi_i}$$ $$\frac{\partial\alpha}{\partial y}=\sum_{i=1}^{4}\frac{\partial\xi_i}{\partial y}\frac{\partial\alpha}{\partial\xi_i}$$ $$=\sum_{i=1}^{4}\frac{b_i}{6\Omega}\frac{\partial\alpha}{\partial\xi_i}$$ $$\frac{\partial\alpha}{\partial x}=\sum_{i=1}^{4}\frac{\partial\xi_i}{\partial z}\frac{\partial\alpha}{\partial\xi_i}$$ $$=\sum_{i=1}^{4}\frac{c_i}{6\Omega}\frac{\partial\alpha}{\partial\xi_i}$$ $\xi_1=\xi$ $\xi_2=\eta$ $\xi_3=\zeta$ $\xi_4=\chi$	$$\int_\Omega \xi^a\eta^b\zeta^c\chi^d\,d\Omega=$$ $$6\Omega\,\frac{a!\,b!\,c!\,d!}{(a+b+c+d+3)!}$$

$\chi = 1 - \xi - \eta - \zeta$: Hilfskoordinate

Knoten 1: x_1, y_1, z_1;

Knoten 2: x_2, y_2, z_2;

Knoten 3: x_3, y_3, z_3;

Knoten 4: x_4, y_4, z_4

Ω_{ijk0}: Volumen des Tetraeders $(ijk0)$

0: Globaler x-y-z-Ursprung

eindimensionale Problemstellungen sind in Tabelle 4.3 zu finden, die Flächen-
elemente für zwei Dimensionen in Tabelle 4.4. Die Volumenelemente sind aufgeteilt in die Klassen Hexaeder (Tabelle 4.5) und Tetraeder (Tabelle 4.6).

Tabelle 4.3. Standard-Linienelemente

Element	Geometrie	Formfunktionen
2 knotiges lineares Element	1 ———— 2 {-1} {+1} ξ	$\alpha_1(\xi) = \frac{1}{2}(1-\xi)$ $\alpha_2(\xi) = \frac{1}{2}(1+\xi)$ s. Abb. 5.20, BEM
3 knotiges quadratisches Element	1 2 3 {-1} {0} {+1} ξ krummlinig möglich	$\alpha_1(\xi) = \frac{1}{2}\xi(1-\xi)$ $\alpha_2(\xi) = (1-\xi^2)$ $\alpha_3(\xi) = \frac{1}{2}\xi(1+\xi)$ s. Abb. 5.21, BEM
4 knotiges kubisches Element	1 2 3 4 {-1} {-$\frac{1}{3}$} {$\frac{1}{3}$} {1} ξ krummlinig möglich	$\alpha_1(\xi) = \frac{1}{16}(1-\xi)(9\xi^2-1)$ $\alpha_2(\xi) = \frac{9}{16}(1-3\xi)(1-\xi^2)$ $\alpha_3(\xi) = \frac{9}{16}(1+3\xi)(1-\xi^2)$ $\alpha_4(\xi) = \frac{1}{16}(1+\xi)(9\xi^2-1)$

Die in den Tabellen 4.4 und 4.5 aufgeführten Vierecks- und Hexaeder-
Elemente können durch Anbringen innerer Knoten im Flächen-, Oberflächen-
bzw. Volumen-Schwerpunkt hinsichtlich der Approximation des Lösungsverlaufs verbessert werden. Ein Beispiel hierfür stellt das in Abb. 4.12 dargestellte
26knotige Hexaeder zweiter Ordnung dar, bei dem alle sechs Seitenflächen jeweils im Schwerpunkt zusätzliche Knoten enthalten.

Elemente noch höherer Ordnung und die zugehörigen Formfunktionen sind
bei KARDESTUNCER [64] zu finden.

4.1.5 Stetigkeit der Formfunktionen

Die Stetigkeitsanforderungen an die verwendeten Formfunktionen richten sich
nach der zu bearbeitenden Problemstellung. Häufig werden elektrotechnische
Feldprobleme mit Hilfe von Potentialen gelöst, die nicht nur in ihrem exakten Lösungsverlauf stetig sein müssen, sondern auch in ihrem approximierten Verlauf an den Elementgrenzen, wie bereits bei Entwicklung der FEM-
Formulierung in Abschnitt 4.1.1.3 festgestellt. Es ist also C_0-Kontinuität gefordert. Da einige Feldgrößen an Trennflächen springen können, wie z.B. die
Normalkomponente der Verschiebungsdichte bei ladungsbesetzter Trennfläche

Tabelle 4.4. Standard-Flächenelemente

Element	Geometrie	Formfunktionen
4 knotiges Vierecks-element		$\alpha_1(\xi, \eta) = \frac{1}{4}(1 - \xi)(1 - \eta)$ $\alpha_2(\xi, \eta) = \frac{1}{4}(1 + \xi)(1 - \eta)$ $\alpha_3(\xi, \eta) = \frac{1}{4}(1 + \xi)(1 + \eta)$ $\alpha_4(\xi, \eta) = \frac{1}{4}(1 - \xi)(1 + \eta)$ s. Abb. 5.30, BEM
8 knotiges Vierecks-element	 krummlinig möglich krummflächig möglich	$\alpha_1(\xi, \eta) = \frac{1}{4}(1 - \xi)(1 - \eta)(-\xi - \eta - 1)$ $\vdots$ $\alpha_8(\xi, \eta) = \frac{1}{2}(1 - \eta^2)(1 - \xi)$ s. Abb. 5.31, BEM
3 knotiges Dreiecks-element		$\alpha_1(\xi, \eta) = \xi$ $\alpha_2(\xi, \eta) = \eta$ $\alpha_3(\xi, \eta) = \zeta = 1 - \xi - \eta$ s. Abb. 5.28, BEM
6 knotiges Dreiecks-element	 krummlinig möglich krummflächig möglich	$\alpha_1(\xi, \eta) = \xi(2\xi - 1)$ $\alpha_2(\xi, \eta) = \eta(2\eta - 1)$ $\alpha_3(\xi, \eta) = (1 - \xi - \eta)[2(1 - \xi - \eta) - 1]$ $\alpha_4(\xi, \eta) = 4\xi\eta$ $\alpha_5(\xi, \eta) = 4\eta(1 - \xi - \eta)$ $\alpha_6(\xi, \eta) = 4\xi(1 - \xi - \eta)$ s. Abb. 5.29, BEM

Tabelle 4.5. Standard-Volumenelemente (Hexaeder)

Element	Geometrie	Formfunktionen
8 knotiges Hexaederelement		$\alpha_i(\xi, \eta, \zeta) = \frac{1}{8}(1 + \xi_i\xi)(1 + \eta_i\eta)(1 + \zeta_i\zeta)$ für $i = 1 \ldots 8$
20 knotiges Hexaederelement	 krummlinig möglich krummflächig möglich	$\alpha_i(\xi, \eta, \zeta) = \frac{1}{8}(1 + \xi_i\xi)(1 + \eta_i\eta)(1 + \zeta_i\zeta) \cdot$ $\cdot (\xi_i\xi + \eta_i\eta + \zeta_i\zeta - 2)$ für $i = 1, 3, 5, 7, 13, 15, 17, 19$ $\alpha_i(\xi, \eta, \zeta) = \frac{1}{4}(1 - \xi^2)(1 + \eta_i\eta)(1 + \zeta_i\zeta)$ für $i = 2, 6, 14, 18$ $\alpha_i(\xi, \eta, \zeta) = \frac{1}{4}(1 - \eta^2)(1 + \xi_i\xi)(1 + \zeta_i\zeta)$ für $i = 4, 8, 16, 20$ $\alpha_i(\xi, \eta, \zeta) = \frac{1}{4}(1 - \zeta^2)(1 + \xi_i\xi)(1 + \eta_i\eta)$ für $i = 9, 10, 11, 12$

Tabelle 4.6. Standard-Volumenelemente (Tetraeder)

Element	Geometrie	Formfunktionen
4 knotiges lineares Tetraeder		$\alpha_1(\xi,\eta,\zeta) = \xi$ $\alpha_2(\xi,\eta,\zeta) = \eta$ $\alpha_3(\xi,\eta,\zeta) = \zeta$ $\alpha_4(\xi,\eta,\zeta) = \chi = 1 - \xi - \eta - \zeta$
10 knotiges quadratisches Tetraeder	 krummlinig möglich krummflächig möglich	$\alpha_1(\xi,\eta,\zeta) = \xi(2\xi - 1)$ $\alpha_2(\xi,\eta,\zeta) = 4\xi\eta$ $\alpha_3(\xi,\eta,\zeta) = \eta(2\eta - 1)$ $\alpha_4(\xi,\eta,\zeta) = 4\eta\zeta$ $\alpha_5(\xi,\eta,\zeta) = \zeta(2\zeta - 1)$ $\alpha_6(\xi,\eta,\zeta) = 4\zeta\xi$ $\alpha_7(\xi,\eta,\zeta) = 4\xi\chi$ $\alpha_8(\xi,\eta,\zeta) = 4\eta\chi$ $\alpha_9(\xi,\eta,\zeta) = 4\zeta\chi$ $\alpha_{10}(\xi,\eta,\zeta) = \chi(2\chi - 1)$ mit $\chi = 1 - \xi - \eta - \zeta$

oder die Tangentialkomponente der magnetischen Feldstärke bei einem Trenn-flächen-Strombelag, ist die weitergehende Forderung nach C_1-Kontinuität (Ste-tigkeit auch der ersten Ableitung) nicht notwendig und auch nicht sinnvoll.

Aus der C_0-Kontinuität folgt die *Kompatibilitätsbedingung* für die Gren-ze zwischen den Elementen. Die Stetigkeit des Lösungsverlaufs wird dadurch sichergestellt, daß auf dem Rand Γ_{ij} zwischen den Elementen i und j die Form-funktionen α und die Knotenvariablen u_k identisch sind. Aufgrund der Identität der Formfunktionen entlang der Elementgrenze ist automatisch auch die Tan-gentialableitung u_t stetig. Die Normalableitung u_n ist demgegenüber unstetig, da der Funktionsverlauf von u an der Grenze einen Knick aufweisen kann und im Normalfall auch wird (anderenfalls würde z.B. bei Verwendung linearer Ele-mente nur der Fall des homogenen Felds lösbar sein). Die Auswirkungen des Knicks wurden in Abb. 4.16 grundsätzlich dargestellt und werden in Abb. 4.34 nochmals verdeutlicht.

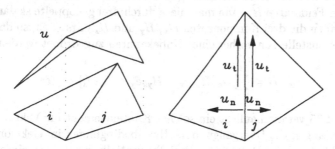

Abb. 4.34. C_0-Kontinuität für Dreieckselemente: Stetigkeit der Lösungsfunktion und ihrer Tangentialableitung, Unstetigkeit der Normalableitung

Die Forderung der C_0-Kontinuität ergibt sich aus dem gewünschten, steti-gen Potentialverlauf. In speziellen Fällen kann es auch sinnvoll sein, auf die Ste-tigkeit des Potentials bzw. einer Komponente des Vektorpotentials zu verzich-ten. So wird von PREIS u.a. [119] vorgeschlagen, bei sprunghaften Änderungen der Permeabilität μ im 3D-Fall auf die Stetigkeit der Normalkomponente des Vektorpotentials zu verzichten.

4.1.6 Diskretisierung mit Kantenelementen (edge elements)

Bei den Kantenelementen sind die Unbekannten im Gegensatz zu den bisher besprochenen Knotenelementen nicht mehr den Knoten, sondern den Kanten zugeordnet. Kantenelemente werden erst seit einer kurzen Zeit eingesetzt, und zwar hauptsächlich im 3D-Fall für vektorielle Felder vom Niederfrequenzbereich der Energietechnik bis zum Mikrowellenbereich. Nützliche Eigenschaften sind:

• Die Normalkomponente von Vektoren kann beim Übergang von Element zu Element unstetig sein (günstig für Materialübergänge).

• Singularitäten an Kanten sind besser modellierbar.

• Normalerweise werden unechte Eigenmoden (spurious modes) eliminiert.

Von den verschiedenen Elementformen sollen das Tetraeder- und das Hexaeder-Element vorgestellt werden.

4.1.6.1 Knoten- und Kantenelemente – wesentliche Merkmale

In den vorangegangenen Abschnitten wurden als Lösungen skalare Funktionen betrachtet, die in einem Tetraederelement erster Ordnung durch den Ansatz

$$u = \sum_{k=1}^{4} \alpha_k u_k \quad \text{mit} \quad \alpha_1 = \xi, \, \alpha_2 = \eta, \, \alpha_3 = \zeta, \, \alpha_4 = \chi = 1 - \xi - \eta - \zeta$$

approximiert wurden. Sind die Lösungen vektorielle Funktionen, wie z.B. die magnetische Feldstärke $\vec{H}$, kann man diese durch drei gekoppelte skalare Funktionen, nämlich die drei Komponenten H_x, H_y und H_z darstellen, so daß jedem Knoten drei anstelle von vorher einer Unbekannten zugeordnet werden:

$$\vec{H} = \sum_{k=1}^{4} \alpha_k \left[H_{xk} \vec{e}_x + H_{yk} \vec{e}_y + H_{zk} \vec{e}_z \right].$$

Abbildung 4.35 veranschaulicht ein solches Knotenelement für Vektoren.

Nun verlangen die Übergangs- bzw. Randbedingungen im elektromagnetischen Feld häufig, daß z.B. eine oder zwei Tangentialkomponenten eines Vektors (wie z.B. $\vec{H}$ oder $\vec{E}$) am Übergang stetig sein bzw. am Rand vorgeschrieben werden sollen. Da diese Übergänge und Ränder häufig nicht gut zum kartesischen Koordinatensystem passen, daß heißt z.B. nicht mit Ebenen $x = $ const zusammenfallen, sind geometrische Transformationen erforderlich. Wenn sich ferner in den Knoten die Flächennormale ändert, wie z.B. an Ecken und Kanten, muß eine künstliche Tangentialebene definiert werden. Beides ist möglich, letzteres wird im Rahmen der der BEM, siehe Kapitel 5.5.4.6, gezeigt. Aber es ist aufwendig und erscheint unnatürlich.

Eine Alternative stellt das in Abb. 4.36 gezeigte Kantenelement dar, bei dem die approximierte vektorielle Lösung nicht aus Knoten- sondern Kantenwerten zusammengesetzt wird. Eine der ersten mathematisch orientierten Beschreibungen von Kantenelementen erfolgte durch NEDELEC [108].

4.1.6.2 Tetraeder-Kantenelemente

Hier wird das Feld im Element nicht durch vier mit den vier Ecken sondern durch sechs mit den sechs Kanten assoziierte Funktionen beschrieben:

$$\vec{H}(\xi, \eta, \zeta) = \sum_{k=1}^{6} \vec{\alpha}_k H_k \tag{4.64}$$

mit

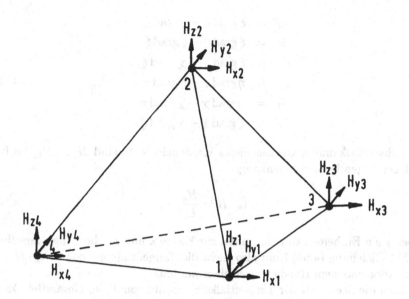

Abb. 4.35. Knotenorientiertes Tetraederelement für Vektoren (Knotenelement)

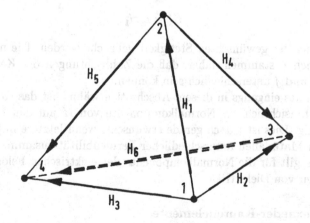

Abb. 4.36. Kantenorientiertes Tetraederelement für Vektoren (Kantenelement)

$$\xi + \eta + \zeta + \chi = 1$$

und

$$
\begin{aligned}
\vec{\alpha}_1 &= \xi \operatorname{grad} \eta - \eta \operatorname{grad} \xi, \\
\vec{\alpha}_2 &= \xi \operatorname{grad} \zeta - \zeta \operatorname{grad} \xi, \\
\vec{\alpha}_3 &= \xi \operatorname{grad} \chi - \chi \operatorname{grad} \xi, \\
\vec{\alpha}_4 &= \eta \operatorname{grad} \zeta - \zeta \operatorname{grad} \eta, \\
\vec{\alpha}_5 &= \eta \operatorname{grad} \chi - \chi \operatorname{grad} \eta, \\
\vec{\alpha}_6 &= \zeta \operatorname{grad} \chi - \chi \operatorname{grad} \zeta.
\end{aligned}
\tag{4.65}
$$

Die sechs unbekannten Größen dieses Kantenelements sind $H_1 \ldots H_6$. Es besteht der folgende Zusammenhang:

$$\vec{t}_k \cdot \vec{H} = \frac{H_k}{L_k}, \tag{4.66}$$

wobei $\vec{t}_k$ ein Einheitsvektor tangential zur Kante k und L_k die Länge derselben ist. Mit Gleichung (4.66) kann also leicht die Tangentialkomponente $\vec{t}_k \cdot \vec{H}$ mit einem vorgegebenem Randwert versehen werden.

Auch die Stetigkeit der Tangentialkomponente von $\vec{H}$ im Gesamtfeld kann leicht mittels Kantenelementen herbeigeführt werden: Stoßen zwei Elemente i und j aneinander, so können die von jedem Element herrührenden Werte H_k^i und H_k^j in der gemeinsamen Kante k durch die Forderung

$$H_k^i = \pm H_k^j$$

zur Erfüllung der gewünschten Stetigkeit gebracht werden. Die unterschiedlichen Vorzeichen stammen daher, daß die Zählrichtungen der Kanten für die Elemente i und j unterschiedlich sein können.

Wie bereits eingangs in diesem Abschnitt erwähnt, ist das so entstehende Feld nicht hinsichtlich der Normalkomponente von $\vec{H}$ auf den Elementoberflächen stetig. Dies ist jedoch gerade erwünscht, wenn letztere mit den Trennflächen von Materialien unterschiedlicher Permeabilität zusammenfallen. Entsprechendes gilt für die Normalkomponente der elektrischen Feldstärke $\vec{E}$ bei Trennflächen von Dielektrika.

4.1.6.3 Hexaeder-Kantenelemente

Die Abbildung 4.37 zeigt ein Hexaeder-Kantenelement erster Ordnung (engl. brick element) im globalen und seine transformierte Form im lokalen Koordinatensystem. In diesem Fall wird eine Vektorpotential-Verteilung $\vec{A}(\xi, \eta, \zeta)$ im Element dargestellt durch

$$\vec{A}(\xi, \eta, \zeta) = \sum_{k=1}^{12} \vec{\alpha}_k A_k \tag{4.67}$$

mit

$$\vec{\alpha}_k = \begin{cases} \vec{e}_\xi \alpha_{\xi k} & (\xi\text{-Richtung}) \\ \vec{e}_\eta \alpha_{\eta k} & (\eta\text{-Richtung}) \\ \vec{e}_\zeta \alpha_{\zeta k} & (\zeta\text{-Richtung}), \end{cases}$$

wobei $\vec{e}_\xi$, $\vec{e}_\eta$ und $\vec{e}_\zeta$ die Einheitsvektoren in ξ-, η- bzw. ζ-Richtung sind. Die Formfunktionen $\alpha_{\xi k}$ usw. lauten

$$\alpha_{\xi k} = \frac{1}{8}(1 + \eta_k\eta)(1 + \zeta_k\zeta) \qquad k = 1, 2, 3, 4$$

$$\alpha_{\eta k} = \frac{1}{8}(1 + \zeta_k\zeta)(1 + \xi_k\xi) \qquad k = 5, 6, 7, 8$$

$$\alpha_{\zeta k} = \frac{1}{8}(1 + \xi_k\xi)(1 + \eta_k\eta) \qquad k = 9, 10, 11, 12.$$

Dabei sind ξ_k, η_k und ζ_k die Koordinaten der Kante k.

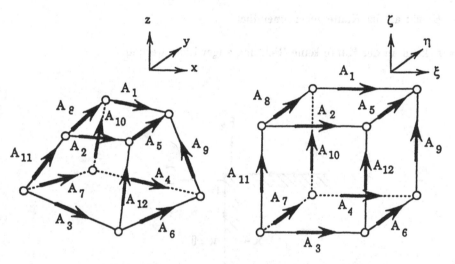

Abb. 4.37. Hexaeder-Kantenelement erster Ordnung

Ein ausführlicher Vergleich von Knoten- und Kantenelementen findet sich bei FUJIWARA [38]. Mit den beiden Elementarten rechnet er magnetostatische und Wirbelstromprobleme der internationalen TEAM-Workshops durch. Auch verschiedene Formulierungen, wie die $\vec{A}$, ϕ und die $\vec{T}$, Ω-Formulierung sowie Meßergebnisse werden herangezogen. Als generelles Resultat konstatiert er für seine durchgerechneten Beispiele eine Überlegenheit der Kantenelemente, insbesondere hinsichtlich kürzerer Rechenzeit und geringeren Speicherbedarfs. Andererseits verweist er auf die aufwendigeren, notwendigen Vorarbeiten hinsichtlich der Formfunktionen, der Definition der Lösungsvariablen und der Eichungsbedingung.

4.1.6.4 Stetigkeit

Wie bereits erläutert, verläuft die Tangentialkomponente des mit Kantenelementen behandelten Vektorfeldes stetig beim Element-Übergang. Fallen
die Element-Übergänge nicht mit Materialübergängen zusammen, sollte auch
die Normalkomponente stetig sein. Dies stellt sich zwar durch die FEM-
Formulierung näherungsweise im Sinne einer natürlichen Übergangsbedingung
ein, kann jedoch Anlaß zu Fehlern sein. WEBB [154] schlägt für solche Fälle
vor, die Stetigkeit der Normalkomponente explizit zu erzwingen.

4.1.6.5 Singularitäten

Die Aufgabe der Stetigkeit der Normalkomponente hat für die Kantenelemente
einen großen Vorteil bei Ecken und Kanten, bei denen bei der numerischen
Feldberechnung zwei Probleme existieren, z.B. bei der elektrischen Feldstärke
an einer scharfen, perfekt leitenden Kante, wie Abb. 4.38 zeigt:

- $\vec{E}$ geht an der Kante gegen unendlich.

- $\vec{E}$ kann an der Kante keine Richtung zugewiesen werden.

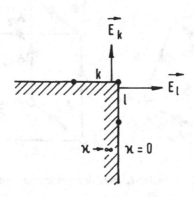

Abb. 4.38. Kanten-Singularität und Kantenelemente

Ohne ebenfalls singuläre, spezielle Formfunktionen, die der singulären exakten Lösung angepaßt sind, läßt sich die erste Forderung mit Kantenelementen
nicht besser erfüllen als mit Knotenelementen, in beiden Fällen ist eine hoch-
gradige Elementverfeinerung an der Kante unausweichlich.

Da jedoch die Kantenelemente lediglich die Stetigkeit der Tangentialkomponente auferlegen, ermöglichen sie eine abrupte Richtungsänderung an der
scharfen Kante, siehe Abb. 4.38. Dies ist mit Knotenelementen nicht erreichbar.

4.1.6.6 Unechte Eigenmoden

Etliche Autoren, wie z.B. WEBB [154] oder BARDI u.a. [10], sagen, daß unechte Eigenmoden in Hohlleitern und Resonatoren, welche bei numerischen
Lösungsverfahren durch die Approximation entstehen und mit Knotenelementen in der FEM auch beobachtet werden können, mit Kantenelementen nicht
auftreten. Nach MUR [102] ist dies jedoch nicht gesichert. Letzterer dämpft
auch die Erwartungen und Aussagen anderer Autoren hinsichtlich der Meri-
ten der noch jungen Kantenelemente und attestiert den Knotenelementen eine
höhere Effizienz, abgesehen von der in Abschnitt 4.1.6.5 besprochenen Singu-
laritäten-Behandlung.

4.1.7 Gleichungssystem

Zur Auffindung der gesuchten Potentialverteilung wurde die schwache Formulierung (4.7) bereits in die diskretisierte FEM-Formulierung (4.9) überführt,
welche ein lineares Gleichungssystem für die Knotenpotentiale u_k darstellt.
Die hierin erforderlichen Operationen wie Einführung von Formfunktionen,
Gradientenbildung und Integration sind in den vorangegangenen Abschnitten
ausführlich behandelt worden. Da sich in (4.9)

$$\sum_{i=1}^{n}\sum_{k=1}^{p}\left[\int_{\Omega^i}\epsilon\,\text{grad}\,\alpha_k\,\text{grad}\,\alpha_l\,d\Omega\right]u_k + \sum_{i=1}^{n}\int_{\Omega^i}\rho\alpha_l\,d\Omega = 0, \quad l = 1\ldots p$$

nur dort von Null verschiedene Beiträge für das erste Integral ergeben, wo
Ansatzfunktion α_k und Gewichtsfunktion α_l in einem Element gekoppelt sind,
ist die elementweise Aufstellung der Systemmatrix des Gleichungssystems die
günstigste Vorgehensweise.

4.1.7.1 Elementmatrix

Je nach Gewichtsfunktion α_l ergeben sich als Beiträge des Elements Ω^i:

$$E_l^i = \sum_{k=1}^{p}\left[\int_{\Omega^i}\epsilon\,\text{grad}\,\alpha_k\,\text{grad}\,\alpha_l\,d\Omega\right]u_k + \int_{\Omega_i}\rho\alpha_l\,d\Omega, \qquad (4.68)$$

womit sich im Hinblick auf die Matrixschreibweise

$$E_l^i = \sum_{k=1}^{p}K_{lk}u_k + F_l \qquad (4.69)$$

mit

$$K_{lk} = \int_{\Omega^i}\epsilon\,\text{grad}\,\alpha_k\,\text{grad}\,\alpha_l\,d\Omega \qquad (4.70)$$

und

$$F_l = \int_{\Omega_i} \rho \alpha_l \, d\Omega \tag{4.71}$$

ergibt.

In den Abschnitten 4.1.3.4 über Dreieckskoordinaten und 4.1.3.5 über Tetraederkoordinaten wurden die beiden Integrale (4.70) und (4.71) für lineare Formfunktionen bereits behandelt, und für elementweise konstante Permittivität ϵ und Raumladungsdichte ρ ergaben sich die analytischen Lösungen nach (4.35) und (4.37) für Dreiecke (2D-Probleme) und (4.51) und (4.52) für Tetraeder (3D-Probleme).

Betrachtet man als Beispiel das Element $i = 1$ im Ausschnitt des Netzes in Abb. 4.3, so wird unter Betrachtung von Abb. 4.39 deutlich, daß in diesem

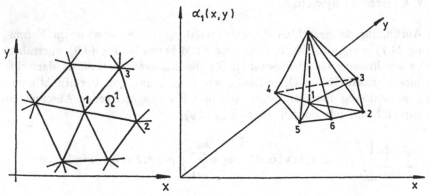

Abb. 4.39. Beispiel des Elements Ω^1 und Formfunktion α_1 (2D-Fall)

Element nur die Formfunktionen α_1, α_2 und α_3, die den Knoten 1, 2 und 3 zugeordnet sind, Beiträge zum Integral (4.70) liefern, alle anderen Formfunktionen jedoch verschwinden und somit keine Beiträge ergeben. Folglich sind für das Element Ω^1 nur die drei Beiträge E_1^i, E_2^i und E_3^i für $l = 1, 2, 3$ zu berücksichtigen. Sie können zu einem kleinen Element-Gleichungssystem zusammengefaßt werden:

$$\begin{bmatrix} E_1^i \\ E_2^i \\ E_3^i \end{bmatrix} = \begin{bmatrix} K_{11} & K_{12} & K_{13} \\ K_{21} & K_{22} & K_{23} \\ K_{31} & K_{32} & K_{33} \end{bmatrix} \begin{bmatrix} u_1 \\ u_2 \\ u_3 \end{bmatrix} + \begin{bmatrix} F_1 \\ F_2 \\ F_3 \end{bmatrix}. \tag{4.72}$$

Die Elementmatrix ist symmetrisch, da die Integralergebnisse nach (4.35) und (4.51) hinsichtlich l und k symmetrisch sind. Verantwortlich hierfür sind die Symmetrie der feldbeschreibenden Differentialgleichung und die Auswahl des GALERKIN-Verfahrens zur Gewichtung. Diese Symmetrie überträgt sich vom Elementsystem auf das Gesamtsystem.

Zur Berechnung der Anregungsterme F_l nach (4.71) ist anzumerken, daß die vorgegebene, bekannte Raumladungsverteilung $\rho(x, y, z)$ grundsätzlich zum Zwang führt, das Integral (4.71) numerisch zu berechnen. Im Sinne einer möglichst regelmäßigen Struktur der zu verarbeitenden Eingabe-Information werden die Anregungsfunktionen normalerweise innerhalb des Elements als konstant angenommen oder auch mit Hilfe von Formfunktionen dargestellt, womit das Integral analytisch lösbar wird. Eine Verschlechterung der Genauigkeit ist dabei nicht zu befürchten, wenn an Stellen sich stark ändernder Anregungsfunktionen das FEM-Netz hinreichend fein strukturiert wird, was bei adaptiver Netzgenerierung in den für die Feldberechnung wichtigen Bereichen automatisch geschieht. In den Gleichungen (4.37) und (4.52) wurde eine konstante Raumladungsdichte ρ innerhalb der Elemente angenommen.

4.1.7.2 Gesamtmatrix

Für den Fall der POISSON'schen Differentialgleichung mit Potentialvorgabe auf dem Rand

$$\operatorname{div}(\epsilon \operatorname{grad} u) = -\rho \quad \text{in} \quad \Omega,$$

$$u = \bar{u} \quad \text{auf} \quad \Gamma,$$

soll im folgenden für ein rechteckiges Gebiet (2D-Problem) die Struktur des entsprechenden Gleichungssystems und vor allem seiner Gesamtmatrix dargestellt werden.

Das Gebiet Ω wird in Dreiecke aufgeteilt, wie in Abb. 4.40 gezeigt. Mit der vorgenommenen Knoten-Numerierung ergibt sich aus der FEM-Formulierung (4.9) die in Abb. 4.41 dargestellte Struktur des Gleichungssystems. Kreuze in der Gesamtmatrix bedeuten von Null verschiedene Matrixelemente, alle leeren Felder repräsentieren Nullen.

Zu den bekannten Anregungstermen F in (4.72) sind in Abb. 4.41 auch alle Ausdrücke mit bekannten Knotenpotentialen $u_{19} \ldots u_{38}$ auf die rechte Seite gebracht worden. Diese Vorgehensweise bietet die beste Speichereffizienz, ist aber nicht zwingend, wie in Abschnitt 4.1.7.4 erläutert wird.

Die hergeleitete Elementmatrix (4.72) findet sich in Abb. 4.41 in gleicher Form z.B. im Dreieck der Knoten 12, 13 und 14 wieder (siehe quadratische Einrahmung). Dreiecke, deren Knotennummern nicht aufeinanderfolgende Zahlen sind, führen zu örtlich verstreuten Beiträgen zur Gesamtmatrix.

Am Beispiel von Knoten 7 mit zugehöriger Matrixzeile 7 wird deutlich, daß Matrixeinträge nur für den Knoten 7 selbst auf der Diagonale und für die unmittelbar benachbarten Knoten 3, 4, 6, 8, 10 und 11 entstehen (siehe Einrahmung), da nur hier der Ausdruck $\operatorname{grad} \alpha_k \operatorname{grad} \alpha_l$ von Null verschieden ist. Die Zahl der von Null verschiedenen Matrixelemente der Zeile l ergibt sich also aus der Zahl der den Knoten l umgebenden Knoten mit unbekannten Potentialen plus eins. Das sind abgesehen von der Randnähe im ebenen Fall bei Dreiecken typischerweise 5 bis 7 Einträge. Die Bandbreite der diagonaldominanten und symmetrischen Matrix ist somit von der Knotennummerierung abhängig.

Generell führt die FEM-Formulierung (4.9) zu einer schmalbandigen, symmetrischen und diagonaldominanten Matrix. Diese Eigenschaften bleiben auch bei sehr großen Gleichungssystemen erhalten, so daß diese mit iterativen Lösungsalgorithmen behandelt werden können.

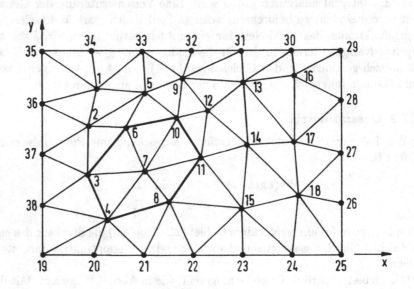

Abb. 4.40. Diskretisiertes Gebiet. 18 unbekannte Knotenpotentiale, Potentiale $u_{19} \ldots u_{38}$ bekannt

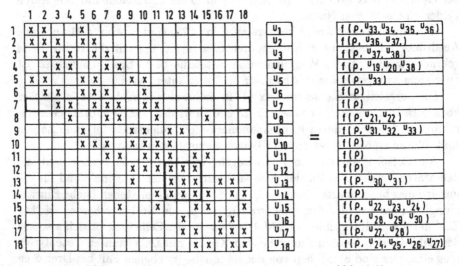

Abb. 4.41. Struktur des Gleichungssystems zu Abb. 4.40

4.1.7.3 Automatische Verarbeitung

Für die Realisierung der Berechnung der Elementmatrizen auf Basis der beschriebenen Schritte existieren verschiedene Möglichkeiten.

1. Die Berechnungsschritte auf der Basis der Formfunktionen werden manuell durchgeführt und das Resultat wird als analytischer Ausdruck in den Programmtext eingefügt. Diese Vorgehensweise ist sehr weit verbreitet und vom Gesichtspunkt der Verarbeitungsgeschwindigkeit her optimal. Sollen verschiedene Ansätze und Polynomordnungen zum Einsatz kommen, ist die Methode aber aufgrund der Fehlerträchtigkeit und des Aufwands kaum tauglich.

2. Die Generierung des Programmcodes kann einem *Codegenerator* überlassen werden, der die mathematischen Ausdrücke in Quelltext übersetzt. Die möglichen Fehlerquellen werden so vermieden. Alle denkbaren Kombinationen von Ansätzen und Polynomordnungen vorab automatisch in schnell zu berechnende analytische Formeln und Programmtext umsetzen zu wollen, würde den Programmtext aber unbeschränkt anwachsen lassen.

3. Unter Verwendung der regelmäßigen Struktur der Daten und Verarbeitungsschritte kann ein Programmteil geschrieben werden, das die notwendigen Berechnungen während des Programmlaufs *halbanalytisch* ausführt. Hierbei sind die Potentialansätze einzeln in Form ihrer Operatoren zu programmieren, die elementaren Funktionen „Differentialoperation", „Multiplikation" und „Integration" sind aber einfach zu realisieren. Die Operationen werden dann auf der Basis einfacher Datenstrukturen während des Programmlaufs durchgerechnet. Aufgrund des höheren Aufwands zur Ausführungszeit ist diese Vorgehensweise aber langsamer als die Erstgenannten.

Die halbanalytische Methode wurde von JÄNICKE [57] gewählt, um die verschiedenen Ansätze einfach testen und vergleichen zu können, wobei auch die Flexibilität bezüglich p-adaptiver Verfeinerung zur Verfügung stehen sollte. Diese Variante stellt einen *Differentialgleichungsprozessor* dar, der in Abb. 4.42 abgebildet und in [57] näher erläutert ist.

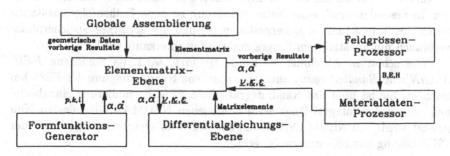

Abb. 4.42. Differentialgleichungsprozessor nach JÄNICKE [57]

4.1.7.4 Eingabe der Randbedingungen

Die Anwendung der *DIRICHLET'schen Randbedingung*, also der Vorgabe des Potentials in den Randknoten, läßt sich leicht bewerkstelligen. Die einem solchen Knoten zugeordnete Matrixzeile wird gelöscht und durch eine Zeile, welche lediglich das Diagonalelement mit dem Wert 1 und ansonsten Elemente des Werts 0 aufweist, ersetzt. Die zugeordnete rechte Seite erhält den Potential-Vorgabewert. Zwecks Erhalt der Symmetrie des Gleichungssystems müssen ebenso die Elemente der zum betreffenden Knoten gehörenden Spalte auf 0 gesetzt und die rechte Seite entsprechend angepaßt werden. Somit ist die DI-RICHLET'sche Randbedingung eine erzwungene Randbedingung und in den entsprechenden Randknoten am Ende des Rechenvorgangs exakt erfüllt.

Ein einfaches Beispiel möge dies im folgenden noch verdeutlichen. Angenommen werde, daß der Knoten 3 bei dem in Abb. 4.40 gezeigten Dreieck Ω^1 auf einem DIRICHLET-Rand liege und das ihm zugeordnete Knotenpotential vorgegeben sei:

$$u_3 = \overline{u}_3.$$

Im Hinblick auf eine möglichst einfache und regelmäßige Verarbeitung im Programm können jetzt einfach Matrix und rechte Seite modifiziert werden, wobei die Struktur aber erhalten bleibt:

$$\begin{bmatrix} K_{11} & K_{12} & 0 \\ K_{12} & K_{22} & 0 \\ 0 & 0 & 1 \end{bmatrix} \begin{bmatrix} u_1 \\ u_2 \\ u_3 \end{bmatrix} + \begin{bmatrix} F_1 + K_{13}\overline{u}_3 \\ F_1 + K_{23}\overline{u}_3 \\ -\overline{u}_3 \end{bmatrix} = 0.$$

Nimmt man die Verarbeitung von Sonderfällen in Kauf, kann die dritte Zeile entfallen und die Bedingung $u_3 = \overline{u}_3$ muß zusätzlich programmtechnisch realisiert werden. Der Speicherplatzbedarf wird dabei reduziert:

$$\begin{bmatrix} K_{11} & K_{12} \\ K_{12} & K_{22} \end{bmatrix} \begin{bmatrix} u_1 \\ u_2 \end{bmatrix} + \begin{bmatrix} F_1 + K_{13}\overline{u}_3 \\ F_1 + K_{23}\overline{u}_3 \end{bmatrix} = 0.$$

Voraussetzung ist dabei eine entsprechende Sortierung der Knotennummern wie in Abb. 4.40, bei der die DIRICHLET-Knoten die höchsten Nummern aufweisen. Insbesondere nach einer Netzverfeinerung ist diese Reihenfolge zusätzlich durch Sortiermaßnahmen sicherzustellen, so daß der geringere Speicherplatzverbrauch mit zusätzlichem Programmieraufwand erkauft wird.

Wie schon in Abschnitt 4.1.1.5 ausgeführt, wird die homogene *NEUMANN'sche Randbedingung* auch als natürliche Randbedingung der FEM bezeichnet. Sie ist über das Randintegral in die FEM-Formulierung einzubeziehen, indem das Integral längs eines homogenen NEUMANN-Randes zu Null gesetzt wird. Die NEUMANN-Bedingung wird, da nicht erzwungen, von der FEM-Lösung nur näherungsweise erfüllt.

4.1.7.5 Lösung des Gleichungssystems

In dem zu lösenden Gleichungssystem

$$\boxed{\mathbf{K}\mathbf{u} + \mathbf{F} = 0}$$

handelt es sich bei der Matrix $\mathbf{K}$ in den meisten Fällen um eine

- dünn besetzte, diagonalendominante,

- symmetrische,

- positiv definite

Matrix. Die angegebenen Eigenschaften sind im Beispiel der bisher behandelten POISSON'schen Differentialgleichung erfüllt. Bei anderen elektromagnetischen Feldproblemen können aber auch nichtsymmetrische Matrizen und/oder solche Matrizen auftreten, die nicht positiv definit sind. Dies ist zum Beispiel bei der Kopplung des magnetischen Skalarpotentials mit dem magnetischen Vektorpotential der Fall.

Für dünn besetzte, große Matrizen haben sich iterative Lösungsverfahren auf der Basis des GAUSS-SEIDEL-Verfahrens und des Gradientenverfahrens bewährt, die die Matrix während des Lösungsprozesses nicht verändern. Da auch beim Differenzenverfahren große, dünn besetzte Matrizen entstehen, besteht die Nachfrage nach effektiven Gleichungslösern bereits relativ lange und man kann inzwischen auf eine entsprechende Vielfalt zurückgreifen.

TAKAHASHI u.a. [142] führen in einer Übersicht über aktuelle FEM-Programme zur elektromagnetischen Feldberechnung verschiedene Gleichungslöser auf. Dabei zeigt sich, daß der ICCG-Löser am weitesten verbreitet ist.

ICCG-Methode (Incomplete Cholesky Decomposition, Conjugate Gradient)
Der Kern der Methode ist das Verfahren der konjugierten Gradienten in Kombination mit einer speziellen Vorkonditionierung, nämlich der unvollständigen CHOLESKY-Zerlegung

$$\mathbf{C} = \mathbf{L}\mathbf{L}^{\mathrm{T}},$$

mit der das Gleichungssystem

$$\mathbf{C}^{-1}\mathbf{K}\mathbf{u} + \mathbf{C}^{-1}\mathbf{F} = 0$$

transformiert wird in das System

$$\mathbf{L}^{-1}\mathbf{K}(\mathbf{L}^{\mathrm{T}})^{-1}\mathbf{u}' + \mathbf{F}' = 0$$

mit $\mathbf{u}' = \mathbf{L}^{\mathrm{T}}\mathbf{u}$ und $\mathbf{F}' = \mathbf{L}^{-1}\mathbf{F}$. Insbesondere für statische Probleme hat sich diese Methode bewährt.

SSORCG-Methode (Symmetric Succesive OverRelaxation Conjugate Gradient)
In der Arbeitsgruppe des Verfassers hat sich auch das SSORCG-Verfahren für
symmetrische Matrizen hinsichtlich Genauigkeit und Konvergenz bewährt, wobei auch komplexe Größen, etwa bei Skineffekt-Problemen, verarbeitet werden
können. Der Kern ist wiederum das Verfahren der konjugierten Gradienten,
und die SSOR-Vorkonditionierung erfolgt durch die Zusammenhänge

$$C = \frac{1}{\omega(2-\omega)}(D + \omega L)D^{-1}(D + \omega L^T)$$

mit ω: Relaxationsparameter, und

$$K = C - R,$$

mit denen wiederum das Gleichungssystem

$$C^{-1}Ku + C^{-1}F = 0$$

entsprechend transformiert wird.

ILUBiCG-Methode (Incomplete LU-Decomposition, BiConjugate Gradient)
Bei weiteren Problemstellungen ergab sich die Forderung, auch asymmetrische
Matrizen behandeln zu können, wie sie z.B. bei der Kopplung des magnetischen
Skalarpotentials mit dem Vektorpotential und bei anisotropen Werkstoffen entstehen. Ein hierfür geeigneter Algorithmus, das ILUBiCG-Verfahren, kann (wie
das ICCG-Verfahren), dem „SLAP"-Paket [126] entnommen werden. Eine für
nichtsymmetrische Matrizen geeignete Abwandlung des Verfahrens der konjugierten Gradienten wird dabei mit einer der IC ähnlichen Vorkonditionierungs-
Variante kombiniert.

In den vorstehenden Ausführungen wurden die üblichen Notationen hinsichtlich der Matrizen verwendet:

$$K = L + D + U$$

mit   **L**:   Lower matrix (untere Dreiecksmatrix),
      D: Diagonal matrix (Diagonalmatrix),
      U: Upper matrix (obere Dreiecksmatrix).

Generell kann bemerkt werden, daß das vor wenigen Jahren noch häufig
verwendete *Überrelaxationsverfahren (SOR)* inzwischen gegenüber dem Verfahren der konjugierten Gradienten und seinen Varianten in den Hintergrund
getreten ist. Letzteres Verfahren benötigt zwar mehr Zeit für einen iterativen
Schritt als das SOR-Verfahren, doch stellte sich bei großen Gleichungssystemen heraus, daß die erforderliche Gesamtzahl an Schritten wesentlich niedriger
ist dank geeigneter Vorkonditionierer. Außerdem ist für die Schnelligkeit des
SOR-Verfahrens, d.h. also niedrige Schrittzahl, Voraussetzung, daß der optima-
le Überrelaxationsparameter möglichst exakt gefunden wird, was insbesondere
im komplexen Fall, wie bei Skineffekt-Problemen, und bei großen Gleichungssystemen problematisch ist.

4.1.7.6 Lösung des Gleichungssystems für nichtlineare Materialien

Aufgrund der nichtlinearen Magnetisierungskurve ferromagnetischer Materialien, wie sie beispielsweise in Kapitel 5.6.2 dargestellt wird, wird die Matrix **K** des Gleichungssystems ergebnisabhängig: Da die in die Matrix eingehende Permeabilität μ aufgrund der nichtlinearen Abhängigkeit $B = f(H)$ ebenfalls von der Feldstärke und damit von der Lösung abhängt ($\mu = \mu(H) = \mu(A)$), geht das lineare Gleichungssystem

$$\mathbf{KA} + \mathbf{F} = 0$$

für das magnetische Vektorpotential in das nichtlineare System

$$\boxed{\mathbf{K(A)A} + \mathbf{F} = 0}$$

über.

Die Lösung kann mit zwei Gruppen von iterativen Lösungsschritten gefunden werden:

1. Gruppe: Einfache iterative Schritte Die Abfolge der Schritte wird im folgenden angegeben:

Schritt 0: $\mu = \mu^{(0)}$ (Annahme) $\rightarrow$ $\mathbf{K} = \mathbf{K}^{(0)}$
               $\mathbf{A}^{(0)}$: Lösung von $\mathbf{K}^{(0)}\mathbf{A}^{(0)} + \mathbf{F} = 0$

Schritt 1: $\mu = \mu^{(1)} = f(\mathbf{A}^{(0)})$
               $\mathbf{A}^{(1)}$: Lösung von $\mathbf{K}(\mathbf{A}^{(0)})\mathbf{A}^{(1)} + \mathbf{F} = 0$

Schritt m: $\mu = \mu^{(m)} = f(\mathbf{A}^{(m-1)})$
               $\mathbf{A}^{(m)}$: Lösung von $\mathbf{K}(\mathbf{A}^{(m-1)})\mathbf{A}^{(m)} + \mathbf{F} = 0$,
               sollte ziemlich nah an der exakten Lösung liegen.

2. Gruppe: NEWTON-RAPHSON-Iteration Liegt ein Ausgangswert nahe der tatsächlichen Lösung vor, oder ist die verwendete Formulierung hinreichend stabil (siehe NEAGOE u.a. [107] für einen Vergleich der Potentialformulierungen hinsichtlich der Konvergenz der nichtlinearen Berechnung), kann das quadratisch konvergente, und damit wesentlich schnellere NEWTON-RAPHSON-Verfahren verwendet werden. Ausgehend vom Gleichungssystem

$$\mathbf{K(A)A} + \mathbf{F} = \mathbf{G(A)} = 0$$

wird $\mathbf{A}^{(m+1)}$ iterativ durch die Beziehung

$$\mathbf{A}^{(m+1)} = \mathbf{A}^{(m)} + \delta\mathbf{A}^{(m)}$$

bestimmt. Zur Bestimmung des Differenzvektors $\delta\mathbf{A}^{(m)}$ wird das Residuum **G** in eine multidimensionale TAYLOR-Reihe entwickelt, wobei die Entwicklung nach dem ersten (linearen) Glied abgebrochen wird:

$$0 = \mathbf{G}(\mathbf{A}^{(m)} + \delta\mathbf{A}^{(m)}) = \mathbf{G}(\mathbf{A}^{(m)}) + \left[\frac{\partial \mathbf{G}}{\partial \mathbf{A}}\right]^{(m)} \delta\mathbf{A}^{(m)} + \dots.$$

Hieraus ist $\delta \mathbf{A}^{(m)}$ zu ermitteln:

$$\delta \mathbf{A}^{(m)} = -\mathbf{J}^{-1}\mathbf{G}(\mathbf{A}^{(m)})$$

mit der JACOBI-Matrix

$$\mathbf{J} = \begin{bmatrix} \dfrac{\partial G_1}{\partial A_1} & \dfrac{\partial G_1}{\partial A_2} & \dfrac{\partial G_1}{\partial A_3} & \cdots \\[2ex] \dfrac{\partial G_2}{\partial A_1} & \dfrac{\partial G_2}{\partial A_2} & \cdots & \cdots \\[2ex] \vdots & \vdots & \vdots & \vdots \end{bmatrix}.$$

Somit lautet die Iterationsvorschrift:

$$\mathbf{A}^{(m+1)} = \mathbf{A}^{(m)} - \mathbf{J}^{-1}\mathbf{G}(\mathbf{A}^{(m)}).$$

Um die Konvergenz des NEWTON-RAPHSON-Verfahrens in ungünstigen Fällen zu verbessern, kommt eine Dämpfung der Schrittweite durch Multiplikation des Differenzvektors mit einem (während es Programmlaufs dynamisch ermittelten) Faktor < 1 zum Einsatz.

4.1.8 Beispiel Ladungsverteilung (1D)

Betrachtet werde nochmals die Anordnung in Abb. 4.28, in der bei vorgegebener Raumladungsverteilung und den Randbedingungen $u(0) = u(a) = 0$ der Potentialverlauf gesucht wird. An dieser Stelle soll insbesondere die Entstehung des Gleichungssystems gezeigt werden, wozu eine weniger aufwendige Diskretisierung ausreicht.

Die Dreiecke des 2D-Falls entarten im 1D-Fall zu Strecken auf der x-Achse, wo lediglich vier Linienelemente der Längen $\Omega^1 \ldots \Omega^4$ vorgesehen werden, wie in Abb. 4.43 gezeigt. Die Lösung soll mit linearen Ansatzfunktionen approximiert werden, wozu lineare Formfunktionen und Standardelemente gemäß Abb. 4.44 eingesetzt werden.

Ausgangspunkt ist die FEM-Formulierung (4.9)

$$\sum_{i=1}^{n}\left\{ \sum_{k=1}^{p}\left[\int_{\Omega^i} \epsilon \operatorname{grad}\alpha_k \operatorname{grad}\alpha_l \, d\Omega \right] u_k + \int_{\Omega^i} \rho\alpha_l \, d\Omega \right\} = \sum_{i=1}^{n} E_l^i = 0, \quad l = 1 \ldots p.$$

Im hiesigen Fall nach Abb. 4.43 gilt offenbar bei vier Linienelementen $n = 4$ und bei drei Knoten mit unbekannten Potentialen $p = 3$.

Je nach Gewichtsfunktion α_l lauten die Beiträge der Elemente Ω^i nach (4.69)

$$E_l^i = \sum_{k=1}^{p} K_{lk}^i u_k + F_l^i$$

mit (4.70)

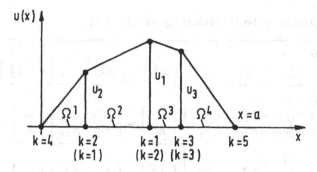

Abb. 4.43. 1D-Diskretisierung mit Linienelementen

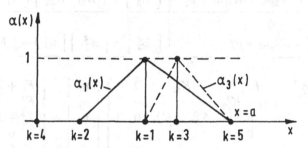

Abb. 4.44. 1D-Formfunktionen zu Abb. 4.43

$$K_{lk}^i = \int\limits_{\Omega^i} \epsilon \operatorname{grad} \alpha_k \operatorname{grad} \alpha_l \, d\Omega$$

und (4.71)

$$F_l^i = \int\limits_{\Omega_i} \rho \alpha_l \, d\Omega.$$

Diese Beiträge sind Tabelle 4.7 für alle Elemente aufgelistet (hochgestellte Zahlen sind Indizes). Für Element 1 und 4 ergeben sich je eine Gleichung, die im Sinne der Vereinheitlichung auch als Matrixgleichung geschrieben wurden.

Aus den vorstehenden Beiträgen der einzelnen Elemente ergeben sich nun für die in (4.9) nacheinander zu betrachtenden Gewichtsfunktionen α_l bzw. ihre Indizes l die folgenden Bestimmungsgleichungen:

$$l = 1: \quad \sum_{i=1}^{4} E_1^i = 0 \quad \rightarrow \quad \text{1. Zeile des folgenden Systems,}$$

$$l = 2: \quad \sum_{i=1}^{4} E_2^i = 0 \quad \rightarrow \quad \text{2. Zeile des folgenden Systems,}$$

$$l = 3: \quad \sum_{i=1}^{4} E_3^i = 0 \quad \rightarrow \quad \text{3. Zeile des folgenden Systems.}$$

Das hieraus entstehende System lautet

Tabelle 4.7. Ermittlung der Matrixbeiträge zu Abb. 4.43

$Element \; \Omega^1 \; (i=1)$ $l=2: \quad E_2^1 = K_{22}^1 u_2 + F_2^1$	$\left[\; E_2^1 \;\right] = \left[\; K_{22}^1 \;\right] \left[\; u_2 \;\right] + \left[\; F_2^1 \;\right]$
$Element \; \Omega^2 \; (i=2)$ $l=1: \quad E_1^2 = K_{12}^2 u_2 + K_{11}^2 u_1 + F_1^2$ $l=2: \quad E_2^2 = K_{22}^2 u_2 + K_{21}^2 u_1 + F_2^2$	$\left[\begin{array}{c} E_1^2 \\ E_2^2 \end{array}\right] = \left[\begin{array}{cc} K_{11}^2 & K_{12}^2 \\ K_{21}^2 & K_{22}^2 \end{array}\right] \left[\begin{array}{c} u_1 \\ u_2 \end{array}\right] + \left[\begin{array}{c} F_1^2 \\ F_2^2 \end{array}\right]$
$Element \; \Omega^3 \; (i=3)$ $l=1: \quad E_1^3 = K_{13}^3 u_3 + K_{11}^3 u_1 + F_1^3$ $l=3: \quad E_3^3 = K_{33}^3 u_3 + K_{31}^3 u_1 + F_3^3$	$\left[\begin{array}{c} E_1^3 \\ E_3^3 \end{array}\right] = \left[\begin{array}{cc} K_{11}^3 & K_{13}^3 \\ K_{31}^3 & K_{33}^3 \end{array}\right] \left[\begin{array}{c} u_1 \\ u_3 \end{array}\right] + \left[\begin{array}{c} F_1^3 \\ F_3^3 \end{array}\right]$
$Element \; \Omega^4 \; (i=4)$ $l=3: \quad E_3^4 = K_{33}^4 u_3 + F_3^4$	$\left[\; E_3^4 \;\right] = \left[\; K_{33}^4 \;\right] \left[\; u_3 \;\right] + \left[\; F_3^4 \;\right]$

$$\left[\begin{array}{ccccc} K_{11}^2 + K_{11}^3 & K_{12}^2 & K_{13}^3 & 0 & 0 \\ K_{21}^2 & K_{22}^1 + K_{22}^2 & 0 & 0 & 0 \\ K_{31}^3 & 0 & K_{33}^3 + K_{33}^4 & 0 & 0 \\ 0 & 0 & 0 & 1 & 0 \\ 0 & 0 & 0 & 0 & 1 \end{array}\right] \left[\begin{array}{c} u_1 \\ u_2 \\ u_3 \\ u_4 \\ u_5 \end{array}\right] + \left[\begin{array}{c} F_1^2 + F_1^3 \\ F_2^1 + F_2^2 \\ F_3^3 + F_3^4 \\ 0 \\ 0 \end{array}\right] = 0.$$

$$(4.73)$$

Die Matrixelemente sind leicht zu berechnen, so ergibt sich z.B. K_{11}^2 aus

$$K_{11}^2 = \int\limits_{\Omega^2} \epsilon \operatorname{grad} \alpha_1 \operatorname{grad} \alpha_1 \, d\Omega = \epsilon^2 \cdot \left(+\frac{1}{\Omega^2}\right) \cdot \left(+\frac{1}{\Omega^2}\right) \cdot \Omega^2 = \frac{\epsilon^2}{\Omega^2}$$

für elementweise konstantes ϵ. Entsprechend resultieren

$$K_{11}^3 = \frac{\epsilon^3}{\Omega^3}, \quad K_{12}^2 = -\frac{\epsilon^2}{\Omega^2}, \quad K_{13}^3 = -\frac{\epsilon^3}{\Omega^3} \quad \text{usw.}$$

Im hiesigen Beispiel ist die vorgegebene Ladungsverteilung $\rho(x)$ linear, so daß mit den linearen Formfunktionen die Integrale F_l^i analytisch zu berechnen sind.

Im übrigen ist (4.73) durch zwei Zeilen ergänzt worden, mit denen die homogenen Randbedingungen $u_4 = 0$ und $u_5 = 0$ gesetzt bzw. erzwungen werden. In den übrigen Zeilen treten aufgrund der Filterwirkung der Formfunktionen maximal drei von Null verschiedene Matrixelemente pro Zeile auf.

Die Knoten in Abb. 4.43 wurden so wie bereits früher in Abb. 4.29 numeriert, um an das dortige Beispiel anzuknüpfen. Die Numerierung war dort allerdings mit Rücksicht auf die Erklärung hierarchischer Formfunktionen worden. Denkt man sie sich für sehr viel mehr Knoten entsprechend fortgesetzt, so führt dies dazu, daß physikalisch benachbarten Knoten keine aufeinanderfolgenden Knotennummern zugeordnet sind, so daß die drei Matrixelemente je Zeile voneinander durch Null-Elemente getrennt sind, die Bandbreite der Matrix also erhöht ist. In (4.73) zeigt sich dies bereits in Zeile drei. Wird im hiesigen

Beispiel die Numerierung wie in Klammern in Abb. 4.46 vorgenommen, wird diese Erscheinung beseitigt, und es entsteht das System (ohne Randknoten)

$$
\begin{bmatrix} K_{11}^1 + K_{11}^2 & K_{12}^2 & 0 \\ K_{21}^2 & K_{22}^2 + K_{22}^3 & K_{23}^3 \\ 0 & K_{32}^3 & K_{33}^3 + K_{33}^4 \end{bmatrix} \begin{bmatrix} u_1 \\ u_2 \\ u_3 \end{bmatrix} + \begin{bmatrix} F_1^1 + F_1^2 \\ F_2^2 + F_2^3 \\ F_3^3 + F_3^4 \end{bmatrix} = 0,
$$

dessen Matrix-Bandbreite auch bei mehr Knoten erhalten bleibt. Die Matrixstruktur in Abb. 4.45 verdeutlicht diesen Effekt.

$$
\begin{bmatrix}
x & x & 0 & 0 & 0 & 0 & 0 & 0 & 0 & 0 & 0 & 0 \\
x & x & x & 0 & 0 & 0 & 0 & 0 & 0 & 0 & 0 & 0 \\
0 & x & x & x & 0 & 0 & 0 & 0 & 0 & 0 & 0 & 0 \\
0 & 0 & x & x & x & 0 & 0 & 0 & 0 & 0 & 0 & 0 \\
0 & 0 & 0 & x & x & x & 0 & 0 & 0 & 0 & 0 & 0 \\
0 & 0 & 0 & 0 & x & x & x & 0 & 0 & 0 & 0 & 0 \\
0 & 0 & 0 & 0 & 0 & x & x & x & 0 & 0 & 0 & 0 \\
0 & 0 & 0 & 0 & 0 & 0 & x & x & x & 0 & 0 & 0 \\
0 & 0 & 0 & 0 & 0 & 0 & 0 & x & x & x & 0 & 0 \\
0 & 0 & 0 & 0 & 0 & 0 & 0 & 0 & x & x & x & 0 \\
0 & 0 & 0 & 0 & 0 & 0 & 0 & 0 & 0 & x & x & x \\
0 & 0 & 0 & 0 & 0 & 0 & 0 & 0 & 0 & 0 & x & x
\end{bmatrix}
\begin{bmatrix} u_1 \\ u_2 \\ u_3 \\ u_4 \\ u_5 \\ u_6 \\ u_7 \\ u_8 \\ u_9 \\ u_{10} \\ u_{11} \\ u_{12} \end{bmatrix}
+ \begin{bmatrix} x \\ x \\ x \\ x \\ x \\ x \\ x \\ x \\ x \\ x \\ x \\ x \end{bmatrix} = 0
$$

Abb. 4.45. Bandmatrix mit 12 Knoten (ohne Randknoten); x: Besetzt, 0: Unbesetzt

Die Bandbreite der Matrix ist dann entscheidend, wenn mit *direkten Lösern* gearbeitet wird, bei denen alle Elemente innerhalb des Bandes abgespeichert werden müssen, und für die die Zeile mit der größten Bandbreite maßgebend ist. Moderne *iterative Löser* arbeiten mit komprimierter Abspeicherung nur der von Null verschiedenen Elemente der Matrix mit Hilfe von Indextabellen, so daß die Bandbreite der Matrix und damit die Knotennumerierung bedeutungslos ist. Eine Sortierung ist dann nicht mehr notwendig.

4.1.9 Beispiel vereinfachte Mikrostreifenleitung (2D)

Es handelt sich hierbei um die aus der Mikrostreifenleitung in Abb. 5.2 hervorgehende, vereinfachte Leitung, wie sie in Abb. 5.3 dargestellt ist. Aus Symmetriegründen reicht es aus, eine Hälfte von ihr zu betrachten, was zu dem in Abb. 4.46 dargestellten gemischten Randwertproblem führt. Von Interesse sind der Isolationswiderstand und die Feldverteilung in der Leitung aus technischer Sicht und der FEM-Lösungsweg aus methodischer Sicht.

4.1.9.1 FEM-Formulierung und Gleichungssystem

Die feldbeschreibende Differentialgleichung ist hier die LAPLACE-Gleichung, so daß in der FEM-Formulierung (4.9) das zweite Integral mit der Raumladung

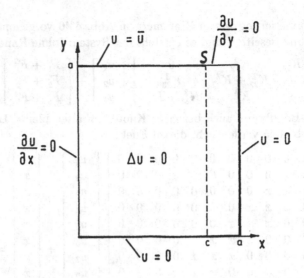

Abb. 4.46. Gemischtes Randwertproblem zu Abb. 5.3

entfällt:

$$\sum_{i=1}^{n} \sum_{k=1}^{p} \left[\int_{\Omega^i} \epsilon \operatorname{grad} \alpha_k \operatorname{grad} \alpha_l \, d\Omega \right] u_k = 0, \quad l = 1 \ldots p. \tag{4.74}$$

Im Zuge einer adaptiven Netzgenerierung unter Einbeziehung einer geeigneten Fehlerschätzung (siehe Abschnitte 4.3 und 4.4) geht aus einem primitiven Anfangsnetz mit entsprechend einfachem Gleichungssystem schließlich ein gezielt verfeinertes Endnetz mit größerem Gleichungssystem hervor.

Zur Veranschaulichung sollen das Anfangsnetz und der erste Verfeinerungsschritt sowie die zugehörigen Gleichungssysteme angegeben werden. Bewußt wurde ein Beispiel mit Singularität (an der Stelle $x = c$, $y = a$) gewählt, für deren Erfassung sich das Netz in ihrer Umgebung stark verfeinert. Dies deutet sich bereits im ersten Verfeinerungsschritt an.

Zugrunde gelegt sind lineare Dreieckselemente, also lineare Formfunktionen α_k. Für die gezeigten Zahlenwerte wurden $\bar{u} = 1\,\mathrm{V}$, $a = 1\,\mathrm{m}$ und $c/a = 2/3$ eingesetzt.

Abbildung 4.47 zeigt das Anfangsnetz, das dadurch entsteht, daß jeder Teilrand in zwei gleiche Hälften unterteilt wird. Auf diese Weise entstehen zehn Knoten und acht Dreieckselemente.

Lediglich in zwei Knoten, nämlich in den Knoten 8 und 10, sind die Knotenpotentiale u_8 und u_{10} unbekannt, in allen anderen sind sie aus den DIRICHLET'schen Randbedingungen vorgegeben. Die homogenen NEUMANN-Bedingungen werden auf natürliche Weise über das Randintegral in (4.7) in die Formulierung eingebracht, was zum Wegfall dieses Randintegrals führt.

Abbildung 4.48 zeigt das Gesamtgleichungssystem für alle zehn Knotenpotentiale. Nur ein kleiner Teil davon, nämlich die 8. und die 10. Zeile, stellt

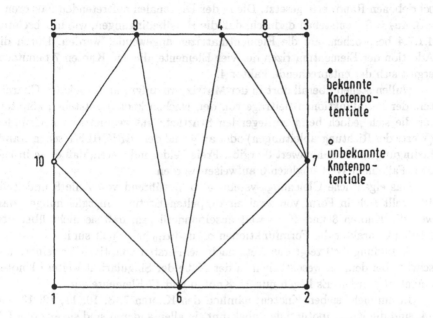

Abb. 4.47. Startnetz zum Randwertproblem nach Abb. 4.46

	1	2	3	4	5	6	7	8	9	10				
1	1					0				0		U_1		0
2		1				0	0					U_2		0
3			1				0	0				U_3		0
4				3		0	0	0	0			U_4		3
5					1			0	0		·	U_5	=	1
6	0	0		0		5	0		0	0		U_6		0
7		0	0	0		0	4	0				U_7		0
8			0	0			0	3,7				U_8		1,83
9				0	0	0			3	0		U_9		3
10	0				0	0			0	2,1		U_{10}		1,03

Abb. 4.48. Gesamtgleichungssystem zu Abb. 4.47 für alle Knotenpotentiale (inkl. bekannter Werte)

das eigentliche Gleichungssystem für die Unbekannten u_8 und u_{10} dar. In allen anderen Zeilen werden die entsprechenden Knotenpotentiale auf ihre vorgeschriebenen Randwerte gesetzt. Die in der Diagonalen auftretenden Faktoren – z.B. $4u_7 = 0$ – entstehen dadurch, daß die Randbedingungen, wie in Abschnitt 4.1.7.4 besprochen, auf die Elementmatrizen angewendet werden. Durch die Addition der Elementmatrizen der vier Elemente, die den Knoten 7 benutzen, ergibt sich der entsprechende Faktor 4.

Nullen stehen überall dort in der Matrix, wo aufgrund des lokalen Charakters der Formfunktionen Beiträge von den Nachbarknoten entstehen könnten, für die sich jedoch beim vorliegenden Startnetz aus geometrischen Gründen (Werte der Richtungsableitungen) oder aufgrund der DIRICHLET'schen Randbedingungen der Zahlenwert 0 ergibt. Freie Felder indizieren, daß diese in keinem Fall einen Wert ungleich 0 aufweisen werden.

Das eigentliche Gleichungssystem, also herrührend von Zeile 8 und Zeile 10, stellt sich in Form von zwei entkoppelten Bestimmungsgleichungen dar, weil die Knoten 8 und 10 so weit auseinanderliegen, daß sie nicht über den lokalen Charakter der Formfunktionen α_8 und α_{10} gekoppelt sind.

Abbildung 4.49 zeigt das Netz nach dem ersten adaptiven Verfeinerungsschritt, bei dem im wesentlichen in der Nähe der Singularität weitere Knoten eingefügt wurden. Es liegen nun 15 Knoten und 17 Elemente vor.

In nunmehr sieben Knoten, nämlich den Knoten 7, 8, 10, 11, 12, 13 und 14, sind die Knotenpotentiale unbekannt, in allen anderen sind sie aus den DIRICHLET'schen Randbedingungen vorgegeben. Die Knotennummern der neuen Knoten ergeben sich aus dem Ablauf der adaptiven Verfeinerung und sind im Hinblick auf das sich ergebende Gleichungssystem zufällig, also nicht sortiert.

Das Gesamtgleichungssystem nach Abb. 4.50 zeigt nun eine Kopplung unbekannter Potentiale, z.B. ist in Zeile 11 das unbekannte Potential u_{11} mit den unbekannten Nachbarknotenpotentialen u_8, u_{12}, u_{13} und u_{15} gekoppelt.

4.1.9.2 Feldverteilung, Isolationswiderstand

Abbildung 4.51 zeigt das adaptiv generierte Netz nach 15 Verfeinerungsschritten und Abb. 4.52 das zugehörige Äquipotentiallinienbild.

Der Isolationswiderstand kann nach (5.77) bzw. (5.78) berechnet werden. FEM-Ergebnisse für ein ähnliches Problem sind in Abb. 5.49 eingetragen und mit BEM-Ergebnissen verglichen worden.

4.1.9.3 Analytische Lösung

Für die vereinfachte Mikrostreifenleitung und das zugehörige Randwertproblem nach Abb. 4.46 läßt sich eine analytische Lösung angeben, indem man in den Teilräumen $0 \leq x \leq c$ und $c \leq x \leq a$ jeweils Potentialansätze mit dem BERNOULLI'schen Produktansatz aufstellt und diese die Übergangsbedingungen in der Trennfläche $x = c$ erfüllen läßt. Das hieraus resultierende unendliche Gleichungssystem

$$\mathbf{Ab} = \mathbf{c}$$

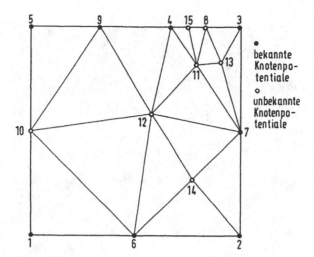

Abb. 4.49. Netz zum Randwertproblem nach Abb. 4.46, 1. adaptive Verfeinerung

	1	2	3	4	5	6	7	8	9	10	11	12	13	14	15				
1	1					0				0							u_1		0
2		2				0	0							0			u_2		0
3			2				0	0					0				u_3		0
4			3					0			0	0			0		u_4		3
5				1				0	0								u_5		1
6	0	0				4			0			0		0			u_6		0
7		0	0				5				0	0	0	0		$\cdot$	u_7	$=$	0
8			0					2,1			-0,27		-0,45		-1,0		u_8		0
9			0	0					3	0		0					u_9		3
10	0				0	0			0	1,8		-0,62					u_{10}		0,54
11			0				0	-0,27			4,9	-0,98	-2,3		-0,46		u_{11}		0,76
12			0			0	0		0		-0,98	3,8		-0,99			u_{12}		0,73
13		0					0	-0,45			-2,3		5,8				u_{13}		0
14		0				0	0					-0,99		4,1			u_{14}		0
15			0				-1,0				-0,46				2,7		u_{15}		1,3

Abb. 4.50. Gesamtgleichungssystem zu Abb. 4.49 für alle Knotenpotentiale (inkl. bekannter Werte)

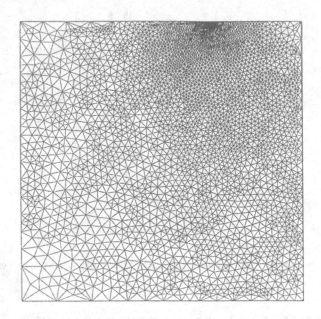

Abb. 4.51. Netz zum Randwertproblem nach Abb. 4.46, 15. adaptive Verfeinerung, 4999 Knoten, 9817 Elemente

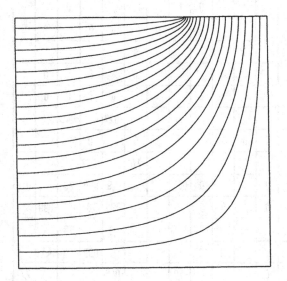

Abb. 4.52. Äquipotentiallinien zu Abb. 4.51

mit

$$A = \{A_{kn}\}, \quad b = \begin{bmatrix} B_1 \\ B_2 \\ \vdots \\ B_n \\ \vdots \end{bmatrix}, \quad c = \overline{u} \begin{bmatrix} 1 \\ -1/2 \\ 1/3 \\ \vdots \\ \frac{(-1)^{k+1}}{k} \\ \vdots \end{bmatrix}$$

liefert die Koeffizienten B_n für die untenstehende Lösung. Die Matrixelemente A_{kn} errechnen sich wie folgt:

$$A_{kn} = \left[D_n - F_n \frac{C_k}{E_k} \right] \frac{k}{k^2 - \left(n - \frac{1}{2}\right)^2} (-1)^{n+k}$$

mit

$$\begin{aligned} C_k &= \cosh\left(k\pi \frac{c}{a}\right), \\ D_n &= \sinh\left(\frac{2n-1}{2}\pi\frac{c}{a}\right) - \tanh\left(\frac{2n-1}{2}\pi\right)\cosh\left(\frac{2n-1}{2}\pi\frac{c}{a}\right), \\ E_k &= k\frac{\pi}{a}\sinh\left(k\pi\frac{c}{a}\right), \\ F_n &= \frac{(2n-1)\pi}{2a}\left[\cosh\left(\frac{2n-1}{2}\pi\frac{c}{a}\right) - \tanh\left(\frac{2n-1}{2}\pi\right)\sinh\left(\frac{2n-1}{2}\pi\frac{c}{a}\right)\right]. \end{aligned}$$

Hiermit lautet die Lösung

$$\begin{aligned} u_1(x,y) &= \frac{\overline{u}}{a}y + \sum_{k=1}^{\infty} G_k \cosh\left(k\pi\frac{x}{a}\right)\sin\left(k\pi\frac{y}{a}\right) \quad \text{für} \quad 0 \le x \le c, \\ u_2(x,y) &= \sum_{n=1}^{\infty} B_n \left[\sinh\left(\frac{2n-1}{2}\pi\frac{x}{a}\right) - \tanh\left(\frac{2n-1}{2}\pi\right)\cosh\left(\frac{2n-1}{2}\pi\frac{x}{a}\right)\right] \cdot \\ &\quad \cdot \sin\left(\frac{2n-1}{2}\pi\frac{y}{a}\right) \quad \text{für} \quad c \le x \le a. \end{aligned} \tag{4.75}$$

Die Koeffizienten G_k ergeben sich dabei aus

$$G_k = \frac{2}{\pi}\frac{1}{E_k}\sum_{n=1}^{\infty} B_n F_n \frac{k}{k^2 - \left(n - \frac{1}{2}\right)^2}(-1)^{n+k}. $$

An der Stelle ($x = c, y = a$) in liegt eine Singularität S vor, in deren Umgebung die elektrische Feldstärke den Verlauf

$$|\vec{E}| \sim \rho^{-1/2} \tag{4.76}$$

aufweist, wobei ρ der Abstand von der Singularität ist. Dieses Verhalten beim Zusammentreffen eines DIRICHLET- und homogenen NEUMANN-Randes läßt sich mit der SCHWARZ-CHRISTOFFEL-Transformation zeigen; es folgt aber

auch leicht aus der Behandlung des Problems in Abb. 4.46 in Zylinderkoordi-
naten, wenn man den Ursprung in die Singularität legt. Zur Verifizierung legt
man dann zweckmäßigerweise die drei Ränder $x = 0$, $x = a$ und $y = 0$ in große
Entfernung von S.

Das vorliegende Beispiel wurde absichtlich mit einer Singularität ausgestat-
tet, um das Verhalten der numerischen Verfahren in ihrer Umgebung mit der
analytischen Lösung zu vergleichen. Letztere wird dort angesichts des bekannten Verlaufs nach (4.76) immer der numerischen Lösung überlegen sein. Somit
kann das Beispiel auch als einfaches *Testproblem* aufgefaßt werden.

In den folgenden Abbildungen werden nicht beliebige Lösungsverläufe miteinander verglichen, sondern solche, die bei der FEM generell als kritische bzw.
schwache Stellen anzusehen sind. Hierbei handelt es sich einerseits um Ränder
mit homogenen NEUMANN-Bedingungen, deren Erfüllung prinzipbedingt erzwungen werden kann, und die somit grundsätzlich nur näherungsweise erfüllt
werden. Andererseits wird das Verhalten in der Nähe der Singularität beleuch-
tet. Daß der Fehler dort bei zunehmender Netzverfeinerung deutlich reduziert
werden kann, ist ganz überwiegend der adaptiven Netzgenerierung zu verdan-
ken. Die Elementzahlen für die Verfeinerungsschritte sind:

Startnetz	8 Elemente
3× verfeinert	66 Elemente
5× verfeinert	243 Elemente
10× verfeinert	1282 Elemente
20× verfeinert	22613 Elemente

Da die am linken Rand in Abb. 4.46 vorgegebene homogene NEUMANN-
Bedingung

$$\frac{\partial u}{\partial n} = \frac{\partial u}{\partial x} = 0$$

bei der FEM, wie erläutert, nicht exakt erfüllt wird, zeigt auch Abb. 4.53
generell einen von Null verschiedenen Verlauf. Er ist treppenförmig, da mit
linearen Elementen gearbeitet wurde, also linearem Potential- und somit konstantem Feldstärkeverlauf in den Elementen. Mit zunehmender Netzverfeinerung nähern sich die Verläufe dem Wert Null mehr und mehr an. Eine Besonderheit ist, daß gerade das primitivste Netz, nämlich das Startnetz selbst,
bereits den exakten Verlauf liefert. Der Grund ist anhand des in Abb. 4.47
wiedergegebenen Startnetzes zu erkennen. Beide den linken Rand berührenden
Dreiecke (5,9,10) und (1,6,10) weisen aufgrund der am Rand vorgeschriebenen
Potentialgleichheit

$$u_5 = u_9 = \overline{u} \qquad \text{bzw.} \qquad u_1 = u_6 = 0$$

unabhängig vom noch freien Potential u_{10} einen Potentialverlauf auf, für den
innerhalb der Dreiecke $\partial u/\partial x = 0$ gelten muß.

Die Verläufe in Abb. 4.54 für den oberen Rand der Problemstellung zeigen
wiederum treppenförmiges Aussehen, wie bereits zu Bild 4.53 begründet wurde. Rechts von der Singularität an der Stelle $x/a = 2/3$ wird die homogene

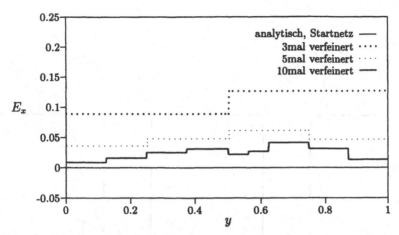

Abb. 4.53. Feldstärkeverlauf $E_x(y)$ am linken Rand $x = 0$ der Abb. 4.46 für $c/a = 2/3$. E_x ist normiert auf $\bar{u}/a$, y auf a

NEUMANN-Bedingung wiederum nur näherungsweise erfüllt, mit zunehmender Verfeinerung, d.h. zunehmender Elementzahl, jedoch immer besser.

Da mit linearen Elementen gearbeitet wird, ist der Potentialverlauf im Gegensatz zum Verlauf der Normalableitung nicht treppenförmig, sondern besteht aus linearen Teilstücken, wodurch bereits bei 5-maliger Netzverfeinerung keine Knicke mehr erkennbar sind, und der analytische Verlauf sehr gut approximiert wird (siehe Abb. 4.55).

4.1.10 Beispiel Mikrostreifenleitung (3D)

Eine dreidimensionale Feldverteilung ergibt sich für das Modell eines Mikrostreifenleiters in Abb. 4.56. Aufbauend auf der 2D-Berechnung wird auch hier adaptiv das Netz aus Tetraedern verfeinert. Letztere bieten gegenüber dem schon erwähnten Schichtenmodell, siehe Abb. 4.9, den entscheidenden Vorteil, sich örtlich auch punktförmig und entlang von Kanten konzentrieren zu können. Dies führt insbesondere bei 3D-Problemen zu einer erheblichen Einsparung an Knoten und somit Unbekannten. Statt der einfachen Rechteck-Streifenleiter in Abb. 4.56 könnten ohne weiteres etwa solche von Mäanderform behandelt werden.

Aus Symmetriegründen genügt ein Viertel der Anordnung in Abb. 4.56. Das Oberflächennetz nach adaptiver Netzgenerierung wurde bereits in Abb. 4.24 gezeigt und offenbart deutlich die gewünschte und notwendige Konzentration von Elementen in Kantennähe des Streifenleiters. Auf eine Wiedergabe des 3D-Tetraedernetzes selbst wurde verzichtet, weil seine 2D-Projektion wegen der vielen Kanten weniger aussagekräftig ist als das Oberflächennetz.

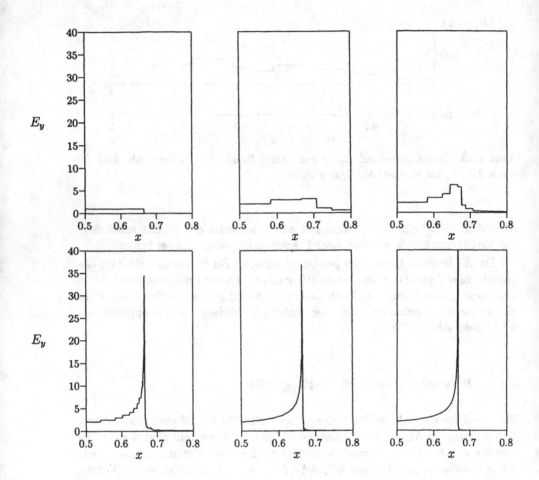

Abb. 4.54. Feldstärkeverlauf $E_y(x)$ am oberen Rand $y/a = 0.9999$ der Abb. 4.46 für $c/a = 2/3$. E_y ist normiert auf $\bar{u}/a$, x auf a. Obere Reihe: Startnetz, 3. und 5. Verfeinerung; untere Reihe: 10. und 20. Verfeinerung sowie analytische Lösung

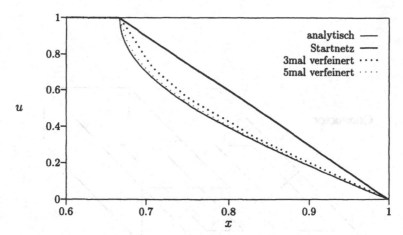

Abb. 4.55. Potentialverlauf $u(x)$ am oberen Rand y/a der Abb. 4.46 für $c/a = 2/3$. u ist normiert auf $\bar{u}$, x auf a

Abbildung 4.57 schließlich zeigt das Vektorfeld der Streifenleitung (elektrische Feldstärke $\vec{E}$).

4.2 FEM-Formulierungen für weitere elektromagnetische Randwertprobleme

Nachdem in Abschnitt 4.1 für statische Randwertprobleme die Methode der Finiten Elemente hinsichtlich aller wesentlichen Aspekte behandelt wurde, sollen jetzt FEM-Formulierungen für weitere Randwertprobleme, wie sie in elektromagnetischen Feldern auftreten, angegeben werden. Dabei handelt es sich um die aus den Differentialgleichungen hervorgehenden schwachen Formulierungen und die sich für elektrostatische, magnetostatische und Wirbelstromprobleme auftretenden Besonderheiten. Die weiteren Schritte über die Diskretisierung und die Formfunktionen bis hin zum Gleichungssystem für die Knoten- oder Kantenvariablen verlaufen entsprechend dem in Abschnitt 4.1 ausführlich dargestellten Weg und werden nicht wiederholt.

4.2.1 Schwache Formen der Differentialgleichungen

4.2.1.1 Elektrisches Skalarpotential

Die Basis stellt die um die Polarisation $\vec{P}_e$ erweiterte POISSON'sche Differentialgleichung dar, wobei $\underline{\varepsilon}$ als Tensor eingeführt wurde, um auch das Verhalten im anisotropen Fall mit zu erfassen:

$$\operatorname{div} \underline{\varepsilon} \operatorname{grad} V = -\rho + \operatorname{div} \vec{P}_e. \tag{4.77}$$

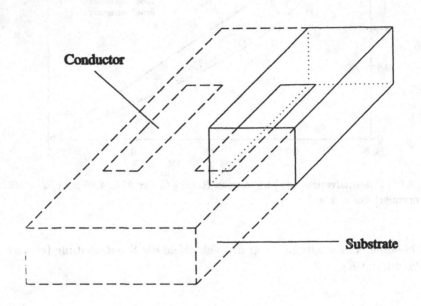

Abb. 4.56. Mikrostreifenleitung (3D)

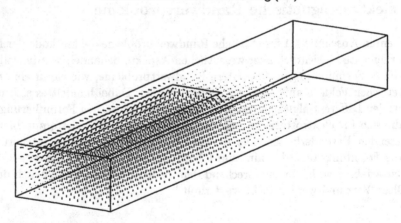

Abb. 4.57. Vektorfeld (elektrische Feldstärke $\vec{E}$) zu Abb. 4.56. Verwendet: 534725 lineare Tetraederelemente

Zur Überführung in die schwache Form wird hier die Divergenz eines Vektor-feldes $(\varphi \vec{A})$

$$\operatorname{div}(\varphi \vec{A}) = \vec{A} \operatorname{grad} \varphi + \varphi \operatorname{div} \vec{A} \tag{4.78}$$

benötigt und ferner der GAUSS'sche Satz

$$\int_{\Omega} \operatorname{grad} \varphi \, d\Omega = \oint_{\Gamma} \varphi \, d\vec{\Gamma}. \tag{4.79}$$

Die Vorgehensweise entspricht der bereits früher verwendeten mit dem 1. GREEN'schen Satz.

Die Differentialgleichung wird mit der Gewichtsfunktion V^* multipliziert:

$$V^* \operatorname{grad} \underline{\varepsilon} \operatorname{grad} V = -V^* \rho + V^* \operatorname{div} \vec{P}_{\mathrm{e}}. \tag{4.80}$$

Gleichung (4.78) wird nun zweimal angewendet

$$\operatorname{div}\left(V^*(\underline{\varepsilon} \operatorname{grad} V)\right) = (\underline{\varepsilon} \operatorname{grad} V) \cdot \operatorname{grad} V^* + V^* \operatorname{grad}(\underline{\varepsilon} \operatorname{grad} V) \tag{4.81}$$

$$\operatorname{div}(V^* \vec{P}_{\mathrm{e}}) = \vec{P}_{\mathrm{e}} \cdot \operatorname{grad} V^* + V^* \operatorname{div} \vec{P}_{\mathrm{e}}, \tag{4.82}$$

um das Resultat anschließend zu integrieren

$$\int_{\Omega} V^* \operatorname{grad} \underline{\varepsilon} \operatorname{grad} V \, d\Omega = \int_{\Omega} -V^* \rho + V^* \operatorname{div} \vec{P}_{\mathrm{e}} \, d\Omega \tag{4.83}$$

$$\int_{\Omega} \operatorname{div}\left(V^*(\underline{\varepsilon} \operatorname{grad} V)\right) d\Omega - \int_{\Omega} (\underline{\varepsilon} \operatorname{grad} V) \cdot \operatorname{grad} V^* \, d\Omega = \tag{4.84}$$

$$- \int_{\Omega} V^* \rho \, d\Omega + \int_{\Omega} \operatorname{div}(V^* \vec{P}_{\mathrm{e}}) \, d\Omega - \int_{\Omega} \vec{P}_{\mathrm{e}} \cdot \operatorname{grad} V^* \, d\Omega.$$

Mit Hilfe des GAUSS'schen Satzes (4.79) wird nun die schwache Formulierung

$$\int_{\Omega} (\underline{\varepsilon} \operatorname{grad} V) \cdot \operatorname{grad} V^* \, d\Omega = \int_{\Omega} V^* \rho + \vec{P}_{\mathrm{e}} \cdot \operatorname{grad} V^* \, d\Omega + \oint_{\Gamma} V^*(\underline{\varepsilon} \operatorname{grad} V - \vec{P}_{\mathrm{e}}) \, d\vec{\Gamma}$$

$$\tag{4.85}$$

bestimmt, die für die Aufstellung der Elementmatrizen verwendet wird. Es sind für jedes Element einzeln das Gebiet Ω_i und der Rand Γ_i zu berücksichtigen.

Der Ausdruck für das Randintegral muß unter Verwendung der Materialeigenschaften $\vec{D} = -\underline{\varepsilon} \operatorname{grad} V + \vec{P}_{\mathrm{e}}$ nach (2.6) und (2.20) gedeutet werden. Er ermöglicht die Modellierung von Flächenladungen an Trennflächen (2.8) und Randflächen (2.16). Wie in Abb. 4.58 dargestellt, springt die Normalkomponente der elektrischen Flußdichte an der Trenn-/Randfläche um die Flächenladung η. Während am Rand die Flächenladung η direkt in (4.85) einzusetzen ist, muß bei Flächenladungen im Inneren der Problemstellung beachtet werden, daß aufgrund der Summierung beim Aufstellen der Gesamtmatrix die Anteile der Elemente i und j addiert werden. Die Flächenladung muß in der Summe aber

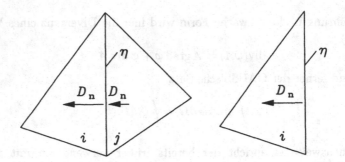

Abb. 4.58. Flächenladung an Trennfläche zwischen Elementen und am Rand der Problemstellung

korrekt enthalten sein, so daß sie z.B. nur einem Element ganz zugeschlagen wird, oder aber beiden Elementen je zur Hälfte. Die zweite Variante hat den Vorteil, daß keine Fallunterscheidung benötigt wird und die Programmstruktur einfach gehalten werden kann.

Werden in der Problemstellung keine Flächenladungen benötigt, entfallen die Randintegrale zwischen den Elementen aufgrund der Stetigkeitsbedingungen und auf der Oberfläche aufgrund der Randbedingungen.

4.2.1.2 Magnetisches Vektorpotential

Für die Bestimmung der schwachen Formulierung des magnetischen Vektorpotentials werden der Satz von der Divergenz eines Vektorprodukts

$$\operatorname{div}(\vec{A} \times \vec{B}) = \vec{B}(\operatorname{rot} \vec{A}) - \vec{B}(\operatorname{rot} \vec{A}) \tag{4.86}$$

und wiederum (4.79) angewendet. Die Vorgehensweise berücksichtigt den Tensor $\underline{\nu}$, entspricht aber sonst der Anwendung des 1. STRATTON'schen Satzes [140], der auch als vektorieller Erster GREEN'scher Satz bekannt ist:

$$\int_V \operatorname{rot} \vec{C} \cdot \operatorname{rot} \vec{D} - \vec{C} \operatorname{rot} \operatorname{rot} \vec{D} \, dV = \int_A \vec{C} \times \operatorname{rot} \vec{D} \, d\vec{A}. \tag{4.87}$$

Die Differentialgleichung (2.30) wird mit der Gewichtsfunktion $\vec{A}^*$ multipliziert

$$\vec{A}^* \cdot \operatorname{rot}(\underline{\nu} \operatorname{rot} \vec{A} - \vec{M}_e') = \vec{A}^* \vec{J}_e - \vec{A}^* \underline{\sigma}(\frac{\partial \vec{A}}{\partial t} + \operatorname{grad} V) - \vec{A}^* \underline{\varepsilon}(\frac{\partial^2 \vec{A}}{\partial t^2} + \frac{\partial \operatorname{grad} V}{\partial t}). \tag{4.88}$$

Die Anwendung des Satzes (4.86) über die Divergenz eines Kreuzprodukts

$$\operatorname{div} \left(\vec{A}^* \times (\underline{\nu} \operatorname{rot} \vec{A} - \vec{M}_e') \right) =$$
$$-\vec{A}^* \cdot \left(\operatorname{rot} \underline{\nu} \operatorname{rot} \vec{A} - \operatorname{rot} \vec{M}_e' \right) + \left(\underline{\nu} \operatorname{rot} \vec{A} - \vec{M}_e' \right) \cdot \operatorname{rot} \vec{A}^* \tag{4.89}$$

und die anschließende Integration

$$\int_{\Omega} \left(\underline{\nu} \operatorname{rot} \vec{A} - \vec{M}_{\mathrm{e}}' \right) \cdot \operatorname{rot} \vec{A}^* \, \mathrm{d}\Omega =$$

$$\int_{\Omega} \operatorname{div} \left(\vec{A}^* \times (\underline{\nu} \operatorname{rot} \vec{A} - \vec{M}_{\mathrm{e}}') \right) \, \mathrm{d}\Omega + \tag{4.90}$$

$$\int_{\Omega} \vec{A}^* \vec{J}_{\mathrm{e}} - \vec{A}^* \underline{\sigma} \left(\frac{\partial \vec{A}}{\partial t} + \operatorname{grad} V \right) - \vec{A}^* \underline{\epsilon} \left(\frac{\partial^2 \vec{A}}{\partial t^2} + \frac{\partial \operatorname{grad} V}{\partial t} \right) \, \mathrm{d}\Omega$$

gestatten wieder die Anwendung des GAUSS'schen Divergenztheorems (4.79)

$$\int_{\Omega} \left(\underline{\nu} \operatorname{rot} \vec{A} \right) \cdot \operatorname{rot} \vec{A}^* + \vec{A}^* \underline{\sigma} \left(\frac{\partial \vec{A}}{\partial t} + \operatorname{grad} V \right) + \vec{A}^* \underline{\epsilon} \left(\frac{\partial^2 \vec{A}}{\partial t^2} + \frac{\partial \operatorname{grad} V}{\partial t} \right) \, \mathrm{d}\Omega =$$

$$\int_{\Omega} \vec{A}^* \vec{J}_{\mathrm{e}} + \operatorname{rot} \vec{A}^* \cdot \vec{M}_{\mathrm{e}}' \, \mathrm{d}\Omega + \oint_{\Gamma} \vec{A}^* \times (\underline{\nu} \operatorname{rot} \vec{A} - \vec{M}_{\mathrm{e}}') \, \mathrm{d}\vec{\Gamma}. \tag{4.91}$$

Auch im Fall des magnetischen Vektorpotentials dient das Randintegral wieder der Modellierung einer Erregung, dem Strombelag $\vec{K}$, denn es gilt aus (2.26) und der Definition des Vektorpotentials (2.24) $\underline{\nu} \operatorname{rot} \vec{A} - \vec{M}_{\mathrm{e}}' = \vec{H}$. Für die Verwendung an NEUMANN-Rändern bzw. im Inneren von Problemstellungen gilt entsprechend das bereits beim elektrischen Skalarpotential gesagte.

Eichung Wie in Kapitel 2 ausgeführt, ist die Definition des magnetischen Vektorpotentials (2.24) nicht ausreichend, um $\vec{A}$ eindeutig zu bestimmen. Das aufgestellte Gleichungssystem ist damit nicht vollständig bestimmt. Zum Umgang mit diesem Problem stehen verschiedene Möglichkeiten zur Verfügung.

COULOMB-Eichung Um die COULOMB-Eichung in den Lösungsgang aufzunehmen, wird zur Differentialgleichung (2.30) der Term

$$- \operatorname{grad} \nu \operatorname{div} \vec{A} = 0 \tag{4.92}$$

addiert. Aus der Menge der möglichen Lösungen der Differentialgleichung erfüllt genau eine die COULOMB-Eichung und damit (4.92). Nachteilig an dieser Formulierung ist die Tatsache, daß die Kontinuität des Stroms nicht mehr aus der Differentialgleichung folgt und somit die Bedingung $\operatorname{div} \vec{J} = 0$ explizit gefordert werden muß. Unter Verwendung des Satzes über die Divergenz eines Produkts und dem GAUSS'schen Divergenztheorem ergibt sich die Ergänzung für die schwache Formulierung (4.91) [16]:

$$\int_{\Omega} \left(- \operatorname{grad} \nu \operatorname{div} \vec{A} \right) \vec{A}^* \, \mathrm{d}\Omega = \int_{\Omega} \nu \operatorname{div} \vec{A} \operatorname{div} \vec{A}^* \, \mathrm{d}\Omega - \oint_{\Gamma} (\nu \operatorname{div} \vec{A}) \vec{A}^* \, \mathrm{d}\vec{\Gamma}. \tag{4.93}$$

Die Anwendung der COULOMB-Eichung ist allerdings nicht ohne Schwierigkeiten, wenn die Permeabilität innerhalb der Problemstellung springt, also beim

Übergang von Eisen auf Luft. Entlang der Trennfläche muß aufgrund der Stetigkeit (2.11) der tangentialen Feldstärkekomponenten bei Abwesenheit eines Strombelags die Tangentialinduktion springen. Bei Betrachtung einer Tangentialkomponente von $\vec{B}$,

$$B_{t1} = \frac{\partial A_n}{\partial t_2} - \frac{\partial A_{t2}}{\partial n},\qquad(4.94)$$

muß der Sprung bei Kontinuität von A_n allein durch den zweiten Term ausgedrückt werden. Aufgrund der verwendeten COULOMB-Eichung sind die Komponenten des Vektorpotentials aber untereinander gekoppelt, so daß die Nachbildung dieses Sprungs problematisch ist [118, 119]. Berechnungen, die unter diesen Bedingungen durchgeführt werden, liefern häufig zu niedrige Feldwerte [94, 118].

Ohne Eichung Der vollständige Verzicht auf die Eichung führt im allgemeinen zu Konvergenzproblemen bei den iterativen Lösungsalgorithmen. Die Zahl der zur Lösung notwendigen Iterationsschritte, und damit die Rechenzeit, wächst erheblich an. Während der sowohl der ICCG als auch der ILUBiCG-Algorithmus bei langsamer Konvergenz die Gleichungssysteme bearbeiten konnten, versagte der vorher erfolgreich eingesetzte [65] SSORCG-Algorithmus.

Unvollständige Eichung Zur Verbesserung der Konvergenz kann die Zahl der unbestimmten Freiheitsgrade reduziert werden, indem eine „unvollständige" Eichung durchgeführt wird. Zu diesem Zweck wird ein beliebiges, wirbelfreies Vektorfeld $\vec{w}$ festgelegt, und die Eichung mit Hilfe der Forderung

$$\vec{A} \cdot \vec{w} = 0 \qquad(4.95)$$

durchgeführt. Eine sehr einfache Wahl, die zu einem wirbelfreien Feld führt, ist $\vec{w} = \vec{e}_z$ [15].

Auch in diesem Fall treten Schwierigkeiten durch die Beschränkungen von $\vec{A}$ an Trennflächen verschieden permeabler Teilräume auf, die aber durch die Freigabe von $\vec{A}$, also den Verzicht auf die Erfüllung von (4.95), an den Trennflächen, gelöst werden sollen [95]. In neueren Untersuchungen [94] zeigt sich eine Abhängigkeit des Lösungsverhaltens von der Wahl des Felds $\vec{w}$.

4.2.1.3 Magnetisches Skalarpotential

Die Differentialgleichung (2.40) für das magnetische Skalarpotential ist von der gleichen Struktur wie des elektrischen Skalarpotentials, so daß die Resultate aus (4.85) einfach übernommen werden können.

$$\int_{\Omega} (\mu \operatorname{grad} \psi) \cdot \operatorname{grad} \psi^* \, d\Omega = \oint_{\Gamma} \psi^* \underline{\mu} \operatorname{grad} \psi \, d\vec{\Gamma} \qquad(4.96)$$

Das Randintegral dient in diesem Fall der Modellierung einer magnetischen Flächenladung.

4.2.2 Anwendungen und Kombinationen

Für die zu bearbeitenden Problemstellungen kommen ein oder mehrere der angegebenen Potentiale zum Einsatz. Im folgenden sollen die möglichen Ansätze und Kombinationen dargestellt werden.

4.2.2.1 Elektrostatische Probleme

Für die Behandlung elektrostatischer Probleme ist die Verwendung des elektrischen Skalarpotentials ausreichend. Die zu lösende Gleichung ist (4.85).

4.2.2.2 Magnetostatische Probleme

Für dreidimensionale magnetostatische Probleme stehen das magnetische Skalarpotential und das Vektorpotential zur Verfügung. Für zweidimensionale Probleme gilt das bereits in Abschnitt 2.3.4 gesagte, es kommt die z-Komponente des Vektorpotentials zum Einsatz. Für die folgenden Betrachtungen werden nur eingeprägte Ströme $\vec{J}_e$ berücksichtigt. Die Behandlung von Stromfluß aufgrund angelegter Spannungen und leitfähiger Materialien werden in Abschnitt 4.2.2.3 behandelt.

Magnetisches Skalarpotential Das Skalarpotential ist mit dem Nachteil behaftet, daß es nur in Bereichen ohne Stromdichte zum Einsatz kommen kann. Aufgrund der Festlegung des Skalarpotentials mit Hilfe der Wirbelfreiheit in stromlosen Gebieten (2.38) ist es ebenso problematisch, mehrfach zusammenhängende Gebiete zu untersuchen, in denen stromdurchflossene Leiter vorhanden sind. Wie in Abb. 4.59 dargestellt, ist es in diesem Fall erforderlich, das Gebiet durch einen Schnitt zu unterteilen [136], da das Gradientenfeld des Skalarpotentials ψ die Lösung nicht darstellen kann. Die zu lösende Feldgleichung ist (4.96).

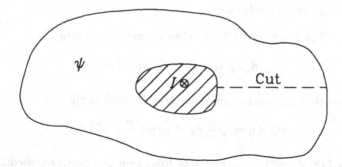

Abb. 4.59. Einfügung eines Schnitts bei umschlossenem Leiter und Verwendung des magnetischen Skalarpotentials ψ

Magnetisches Vektorpotential Das Vektorpotential $\vec{A}$ hat eine wesentlich größere Zahl an Freiheitsgraden mit der Konsequenz eines wesentlich größeren Gleichungssystems. Die Anwendbarkeit ist aber nicht wie beim Skalarpotential beschränkt. Unter Einbeziehung der Eichungsbedingung (4.93) ergibt sich die zu lösende Gleichung

$$\int_{\Omega} (\nu \operatorname{rot} \vec{A}) \cdot \operatorname{rot} \vec{A}^* \left[+\nu \operatorname{div} \vec{A} \operatorname{div} \vec{A}^* \right] \mathrm{d}\Omega =$$

$$\int_{\Omega} \vec{A}^* \vec{J}_e + \operatorname{rot} \vec{A}^* \cdot \vec{M}'_e \, \mathrm{d}\Omega + \oint_{\Gamma} \vec{A}^* \times (\vec{K} \times \vec{n}) \, \mathrm{d}\Gamma. \qquad (4.97)$$

Kombination von Vektor- und Skalarpotential Das Skalar- und das Vektorpotential können kombiniert werden, um die Vorteile beider Methoden zu nutzen. Im stromlosen Bereich kann das Skalarpotential ψ eingesetzt werden, um den Speicherplatzbedarf zu reduzieren. Die Probleme mit umschlossenen Leitern gelten aber nach wie vor.

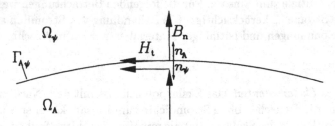

Abb. 4.60. Stetigkeit von H_t und B_n auf $\Gamma_{A\psi}$

An der Trennstelle zwischen Skalar- und Vektorpotential, die in Abb. 4.60 dargestellt ist, muß für den Rand $\Gamma_{A\psi}$ die Kopplungsbedingung aufgestellt werden. Die Kopplung muß über die Stetigkeitsbedingungen von Flußdichte und Feldstärke (Kapitel 2) erfolgen.

- Die Normalkomponente der Flußdichte B_n muß stetig sein:

$$\vec{n}_\psi \cdot \mu \operatorname{grad} \psi - \vec{n}_A \cdot \operatorname{rot} \vec{A} = 0. \qquad (4.98)$$

- Die Tangentialkomponente der Feldstärke H_t muß stetig sein:

$$\vec{n}_\psi \times \operatorname{grad} \psi - \vec{n}_A \times (\nu \operatorname{rot} \vec{A} - \vec{M}'_e) = 0. \qquad (4.99)$$

Wie in [30, 118] dargestellt, ergibt das Einsetzen der Stetigkeitsbedingungen (4.98) und (4.99) in die schwachen Formulierungen ein symmetrisches Gleichungssystem.

Das Randintegral in der schwachen Formulierung für $\vec{A}$ (4.91) wird gemäß (4.99) durch ψ ausgedrückt

$$\int_\Gamma \left(\vec{A}^* \times \left(\underline{\nu}\, \mathrm{rot}\, \vec{A} - \vec{M}_e' \right) \right) \vec{n}_A \, \mathrm{d}\Gamma_A = \int_\Gamma \vec{A}^* \cdot \left(\mathrm{grad}\, \psi \times \vec{n}_A \right) \mathrm{d}\Gamma_A, \qquad (4.100)$$

während das Randintegral in der schwachen Formulierung für ψ (4.96) unter Verwendung von (4.98) umgeformt wird

$$\int_\Gamma \psi^* \underline{\mu}\, \mathrm{grad}\, \psi \, \mathrm{d}\vec{\Gamma}_\psi = \int_\Gamma \psi^* \, \mathrm{rot}\, \vec{A} \, \mathrm{d}\vec{\Gamma}_\psi. \qquad (4.101)$$

Die beiden Ausdrücke sind asymmetrisch, die Symmetrie läßt sich aber bei Umkehrung aller Vorzeichen in (4.96) wieder herstellen, wobei das Diagonalelement negativ wird und die Matrix nicht mehr positiv definit ist [118]. Der vollständige Ansatz für die $\vec{A}$–ψ Methode lautet also:

$$\int_{\Omega_A} \left(\underline{\nu}\, \mathrm{rot}\, \vec{A} \right) \cdot \mathrm{rot}\, \vec{A}^* \left[+\nu\, \mathrm{div}\, \vec{A}\, \mathrm{div}\, \vec{A}^* \right] \mathrm{d}\Omega - \int_{\Gamma_{A\psi}} \vec{A}^* \cdot \left(\mathrm{grad}\, \psi \times \vec{n}_A \right) \mathrm{d}\Gamma =$$

$$\int_{\Omega_A} \vec{A}^* \vec{J}_e + \mathrm{rot}\, \vec{A}^* \cdot \vec{M}_e' \, \mathrm{d}\Omega + \int_\Gamma \vec{A}^* \times \left(\vec{K} \times \vec{n} \right) \mathrm{d}\Gamma \qquad (4.102)$$

$$-\int_{\Omega_\psi} \left(\mu\, \mathrm{grad}\, \psi \right) \cdot \mathrm{grad}\, \psi^* \, \mathrm{d}\Omega + \int_{\Gamma_{A\psi}} \psi^* \, \mathrm{rot}\, \vec{A} \, \mathrm{d}\Gamma = -\int_\Gamma \psi^* \eta_m \, \mathrm{d}\vec{\Gamma}. \qquad (4.103)$$

Wie in Kapitel 2 beschrieben, reicht die Angabe der Randerregung auf $\Gamma_{A\psi}$ wie in (4.102) für die Eindeutigkeit nicht aus. Daher ist auf $\Gamma_{A\psi}$ bei Verwendung der COULOMB-Eichung zusätzlich die Bedingung $\vec{n} \cdot \vec{A} = 0$ zu erfüllen [16].

Anordnung der Kopplungsfläche Ähnlich wie bei der alleinigen Anwendung des magnetischen Vektorpotentials an Trennflächen zwischen Materialien unterschiedlicher Permeabilität (siehe Abschnitt 4.2.1.2), bereitet die Kopplung von magnetischem Skalar- und Vektorpotential an diesen Materialgrenzen Probleme. Die Kopplung erfolgt einerseits über die Normalkomponente der Induktion im Eisen, die aber sehr klein ist, wenn der Fluß überwiegend tangential verläuft, zum anderen wird die Tangentialkomponente der magnetischen Feldstärke in der Luft verwendet, die wiederum nur einen kleinen Wert aufweist. Eine präzise Berechnung der Kopplungsgrößen ist daher numerisch sehr schwierig [118] und es ist mit erheblichen Konvergenzproblemen oder Fehlern in der Lösung zu rechnen, so daß die Trennfläche in einem kleinen Abstand in der Luft verlaufen sollte.

4.2.2.3 Wirbelstromprobleme

Bei der Behandlung von Wirbelstrom- oder Skineffektproblemen sind zusätzlich die Ströme zu berücksichtigen, die in Gebieten $\sigma \neq 0$ aufgrund angelegter oder induzierter Spannungen fließen, so daß nur Gebiete betroffen sind, die mit Hilfe des Vektorpotentials beschrieben werden müssen. Anders als in Gleichung (4.102) können die Anteile mit der Leitfähigkeit nicht entfallen, die durch den

Verschiebungsstrom entstehenden Anteile werden aber wie in Abschnitt 2.3.2.1 beschrieben vernachlässigt.

Durch die Notwendigkeit, das elektrische Skalarpotential mit in die Gleichungen aufzunehmen, stehen zusätzliche Freiheitsgrade zur Verfügung, für die entsprechend viele zusätzliche Gleichungen benötigt werden. Die noch nicht ausgenutzte und aufgrund der Eichungsbedingung (4.93) nicht mehr automatisch gültige Kontinuität des Stroms liefert diese zusätzliche Bedingung

$$\text{div}\,\vec{J} = \text{div}\left(\vec{J}_e - \underline{\sigma}\,\text{grad}\,V - \underline{\sigma}\frac{\partial \vec{A}}{\partial t}\right) = 0. \tag{4.104}$$

Unter der Annahme, daß eine eventuell vorhandene erregende Stromdichte korrekt, also unter Einhaltung der Kontinuität, angegeben wurde, ist $\text{div}\,\vec{J}_e = 0$ erfüllt und muß in (4.104) nicht berücksichtigt werden. Auf der Trennfläche zwischen zwei Bereichen muß die Bedingung (2.12) eingehalten werden, insbesondere darf kein Strom aus einem leitenden in einen nichtleitenden Bereich übertreten (2.14). Wird (4.104) mit der Gewichtsfunktion V^* multipliziert, kann unter Verwendung der Gleichungen der Vektoranalysis (4.78) und (4.79) wiederum die schwache Formulierung (4.106) ermittelt werden:

$$-\int_{\Omega} V^*(\underline{\sigma}\,\text{grad}\,V + \underline{\sigma}\frac{\partial \vec{A}}{\partial t})\,\text{d}\Omega = 0 \tag{4.105}$$

$$\int_{\Omega}(\underline{\sigma}\,\text{grad}\,V)\cdot\text{grad}\,V^* + \underline{\sigma}\frac{\partial \vec{A}}{\partial t}\cdot\text{grad}\,V^*\,\text{d}\Omega = \oint_{\Gamma} V^*(\underline{\sigma}\,\text{grad}\,V + \underline{\sigma}\frac{\partial \vec{A}}{\partial t})\,\text{d}\vec{\Gamma}. \tag{4.106}$$

Das Randintegral liefert wiederum die Möglichkeit, eine Erregung zu modellieren, in diesem Fall die Normalkomponente einer Stromdichte $\vec{J}_n$, die durch die Berandung hindurchtritt.

Auf der Basis von Gleichung (4.106) kann zusammen mit den Ausdrücken für das Vektorpotential jedes Problem mit leitenden Bereichen verarbeitet werden, als Anregung können sowohl eingeprägte Ströme als auch Leiter mit angelegter Spannung dienen. Die resultierende Matrix ist allerdings nicht symmetrisch, was die Lösung des Gleichungssystems kompliziert. Die Symmetrie kann wiederhergestellt werden, indem das elektrische Skalarpotential V durch die zeitliche Ableitung des Potentials v dargestellt wird [17, 23]

$$V = \frac{\partial v}{\partial t}. \tag{4.107}$$

Die Anwendbarkeit für den Gleichstromfall geht damit verloren, da in diesem Fall $V \to 0$ gilt. Besser ist allerdings die Verwendung eines Lösungsalgorithmus für asymmetrische Gleichungssysteme, der die direkte Verwendung von V gestattet.

Zur Behandlung von Wirbelstrom- oder Skineffektproblemen muß das Rechengebiet Ω in verschiedene Regionen unterteilt werden.

- Regionen der Leitfähigkeit $\underline{\sigma} \neq 0$ müssen mit der Kombination des magnetischen Vektorpotentials $\vec{A}$ mit dem elektrischen Skalarpotential V modelliert werden.

- In Regionen der Leitfähigkeit $\underline{\sigma} = 0$, die aber von einem erregenden Strom $\vec{J}_e$ durchflossen werden, genügt die Anwendung des magnetischen Vektorpotentials $\vec{A}$.

- In Regionen ohne Stromfluß kann das magnetische Vektorpotential $\vec{A}$ oder das magnetische Skalarpotential ψ zum Einsatz kommen.

Ein Wirbelstrom- oder Skineffektproblem wird also durch die Kombination $\vec{A},V{-}\vec{A}$, gegebenenfalls durch die Kombination $\vec{A},V{-}\vec{A}{-}\psi$ oder nur $\vec{A},V{-}\psi$ beschrieben. Die Auswahl ergibt sich aus der Problemstellung. Liegt zum Beispiel nur ein einfach zusammenhängender Leiter im Luftraum vor, ist der Leiter mit dem Ansatz $\vec{A},V$ zu modellieren, der Luftraum mit $\vec{A}$ oder ψ. Im Fall mehrfach zusammenhängender Leiter, in dem ψ ohne weitere Maßnahmen (Schnitt) nicht einsetzbar ist, kann durch geeignete Wahl eines zusätzlichen $\vec{A}$-Gebiets im Luftraum diese Problematik umgangen werden [16,17].

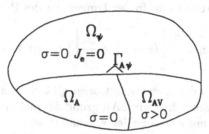

Abb. 4.61. Kombination der Potentialansätze $\vec{A},V{-}\vec{A}{-}\psi$

Der vollständige Satz Gleichungen für die Kombination $\vec{A},V{-}\vec{A}{-}\psi$, wie in Abb. 4.61 dargestellt, lautet demzufolge:

$$\int\limits_{\Omega_{AV}+\Omega_A} \left(\underline{\nu}\operatorname{rot}\vec{A}\right) \cdot \operatorname{rot}\vec{A}^* \left[+\nu\operatorname{div}\vec{A}\operatorname{div}\vec{A}^*\right] + \vec{A}^*\underline{\sigma}\left(\frac{\partial\vec{A}}{\partial t} + \operatorname{grad}\frac{\partial v}{\partial t}\right)\,\mathrm{d}\Omega -$$

$$\int\limits_{\Gamma_{A\psi}} \vec{A}^* \cdot (\operatorname{grad}\psi \times \vec{n}_A)\,\mathrm{d}\Gamma =$$

$$\int\limits_{\Omega_{AV}+\Omega_A} \vec{A}^*\vec{J}_e + \operatorname{rot}\vec{A}^* \cdot \vec{M}_e\,\mathrm{d}\Omega + \int\limits_\Gamma \vec{A}^* \times (\vec{K} \times \vec{n})\,\mathrm{d}\vec{\Gamma} \qquad (4.108)$$

$$\int\limits_{\Omega_{AV}} \left(\underline{\sigma}\operatorname{grad}\frac{\partial v}{\partial t}\right) \cdot \operatorname{grad}V^* + \underline{\sigma}\frac{\partial\vec{A}}{\partial t} \cdot \operatorname{grad}V^*\,\mathrm{d}\Omega = \int\limits_\Gamma V^*\vec{J}_n\,\mathrm{d}\Gamma \qquad (4.109)$$

$$-\int\limits_\Omega (\mu\operatorname{grad}\psi) \cdot \operatorname{grad}\psi^*\,\mathrm{d}\Omega + \int\limits_{\Gamma_{A\psi}} \psi^*\operatorname{rot}\vec{A}\,\mathrm{d}\Gamma = -\int\limits_\Gamma \psi^*\eta_m\,\mathrm{d}\Gamma. \qquad (4.110)$$

4.3 Fehlerabschätzung

Mit Hilfe der Methode der Finiten Elemente wird eine *Näherungslösung* für die gegebene Problemstellung berechnet. Um die Qualität der Lösung beurteilen zu können, ist eine a posteriori Fehlerabschätzung erforderlich, die ein Maß für die erreichte Genauigkeit liefert. Die Genauigkeit hierbei exakt zu definieren ist kaum möglich, da nicht nur eine globale Angabe genügt, sondern auch die lokale Fehlerverteilung von Bedeutung ist. Zudem ist die Kenntnis der lokalen Fehlerverteilung Voraussetzung für die adaptive Netzgenerierung (siehe Abschnitt 4.4). In den folgenden Abschnitten werden die Eigenschaften des Approximationsfehlers dargestellt und die Fehlerindikatoren sowie die Möglichkeiten der lokalen wie globalen Fehlerabschätzung beschrieben.

4.3.1 Diskretisierungsfehler

Die Finite Elemente Lösung $\tilde{u}$ ist eine Näherung der tatsächlichen Lösung u, die im üblichen Fall polynomialer Ansatzfunktionen auf der Basis einer Taylor-Reihe interpretiert werden kann. In der Umgebung des Punkts i gilt

$$u = u_i + \left.\frac{\partial u}{\partial x}\right|_i (x - x_i) + \left.\frac{\partial u}{\partial y}\right|_i (y - y_i) + \cdots. \tag{4.111}$$

Die Polynomordnung p der Ansatzfunktionen gibt an, bei welchem Glied die Reihenentwicklung abgebrochen wird. Aufgrund der nicht berücksichtigten Terme muß die Lösung $\tilde{u}$ mit einem Fehler e behaftet sein.

Die Näherung in der Umgebung des Punkts i geschieht auf Basis der Formfunktionen in den Elementen. Da mit zunehmender Elementgröße der Anwendungsradius um den Punkt i herum wächst, ist die Elementgröße h für die Qualität der Lösung entscheidend. Für Polynomansätze der Ordnung p ist ein Fehler der Größe $O(h^p)$ zu erwarten [161]. Für $h \to 0$ konvergiert die FEM-Lösung $\tilde{u}$ gegen die tatsächliche Lösung u.

4.3.2 Beschreibung des Fehlers

Im Rechengebiet Ω wird die unbekannte, tatsächliche Lösungsfunktion u mit Hilfe der Näherungslösung $\tilde{u}$ approximiert. Die Näherungslösung setzt sich aus einzelnen Teilfunktionen zusammen, die jeweils für die einzelnen Elemente der Triangulierung definiert sind. Es verbleibt somit ein Fehler

$$e = u - \tilde{u}, \tag{4.112}$$

der in Form einer Abweichung des berechneten Potentials vom tatsächlichen Potential besteht. Um den in der Berechnung enthaltenen Gesamtfehler anzugeben, stehen die L_2-Norm $\|e\|$ mit

$$\|e\|^2 = (e, e) = \int_\Omega e \cdot e \, d\Omega = \int_\Omega (u - \tilde{u})^2 \, d\Omega \tag{4.113}$$

und die Energienorm $\|\|e\|\|$ mit

$$\|\|e\|\|^2 = a(e, e) = a(u - \tilde{u}, u - \tilde{u}) \tag{4.114}$$

zur Verfügung. Die L_2-Norm ist offensichtlich eine geometrische Deutung des Fehlers des Potentials, während die Energienorm für jede Differentialgleichung eine andere Form hat und den Fehler des Potentials in Form einer Energie ausdrückt. Mit Hilfe der Energienorm des Fehlers (4.114) und der Energienorm des Potentials ist es möglich, einen bezogenen Fehler

$$\delta = \frac{\|\|e\|\|}{\|\|u\|\|} \quad \left(\text{oder } \eta = \frac{\|\|e\|\|}{\|\|u\|\|} \times 100\% \text{ in } [161]\right) \tag{4.115}$$

zu definieren, der ein Maß für die Qualität der Gesamtlösung ist.

Der bezogene Fehler δ ist eine globale Größe, die nichts über die lokale Verteilung des Fehlers in der Lösung aussagt, so daß auch eine lokale Fehlerabschätzung notwendig ist. Hierbei kann die Möglichkeit, die Integration über das Gebiet in Teilintegrationen über die Elemente zu zerlegen, ausgenutzt werden

$$\|\|e\|\|^2 = a(e, e) = \sum_{\tau \in T} a(e, e)_\tau = \sum_{\tau \in T} \|\|e_\tau\|\|^2. \tag{4.116}$$

Jedem Element τ kann somit ein lokaler Fehler $\|\|e_\tau\|\|$ zugeordnet werden.

4.3.2.1 Bestimmung des Fehlers durch Abschätzung

Für die Angabe des Fehlers nach (4.115) werden der tatsächliche Fehler e und die tatsächliche Lösung u benötigt. Beide Größen stehen, außer in eigens konzipierten Testproblemen mit bekannter analytischer Lösung, nicht zur Verfügung, so daß die Angabe des Fehlers auf direktem Weg nicht möglich ist. Der Approximationsfehler muß daher auf eine andere Art und Weise bestimmt werden, wobei nur eine Abschätzung des Fehlers möglich ist. Ein gutes Verfahren zur Fehlerabschätzung muß den tatsächlichen, unbekannten Fehler zuverlässig sowohl global als auch lokal annähern. Als Basis für die Fehlerabschätzung kommen *Fehlerindikatoren* zum Tragen, die auf der vorliegenden berechneten Lösung beruhen.

Auf der Basis des abgeschätzten Fehlers und der vorliegenden Lösung kann wiederum der bezogene Fehler zu

$$\tilde{\delta} = \frac{\|\|\tilde{e}\|\|}{\|\|\tilde{u}\|\|} \quad \text{mit} \quad \tilde{\delta} \xrightarrow{\text{Idealfall}} \delta \tag{4.117}$$

abgeschätzt werden.

4.3.3 Feststellung des Fehlers

Die FEM-Lösung des Problems $\tilde{u}$ setzt sich aus Ansatzfunktionen in den einzelnen Elementen zusammen, die Gesamtfunktion erfüllt die Bedingungen der C^0-Kontinuität. Zur Beschreibung der Fehlerindikatoren wird wieder die Differentialgleichung $L(u) = f$ mit $a^{\partial u}/_{\partial n}|_{\Gamma_N} = g$ herangezogen.

- Für jedes Element kann das Residuum r zu

$$r = L(\tilde{u}) - f \qquad (4.118)$$

bestimmt werden. Das Residuum zeigt an, daß die gefundene Lösung die Differentialgleichung nicht erfüllt. Für Polynome erster Ordnung ist die zweite Ableitung Null und somit gilt z.B. für die POISSON-Gleichung $L(\tilde{u}) = 0$. Für $f \neq 0$ muß in diesem Fall ein Residuum verbleiben.

- Auf einem NEUMANN-Rand Γ_N und den Trennflächen zwischen den Elementen Γ_I kann ebenso ein Residuum bestimmt werden:

$$r_{\Gamma_N} = g - a\frac{\partial \tilde{u}}{\partial n} \quad \text{bzw.} \quad r_{\Gamma_I} = g - \left(a_\tau \frac{\partial \tilde{u}_\tau}{\partial n} - a_{\tau'} \frac{\partial \tilde{u}_{\tau'}}{\partial n} \right). \qquad (4.119)$$

Das Residuum r_Γ ist die Konsequenz aus der C^0-Kontinuität, die zwar die Stetigkeit der Funktion $\tilde{u}$ selbst fordert, einen Sprung der Ableitung von $\tilde{u}$ aber zuläßt. Aufgrund der Kompatibilitätsbedingung kann nur die Normalableitung springen und ist somit für das Residuum zu berücksichtigen. Die NEUMANN'sche Randbedingung ist die natürliche Randbedingung, sie wird aber nicht erzwungen und von der Lösung $\tilde{U}$ auch nicht exakt erfüllt, so daß auch auf Γ_N ein Residuum vorhanden ist, für das wieder die Normalableitung berücksichtigt werden muß.

Beide Residuen sind Indikatoren für das Vorhandensein eines Fehlers in der Lösung $\tilde{u}$.

4.3.3.1 Direkte Fehlerindikatoren

Aus den Festlegungen der Potentiale heraus ergibt sich für die Residuen eine physikalische Interpretation, mit deren Hilfe bereits eine einfache Fehlerangabe möglich ist.

- Für das elektrische Skalarpotential V entspricht das Residuum r einer Raumladung und r_Γ einer Flächenladung. Für jedes Element kann daher eine Fehlerladung

$$Q_{F\tau} = \int\limits_{\Omega_\tau} |r|\,\mathrm{d}\Omega + \frac{1}{2}\int\limits_{\Gamma_I} |r_{\Gamma_I}|\,\mathrm{d}\Gamma \int\limits_{\Gamma_N} |r_{\Gamma_N}|\,\mathrm{d}\Gamma \qquad (4.120)$$

angegeben werden. Dabei wurde der Sprung der Normalableitung an der Grenze zwischen zwei Elementen jedem Element zur Hälfte zugeschlagen.

- Für das magnetische Feld ergibt sich bei Verwendung des Vektorpotentials die physikalische Deutung der Residuen über einen Fehlerstrom $I_{F\tau}$, da r als Stromdichte und r_Γ als Strombelag zu interpretieren ist.

- Im Fall des magnetischen Skalarpotentials sind r und r_Γ magnetische Raum- bzw. Flächenladungen, so daß eine magnetische Fehlerladung $Q_{Fm\tau}$ konstruiert werden kann.

Mit Hilfe der vorgeschlagenen Fehlerladungen und -ströme können den Elementen $\tau \in T$ *Fehlerwerte* zugewiesen werden, die als Entscheidungskriterien für die adaptive Netzverfeinerung dienen können, wie in [65] vorgeschlagen. Besonders günstig ist hierbei der geringe Aufwand, der für die Berechnung der Fehlerwerte notwendig ist.

Die Verwendung der beschriebenen Fehlerwerte liefert aber kein Maß für den Gesamtfehler nach (4.117) und ist auch nicht geeignet, wenn in einer Problemstellung verschiedene Potentialansätze und somit verschiedene physikalische Fehlerwerte vorhanden sind.

4.3.3.2 Polynomorientierte Fehlerindikatoren

Basierend auf der stückweisen Approximation der Lösungsfunktion durch Polynome, kann versucht werden, den Funktionsverlauf über benachbarte Elemente zu mitteln. Zur Durchführung der Mittelung und der Auswertung wurden verschiedene Verfahren vorgeschlagen [13, 35].

4.3.3.3 Komplementäre Prinzipien

Für einige Problemklassen existieren verschiedene Formulierungen, für magnetische Feldprobleme z.B. Ansätze basierend auf dem Vektor- und dem Skalarpotential. Mit beiden *komplementären* Formulierungen können für die gleiche Diskretisierung Lösungen berechnet werden. Der Vergleich beider Lösungen liefert eine Abschätzung über den globalen Fehler in der Problemstellung [115]. Das Resultat kann auch für die lokale Fehlerabschätzung zwecks adaptiver Netzgenerierung herangezogen werden. Nachteilig ist der Rechenzeitaufwand basierend auf der Notwendigkeit, das Feldproblem doppelt lösen zu müssen.

4.3.3.4 Methode von BANK und WEISER

Eine weitere Möglichkeit, den Fehler abzuschätzen, bieten Verfahren, die ein *lokales Fehlerproblem* verwenden. Wie in Abschnitt 4.3.3.1 betrachtet, haben die Gebiets- und Randresiduen (4.118) und (4.119) gerade die physikalische Bedeutung der Erregungen für die betrachteten Differentialgleichungen.

In [67] wird vorgeschlagen, die gefundenen Residuen für jedes Element als Erregungen wieder in die Differentialgleichung einzusetzen und die Problemstellung mit Ansatzfunktionen höheren Polynomgrads erneut zu lösen.

Weitere Ausführungen zu dieser Idee werden von BANK und WEISER in [9] gemacht. Der gesamte Fehler in der Problemstellung kann wie folgt beschrieben werden

$$a(e,v) = (f,v) + \langle g,v \rangle - \sum_{\tau \in T} \left\langle a\frac{\partial \tilde{u}}{\partial n_\tau}, v \right\rangle_{\Gamma_\tau} - (L(\tilde{u}),v)$$

$$= (r,v) + \langle r_{\Gamma_N},v \rangle + \langle g_{\Gamma_1},v \rangle - \sum_{\tau \in T} \left\langle a\frac{\partial \tilde{u}}{\partial n_\tau}, v \right\rangle_{\Gamma_\tau \cap \Gamma_1}, \quad (4.121)$$

wobei r, r_{Γ_N} die Residuen gemäß (4.118) und (4.119) sind.

Unter Verwendung des Sprungs r_{Γ_1} zwischen zwei Elementen kann die rechte Seite von Gleichung (4.121) für die einzelnen Elemente $\tau \in T$ geschrieben werden

$$a(e,v)_\tau = F_\tau(v) = (r,v)_\tau + \langle r_{\Gamma_N},v \rangle_{\Gamma_\tau \cap \Gamma_N} + \frac{1}{2}\langle r_{\Gamma_1},v \rangle_{\Gamma_\tau \cap \Gamma_1}. \quad (4.122)$$

Unter Verwendung von (4.121) ergibt sich damit für den Gesamtfehler und den Elementfehler

$$a(e,v) = \sum_{\tau \in T} a(e,v)_\tau = F(v) = \sum_{\tau \in T} F_\tau(v). \quad (4.123)$$

In [9] werden Methoden vorgeschlagen, die Funktionen e bzw. v für jedes einzelne Element zu wählen. In allen Fällen sind die Ansatzfunktionen von höherer Polynomordnung als das Element selbst, z.B. $\bar{p} = p + 1$.

Wird der volle Satz Formfunktionen als $\hat{e}$ in (4.122) eingesetzt, ergibt sich aber das Problem, daß $\hat{e}$ den konstanten Term enthält und für Differentialgleichungen, die kein lineares Glied enthalten, das Gleichungssystem unbestimmt ist. Zur Lösung dieses Problems kann die Gleichung (4.122) unter Verwendung einer allerdings aufwendig zu bestimmenden Funktion θ modifiziert werden.

Die effizienteste Wahl ist die Wahl von $\check{e}$, so daß aus der Menge der möglichen Ansatzfunktionen $\hat{e}$ nur diejenigen ausgewählt werden, die nicht in der bereits bekannten Lösung $\tilde{u}$ enthalten sind. Ist zum Beispiel $p = 1$, sind für ein Dreieck drei Freiheitsgrade für $\tilde{u}$ vorhanden, für $\bar{p} = 2$ sind sechs Freiheitsgrade nötig, so daß für $\check{e}$ noch drei Freiheitsgrade verbleiben. Zur Formulierung des Ansatzes sind die hierarchischen Formfunktionen (Abschnitt 4.1.4.3) ideal geeignet, da für jeden Polynomgrad die jeweils noch fehlenden Terme bestimmt werden können. Es kann aber auch der vereinfachte Ansatz nach 4.1.4.4 verwendet werden.

Implementierung Die Implementierung der Fehlerabschätzung nach BANK und WEISER gestaltet sich sehr einfach, wenn eine automatisierte Verarbeitung der Elementmatrizen (Abschnitt 4.1.7.3) zur Verfügung steht. Die Formulierung des Fehlerproblems deckt sich mit der des Hauptproblems, es sind lediglich die Auswahl der verwendeten Formfunktionen zu realisieren (Formfunktions-Generator) und die beschriebenen Residuen zu bestimmen (Feldgrößen-Prozessor) und als Anregungsterme zur Verfügung zu stellen.

4.3.4 Auswahl und Prüfung

Aus den genannten Möglichkeiten zur lokalen und globalen Fehlerermittlung sind ein geeignetes Verfahren für die adaptive Netzgenerierung und ein Verfahren zur Kontrolle des Resultats auszuwählen.

4.3.4.1 Globale Fehlerabschätzung

Das Verfahren zur Angabe des Gesamtfehlers muß diesen zuverlässig bestimmen. Zur Prüfung und Auswahl sind daher Probleme mit bekannter analytischer Lösung heranzuziehen, so daß der abgeschätzte Fehlerwert global wie lokal mit dem tatsächlichen Fehlerwert verglichen werden kann.

Das Verfahren von BANK und WEISER erfüllt die Kriterien und ist daher für die Fehlerabschätzung gut geeignet.

4.3.4.2 Lokale Fehlerangabe

Um zu untersuchen, ob neben dem Verfahren von BANK und WEISER auch einfachere Fehlerindikatoren für die adaptive Netzgenerierung herangezogen werden können, wurde eine größere Zahl von Testproblemen aus verschiedenen Klassen untersucht, hierbei kamen insbesondere realitätsnahe Aufgaben ohne bekannte Lösung zum Einsatz. Probleme mit ausgeprägt eckigen Strukturen und dünnen Luftspalten wurden ebenso berechnet wie Aufgabenstellungen mit stark unterschiedlichen Materialeigenschaften.

Da für die Probleme keine analytischen Berechnungen zur Verfügung standen, mußten für die Frage der Eignung der Verfahren entsprechende Qualitätskriterien aufgestellt werden. Es wurde dabei wie folgt vorgegangen:

1. Es wurden Probleme mit kritischen Bereichen (z.B. scharfe Ecke verbunden mit Sprung in den Materialeigenschaften) herausgesucht.

2. Während integrale Größen, wie z.B. Flüsse, Induktivitäten gegen Ungenauigkeiten in der Berechnung unempfindlich sind, zeigen abgeleitete Größen, insbesondere Kräfte, eine große Sensibilität in Bezug auf Fehler in der Feldberechnung. Zum Test sind also Kraftberechnungen besonders geeignet.

3. Ist eine Problemstellung geeignet symmetrisch gewählt, addieren sich alle Kräfte zu Null.

4. Die Qualität eines Fehlerindikators kann daran festgemacht werden, wie gut Bedingung 3. von dem adaptiv generierten Netz erfüllt wird.

Untersucht wurden die direkten Fehlerindikatoren, die polynomorientierten Indikatoren und der BANK-WEISER Ansatz. Insbesondere Probleme mit stark inhomogenen Materialeigenschaften bereiten den beiden erstgenannte Indikatoren Probleme, während der Letztgenannte in keinem Bereich größere Probleme bereitet. Der höhere Aufwand zur Fehlerbestimmung wird durch die große Zuverlässigkeit kompensiert, wobei die Auswertung über die Energiefehlernorm auch bei Kombinationen verschiedener Potentialmodelle geeignete Resultate liefert. Für die realisierte adaptive Netzgenerierung wurde daher das BANK-WEISER Verfahren gewählt.

4.4 Adaptive Netzgenerierung

Die Lösung der Problemstellung wird durch elementweise definierte Ansatzfunktionen approximiert. Die Qualität der Approximation wird damit von der Wahl des Finite Elemente Netzes und der Ansatzfunktionen bestimmt. Mit feiner werdender Diskretisierung und höherer Polynomordnung wächst der Verbrauch an Rechenzeit und Speicherplatz, beides begrenzte Ressourcen. Der Rechenzeitverbrauch stellt dabei eine „weiche" Begrenzung dar, indem keine absolute Höchstgrenze vorliegt, sondern vielmehr praktische Gesichtspunkte eine Rolle spielen. Zum einen ist die verbrauchte Rechenleistung abzurechnen, zum anderen verursacht das Warten auf die benötigten Resultate Leerlauf und bedingt damit Verzögerungen im Entwicklungsablauf.

Der Bedarf an Speicherplatz stellt demgegenüber eine „harte" Begrenzung dar, da für die Berechnung nicht mehr Speicherplatz verwendet werden kann, als physikalisch verfügbar ist. Moderne Rechenanlagen und Betriebssysteme bieten heute in der Regel neben dem Primärspeicher (Arbeitsspeicher) die automatische Hinzunahme von Sekundärspeicher (z.B. Festplattenspeicher) an, die Problematik wird hierdurch aber nicht entschärft. Die Unterscheidung beider Speicher ist notwendig, da der Primärspeicher bei verhältnismäßig hohem Preis über eine hohe Zugriffsgeschwindigkeit verfügt, während der wesentlich preiswertere Sekundärspeicher erheblich langsamer ist. Unterschiede in der Zugriffszeit im Verhältnis $1 : 10^4 - 10^5$ sind normal. In der Praxis führt eine Überforderung der Speichergröße zu einem Leistungseinbruch auf 1–5% der Rechenleistung, eine sinnvolle Nutzung ist also nicht mehr möglich.

Für die effiziente Berechnung der Problemstellung ist es daher notwendig, das Verhältnis von verbrauchten Ressourcen zu erzielter Genauigkeit zu optimieren, wobei der Ressourcenverbrauch, wie beschrieben, hinsichtlich Rechenzeitbedarf und Speicherplatzverbrauch zu gewichten ist. Als leistungsfähiges Verfahren bietet sich hierbei die *adaptive Netzgenerierung* an, mit deren Hilfe eine gute Anpassung des Finite Elemente Netzes an die Problemstellung erzielt wird, so daß die Effizienz hinsichtlich des benötigten Speicherplatzes sofort ersichtlich ist. Der zuerst problematisch erscheinende zusätzliche Zeitbedarf für die iterative Verfeinerung des Netzes erweist sich als vertretbar, insbesondere da die Zuverlässigkeit der Methode zu guten Resultaten bereits im ersten Versuch führt, während bei manueller Netzgestaltung zumeist mehrere, zeitaufwendige Versuche notwendig sind. Die zeitliche Effizienz bezogen auf den Arbeitsprozeß wird zusätzlich dadurch verbessert, daß die adaptive Netzgenerierung lediglich von einfachen geometrischen Basisdaten ausgeht und weitergehende Vorbereitungsarbeiten entfallen. Die adaptive Netzgenerierung ist damit auch unverzichtbar im Sinn eines automatischen Ablaufs der Feld-

berechnung, der mit zunehmender Leistungsfähigkeit der Rechneranlagen und
dem Kostenfaktor „menschliche Arbeit" an Bedeutung gewinnt.

4.4.1 Konzept

Der Diskretisierungsfehler der Finite Elemente Approximation in Abhängigkeit
von der Maschenweite und der Polynomordnung kann zu

$$\||e\|| = O(h^p) \tag{4.124}$$

abgeschätzt werden, wobei auf theoretischer Basis gezeigt werden kann, daß
für den Grenzfall $h \to 0$ die exakte Lösung des Problems erreicht wird. Die
tatsächliche Konvergenzordnung ist dabei von der Problemstellung und der
Art der gewählten Verfeinerung abhängig, wobei insbesondere Singularitäten
zu einer Verschlechterung führen können [161].

Um die Genauigkeit der Lösung zu verbessern, kann entweder die Maschenweite h reduziert werden (*h-Verfeinerung*) oder die Polynomordnung erhöht
(*p-Verfeinerung*). In beiden Fällen wird die Zahl der Freiheitsgrade erhöht, so
daß Speicherplatz- und Rechenzeitbedarf zunehmen. Die Notwendigkeit, Freiheitsgrade zuzufügen, ist aber nur in den Bereichen gegeben, in denen das Feld
starken Veränderungen unterworfen ist. Eine Zufügung von Freiheitsgraden in
Bereichen geringer Feldveränderung verbessert die Genauigkeit nur unwesentlich, so daß hier Ressourcen gespart werden können. Die Netzverfeinerung soll
also an die Problemstellung *adaptiert* ablaufen, wobei die zu verfeinernden Bereiche automatisch erkannt werden müssen. Mittel hierzu ist die in Abschnitt
4.3 vorgestellte lokale Fehlerabschätzung.

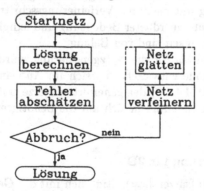

Abb. 4.62. Ablauf der adaptiven Netzgenerierung

Das Ablaufschema einer adaptiven Netzgenerierung ist in Abb. 4.62 dargestellt. Ausgehend von einem groben Startnetz wird die Diskretisierung iterativ
verfeinert. Dazu wird jeweils die Lösung für das bestehende Netz berechnet, wobei die Berechnung selbst gegebenenfalls die innere Iterationsschleife für nichtlineare Problemstellungen umfassen kann. Nach der Berechnung muß der Fehler

in der Lösung abgeschätzt werden, wobei die lokale Fehlerverteilung für eine notwendige Verfeinerung vorgehalten werden muß. Anhand des abgeschätzten Fehlers wird über den Abbruch der Verfeinerungsiteration entschieden. Die Abbruchkriterien sind:

- Der bezogene Fehler $\tilde{\delta}_{ist}$ hat die vorgegebene Genauigkeitsschranke δ_{soll} unterschritten.

- Die verfügbaren Ressourcen (Speicherplatz) sind aufgebraucht oder eine vorgesehene Höchstzahl von Verfeinerungsschritten ist erreicht.

Sind die Kriterien für den Abbruch der Verfeinerungsiteration nicht erfüllt, wird das Netz verfeinert. Hierzu werden an den Stellen mit hohen Fehlern zusätzliche Freiheitsgrade eingefügt. Um die Netzqualität sicherzustellen, ist bei h-Verfeinerung zusätzlich eine Glättung des verfeinerten Netzes erforderlich.

Während die lokale und globale Fehlerabschätzung bereits in Abschnitt 4.3 beschrieben wurden, werden im Folgenden die Generierung des Startnetzes sowie die Verfeinerungsverfahren und -strategien erläutert.

4.4.2 Generierung eines Startnetzes

Für den Beginn einer adaptiven Netzgenerierung wird ein Startnetz benötigt, das die Geometrie der Problemstellung nachbildet. Die Qualitätsanforderungen an das generierte Netz richten sich nach der Anwendung: Wird auf Netzverfeinerung und die damit verbundene Netzüberarbeitung verzichtet, sind die Qualitätsanforderungen an die Startnetzgenerierung hoch. Kommt eine adaptive Netzgenerierung mit mehreren Verfeinerungsschritten zum Einsatz, ist die Netzqualität von untergeordneter Bedeutung und lediglich Geschwindigkeit und vor allem Zuverlässigkeit sind von Belang.

Verschiedene Verfahren für die Netzgenerierung wurden im Rahmen der Finite Elemente Methode entwickelt, die sich im Aufwand und der Qualität (siehe hierzu Abschnitt 4.4.4.2) der generierten Netze unterscheiden. Die folgenden Betrachtungen beschränken sich auf die benötigten Dreiecks- und Tetraedernetze.

4.4.2.1 Netzgenerierung für 2D

Eine große Zahl von Aufsätzen beschäftigt sich mit der Generierung von Dreiecksnetzen, wobei sich die Verfahren in Minimaltriangulierungen und die Generierung von vollen FEM-Netzen unterteilen lassen.

4.4.2.2 Minimaltriangulierungen

Jedes Rand-Polygon läßt sich vollständig und ohne Einfügung innerer Punkte in Dreiecke zerlegen. Zur automatischen Zerlegung wurden mehrere Verfahren entwickelt, wobei der Zerlegungsaufwand bis zur Ordnung $O(n \log \log n)$ reduziert werden konnte [143]. Der Aufwand für die Realisierung derartiger Algorithmen ist allerdings nicht unerheblich, so daß für die vorliegenden Problemstellungen ein sehr einfaches und zuverlässiges Verfahren implementiert wurde [58].

Simple Zerlegung eines Polygons Für eine korrekte Triangulierung dürfen sich keine Dreieckskanten überschneiden. Ausgehend von einem gegebenen, beliebig geformten Randpolygon ist diese Bedingung im Rahmen einer „Abschneidestrategie" einfach zu erfüllen (Abb. 4.63). Ein Dreieck aus drei aufeinander folgenden Punkten kann dann vom Randpolygon abgeschnitten werden, wenn

1. das generierte Dreieck eine Fläche größer als Null hat,

2. und innerhalb oder auf dem Rand des generierten Dreiecks kein anderer Punkt des Randpolygons liegt.

Da mit jedem abgeschnittenen Dreieck das Randpolygon um einen Punkt verkleinert wird, ist die Netzgenerierung nach der Generierung von $n-2$ Dreiecken aus n Randstücken respektive Punkten abgeschlossen.

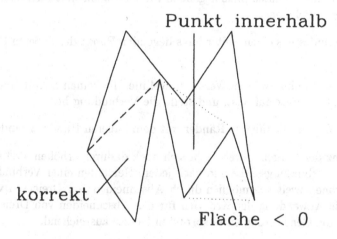

Abb. 4.63. Zulässige und unzulässige Dreiecksabschneidung

Mehrfach zusammenhängende Gebiete Die Auflösung mehrfach zusammenhängender Gebiete gestaltet sich als einfache Erweiterung der Abschneidestrategie. Die wesentliche Aufgabe besteht in der Umsetzung mehrerer Berandungen aus einzelnen Polygonen in ein Gesamtpolygon (Abb. 4.64). Zu diesem Zweck wird eine beliebig gewählte Verbindung von jeder inneren Berandung zur äußeren Berandung hergestellt. Das zu triangulierende Randpolygon enthält die Verbindungslinie als hin und später zurück zu durchlaufendes Teilstück. Die Wahl der Verbindungslinie ist problemlos automatisch möglich. Die verwendete Vorgehensweise ist die Folgende:

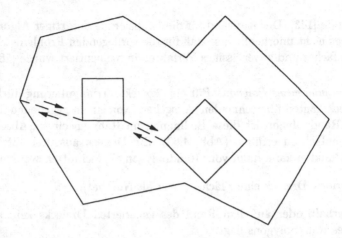

Abb. 4.64. Auflösung mehrfach zusammenhängender Gebiete

1. Suche den am weitesten links liegenden Punkt des am weitesten links liegenden inneren Polygons.

2. Es muß mindestens einen weiter links liegenden Punkt des äußeren Polygons geben.

3. Teste diese Punkte auf eine Verbindungslinie, die keinen Schnitt mit einem äußeren Randstück aufweist, und stelle die Verbindung her.

4. Wiederhole, bis alle inneren Ränder mit dem äußeren Rand verbunden sind.

Die Effizienz der Vorgehensweise läßt sich noch dadurch erhöhen, daß vor dem Beginn der Verbindungssuche und nach jedem Herstellen einer Verbindung die Randpolygone soweit wie möglich durch Abschneiden von Dreiecken verkürzt werden. Die Anwendung der Kriterien für das Abschneiden von Dreiecken ist hierbei für die Generierung eines korrekten Netzes ausreichend.

Netzqualität Die Qualität eines derart einfach generierten Netzes ist im allgemeinen gering. Es ergeben sich hierdurch aber keine Probleme, da daß Netz im Rahmen der adaptiven Verfeinerung im Knoten im Flächeninneren erweitert und geglättet wird, so daß nach einigen Verfeinerungsschritten eine gute Netzqualität erzielt wird.

Volle FEM-Netze Um ein Netz zu generieren, das auch ohne weitere Verfeinerung für FEM-Berechnungen geeignet ist, müssen andere Verfahren zur Netzgenerierung zum Einsatz kommen. Für die feinmaschige Triangulierung von Flächen stehen eine Vielzahl von Verfahren zur Verfügung, die sich in Aufwand und Zuverlässigkeit unterscheiden [41, 65, 157]. Während Flächen mit konvexer Umrandung von allen Verfahren fehlerfrei trianguliert werden sollten, bereiten

Aufgabenstellungen mit konkaven Berandungen und scharfen Ecken, wie sie zum Beispiel bei Nuten und Polen in elektrischen Maschinen auftreten, Probleme. Auf die Implementierung eines derartigen vollständigen Netzgenerators wurde daher verzichtet. Die Erstellung einer engmaschigen und gleichmäßigen Triangulierung ist dennoch möglich, in dem die in Abschnitt 4.4.3 beschriebenen Verfahren zur Netzverfeinerung und Glättung global, ggf. mehrfach, angewendet werden. Für Vergleichsrechnungen, mit denen die Leistungsfähigkeit der adaptiven Netzgenerierung untersucht werden sollte (siehe Abschnitt 4.4.6 und Abschnitt 4.5), kamen daher „global verfeinerte" Netze zum Einsatz.

4.4.2.3 Netzgenerierung für 3D

Für die Netzgenerierung für dreidimensionale Problemstellungen werden verschiedene Methoden vorgeschlagen, die auf unterschiedlichen Prinzipien basieren. Das verfügbare Spektrum reicht dabei von Verfahren, die besonders einfach sind, aber viel Vorarbeit vom Anwender erwarten (Geometrische Modelle), bis zu Verfahren, die weitestgehend vollautomatisch sind (freie Netzgenerierung). Einige der beschriebenen Verfahren eignen sich insbesondere für die Anwendung quaderförmiger Elemente, wobei die Anwendung der Konzepte ebenso auf Tetraeder möglich ist.

Geometrische Modelle Die Implementierung einer Netzgenerierung ist sehr einfach, wenn zur Beschreibung der Problemstellung *geometrische Grundelemente* wie z.B. Kugeln, Zylinder oder Würfel zum Einsatz kommen [22]. Die notwendige Diskretisierung für diese Grundelemente kann in Form regelmäßiger Strukturen erreicht werden, die einfach zu programmieren sind.

Nachteilig ist zum einen die Beschränkung auf einen bestimmten Satz von Grundelementen, mit denen nicht alle Problemstellungen beschrieben werden können. Die resultierende Beschränkung ist allerdings durch die Bereitstellung einer entsprechend großen Auswahl von Grundmustern zu reduzieren. Problematischer ist zum anderen die Notwendigkeit für den Anwender, die Problemstellung vor der Netzgenerierung vollständig in die Grundelemente zu zerlegen. Es ist also eine sehr zeitintensive und damit teure Vorarbeit vom Benutzer zu leisten.

Regelmäßige Gitter Eine bewährte Methode zur Netzgenerierung ist die Konstruktion eines regelmäßigen Gitters entweder als Rechteckgitter analog zur Methode der Finiten Differenzen oder in Form eines Schichtenmodells. Eine Übersicht aktuell eingesetzter Programmpakete auch im Forschungsbereich, wie er zum Beispiel bei TEAM-Workshops gewonnen werden kann, zeigt einen deutlichen Anteil von Programmen mit regelmäßigen Gittern [52,100,148,150]. Für einige der TEAM-Aufgaben, z.B. Problem #7 „Asymmetrical Conductor with a Hole" sind die entsprechenden Gitter bereits vorgegeben.

Rechteckgitter Folgen die Trennflächen und Kanten den kartesischen Koordi-
natenachsen, kann die Problemstellung wie bei Anwendung der Methode der
Finiten Differenzen diskretisiert werden. Die Problemstellung wird in den drei
Koordinatenrichtungen in Schichten zerschnitten, so daß quaderförmige Elemente entstehen.

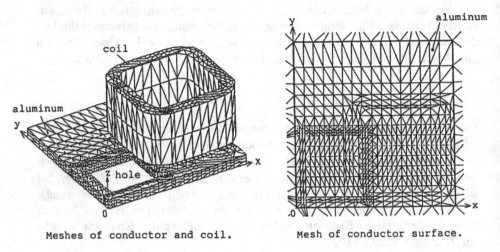

Meshes of conductor and coil.   Mesh of conductor surface.

Abb. 4.65. Perspektivischer Blick und Aufsicht aus [103]

Schichtenmodell Eine Verallgemeinerung der Diskretisierung mittels kartesi-
scher Koordinaten stellt das Schichtenmodell dar. Die Zerlegung in Schichten
geschieht hierbei nur in einer Koordinatenrichtung, z.B. der z-Richtung. Die
Netzgenerierung in der xy-Ebene ist frei und kann mit Hilfe eines beliebigen
Netzgenerators für zwei Dimensionen erfolgen. Aufgrund der Abbildung des
ebenen Netzes in alle Schichten, müssen alle Trennflächen und Kanten in die
eine Ebene abgebildet werden. Eine Verdichtung der Knoten zur Reduktion
des Diskretisierungsfehlers in der xy-Ebene wird dabei für alle Schichten übernommen, ebenso wie eine Verkleinerung des Schichtenabstands in z-Richtung
den gesamten xy-Bereich betrifft [103], siehe Abb. 4.65. Die Möglichkeiten für
eine räumlich begrenzte Zone in der Problemstellung das Netz zu verdichten,
sind also ähnlich beschränkt wie bei der Finite Differenzen Methode. Aufgrund
der freien Diskretisierung in der xy-Ebene können aber abgerundete Geometrien, wie z.B. Zylinder gut nachgebildet werden. Geometrien, die in allen drei
Dimensionen gekrümmt sind, etwa Kugelflächen, bleiben problematisch.

Die Diskretisierung mit Hilfe des Schichtenmodells ist sehr weit verbreitet
und wird auch in kommerziellen Produkten für dreidimensionale Feldberech-
nungen verwendet [37].

Freie Netzgenerierung Um die bei den oben beschriebenen Verfahren vorhandenen Beschränkungen aufzuheben, ist ein freier Netzgenerierer erforderlich, der
die Diskretisierung unabhängig von geometrischen Grundmustern durchführt.

Im Lauf der letzten Jahre wurden verschiedene Ideen vorgestellt, wie eine entsprechende Netzgenerierung durchgeführt werden kann.

Ausgegangen wird in allen Fällen von einer vorgegebenen (oder notwendigerweise zu erstellenden) Oberflächendiskretisierung in Form dreieckiger Elemente. Die Oberflächenstruktur muß während der 3D-Triangulierung erhalten bleiben, um die Kompatibilität sicherzustellen.

In der vorliegenden Implementierung wird die Oberflächentriangulierung mit Hilfe des zweidimensionalen Netzgenerierers gewonnen. Auf ebenen Flächen reicht dabei eine Minimaltriangulierung aus, während auf gekrümmten Flächen durch globale h-Verfeinerung und Glättung eine gleichmäßige Vernetzung erzielt wird. Die Netzbearbeitung erfolgt dabei mit Hilfe einer Projektion, die die gekrümmte Oberfläche in die Ebene abbildet und nach der Triangulierung wieder in den Raum projiziert. Um die Abbildung durchführen zu können, müssen die Projektionsvorschriften für die unterstützten Formen ermittelt werden. Die meisten Problemstellungen lassen sich durch die Grundelemente „Ebene", „Zylinder", „Kegel" und „Kugel" beschreiben, sollten diese Formen nicht ausreichen, müßten allgemeinere Formen der Oberflächenabbildung Verwendung finden, z.B. Splines.

Punkt-Einfüge-Methode/Point Insertion Method Eine Möglichkeit zur Erstellung einer Diskretisierung, die dem *DELAUNAY*-Kriterium, siehe Abschnitt 4.4.4.2, genügt, ist die Point Insertion Method.

Gegeben ist die Berandung einer Problemstellung in Form von Dreiecken, die die Oberflächen diskretisieren. Durch die Dreiecke wird ein Satz von Punkten und Kanten festgelegt. Zur Generierung eines Tetraedernetzes wird folgendermaßen vorgegangen [7, 133, 160]:

1. Ermittle eine Starttriangulierung in Tetraeder durch einfache Zerlegung eines Quaders, der die gesamte Problemstellung umschließt.

2. Füge einen Randpunkt nach dem anderen in das bestehende Netz ein. Hierzu stehen zwei Möglichkeiten zur Verfügung:

   • Füge den Punkt in das Innere eines Tetraeders ein und teile das Tetraeder entsprechend in kleinere Tetraeder. Tausche die Elementkanten (Abschnitt 4.4.4.2), bis das Netz wieder dem DELAUNAY-Kriterium genügt.

   • Lösche alle Tetraeder, die durch Einfügung des neuen Punkts dem DELAUNAY-Kriterium nicht mehr genügen und generiere ausgehend vom neuen Punkt sternförmig neue Tetraeder.

3. Passe das generierte Netz an die gegebene Oberfläche an.

4. Lösche die Tetraeder, die außerhalb des Rechengebiets generiert wurden.

Insbesondere Schritt 3 bedarf der Diskussion. Das in den Schritten zuvor generierte Netz enthält zwar alle Punkte der Oberfläche, die im Netz enthaltenen

Kanten und Trennflächen genügen aber alleine dem DELAUNAY-Kriterium, die Übereinstimmung mit Kanten und Dreiecksflächen auf der Oberfläche ist nicht zwingend. Insbesondere bei stark konkaven Berandungen führt daher das in [89] vorgeschlagene Verfahren, alle Tetraeder mit Eckpunkten außerhalb der Problemstellung zu löschen, zu einer deutlichen Verfälschung der Berandung. Das Tetraedernetz muß daher mit dem Oberflächennetz in Übereinstimmung gebracht werden. Hierzu muß wiederum der Kantentausch solange gezielt angewendet werden, bis die Tetraederstruktur mit der vorgegebenen Berandung übereinstimmt [39], wobei das überarbeitete Netz nicht mehr dem DELAUNAY-Kriterium genügt. Anschließend können die außerhalb des Rechengebiets liegenden Tetraeder gelöscht werden.

Ein Vorteil der Point Insertion Methode ist die Möglichkeit, den beschriebenen Algorithmus auch für weitere Knoten anzuwenden, die im Inneren der Problemstellung liegen, um so eine Problemstellung nicht nur grob als Basis für die Netzverfeinerung zu diskretisieren, sondern ein fertiges Netz für die FEM-Berechnung zu erhalten.

Abschneide-Methode/Advancing-Front Method Um die Schwierigkeiten mit der Übereinstimmung zwischen vorgegebenem Oberflächennetz und generiertem Tetraedernetz zu überwinden, wurde basierend auf der auch im Zweidimensionalen verwendeten Methode ein Algorithmus entwickelt, der ein möglichst einfaches Netz generieren soll. Die Idee ist an den Advancing-Front Algorithmus [90, 116, 117] angelehnt, aber auf ein möglichst grobes Startnetz hin ausgerichtet.

Im Gegensatz zur Vorgehensweise in zwei Dimensionen entstehen zusätzliche Schwierigkeiten, da nicht jedes Oberflächennetz eine gültige Zerlegung in Tetraeder erlaubt, ohne daß innere Punkte eingefügt werden [24, 160]. Die reine Abschneide-Strategie muß daher um eine zweite Variante ergänzt werden, die zusätzliche innere Punkte generiert [58].

Abschneide-Schritt Analog zur Vorgehensweise in zwei Dimensionen werden von der Berandung Punkte abgeschnitten, wobei es sich bei den generierten Elementen um Tetraeder handelt. Im Gegensatz zum Polygonrand im Zweidimensionalen, bei dem jeder Punkt genau zwei Nachbarn hat und somit für jeden abgeschnittenen Punkt genau ein Dreieck generiert wird, verfügt jeder Punkt auf der Oberfläche über drei oder mehr Nachbarpunkte. Hat der Punkt genau 3 Nachbarpunkte, entsteht beim Abschneiden ein Tetraeder (Abb. 4.66), bei mehr als drei Nachbarpunkten werden entsprechend mehr Tetraeder generiert und die verbleibende Oberfläche ist durch zu erzeugende zusätzliche Kanten zu strukturieren (Abb. 4.67). Durch die verschiedenen Möglichkeiten, diese neuen Kanten festzulegen, stehen Freiheitsgrade zur Verfügung, die die Flexibilität der Netzgenerierung erhöhen.

Der Zulässigkeitstest für das Abschneiden einer Elementanordnung ist aufwendiger als bei zwei Dimensionen. Genügt bei einem Einzelelement der Test,

Abgeschnittes Tetraeder

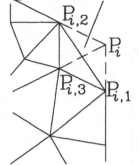

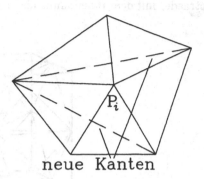

neue Kanten

Abb. 4.66. Abschneiden eines Tetraeders

Abb. 4.67. Erzeugung neuer Kanten

ob ein weiterer Punkt der Berandung innerhalb liegt, so muß bei einer Anordnung mehrerer Elemente zusätzlich sichergestellt sein, daß keine Kante der Oberfläche eines der neuen Tetraeder durchstößt. Durch Vertauschen der neu zu erzeugenden Kanten nach dem Abschneiden ergeben sich verschiedene Kombinationen, von denen dann eine der zulässigen Möglichkeiten gewählt wird.

Da bei jedem Abschneidevorgang die Oberfläche um einen Punkt verkleinert wird, ist die Zerlegung der meisten Volumina nach $n - 3$ Schritten abgeschlossen. Abbildung 4.68 zeigt einen Zwischenschritt bei der Verarbeitung eines Würfels.

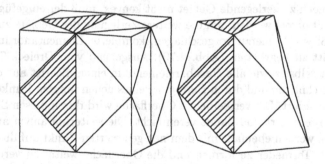

Abb. 4.68. Zerlegung eines Würfels: Start- und Zwischenschritt

Punkt-Einfüge-Schritt In einigen Fällen läßt sich ein Gebiet nicht vollständig mit Hilfe der Abschneide-Strategie zerlegen [24,68], so daß eine andere Technik angewendet werden muß. Durch Einfügung eines zusätzlichen Punkts in das Innere des Gebiets kann die Diskretisierung weitergeführt werden.

Im Fall einer konvexen Geometrie ist die Einfügung eines Punkts die schnellste Zerlegungsstrategie überhaupt. Wird ein Punkt innerhalb der konvexen Oberfläche positioniert, können aus allen Oberflächendreiecken sofort

Tetraeder mit dem Innenpunkt als vierten Punkt gebildet werden (Abb. 4.69).

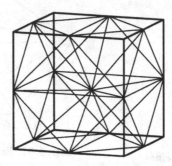

Abb. 4.69. Zerlegung eines konvexen Gebiets durch Einfügung eines inneren Punkts

Die Zerlegung ist damit durchgeführt, die generierten Tetraeder sind allerdings bei dichten Oberflächennetzen extrem spitz und die Netzqualität ist sehr schlecht. Die direkte Zerlegung durch Punkteinfügung ist daher als Netzgenerierungsverfahren alleine nicht geeignet, und muß mit weiteren Schritten zur Netzverfeinerung und Glättung kombiniert werden. Diese Verfeinerungsschritte können entweder, wie in der vorliegenden Arbeit vorgeschlagen, adaptiver Natur sein, oder auf rein geometrischen Gesichtspunkten basieren [68].

Ist das noch zu zerlegende Gebiet nicht konvex, muß der eingefügte Punkt geeignet positioniert werden, um die weitere Zerlegung des Gebiets zu ermöglichen. In [58] wurde hierzu vorgeschlagen, komplette Elementanordnungen in einem Schritt zu bearbeiten (Abb. 4.70). Ausgehend vom Dreieck T_i werden das Element selbst sowie alle Nachbarelemente in einem Schritt aus der Oberfläche ausgeschnitten und durch Einfügung eines neuen inneren Punkts werden Tetraeder generiert. Die verbleibende Oberfläche wird durch diesen Schritt um zwei Punkte reduziert und damit vereinfacht. Die weiterhin außen angrenzenden Dreiecke werden ebenfalls mit dem neu generierten Punkt auf die Möglichkeit getestet, Tetraeder zu formen und die Oberfläche weiter zu vereinfachen. In einem konvexen Gebiet führt diese Vorgehensweise bereits zur kompletten Zerlegung des Volumens, wie in Abb. 4.69 gezeigt.

Zur Festlegung der Position des neuen Punkts wird ausgehend von der Mitte des ausgewählten Dreiecks eine Linie senkrecht in das Volumeninnere gelegt. Durch Schnittpunktberechnungen können die maximal und die minimal mögliche Entfernung λ_{max} bzw. λ_{min} des Punkts bestimmt werden, und der Mittelwert beider Grenzen $\lambda = (\lambda_{max} + \lambda_{min})/2$ ergibt eine geeignete Positionierung.

Im Rahmen der weiteren Untersuchungen zur Startnetzgenerierung wurde das eben beschriebene Verfahren überarbeitet und die Leistungsfähigkeit verbessert. Aufgrund der Verwendung ganzer Elementanordnungen liefert die

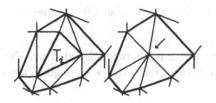

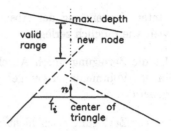

Abb. 4.70. Auswahl einer Elementanordnung

Abb. 4.71. Positionierung

oben beschriebene Strategie zwar Netze mit einer sehr geringen Zahl innerer Knoten, die Flexibilität ist aber gering.

Wird der neue Knoten ausgehend von einer Kante des Oberflächennetzes positioniert, ergeben sich mehr Möglichkeiten zur Netzgenerierung (Abb. 4.72). Aus den Flächennormalen der beiden die Kante benutzenden Dreiecke T_1 und T_2 wird der in das Volumen zeigende Richtungsvektor $\vec{r}$ bestimmt. Auf diesem Richtungsvektor wird der neue Punkt wiederum im Abstand λ positioniert. Der minimale Abstand ist in diesem Fall Null, der maximale Abstand durch die gegenüberliegende Oberfläche gegeben. Zur Bestimmung von λ wird zuerst erneut der halbe Weg gewählt. Ausgehend von dieser Wahl wird die Zahl der abschneidbaren Oberflächendreiecke bestimmt und durch rekursive Verkleinerung des Abstands λ um den Faktor f, der nach einer Abwägung zwischen Rechenzeit und Resultat zu zehn gewählt wurde, wird versucht, die Anzahl zu erhöhen.

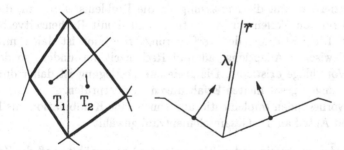

Abb. 4.72. Modifizierte Methode zur Positionierung innerer Punkte

Gesamtstrategie Als günstige Gesamtstrategie empfiehlt sich eine Kombination aus Abschneide- und Einfüge-Schritten. Die durch Abschneide-Schritte und anschließende Netzglättung generierten Netze sind im allgemeinen von wesentlich besserer Qualität als die durch Punkteinfügung entstandenen Diskretisierungen. Zur Netzgenerierung wird daher die folgende Vorgehensweise angewendet:

1. Unter Verwendung der Abschneide-Methode wird das Oberflächennetz so weit wie möglich zerlegt.

2. Ist die Zerlegung durch Abschneiden allein nicht möglich, wird ein Punkt in das Volumeninnere eingefügt und soviele Tetraeder wie möglich werden generiert.

3. Ist die Zerlegung noch nicht abgeschlossen, werden die beiden Zerlegungsschritte wechselseitig wiederholt, bis das Volumen vollständig diskretisiert ist.

Nach Abschluß der Zerlegung wird das Netz durch Anwendung der in Abschnitt 4.4.4.2 beschriebenen Verfahren geglättet.

4.4.3 Adaptive Netzverfeinerung

Um eine möglichst gute Anpassung des Netzes an die Problemstellung zu erreichen, empfiehlt sich die adaptive Netzverfeinerung. Zu unterscheiden sind die h-Verfeinerung, bei der die Abmessungen der Elemente reduziert werden, und die p-Verfeinerung, bei der der Polynomgrad erhöht wird.

Ausgehend von der lokalen Fehlerabschätzung sind die zu verfeinernden Elemente auszuwählen. Als Auswahlkriterium wird entweder eine Fehlerschwelle festgesetzt oder ein Anteil der Elemente festgelegt. Generell gilt, daß eine Fehlerschwelle von 0 bzw. ein Verfeinerungsanteil von 100% einer globalen, also nicht adaptiven Verfeinerung entspricht. Wird der Anteil der verfeinerten Elemente reduziert, nimmt die Anpassung an die Problemstellung zu, der Aufwand in Form von Verfeinerungsschritten (und damit Rechenzeitverbrauch) steigt aber. Die Festlegung des Verfeinerungskriteriums ist daher mit einer Abwägung zwischen Adaptionsgrad und Rechenzeit verbunden, so daß verschiedene Vorschläge existieren. Die geeignete Festlegung ist daher durch die in Testrechnungen gesammelten Erfahrungen zu überprüfen.

In der vorliegenden Implementierung wurde eine Kombination aus Fehlerschwelle und Anteil an der Gesamtelementzahl gewählt:

1. Die Zahl der zu verfeinernden Elemente wird so gewählt, daß die Zahl der Knoten sich bei h-Verfeinerung mit jedem Verfeinerungsschritt etwa verdoppelt. Bei zweidimensionaler Berechnung werden 10–20% der Elemente verfeinert, bei dreidimensionalen Problemen 5–10%.

2. Als zusätzliches Kriterium wird der Fehler des schlechtesten Elements verwendet. Verfeinert werden die Elemente, die einen Fehler größer als 10% vom Wert des schlechtesten Elements aufweisen.

Zu Beginn der adaptiven Verfeinerung, wenn das Netz noch nicht gut an die Problemstellung angepaßt ist, werden aufgrund der Regel 2 nur wenige Elemente ausgewählt und verfeinert. Je nach Verteilung des Fehlers wird durch den vorgegebenen Mindestanteil zu verfeinernder Elemente (Regel 1) sichergestellt, daß der Verfeinerungsfortschritt nicht zu klein ist. Mit fortschreitender Zahl adaptiver Schritte wird die Anpassung besser und die Verteilung des Fehlers gleichmäßiger, so daß meistens die Zahl der verfeinerten Elemente durch die in 1 gegebene Obergrenze bestimmt ist.

Die verwendeten Regeln erwiesen sich in zahlreichen Testrechnungen bei Anwendung der h- wie auch der p-Verfeinerung als geeigneter Kompromiß hinsichtlich der Rechenzeit und der Anpassung des Netzes an die Problemstellung. Im Rahmen anderer Untersuchungen werden auch andere Möglichkeiten zur Auswahl der zu verfeinernden Elemente vorgeschlagen [12, 46].

4.4.4 h-Verfeinerung

Die h-Verfeinerung verbessert die Lösungsgenauigkeit durch Verringerung der Elementgröße, die mit dem Approximationsfehler über die Beziehung (4.124) verknüpft ist. Die Verkleinerung der Elemente wird durch Einfügen von Knoten und Unterteilung der Elemente (Abschnitt 4.4.4.1) erreicht, wobei die Qualität (Abschnitt 4.4.4.2) des generierten Netzes durch Maßnahmen zur Netzglättung (Abschnitt 4.4.4.2) sichergestellt werden muß.

4.4.4.1 Elementunterteilung

Die wesentlichen Grundlagen für die h-Verfeinerung in zwei Dimensionen wurden von Bank u.a. im Grundlagenaufsatz [8] dargestellt und zusammengefaßt. Für die Netzverfeinerung in drei Dimensionen stehen unterschiedliche Varianten zur Auswahl.

2D-Verfeinerung Die Unterteilung eines zur Verfeinerung ausgewählten Elements geschieht durch Einfügung von drei Knoten auf den Mitten der Dreieckskanten („Bisection"), wie in Abb. 4.73 dargestellt. Durch die Unterteilung der Kanten werden auch die Nachbarelemente unterteilt, allerdings nur jeweils einmal. Während die Winkelverhältnisse des zur Verfeinerung ausgewählten Dreiecks erhalten bleiben, verschlechtert sich die Qualität der angrenzenden Elemente. Um die Qualität des Netzes sicherzustellen, werden daher die folgenden Regeln angewendet:

1. Wird ein Element zur Verfeinerung ausgewählt, müssen zur Erhaltung der Kompatibilität die Nachbarelemente notwendigerweise mitunterteilt werden.

2. Werden von einem nicht ausgewählten Element mindestens zwei Nachbarelemente verfeinert, wird das Element auch vollständig unterteilt.

3. Wird eine Kante unterteilt, die mit einer Materialgrenze identisch ist, werden die beiden angrenzenden Elemente voll unterteilt. Diese Maßnahme ist von besonderer Wichtigkeit, da die Möglichkeiten der Netzglättung an Materialgrenzen nur eingeschränkt wirken.

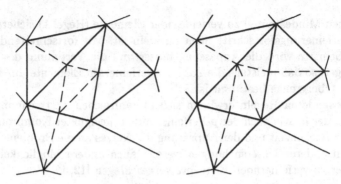

Abb. 4.73. Elementunterteilung mittels Bisection, globale und sukzessive Unterteilung; Einhaltung der Kompatibilität

Zur Durchführung der Unterteilung bietet sich die Anwendung einer sukzessiven Verfeinerungstechnik an, bei der die Elementkanten nacheinander unterteilt werden. Zum einen muß der Algorithmus der Kantenunterteilung nur einmal implementiert werden, da die Unterscheidung zwischen ausgewählten und nicht ausgewählten Elementen nicht mehr notwendig ist, zum anderen ist auch die Erkennung und Behandlung geometrischer Problemfälle einfacher zu realisieren. Die generierten Netze unterscheiden sich nach der Netzglättung nicht, so daß durch die sukzessive Verarbeitung keine Nachteile entstehen.

3D-Verfeinerung Neben der Möglichkeit, die Punkteinfügung durch die bereits in Abschnitt 4.4.2.3 beschriebene Point-Insertion Methode zu realisieren, können auch Tetraeder durch Bisection unterteilt werden. Im Dreidimensionalen sind die sechs Kanten eines ausgewählten Tetraeders jeweils in der Mitte durch Einfügung eines neuen Punkts zu unterteilen. Das ausgewählte Tetraeder wird dadurch in acht kleinere Tetraeder unterteilt. Um die Kompatibilitätsbedingung des Netzes zu erfüllen, müssen wiederum alle Nachbarelemente unterteilt werden, die eine gemeinsame Kante mit dem ausgewählten Element haben. Ein Tetraeder teilt ein Oberflächendreieck mit genau einem Nachbarelement, die Tetraederkanten werden jedoch mit einer größeren Zahl von Elementen geteilt, so daß die Zahl der Elemente bei Einfügung eines einzelnen Knotens deutlich anwächst. Bei Verwendung einer anschließenden Netzglättung ist aufgrund dieser Struktur erneut die sechsfache Anwendung eines Algorithmus, der genau eine Kante unter Berücksichtigung aller betroffenen Elemente unterteilt, sinnvoller als die Realisierung eines einzelnen großen Schritts.

Zur Sicherstellung der Elementqualität sind bei der Auswahl der zu verfeinernden Elemente die folgenden Regeln einzuhalten:

1. Die Kompatibilitätsbedingung ist zu erfüllen.

2. Ist die Trennfläche zu einem Nachbarelement mit einer Materialgrenze identisch, wird das Nachbarelement ebenfalls vollständig unterteilt.

3. Ist eine zu unterteilende Elementkante mit einem Zweig der Problemstellung identisch, werden alle betroffenen Elemente in allen Teilgebieten der Problemstellung vollständig unterteilt.

Probleme an gekrümmten Konturen Wird eine Problemstellung mit gekrümmten Konturen einer *h*-Verfeinerung unterzogen, werden in vielen Fällen auch Kanten zu unterteilen sein, die auf der Kontur liegen. Um eine genaue Lösung zu erreichen, müssen die dabei neu generierten Punkte nicht auf den Kantenmittelpunkt positioniert, sondern auf die Kontur gelegt werden. Je nach Struktur des Netzes können dabei Überschneidungen mit dem bisherigen Netz entstehen (Abb. 4.74). Um die so entstehenden Netzfehler zu beseitigen, muß nach der Unterteilung der Kante und der Neupositionierung des Knotens auf Netzfehler geprüft werden. Bei einem Algorithmus, der immer nur eine Kante durch Bisection unterteilt, ist die Prüfbedingung einfach: Alle Elemente, die den umpositionierten Knoten enthalten, müssen eine Fläche bzw. ein Volumen größer als Null haben.

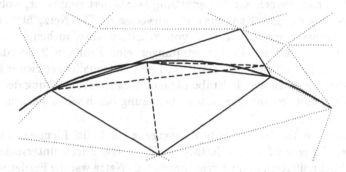

Abb. 4.74. Netzfehler nach geometrischer Positionierung des neuen Punkts, zu rediskretisierender Bereich

Ist die Prüfbedingung verletzt, ist eine *Netzreparatur* erforderlich. Zur Reparatur werden alle Elemente, deren Fläche (Volumen) eine gemeinsame Schnittmenge mit dem fehlerhaften Element haben, sowie das fehlerhafte Element selbst, gelöscht. Die verbleibende Hülle wird anschließend mit den beschriebenen Verfahren zur Startnetzgenerierung neu diskretisiert.

Der durch die Netzreparatur entstehende Aufwand ist sehr gering, da bei guter Netzqualität nur in wenigen Fällen die Rediskretisierung erforderlich ist. Nur bei wenigen Problemstellungen und zumeist im Zusammenspiel mit einem ungünstigen Startnetz entstehen die geschilderten Konfigurationen.

4.4.4.2 Netzglättung

Der Approximationsfehler der numerisch erhaltenen Lösung hängt in entscheidendem Maße vom verwendeten Netz ab. Dabei ist nicht nur die Anpassung des Netzes an die Problemstellung, sondern auch die *Netzqualität* bedeutend. Eine große Zahl ungünstig geformter Elemente mit spitzen Winkeln verschlechtert nicht nur die Kondition des Gleichungssystems und erhöht damit den Aufwand an iterativen Schritten zur Lösung, sondern geht auch mit einer schlechten Approximation der Lösungsfunktion einher.

Zur Sicherstellung der Netzqualität müssen daher Maßnahmen zur Glättung des Netzes bereitgestellt werden.

- Durch die Verschiebung der Gitterpunkte des Netzes ergibt sich eine gleichmäßigere Verteilung der Punkte im Raum. Diese Maßnahme wirkt zwar der adaptiven Konzentration in Problembereichen entgegen, verbessert aber durch die höhere Netzqualität die Lösung erheblich.

- Die Winkel der Elemente werden durch das Austauschen von Elementkanten verbessert. Die Lage der Netzpunkte bleibt zwar unverändert, die Approximation der Lösungsfunktion wird aber durch die besser gewählten Elementgrenzen und damit der Ansatzfunktionen verbessert.

Beide Maßnahmen werden zur Netzglättung kombiniert eingesetzt, wobei sich Knotenverschiebung und Kantentausch abwechseln. Die Netzglättung wird nach einer vorher eingestellten Zahl von Schritten abgebrochen, wobei sich im Rahmen der getesteten Problemstellungen eine Zahl von 2 Schritten als geeigneter Kompromiß zwischen Zeitbedarf und Netzqualität erwiesen hat.

Im Folgenden sollen die Maßstäbe für eine Qualitätsbeurteilung des Netzes wie auch die Methoden zur Qualitätsverbesserung beschrieben werden.

Qualitätskriterien Die für eine gute Konvergenz der Finite Elemente Methode notwendigen Eigenschaften des Netzes wurden bereits früh untersucht. Eine wesentliche Schlußfolgerung für zweidimensionale Netze war die Forderung, daß die größten Innenwinkel der verwendeten Dreiecke möglichst klein sein sollen [6]. Um das genannte Ziel näherungsweise zu erreichen, werden häufig Netze eingesetzt, die dem *DELAUNAY*-Kriterium genügen. Die Optimierung zielt hierbei auf die Maximierung der kleinsten Winkel, die erzielten Resultate sind aber ähnlich.

Eine „objektive" Angabe über die Qualität eines Netzes ist schwer möglich, da letztlich die Genauigkeit der FEM-Lösung des Problems über die Qualität entscheidet. Dennoch wurden geometrische Qualitätskriterien sowohl für zwei wie für drei Dimensionen entwickelt, die eine Abschätzung der Netzqualität ermöglichen.

Sowohl für Dreiecke als auch für Tetraeder lassen sich die Radien für Innenkreis bzw. -kugel r als auch für Außenkreis und -kugel R angeben. Auf Basis dieser Radien läßt sich der Qualitätsfaktor Q angeben:

$$Q_{\text{Dreieck}} = 2\frac{r}{R}, \qquad Q_{\text{Tetraeder}} = 3\frac{r}{R}. \qquad (4.125)$$

Aus den Qualitätsfaktoren der einzelnen Elemente werden neben minimalem und maximalem Q im Netz die mittlere Qualität Q_{m} und die Joint Qualität Q_{j}

$$Q_{\mathrm{m}} = \frac{1}{N_\tau} \sum_{\tau \in T} Q_\tau, \qquad \frac{1}{Q_j} = \frac{1}{N_\tau} \sum_{\tau \in T} \frac{1}{Q_\tau} \tag{4.126}$$

angegeben [42, 97].

3D-Netze Für Tetraedernetze ist neben den angegebenen globalen Werten die Anzahl besonders schlechter Elemente wichtig. Diese Elemente, die einen Qualitätsfaktor kleiner als 0.003 [22] oder 0.0001 [97] aufweisen, werden als „Sliver" bezeichnet. Die Qualität der berechneten Lösung wird durch die Anwesenheit von Sliver-Elementen im Netz erheblich beeinträchtigt, so daß sehr schlechte Element weitestgehend vermieden werden müssen.

Knotenverschiebung Zur Verschiebung von Knoten stehen verschiedene Ansätze zur Verfügung. Die am weitesten verbreitete Methode ist die Methode von *Laplace* [22], bei der iterativ die inneren Knoten nach der Regel

$$\vec{P_i} = \frac{1}{N_i} \sum_{j=1}^{N_i} \vec{P_j} \tag{4.127}$$

neu positioniert werden. Dabei sind $\vec{P_j}$ die Koordinaten der N Nachbarknoten des Knotens i, so daß die neue Knotenposition im Schwerpunkt der Nachbarknoten angeordnet ist. Weitere Vorschläge [65] zur Verbesserung des Algorithmus (4.127) verwenden die Schwerpunkte der Nachbarelemente oder den Innenkreis- bzw. -kugelmittelpunkt statt der Knoten und eine Gewichtung mit der Elementfläche.

Durch die Einbeziehung der Elementfläche werden die Knoten in Gebiete geringerer Knotendichte verschoben, so daß eine ausgleichende Wirkung eintritt. Die Gewichtung mit der Elementfläche ist damit besonders vorteilhaft, wenn eine gleichmäßige Diskretisierung gewünscht wird, sie wirkt einer adaptiven Knotenkonzentration aber entgegen. Bei Verwendung der Verschiebung nach (4.127) werden die Knoten dichter konzentriert, so daß im Sinne einer adaptiven Netzgenerierung die Knotenverdichtungen erhalten werden.

Vermeidung von Netzfehlern Ein wesentliches Problem, das bei Verwendung der Knotenverschiebung beachtet werden muß, ist die Möglichkeit von Netzfehlern an konkaven Ecken. Wie in Abb. 4.75 für zwei Dimensionen dargestellt, kann der neu zu positionierende Knoten über die Gebietsgrenze hinausgezogen werden, wodurch Netzfehler entstehen. Zur Vermeidung dieses Problems und zur Verbesserung der Netzqualität an konkaven Ecken mußte ein neues Verfahren entwickelt werden.

Ausgehend vom Knoten i wird aus den N Nachbarknoten ein (konkaves) Randpolygon gebildet. Innerhalb dieses Polygons gibt es einen Bereich, innerhalb dessen der Knoten i verschoben werden kann, ohne daß das Netz ungültig wird, den *Polygonkern*. Dieser Kern ist jedoch, insbesondere in drei Dimensionen, schwer zu berechnen, so daß sinnvollerweise eine Näherung für diesen

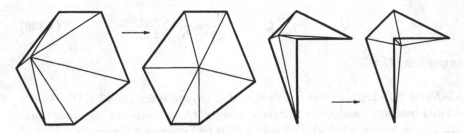

Abb. 4.75. Netzglättung durch Knotenverschiebung mit der einfachen Schwerpunkt-Methode, Gefahr von Netzfehlern

Bereich verwendet wird. Für diese Näherung werden die Schnittpunkte der Strahlen, die vom Punkt i ausgehen, mit den Kanten bzw. Flächen des Randpolygons so ermittelt, daß eine konvexe Umhüllung entsteht, innerhalb derer der Punkt i beliebig verschiebbar ist (Abb 4.76). Die neue Position des Knotens kann dann entweder durch den Schwerpunkt der Schnittpunkte oder den Schwerpunkt des bestimmten Gebiets festgelegt werden, analog zur oben beschriebenen einfachen Knotenverschiebung.

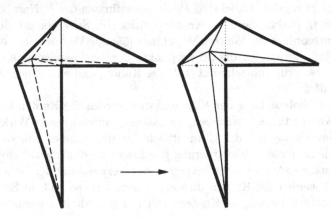

Abb. 4.76. Fehlerfreie Knotenverschiebung und verbesserte Netzqualität an konkaven Ecken durch Bestimmung des konvexen Verschiebungsbereichs

Auswahl der zu verschiebenden Knoten Zur Verschiebung stehen alle Knoten zur Verfügung, die nicht mit den charakteristischen „Eckknoten" der Struktur übereinstimmen. Das folgende Konzept hat sich im Rahmen der Untersuchungen als bestgeeignetes erwiesen:

• Knoten, die auf einer Kante innerhalb der Problemstellung liegen, sollten nicht verschoben werden. Aufgrund der knotenverdichtenden Wirkung der

Verschiebung haben die festliegenden Kantenknoten auf das Netz eine stabilisierende, qualitätsverbessernde Wirkung. Extreme Konzentrationen bei gleichzeitiger Ausdünnung in anderen Bereichen wird vorgebeugt.

- Knoten, die auf Trennflächen (3D) oder innerhalb von Gebieten (2D) liegen, müssen verschoben werden, um die Netzqualität sicherzustellen. Im dreidimensionalen Fall muß die Einhaltung der geometrischen Bedingungen für die Knotenanordnung (innerhalb der definierten Fläche) sichergestellt bleiben.

- Volumenknoten müssen verschoben werden.

Edge-Swapping Die Möglichkeiten der Knotenverschiebung allein sind durch die gegebene Netzstruktur begrenzt, so daß die weitere Verbesserung des Netzes Änderungen an der Aufteilung in die Elemente zulassen muß. Die Verbesserung der Netzqualität durch das Vertauschen von Elementkanten, das *Edge-Swapping*, ist die geeignete Methode. Die Elementkanten sind dann zu tauschen, wenn das Tauschkriterium erfüllt ist und das Netz eine Vertauschung zuläßt. Die Vertauschung selbst ist im Zweidimensionalen einfach zu gestalten, während der Kantentausch in drei Dimensionen aufwendig ist.

DELAUNAY-Kriterium Die Verwendung von Netzen, die dem *DELAUNAY*-Kriterium genügen, ist seit dem Beginn der siebziger Jahre für die Anwendung bei der Methode der Finiten Elemente üblich. Die DELAUNAY-Triangulierung liefert ein Netz, das hinsichtlich der kleinsten Winkel in den Dreiecken optimiert ist. Getestet werden jeweils zwei aneinandergrenzende Dreiecke (Abb. 4.77). Unter Erhaltung der äußeren Berandung wird die innere Kante dann getauscht, wenn der kleinste Winkel in den Dreiecken dadurch vergrößert wird. Das gleiche Resultat erhält man durch das „Umkreis-Kriterium" [87]. In einer DELAUNAY-Triangulierung darf kein weiterer Punkt des Netzes innerhalb des umgeschriebenen Kreises um ein Dreieck liegen, sonst müssen die Elementkanten vertauscht werden. Die angegebene Bedingung ist allerdings bei konkaven Rändern nicht immer einzuhalten, so daß hier auf die Einhaltung der Randkonturen zu achten ist.

Eine DELAUNAY-Diskretisierung steht auch im Dreidimensionalen als Kriterium für den Kantentausch zur Verfügung, wobei anstelle des Umkreis-Kriteriums das „Umkugel-Kriterium" zum Einsatz kommt. Es darf wiederum kein weiterer Punkt des Netzes innerhalb der Umkugel um ein Tetraeder liegen [34].

BABUŠKA-Kriterium Im Sinn der Netzqualität ergibt sich ein gutes Netz, wenn die größten Winkel im Netz möglichst klein sind [6]. Die Minimierung des größten Winkels kann daher ebensogut wie das DELAUNAY-Kriterium zur Entscheidung über den Kantentausch herangezogen werden. Getauscht wird immer dann, wenn der größte in den beiden Dreiecken enthaltene Winkel nach dem Tausch kleiner geworden ist.

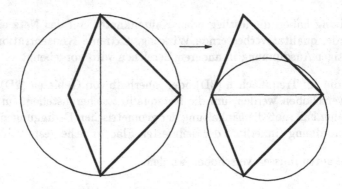

Abb. 4.77. Kantentausch unter Beibehaltung der äußeren Kontur und Test auf DE-LAUNAY-Triangulierung durch Umkreis-Kriterium

Die nach dem DELAUNAY- oder dem BABUŠKA-Kriterium bearbeiteten Netze unterscheiden sich aufgrund der Ähnlichkeit der Bedingungen nur wenig, im Rahmen einer großen Zahl von bearbeiteten Problemstellungen zeigten die auf den Maximalwinkel optimierten Netze tendenziell eine bessere Konvergenz.

MMSA-Kriterium Für Tetraedernetze können, analog zum DELAUNAY bzw. BABUŠKA-Kriterium in zwei Dimensionen, die Raumwinkel als Swapkriterium verwendet werden. Der Raumwinkel ω, der dem Tetraeder-Eckpunkt i zugeordnet werden kann, wird mit Hilfe der EULER-ERIKKSON-Formel [68]

$$\tan \frac{\omega_i}{2} = \frac{\left| \vec{j} \cdot \left(\vec{k} \times \vec{l} \right) \right|}{1 + \vec{j} \cdot \vec{k} + \vec{k} \cdot \vec{l} + \vec{l} \cdot \vec{j}} \tag{4.128}$$

bestimmt. Dabei sind $\vec{j}$, $\vec{k}$ und $\vec{l}$ die Richtungsvektoren vom Tetraedereckpunkt i zu den Eckpunkten j, k bzw. l mit der Länge 1. Der Kleinste der vier Raumwinkel wird als Kriterium für die Swapentscheidung verwendet, wobei der Kantentausch dann erfolgt, wenn der kleinste Raumwinkelwert in der untersuchten Anordnung nach dem Tausch zunimmt (MMSA-Kriterium; Minimum of Minimum Solid Angle). Die Integrität des Netzes ist dabei durch zusätzliche Prüfung der Tetraedervolumina sicherzustellen.

Da die Qualität der Tetraeder, ausgedrückt durch den kleinsten Raumwinkel, in jedem Schritt nur zunehmen kann, ist die Einfügung zusätzlicher schlechter Elemente (Sliver), anders als beim DELAUNAY-Kriterium, ausgeschlossen.

Netzqualitäts-Kriterium Eine Möglichkeit, den Kantentausch unabhängig von vorgegebenen Winkelbedingungen zu entscheiden, bietet sich bei direkter Anwendung des Qualitäts-Kriteriums. Sowohl für zwei wie für drei Dimensionen sind Qualitätsfaktoren (4.125) definiert. Die Kanten werden dann getauscht, wenn

1. die Qualität des schlechtesten beteiligten Elements verbessert wird, oder

2. bei gleichbleibender schlechtester Qualität die Qualität anderer Elemente erhöht wird.

Auch beim Qualitätskriterium sind nur Vertauschungen zulässig, bei denen die Qualität der schlechtesten Elemente zunimmt, so daß analog zum MMSA-Kriterium das Entstehen zusätzlicher Sliver-Elemente unmöglich ist.

Aufgrund der notwendigen Berechnung der Qualität (je Element die Berechnung zwei Radien aus den Peripheriepunkten), ist das Qualitäts-Kriterium am aufwendigsten, die so gewonnenen Netze sind allerdings entsprechend gut. Im Zweidimensionalen ist die Qualität der nach dem BABUŠKA-Kriterium mit kleinerem Aufwand geglätteten Netze vergleichbar, in drei Dimensionen liefert das Qualitätskriterium die besten Netze.

Eindeutigkeit des Tauschkriteriums Allen vorgeschlagenen Tauschkriterien gemeinsam ist der Mangel an Eindeutigkeit in bestimmten geometrischen Konstellationen. Sowohl für zwei wie für drei Dimensionen existieren Anordnungen, die aufgrund enthaltener Symmetrien eine eindeutige Festlegung nicht zulassen. Im zweidimensionalen Fall kann beim Rechteck keine eindeutige Entscheidung getroffen werden, da beide möglichen Diagonalen Dreiecke identischer Eigenschaften erzeugen, sowohl hinsichtlich der Elementqualität wie auch der Winkelkriterien. Bei DELAUNAY-Netzen, die mit Hilfe des Umkreis- respektive Umkugelkriteriums bearbeitet werden, sind die Grenzfälle dadurch zu erkennen, daß der untersuchte Punkt genau auf der Peripherie angeordnet ist. Eine entsprechende Anordnung wird in der Literatur als „degeneriert" bezeichnet.

Die Qualität der generierten Netze wird durch die fehlende Eindeutigkeit nicht beeinträchtigt, es ist jedoch sicherzustellen, daß beim Kantentauschen keine Endlosschleifen entstehen, da aufgrund von Rundungsungenauigkeiten Kanten hin und zurück getauscht werden. Zur Lösung dieses Problems werden Schwellenwerte festgesetzt, die oberhalb des Rundungsfehlers liegen und Endlosschleifen sicher verhindern. Bei entsprechend knapper Festlegung der Schwellenwerte bleibt die volle Leistungsfähigkeit erhalten.

Aufgrund der nicht immer vorhandenen Eindeutigkeit sind die entstehenden Netze nicht nur von der vorgegebenen Geometrie, sondern z.B. von der Numerierung in der Elementliste (und damit der Reihenfolge der Tauschvorgänge) abhängig, so daß die sich ergebende Triangulierung einen „zufälligen" Eindruck hinterläßt (siehe Beispiele in Kapitel 4.5). In der Problemstellung vorhandene Symmetrien lassen sich ebenso im Netz normalerweise nicht nachvollziehen.

Kantentausch Der Tausch von Kanten zwischen Elementen spielt sich innerhalb einer geschlossenen Hülle ab, so daß die äußere Umrandung der beteiligten Elemente unverändert bleibt. Die Einhaltung der Kompatibilitätsbedingungen und die korrekte Wiedergabe der Konturen der Problemstellung sind daher automatisch sichergestellt.

Kantentausch in zwei Dimensionen Beim Kantentausch sind zwei Dreieckselemente betroffen, deren gemeinsame Kante getauscht wird. Nach dem Tausch sind wiederum zwei Dreiecke vorhanden (Abb. 4.77).

Kantentausch in drei Dimensionen In Tetraedernetzen existieren verschiedene Kombinationen, die eine Vertauschung von Elementkanten ermöglichen. Kantentausch ist für jede Elementkombination denkbar, bei der die gemeinsame Hülle der Elemente erhalten wird [34].

$2 \rightarrow 3$-*Umformung* Beim $2 \rightarrow 3$-Tausch (Abb. 4.78) werden aus zwei Tetraedern ABCD und ECBD drei neue Tetraeder gewonnen: ABCE, ACDE und ABDE.

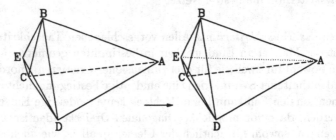

Abb. 4.78. Einfügung einer Kante bei der Umformung $2 \rightarrow 3$

$3 \rightarrow 2$-*Umformung* Beim $3 \rightarrow 2$-Tausch werden aus drei Tetraedern ABCD, BCDE und ACED die beiden neuen Tetraeder ABCE und ADBE (Abb. 4.79). Der $3 \rightarrow 2$-Tausch ist also der Umkehrprozeß zum $2 \rightarrow 3$-Tausch, wobei die Ent-

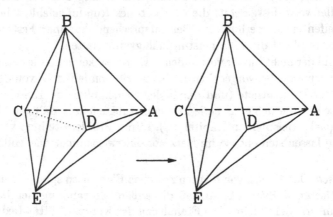

Abb. 4.79. Entfernen einer Kante bei der Umformung $3 \rightarrow 2$

scheidung für die günstigere Variante in Abhängigkeit vom Tausch-Kriterium getroffen werden muß.

4 → 4-Umformung Der 4 → 4-Tausch läuft ohne Veränderung der Elementzahl ab (Abb. 4.80). Die Tetraeder ABCD, ECBD, EFCD und ADCF werden durch die Kombinationen ABCE, ADBE, ACFE und AFDE ersetzt. Der Tausch ist auch dann möglich, wenn die Knoten A, C, D und E auf einer Trenn- oder Oberfläche liegen. Im ersten Fall sind sowohl ADC und ECD als auch AEC und EAD gültige Oberflächen-Dreiecke und das Netz bleibt konsistent, während im zweiten Fall nur die Tetraeder ABCD und ECBD existieren und durch ABCE und ADBE ersetzt werden. Der 2 → 2-Tausch ist also als Sonderfall des 4 → 4-Tauschs anzusehen.

Der Tausch auch von Kanten auf Trenn- und Oberflächen ist unbedingt erforderlich, um die Netzqualität sicherzustellen, so wie die Netzglättung bei zweidimensionalen Netzen unentbehrlich ist.

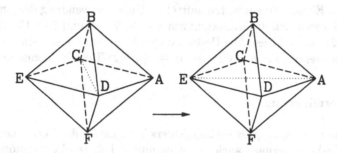

Abb. 4.80. Tausch einer Kante bei der Umformung 4 → 4

Umformungen mit mehreren Elementen Neben den drei eben genannten und auch häufig angegebenen Grundvarianten (z.B. [34,42,97]) ist jede Umformung möglich, bei der die geschlossene, um die Tetraeder herum gebildete Hülle, unverändert bleibt, und das Innere neu vernetzt wird [39,40,68].

Ausgehend von der Kante A-B (Abb. 4.81) werden die umliegenden, die Kante benutzenden Elemente untersucht. Die Kante A-B kann durch neue Kanten ersetzt werden, die die Punkte 1 bis 6 untereinander verbinden, wobei verschiedene Möglichkeiten für die Festlegung der neuen Kanten existieren. Nach einem Test wird die Kombination ausgewählt, die die beste Gesamtqualität liefert.

Für den Tausch ist es nicht notwendig, daß die Punkte 1 bis 6 in einer Ebene liegen, auch muß die äußere Hülle der Anordnung nicht konvex sein.

Auf der Basis dieses Tauschverfahrens ist es prinzipiell möglich, Kombinationen aus beliebig vielen Elementen in einem Schritt zu bearbeiten. Aufgrund des notwendigen Aufwands, die möglichen neuen Kombinationen zu testen,

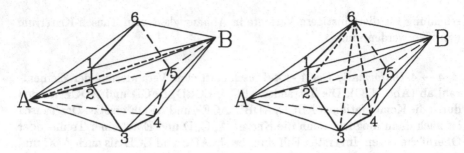

Abb. 4.81. Kantentausch in einer größeren Anordnung am Beispiel der Umformung
6 → 8

sollte jedoch eine Begrenzung stattfinden. Die in [68] vorgeschlagene Obergrenze von sieben Elementen vor der Umformung stellt sicherlich einen geeigneten Kompromiß dar, da in Netzen normaler Qualität Kanten mit mehr als sieben benutzenden Elementen nur selten auftreten. Unter Verwendung der genannten Obergrenze lassen sich die Umformungen 5 → 6, 6 → 8 und 7 → 10, allgemein $n → 2(n-2)$, durchführen. Die Umformungen 3 → 2 und 4 → 4 sind bei dieser Betrachtungsweise als Sonderfälle des $n → 2(n-2)$-Tauschs anzusehen.

4.4.5 p-Verfeinerung

Zur Reduzierung des Approximationsfehlers kann neben der Verkleinerung der Elemente (h-Verfeinerung) auch die Anwendung höherer Polynomordnungen (p-Verfeinerung) erfolgen. Beide Varianten haben ihre Vorzüge und Nachteile, die gegeneinander abgewogen werden müssen.

- Die Nachbildung gekrümmter geometrischer Konturen ist mit der h-Adaption wesentlich einfacher möglich. Bei der Verdichtung der Knoten im Lauf des Verfeinerungsprozesses wird bei geeigneter Knotenpositionierung (siehe Abschnitt 4.4.4.1) die Geometrienachbildung ebenfalls verbessert.

- Bei der Berechnung nichtlinearer Problemstellungen wird angenommen, daß die Materialeigenschaften elementweise konstant sind. Für eine gute Approximation in Bereichen sich stark ändernder Feldgrößen (und damit Materialeigenschaften) ist daher eine feine Diskretisierung, also h-Verfeinerung, erforderlich.

- In der näheren Umgebung von Singularitäten, z.B. Nutkanten in elektrischen Maschinen, müssen Potentialverläufe mit einer bei Erreichen der Singularität unendlichen Steigung approximiert werden. Die Nachbildung dieses Verhaltens ist mit extrem verdichteten Elementen mit linearer Ansatzfunktion wesentlich einfacher als mit großen Elementen und höheren Polynomordnungen. Diese Beobachtung wurde z.B. in [161] durch

$$\||e\|| = O(h^{\min(p,\lambda)}) = O(h^\vartheta) \qquad \text{mit} \quad \vartheta = \min(p, \lambda) \qquad (4.129)$$

ausgedrückt, wobei λ die Intensität der Singularität ist und die Effektivität der p-Verfeinerung begrenzt. Für Probleme aus der Elastizitätstheorie sind in [161] typische Werte für λ von 0.5–0.71 angegeben, so daß die p-Verfeinerung in der Nähe der Singularität wirkungslos ist.

- Beim Aufstellen der Gesamtmatrix werden die Matrixelemente besetzt, bei denen die mit den Knoten verknüpften Formfunktionen gemeinsame Bereiche von Ω abdecken. Da dies innerhalb eines Elements immer der Fall ist, und die Knotenzahl pro Element bei p-Verfeinerung steigt, wächst die Dichte der Matrixbesetzung mit der Polynomordnung.

- In Bereichen ohne Singularitäten kann der tatsächlich vorhandene, stetige Feldverlauf mit Hilfe höherer Polynomordnungen wesentlich besser approximiert werden als mit den stark springenden Feldwerten bei linearen Ansatzfunktionen. Der Approximationsfehler wird deutlich reduziert.

- Die p-Verfeinerung ist einfacher zu realisieren und läuft daher schneller ab, da keine Operationen zur Netzglättung notwendig sind.

Die Auswahl des Verfeinerungsverfahrens muß einen geeigneten Kompromiß aus den genannten Punkten bilden, wobei insbesondere die Kombination der h- mit der p-Adaption (siehe Abschnitt 4.4.5.2) die besten Resultate verspricht.

4.4.5.1 Realisierung der p-Adaption

Die Realisierung einer adaptiven, und damit lokalen, p-Adaption erfordert den Aufbau und die Verwaltung einer geeigneten Datenstruktur. Bei der h-Adaption werden die einzelnen Elemente für die Verfeinerung ausgewählt und unterteilt, wobei nach Abschluß des Verfeinerungsschritts wieder eine homogene Menge gleichartiger Element verbleibt. Im Rahmen der p-Adaption werden den Elementen Polynomordnungen zugeordnet, die bis zum Ende der Berechnung einschließlich der Auswertung der Lösung beibehalten werden.

Kompatibilitätsbedingung Da die Ansatzfunktionen im Rechengebiet stetig sein müssen, ist die Kompatibilität der Formfunktionen an den Elementgrenzen sicherzustellen. Grenzen zwei Elemente unterschiedlicher Polynomordnung aneinander (Abb. 4.82), wird für die gemeinsame Kante die höhere Polynomordnung angewendet. In einem Element, das selbst die Polynomordnung eins besitzt, können daher Formfunktionen auch höherer Ordnung auftreten.

Um die Polynomordnungen innerhalb eines Bereichs auszugleichen, werden die Auswahlkriterien für die zu verfeinernden Elemente so ergänzt, das ein Element, daß ringsum von Elementen höherer Polynomordnung umgeben ist, ebenfalls in der Polynomordnung angehoben wird.

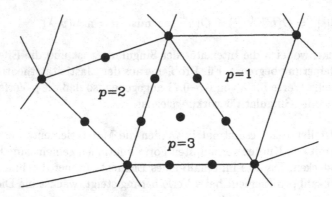

Abb. 4.82. Stetigkeit der Formfunktionen zwischen Elementen unterschiedlicher Polynomordnung

4.4.5.2 Kombination mit der h-Verfeinerung

Sowohl die h- als auch die p-Verfeinerung haben spezifische Vorteile. Durch die Kombination beider Verfahren lassen sich die Vorzüge kombinieren. Die wohl leistungsfähigste Strategie für die Kombination ist die folgende, auch in [162] vorgeschlagene Variante:

1. Verfeinere die Problemstellung mit der h-Verfeinerung und linearen Ansatzfunktionen, bis die geometrischen Konturen und die Singularitäten mit der gewünschten Genauigkeit erfaßt sind.

2. Führe jetzt eine globale Erhöhung des Polynomgrads auf zwei durch, um die Genauigkeit der Lösung deutlich zu verbessern.

Eine ebenfalls geeignete Ergänzung ist die weitergehende p-Adaption nach Abschluß der h-Verfeinerung. Problematisch ist hierbei aber die Festlegung des optimalen Übergangspunkts zwischen h- und p-Methode.

Eine gemischte Realisierung von h- und p-Schritten ist nur schwer realisierbar, wie die beschriebenen Datenstrukturen zeigen. Wenn auch die Unterteilung eines Elements höherer Ordnung unter Beibehaltung des Polynomgrads keine Probleme bereitet, stellt die Einhaltung der Kompatibilitätsbedingungen der Ansatzfunktionen beim Tausch der Elementkanten ein erhebliches Problem dar. Im Rahmen der Netzglättung müßte die gesamte Datenstruktur der Polynomansätze umgebaut werden, weshalb auf die Implementierung der Möglichkeit von h-Schritten nach einer einmal erfolgten Polynomgrad-Verfeinerung verzichtet wurde.

4.4.6 Effektivität adaptiver Netzgenerierung

Die Anwendung der adaptiven Netzgenerierung soll den Anwender in die Lage versetzen, bei möglichst geringem Aufwand an manueller Arbeit eine hochwertige Berechnung des gegebenen Problems zu erhalten. Die Lösung soll dabei zugleich schnell erfolgen und einen geringen Fehler aufweisen. Die Beurteilung der Qualität des Verfahrens muß also anhand zweier Kriterien vorgenommen werden:

- Genauigkeit der Lösung

- Rechenzeitverbrauch

4.4.6.1 Approximationsfehler

Der Approximationsfehler der Lösung hängt gemäß (4.129) mit $O(h^{\min(p,\lambda)})$ von der Maschengröße h und der Polynomordnung p sowie der Intensität λ der Singularitäten ab. Zur Beurteilung der Leistungsfähigkeit der adaptiven Netzgenerierung muß daher die erzielte Konvergenzordnung betrachtet werden. Aufgrund der Anpassung des Netzes an die Problemstellung ist eine bessere Konvergenzordnung zu erwarten. Die Beurteilung soll anhand konkreter Beispiele aus realen Anwendungen erfolgen, wobei für die bearbeiteten Probleme keine analytischen Lösungen existieren und mehrere Singularitäten vorhanden sind. Die Leistungsfähigkeit des Adaptionsalgorithmus kann dann, auch wenn aufgrund der vorhandenen Singularitäten keine exakte theoretische Vorhersage der Konvergenzordnung möglich ist, durch den Vergleich eines gleichmäßig verfeinerten Netzes mit einem adaptiv verfeinerten Netz beurteilt werden.

Abschätzung der Konvergenzordnung Die Maschenweite h ist aufgrund der bei h-Adaption zu erwartenden stark unterschiedlichen Elementabmessungen nur schwer auszudrücken. In [161] wird daher die Zahl der Freiheitsgrade[1] „NDF" herangezogen und zur Abschätzung der Konvergenzordnung benutzt.

2D-Probleme Für Probleme in zwei Dimensionen ist jeder Knoten mit einem Potentialwert, also einem Freiheitsgrad verknüpft. Bei einem gleichmäßigen Netz ergibt sich eine Halbierung der Maschenweite bei Halbierung der Knotenabstände in x- wie in y-Richtung, so daß $h \sim \mathrm{NDF}^{-1/2}$ gilt und mit (4.129) die zu erwartende Abhängigkeit

$$|||e||| = O(\mathrm{NDF}^{-\min(\lambda,p)/2}) = O(\mathrm{NDF}^{-\vartheta/2}) \qquad (4.130)$$

folgt. Der Wert ϑ, der die Abnahme des Fehlers in Abhängigkeit von der Knotenzahl angibt, kann bei vergleichenden Rechnungen als Maß für die Effektivität der adaptiven Netzgenerierung dienen.

3D-Probleme Bei Problemstellungen in drei Dimensionen ist die Maschenweite h mit der Zahl der Gitterpunkte in der dritten Potenz verknüpft, so daß für die Konvergenzordnung bei gegebenen Potentialansätzen

---

[1]Number of Degrees of Freedom

$$|||e||| = O(\text{NDF}^{-\min(\lambda,p)/3}) = O(\text{NDF}^{-\vartheta/3}) \qquad (4.131)$$

angegeben werden kann. Die Zahl der Freiheitsgrade ist aber mit der Punktzahl nicht unbedingt identisch. In Abhängigkeit vom gewählten Potentialmodell können bis zu fünf Freiheitsgrade (für einen Trennflächenknoten zwischen $\vec{A}$- ,V- und ψ-Gebiet, siehe Abschnitt 4.2.2.3) vorhanden sein, wobei die Zahl der Freiheitsgrade pro Punkt im Netz unterschiedlich sein kann. Eine weitere interessante Fragestellung ist daher, wie durch geeignete Auswahl und Kombination der Potentialansätze der auf die erzielte Genauigkeit bezogene Aufwand minimiert werden kann.

Polynomordnung Bei Anwendung der Gleichungen (4.130) und (4.131) ist zu beachten, daß die Zahl der Freiheitsgrade auch von der Polynomordnung abhängt, so daß die angegebenen Konvergenzordnungen nur hinsichtlich der h-Verfeinerung aussagekräftig sind. Da sowohl Speicherplatzverbrauch wie Lösungsaufwand maßgeblich von der absoluten Zahl der Freiheitsgrade abhängen, ist die Frage nach der besten Kombination von Maschenweite und Polynomordnung nicht allgemeingültig zu beantworten. Durch die Berechnung verschiedener Problemstellungen bei Variation der Parameter h und p können aber Empfehlungen hinsichtlich der geeigneten Wahl der Lösungsstrategie entwickelt werden (siehe Kapitel 4.5).

4.4.6.2 Rechenzeitverbrauch

In einem Entwicklungsprojekt ist die Zeit, die für die Realisierung benötigt wird, von Bedeutung. Bei Anwendung eines Programms zur numerischen Feldberechnung ist dabei zum einen der Zeitaufwand für die Eingabe der Problemstellung und die Auswertung (Arbeitszeit) und zum anderen die reine Programmlaufzeit (Rechenzeit) zu unterscheiden. Auch wenn letztere einen Kostenfaktor darstellt und die Entwicklung durch das Warten auf die Resultate verzögert wird, ist die Rechenzeit preiswerter als die Arbeitszeit. Letztlich liegt hierin ein wesentlicher Vorteil der adaptiven Netzgenerierung, die teure manuelle Netzgenerierung und -optimierung durch preiswertere automatische Abläufe zu Lasten der Rechenzeit verlagert.

Eine objektive Bewertung des Rechenzeitverbrauchs ist insofern schwierig, als ein Vergleichsmaßstab nicht auszumachen ist. Ein Netz gleichmäßiger Knotendichte benötigt erheblich mehr Knoten und damit Speicherplatz, um die gleiche Genauigkeit zu erzielen. Ein manuell optimiertes Netz kann aufgrund der nicht zu bewertenden Arbeitszeit ebenfalls nicht herangezogen werden. Letztlich kann nur der Rechenzeitverbrauch im einzelnen Beispiel betrachtet werden.

4.5 Weitere Beispiele und Resultate

Im folgenden wird das bereits behandelte Beispiel der vereinfachten Streifenleitung nochmals im Hinblick auf die h- und p-Verfeinerung und die sich einstel-

lende Entwicklung des Fehlers in Abschnitt 4.5.1.1 aufgegriffen. Der Vorteil des
Beispiels ist die Existenz einer analytischen Lösung, so daß der Fehler exakt
angegeben werden kann.

Praktische Problemstellungen, die mit der numerischen Feldberechnung bearbeitet werden, haben normalerweise keine bekannte analytische Lösung, so
daß vergleichende Rechnungen nur in den wenigsten Fällen zur Verfügung stehen. Die Qualität eines entwickelten Programms muß daher an realen Problemen getestet werden, weswegen regelmäßig „TEAM"-Workshops (TEAM
= Testing Electromagnetic Analysis Methods) abgehalten werden, in denen
Problemstellungen definiert und die berechneten Resultate verglichen werden,
wenn möglich mit gemessenen Daten.

In Abschnitt 4.5.2 wird ein 2D-Feldproblem im Rahmen der Anwendung bei
elektrischen Maschinen vorgestellt, bei dem Messungen zur Verfügung stehen.
In den Abschnitten 4.5.3 und 4.5.4 werden zwei 3D-Probleme aus dem TEAM-
Katalog besprochen.

4.5.1 Programmpaket 3DFE

Zur Berechnung zwei- und dreidimensionaler Problemstellungen mit Hilfe adaptiver Netzgenerierung wurde das Programmpaket „3DFE" von JÄNICKE im
Rahmen der Arbeit [57] entwickelt. Es gliedert sich in drei Programme:

1. Das Programm *prepnet* zur Generierung von Startnetzen für 2D- und 3D-
   Problemstellungen,

2. das Programm *calc* für die Berechnung und adaptive Netzverfeinerung, sowie

3. das Programm *evaluate* zur Auswertung der berechneten Lösung.

Das Programmpaket wurde ohne Verwendung hinzugekaufter Programmteile
vollständig neu in der Programmiersprache C geschrieben und umfaßt einen
Umfang von ca. 55000 Zeilen Quellcode (inkl. Kommentaren). Die Entwicklung erfolgte auf verschiedenen Rechnertypen, die alle unter Varianten und De-
rivaten des „UNIX" Betriebssystems arbeiten. Das Programmpaket wird auf
folgenden Workstations eingesetzt: HP 9000 Serie 700 mit Betriebssystem HP-
UX, IBM RS6000 mit Betriebssystem AIX, Apollo DN10000 mit Betriebssystem Domain/OS, Sun Sparcstation 1 mit Betriebssystem SunOS und Noname
PCs mit Betriebssystem Linux.

Die Testrechnungen wurden zumeist auf einer HP 9000/755 mit einer Rechenleistung von 44 MFLOPS[2] bei einem Hauptspeicherausbau auf 128 MB
durchgeführt; angegebene Rechenzeiten beziehen sich auf diesen Rechnertyp.

---

[2]Herstellerangabe

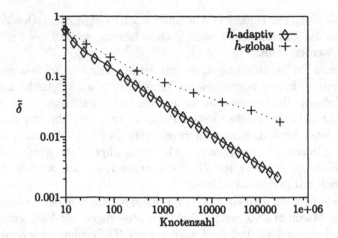

Abb. 4.83. Abhängigkeit des Fehlers von der Knotenzahl bei globaler und adaptiver
h-Verfeinerung

4.5.1.1 Beispiel Streifenleitung: h- und p-Verfeinerung

Die Notwendigkeit, numerische Methoden in der Berechnung elektromagnetischer Felder einzusetzen, ergibt sich dadurch, daß viele Problemstellungen nicht
mit der Hilfe analytischer Verfahren lösbar sind. Dementsprechend schwierig ist
die Kontrolle der numerischen Verfahren, da in vielen Fällen der Vergleich mit
experimentell gewonnenen Werten die einzige Möglichkeit der Überprüfung ist.
Eine Beurteilung der Lösungsqualität ist dennoch möglich, wenn die im Programm integrierte Fehlerabschätzung zuverlässige Informationen liefert. Der
angegebene Fehler ist dabei der Fehler in der berechneten Lösung für das verwendete Modell. Die fehlerhafte Auswahl oder Implementierung des Modells
kann auf diesem Weg allerdings nicht erkannt werden.

Um die Zuverlässigkeit der verwendeten Fehlerabschätzung beurteilen zu
können und die vom Programm gelieferten Werte zu testen, wurde eine geometrisch einfache Problemstellung analytisch berechnet und die numerisch erhaltenen Resultate anhand dieser Lösung überprüft.

4.5.1.2 h-Verfeinerung

In Abb. 4.83 ist der bezogene Fehler $\tilde{\delta}$ über der Knotenzahl für h-Verfeinerung
bei Verwendung linearer Ansatzfunktionen aufgetragen. Während der Fehler
für globale Verfeinerung mit dem Exponenten $\vartheta \approx 0.67$ abnimmt, wird für die
adaptive Verfeinerung $\vartheta \approx 1.13$ erreicht. In beiden Fällen wurde eine Knotenzahl von ca. 250000 als Abbruchkriterium verwendet. In Abb. 4.84 wird die auf-
summierte Rechenzeit des gesamten adaptiven Berechnungsprozesses mit der
Rechenzeit verglichen, die nur für das Aufstellen und Lösen des Gleichungssystems bei gleichförmigem Netz benötigt wird. Die angegebenen Rechenzeiten

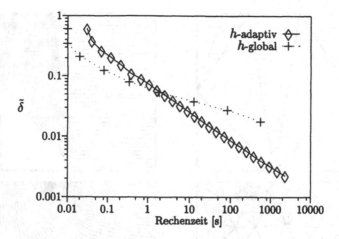

Abb. 4.84. Vergleich der Gesamtzeit des adaptiven Prozesses mit der reinen Rechenzeit bei gleichmäßigem Netz bezüglich der Genauigkeit

beziehen sich auf das ILUBiCG-Lösungsverfahren (siehe Abschnitt 4.1.7.5), das in doppelter Genauigkeit eingesetzt wurde. Andere Verfahren benötigen abweichende Rechenzeiten, so daß sich der Schnittpunkt, ab dem das adaptiv generierte Netz überlegen ist, etwas verschieben kann, die Tendenz ist aber bei allen Verfahren identisch.

Für das vorliegende Beispiel ist der Vorteil der adaptiven Netzgenerierung so groß, daß aufgrund des geringeren Fehlers bezogen auf die Knotenzahl eine gute Lösungsgenauigkeit *schneller* erreicht wird als bei alleiniger Berechnung mit Hilfe eines gleichförmigen Netzes. Die h-adaptive Netzgenerierung zeigt also im vorliegenden Fall sowohl hinsichtlich des Speicherplatzverbrauchs wie auch bezüglich der Rechenzeit überzeugende Eigenschaften.

In Abb. 4.85 ist die Abfolge der h-Verfeinerungschritte beispielhaft dargestellt. Die Konzentration der Knoten, und damit der zur Verfügung stehenden Freiheitsgrade, in der Umgebung der Singularität ist deutlich zu erkennen. Das Netz weist den bereits in Abschnitt 4.4.4.2 bezüglich der Netzglättung geschilderten unregelmäßigen und scheinbar durch zufällige Einflüsse gesteuerten Eindruck auf.

Der Verlauf der Äquipotentiallinien zeigt die für Elemente erster Ordnung charakteristischen Eigenschaften. Die Linien sind stückweise gerade, den Knickstellen entspricht eine Flächenladung, die der Fehlerabschätzung zugrundegelegt wird (siehe Abschnitt 4.3.3.1).

4.5.1.3 p-Verfeinerung

Ausgehend vom gleichen Startnetz, das in Abb. 4.85 dargestellt ist, kann das Problem bei Erhöhung des Polynomgrads p gelöst werden. In Abb. 4.86 sind die Verläufe der Äquipotentiallinien für verschiedene Polynomordnungen dar-

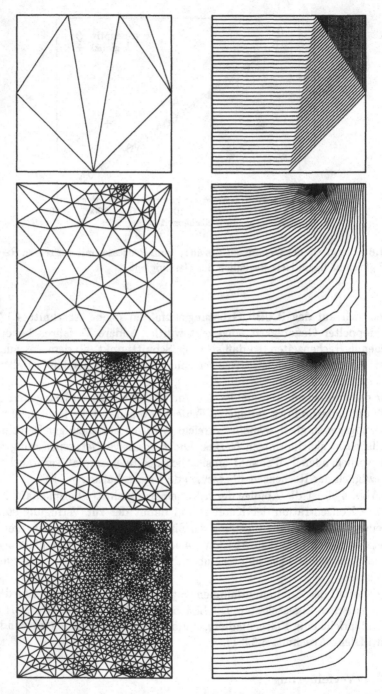

Abb. 4.85. Schritte der h-Verfeinerung bei adaptiver Lösung: Startnetz (10 Knoten), 4. Schritt (75 Knoten), 8. Schritt (400 Knoten) und 12. Schritt (1794 Knoten)

gestellt. Für die Darstellung wurde in Anbetracht der geringen Zahl von nur 8 Elementen und der gegebenen Problemstellung die Polynomordnung global variiert und auf die adaptive Auswahl einzelner Elemente verzichtet. Da die Singularität durch Polynome höherer Ordnung nicht geeignet darstellbar ist, siehe 4.4.5, würden lediglich zwei oder drei Elemente in der Polynomordnung beliebig angehoben und die anderen Elemente würden bei erster Ordnung belassen. Das Verhalten der Äquipotentiallinien bei Erhöhung des Polynomgrads läßt sich daher bei globaler Anpassung besser zeigen. Zudem ist das generierte, sehr grobe Startnetz lediglich als Ausgangspunkt für die h-Verfeinerung konzipiert und demzufolge eine schlechte Basis für eine reine Polynomgradverfeinerung.

In Abb. 4.86 ist insbesondere für kleine Polynomordnungen erkennbar, daß nicht genügend Freiheitsgrade in jedem Element zur Verfügung stehen, um die notwendigen, verschiedenen Krümmungen in den unterschiedlichen Bereichen der Problemstellung nachzubilden. Außerdem bleiben Knicke in den Äquipotentiallinien an den Kanten der Elemente, so daß für die Fehlerabschätzung, wie in Abschnitt 4.3.3.1 beschrieben, sowohl ein Fehlerterm auf den Elementkanten wie auch ein Residuumsterm im Elementinnern vorhanden sind. Mit zunehmender Polynomordnung wird der Feldverlauf glatter und die Knicke an den Elementkanten werden kleiner.

Die erreichbare Lösungsgenauigkeit bei adaptiver p-Verfeinerung wird in Abb. 4.87 der globalen Verfeinerung gegenübergestellt. Die adaptive Strategie ist der globalen Verfeinerung offensichtlich unterlegen. Ursache für dieses Verhalten ist die bereits oben beschriebene Problematik hinsichtlich der zur Erhöhung des Polynomgrads ausgewählten Elemente. Aus den vorhandenen Elementen werden zwei im nächsten Schritt verfeinert. Abbildung 4.88 stellt die Fehlerverteilung nach vierzehn Verfeinerungsschritten (Endwert in Abb. 4.87) elementweise dar, wobei dunkle Färbung einen großen Fehler anzeigt. Offensichtlich würden erneut zwei Elemente an der Singularität verfeinert, obwohl der Feldverlauf auch in anderen Bereichen deutlich fehlerhaft ist. Die Ungleichverteilung der Polynomgrade ist auch an der Auflistung der Polynomordnung pro Element nachvollziehbar: 4 Elemente 1. Ordnung, je 1 Element 5. und 7. Ordnung und 2 Elemente 10. Ordnung.

Da die Lösung des Gleichungssystems mit zunehmender Polynomordnung schwieriger wird, bereitet die weitere Erhöhung des Polynomgrads Probleme. Bei globaler p-Verfeinerung ergaben sich ab Polynomen 13. Ordnung Konvergenzprobleme, so daß die p-Verfeinerung nicht beliebig praktizierbar ist.

Ein Vergleich der Lösungsstrategien wird von JÄNICKE [57] vorgenommen. Danach hat im vorliegenden Beispiel bei reinem Vergleich des Fehlers über der Knotenzahl die globale p-Verfeinerung einen kleinen Vorteil gegenüber der globalen h-Verfeinerung (die Überlegenheit der adaptiven h-Verfeinerung wurde bereits in Abschnitt 4.5.1.2 gezeigt), solange die p-Verfeinerung keine Konvergenzprobleme bereitet.

Deutliche Nachteile weist die globale p-Verfeinerung gegenüber der globalen h-Verfeinerung hinsichtlich des Speicherplatzverbrauchs auf, womit auch hier der Rechenzeitbedarf gekoppelt ist. Im vorliegenden Beispiel ergibt sich bei

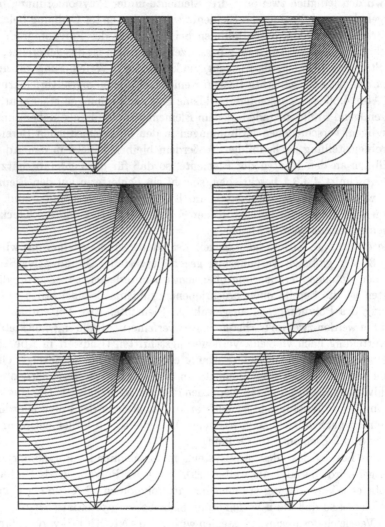

Abb. 4.86. Äquipotentiallinien bei globaler p-Verfeinerung; Polynomordnungen 1 bis 6

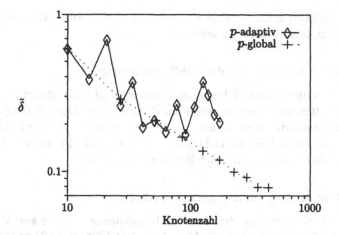

Abb. 4.87. Abhängigkeit des Fehlers von der Knotenzahl bei globaler und adaptiver *p*-Verfeinerung für eine höchstzulässige Polynomordnung von zehn

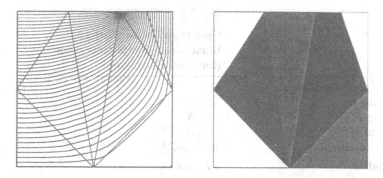

Abb. 4.88. *p*-Adaption: Feldbild und Fehlerabschätzung

300 Unbekannten bereits ein Rechenzeitverhältnis von etwa 10:1 mit steigender Tendenz mit mehr Unbekannten.

Weiterhin hängt der Nutzen der *p*-Verfeinerung von der jeweiligen Problemstellung ab. Eine allgemeingültige Empfehlung hinsichtlich der auszuwählenden Polynomordnung kann lediglich dahingehend ausgesprochen werden, daß sich übermäßig hohe Polynomordnungen nicht bewährt haben.

4.5.2 Beispiel Switched Reluctance Motor

Im Rahmen des BRITE-EURAM Projektes „Economic Electrical Drive for Highly Dynamic Applications in the Textile Industry, the Valve Actuator Industry and the Vacuum Pump Industry" werden von HEIDRICH Switched Reluctance Motoren untersucht. Ziele sind einerseits Auslegung und Dimensionierung der Motoren, andererseits aber auch die Entwicklung der notwendigen Leistungselektronik und der Steuerung.

4.5.2.1 Anforderungen an die Feldberechnung

Zur Auslegung der Switched Reluctance Motoren ist insbesondere das Drehmomentverhalten von Interesse, wobei im Rahmen einer Optimierung des Entwurfs Parametervariationen einfach möglich sein müssen. Für die Entwicklung der Ansteuerelektronik ist das elektrische Verhalten der Motors zu bestimmen, es sind also die Flüsse und Induktivitäten zu ermitteln.

4.5.2.2 Berechnung eines gegebenen Motors

Einer der im Rahmen des Projektes zu berechnenden, fertig zur Verfügung stehenden Motoren ist das Modell „Groschopp SM 120" (siehe Tabelle 4.8). Ein

Tabelle 4.8. Daten des Switched Reluctance Motors Groschopp SM 120

Motor	SM 120
Hersteller	Groschopp GmbH (Viersen)
Typ	Bürstenloser Gleichstrommotor (Switched Reluctance)
Statorpole/Rotorpole	6/4
Spannung U_N	320 V
Leistung P_N	1.1 kW
Drehzahl n_N	1500 min^{-1}
Maximaldrehzahl n_{max}	6000 min^{-1}
Luftspalt δ	0.25 mm
Außendurchmesser des Stators d_{se}	120 mm
Außendurchmesser des Rotors d_{re}	61 mm
Länge des Blechpakets l	80 mm
Stator- und Rotorblech	DIN V800-50A
Welle	Wellenstahl

Querschnitt durch den Motor ist in Abb. 4.89 wiedergegeben. Es handelt sich um einen magnetisch zweipoligen Motor, dessen Wicklungen im Betrieb durch die Ansteuerelektronik ein- und ausgeschaltet werden. Für die Drehmoment-Drehwinkel Berechnungen wird jeweils ein Wicklungspaar bestromt, so daß sich bei geeigneter Eingabe der geometrischen Daten die Problemstellung unter Ausnutzung der Periodizitäten auf den halben Motor beschränken läßt.

Zur Berechnung werden nach der Generierung des Startnetzes (268 Knoten und 429 Dreiecke) insgesamt vier adaptive h-Verfeinerungsschritte durchgeführt. Anschließend wird der Polynomgrad in allen Gebieten mit nichtlinearen Materialeigenschaften auf zwei erhöht, wodurch bei ca. 2100 Knoten und 4000 Elementen insgesamt 5000 Freiheitsgrade resultieren. Das Feldbild

Abb. 4.89. Querschnitt des Motors Groschopp SM 120

(Abb. 4.90) zeigt die Flußverteilung im Motor, wobei insbesondere die hohe Induktion im Überlappungsbereich zwischen Rotorpol und bestromtem Statorpol deutlich wird. Das Netz ist in diesem Bereich entsprechend adaptiv verdichtet, wobei die Abb. 4.91 eine Detailvergrößerung des Netzes an der Überlappungsstelle zeigt. Abbildung 4.92 zeigt den dazugehörigen Verlauf der Feldlinien, die

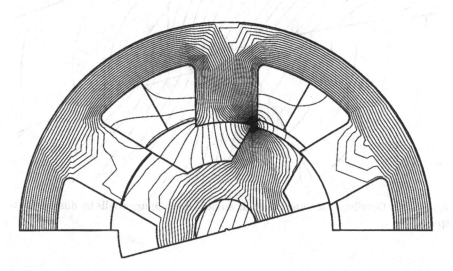

Abb. 4.90. Feldbild bei Berechnung unter Verwendung periodischer Randbedingungen; Strom 10 A

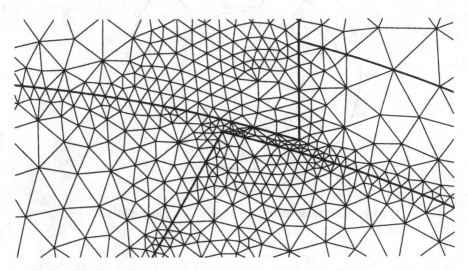

Abb. 4.91. Detailvergrößerung des Netzes an der Überlappungsstelle im dünnen Luftspalt

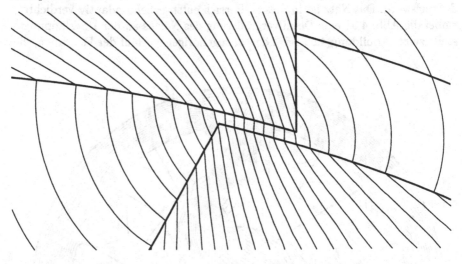

Abb. 4.92. Detailvergrößerung des Felds an der Überlappungsstelle im dünnen Luftspalt

aufgrund der verwendeten Elemente zweiter Ordnung im Luftspalt einen trotz
der nicht übermäßig feinen Diskretisierung sehr glatten Verlauf aufweisen.

Drehmoment-Drehwinkel Berechnungen Wesentlich für die Anwendung eines
Switched Reluctance Motors ist der Verlauf des statischen Drehmoments über
dem Drehwinkel. Dabei kann einerseits durch Integration das Gesamtverhalten
hinsichtlich des Wellenmoments bestimmt werden, andererseits ist die Kurven-
form aber auch für die Welligkeit und damit auch für die Geräuschentwicklung
von Bedeutung.

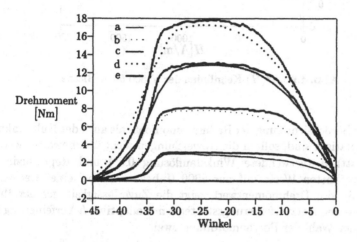

Abb. 4.93. Berechneter und gemessener Verlauf Drehmoment/Drehwinkel; Stator-
ströme 2.5 A, 5 A, 7.5 A, 10 A; gemessen a,b,c,d; berechnet e

Für die Drehmomentberechnung wurde der ermittelte Feldverlauf mit Hilfe
der MAXWELL'schen Spannung ausgewertet. Abbildung 4.93 zeigt den Verlauf des Drehmoments über dem Drehwinkel. Die Berechnungen wurden für
die Materialkennlinie (Abb. 4.94) des Herstellers EBG mit dem nichtlinearen
Modell durchgeführt. Das Blech ist als V 800-50 A gemäß DIN 46400 klassifi-
ziert, Vergleichsrechnungen mit entsprechenden Kennlinien anderer Hersteller
ergaben keine signifikanten Abweichungen.

Bewertung der Ergebnisse Die berechneten Drehmoment-Drehwinkel Kennlinien zeigen eine zufriedenstellende Übereinstimmung der berechneten mit den
gemessenen Daten. Um die vorhandenen Abweichungen erklären zu können,
wurden Vergleichsrechnungen mit Variationen der Parameter durchgeführt.
Dabei ergaben sich deutliche Abhängigkeiten des Drehmomentverlaufs von
den geometrischen Daten, wobei sowohl die Kantenverrundungen wie auch
die Polschuhhöhe sehr wichtig waren. Insbesondere im Hinblick auf die nicht
vollständig befriedigende Qualität der Drehmomentmessungen, die sowohl hin-

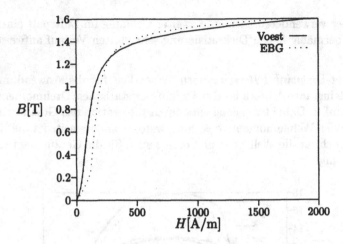

Abb. 4.94. $B(H)$-Kennlinien der V 800-50 A Bleche

sichtlich der Berücksichtigung der Reibungsmomente als auch der Nullpunktjustage problematisch sind, sollten die Abweichungen nicht überbewertet werden.

Die Glattheit (verwendete Winkelauflösung 0.5°) und Reproduzierbarkeit der berechneten Werte mit nur 5000 Unbekannten bei einer Rechenzeit von ca. 1 min pro Drehmomentwert zeigt die Zuverlässigkeit der gewählten Berechnungs- und Netzverfeinerungsstrategie mit adaptiver h-Verfeinerung und anschließender Wahl der Polynomordnung zwei.

4.5.3 Beispiel TEAM-Workshop Problem #20

Eines der Ziele, die mit der numerischen Feldberechnung verfolgt werden, ist die Bestimmung von Kräften und gegebenenfalls Momenten. Die Kraftberechnung reagiert sehr sensibel auf die Qualität der Feldberechnung und ist daher ein guter Test. Das TEAM-Workshop Problem #20 [104] ist ein dreidimensionales statisches Magnetfeldproblem, bei dem, neben bestimmten Feldgrößen, eine Kraftberechnung im Mittelpunkt steht. Für alle geforderten Größen sind Meßwerte zum Vergleich gegeben, die zur Problemstellung zur Verfügung gestellt [105] und später nochmals präzisiert wurden [106].

4.5.3.1 Problemstellung

Gegeben ist die Anordnung in Abb. 4.95, bestehend aus einem Joch, einer stromdurchflossenen Spule und einem in z-Richtung beweglich angeordneten Pol. Joch und Pol bestehen aus geblechtem Eisen, dessen Magnetisierungskennlinie gegeben ist. Die Spule weist 381 Windungen auf, so daß sich durch entsprechende Wahl der Stromstärke die Durchflutungen $\Theta = 1000\,\text{A}$, $3000\,\text{A}$, $4500\,\text{A}$ und $5000\,\text{A}$ einstellen. Zu bestimmen sind gemäß Abb. 4.96:

- Die z-Komponenten der Induktion im Mittelpunkt P_1 $(0,0,25.75)$ und dem Eckpunkt P_2 $(12.5,5,25.75)$.

- Die z-Komponente der mittleren Induktion im Schnitt α-β im Pol und im Schnitt γ-δ im Joch.

- Die Verläufe der x-Komponenten der Induktion entlang den Linien a-b und c-d.

- Die z-Komponente der Kraft auf den Pol.

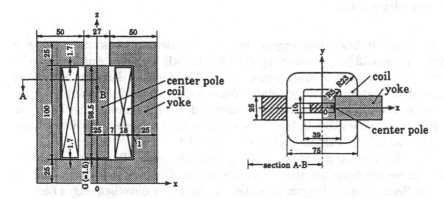

Abb. 4.95. Geometrische Anordnung für das TEAM-Workshop Problem #20 [104]

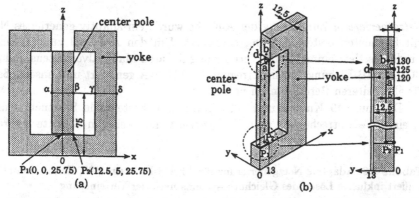

Abb. 4.96. Definitionen zu den Aufgaben des TEAM-Workshop Problems #20 [104]

4.5.3.2 Lösung

Potentialansatz Für ein magnetostatisches Problem stehen zwei Potentiale zur Verfügung, das magnetische Skalarpotential ψ und das Vektorpotential $\vec{A}$ (siehe Abschnitt 2.2). Da innerhalb des stromdurchflossenen Volumens der Spulen-

wicklung das Skalarpotential nicht verwendet werden kann, ist hier das Vektorpotential anzuwenden. Innerhalb der Eisengebiete, die eine nichtlineare Kennli-
nie aufweisen, ist ebenfalls das Vektorpotential zu verwenden, um Konvergenzprobleme des Newton-Raphson Verfahrens zu vermeiden. Um für den verbleibenden Luftraum das Skalarpotential einsetzen zu können, müßte, wie in Abschnitt 4.2.2.2 beschrieben, durch Einführung einer Trennschicht im Luftraum
die Kopplung der beiden Potentialansätze auf der Oberfläche der permeablen
Materialien vermieden werden. Anderenfalls treten numerische Schwierigkeiten
bei der Berechnung des Problems auf. Da diese zusätzliche Trennschicht nicht
eingeführt wurde, ist für die Berechnung nur das magnetische Vektorpotential
$\vec{A}$ verwendet worden.

Eichung Die beste Konvergenz des linearen Gleichungssystems ergab sich
erwartungsgemäß bei Verwendung der COULOMB-Eichung. Aufgrund der in
Abschnitt 4.2.1.2 beschriebenen numerischen Probleme an den Oberflächen der
permeablen Materialien zeigen einige Werte jedoch Abweichungen von den gemessenen Resultaten. Eine Kontrollrechnung durch Bestimmung der Durchflu-
tung $\Theta = \oint \vec{H} \, d\vec{s}$ ergab z.B. für eine auf $\Theta_{\text{soll}} = 5000\,\text{A}$ eingestellte Stromdichte
eine tatsächliche Durchflutung von $\Theta_{\text{ist}} \approx 3600\,\text{A}$.

Der Verzicht auf die Eichung bringt deutlich bessere Resultate, wobei die
Zahl der notwendigen Schritte für die Lösung des Gleichungssystems – und damit die Rechenzeit – erheblich anwächst. Die Wahl der unvollständigen Eichung
brachte keine Vorteile im Vergleich zum vollständigen Verzicht. Eine Kontrolle
der Durchflutung liefert ohne Eichung einen Wert von $\Theta_{\text{ist}} \approx 4600\,\text{A}$.

Netzgenerierung Zur Lösung der Aufgabe wurde ein adaptiv generiertes Netz
mit Elementen erster Ordnung eingesetzt. Um den Aufwand zu begrenzen,
wurde das Netz einmal unter Verwendung linearen Materialverhaltens und der
COULOMB-Eichung für die Erregung $\Theta = 5000\,\text{A}$ generiert und anschließend
für alle weiteren Berechnungen verwendet.

Das aus 449 Knoten und 2087 Tetraedern bestehende Startnetz wurde
in einer Gesamtrechenzeit von 20 s generiert. Die weiteren Schritte während

Tabelle 4.9. Adaptive Netzgenerierung für TEAM-Problem #20, Zeiten sind akku-
muliert inklusive Lösen des Gleichungssystems nach der Verfeinerung

Schritt	Knoten	Elemente	Q_{m}	Q_{j}	Q_{min}	Zeit [s]
0	449	2087	0.2356	0.1030	0.002497	5.10
1	1056	5371	0.3452	0.0881	0.000368	101.63
2	2815	15011	0.4030	0.1028	0.000478	977.55
3	7495	40932	0.4526	0.1393	0.000162	1885.43
4	19968	110604	0.4707	0.2093	0.000443	5330.36
5	49999	280130	0.4914	0.2483	0.000085	22819.04

der Netzverfeinerung sind in Tabelle 4.9 aufgelistet, die Knotenzahl wurde auf 50000 begrenzt. Lediglich beim letzten Verfeinerungsschritt ist nach der Netzglättung noch ein Sliver-Elemente mit einer Qualität kleiner als 0.0001 verblieben, Die Qualität des Netzes ist damit wesentlich besser als noch in [59], wo für das Netz am Ende der Verfeinerung eine durchschnittliche Elementqualität $Q_m = 0.368$ bei 9 Sliver-Elementen galt.

Das resultierende Oberflächennetz ist in Abb. 4.97 dargestellt, die Knotenverteilung im Inneren der Problemstellung in Abb. 4.98.

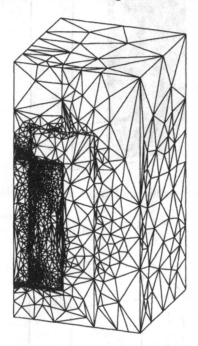

Abb. 4.97. Oberflächennetz nach adaptiver h-Verfeinerung

Berechnung Für die nichtlineare Berechnung der Problemstellung wurde das Newton-Raphson Verfahren eingesetzt. Da für die Durchführung einer nichtlinearen Iteration bei Rechnung ohne Eichung ca. 3000 Sekunden für das ICCG-Verfahren in einfacher Genauigkeit benötigt wurden, wurde eine relative Schrittweite $|\Delta x|/|x| = 10^{-4}$ als Abbruchkriterium gewählt, so daß je nach Durchflutung zwischen 4 und 7 Schritten benötigt wurden.

4.5.3.3 Auswertung

Das errechnete Feldbild für $\Theta = 5000\,\mathrm{A}$ ist in Abb 4.99 dargestellt. Das Feldbild sowie die weiter angegebenen Daten beziehen sich auf die Berechnung ohne Eichungsbedingung.

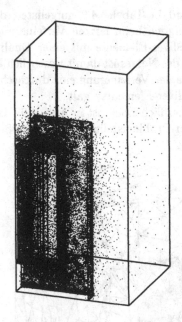

Abb. 4.98. Knotenverteilung im Inneren nach adaptiver h-Verfeinerung

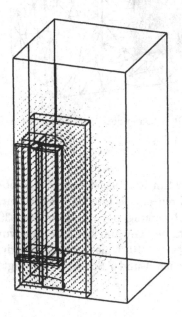

Abb. 4.99. Feldbild zum TEAM-Workshop Problem #20

Induktionen Die z-Komponenten der mittleren Induktion entlang der Schnitte
α-β und γ-δ sind in Tabelle 4.10 sowie für die Punkte P_1 und P_2 in Tabelle 4.11
aufgelistet. Die berechneten Werte liegen alle leicht unterhalb der gemessenen
Daten, die Abweichung ist aber für alle Durchflutungen vergleich- und reproduzierbar, so daß hier keine zufällige Streuung auftritt. Die Tendenz deckt sich
mit Kontrollrechnungen für die Durchflutung, die ebenfalls stets einen etwas
zu kleinen Wert ergeben. Der Wert für die Induktion im Punkt P_2 weist eine deutliche Abweichung auf, die mit der unregelmäßigen Netzstruktur erklärt
werden kann. Im Bereich des Punkts P_2 ist aufgrund der scharfen Ecke am Pol
und der daraus resultierenden Induktionsspitze das Netz stark verfeinert und
unregelmäßig, die Feldwerte um den Punkt P_2 streuen daher stark und sind
von der Netzglättung abhängig.

Tabelle 4.10. Mittlere Induktionen; Meßwerte nach [106]

Θ [A]	$B_z(\alpha$-$\beta)$ [T]		$B_z(\gamma$-$\delta)$ [T]	
	berechnet	gemessen	berechnet	gemessen
1000	0.62	0.72	0.12	0.13
3000	1.67	1.75	0.33	0.36
4500	1.93	2.01	0.42	0.43
5000	1.98	2.05	0.44	0.46

Tabelle 4.11. Induktionen in den Punkten P_1 und P_2; Meßwerte nach [106]

Θ [A]	$B_z(P_1)$ [T]		$B_z(P_2)$ [T]	
	berechnet	gemessen	berechnet	gemessen
1000	0.29	0.36	0.16	0.24
3000	0.81	0.84	0.45	0.63
4500	0.98	0.99	0.53	0.72
5000	1.02	1.03	0.55	0.74

Die ebenfalls geforderten Linienplots entlang der Linien a-b und c-d sind in
den Abbildungen 4.100 bzw. 4.101 abgedruckt. Die unregelmäßige Netzstruktur macht sich hier sehr deutlich bemerkbar in einem unruhigen Verlauf der
Induktion.

Kraft Die auf den Pol ausgeübte Kraft in z-Richtung ist in Tabelle 4.12 aufgelistet. Zur Bestimmung der Kraft wurde die MAXWELL'sche Spannung verwendet. Die Integration fand einmal direkt auf der Poloberfläche statt, einmal
in der Mitte des Luftspalts zwischen den Eisenteilen. Die Werte unterscheiden
sich im vorliegenden Fall nur geringfügig, wobei erfahrungsgemäß die Werte
direkt auf der Oberfläche eines permeablen Körpers stärker streuen.

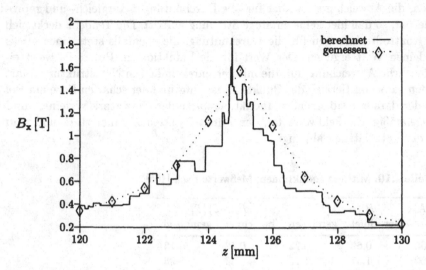

Abb. 4.100. x-Komponente der Induktion entlang der Linie a-b; Meßwerte nach [105]

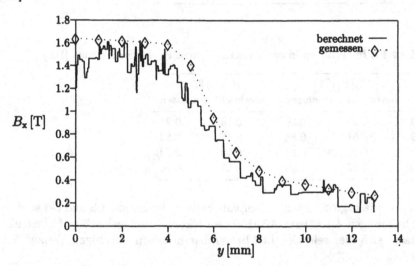

Abb. 4.101. x-Komponente der Induktion entlang der Linie c-d; Meßwerte nach [105]

Tabelle 4.12. Kraft F_z auf den Pol; Meßwerte nach [106]

Θ [A]	F_z [N]		
	berechnet		gemessen
	Poloberfläche	Luftspaltmitte	
1000	6.8	6.5	8.1
3000	48.7	49.6	54.4
4500	71.1	70.3	75.0
5000	76.9	77.5	80.1

4.5.3.4 Ergebnis

Durch den Verzicht auf die Eichung und die Verbesserung der Netzglättung sind die gewonnenen Resultate deutlich besser als die in [59] präsentierten Ergebnisse. Die integralen Größen wie Flüsse (für die mittleren Induktionen) und die Kraft auf den Pol werden reproduzierbar und mit akzeptabler Genauigkeit bestimmt. Die Feldgrößen in einzelnen Punkten, und konsequenterweise entlang von Linien aufgetragen, zeigen aber nach wie vor große Streuungen, die auf die unregelmäßige Netzstruktur zurückzuführen sind. Diese Streuungen treten auch in zweidimensionalen Berechnungen auf. Die Verbesserung der Netzqualität führt zwar zu einer Reduzierung der Streuungen, eine vollständige Beseitigung ist aber nicht zu realisieren. Abhilfe schafft zum einen eine deutliche Erhöhung der Knotenzahl, durch die die Breite der Streuungen reduziert wird, wenn auch eine unregelmäßige Mikrostruktur verbleibt, zum anderen die Erhöhung des Polynomgrads p. Beide Varianten konnten im vorliegenden Fall nicht angewendet werden, da die zur Verfügung stehenden Ressourcen bereits voll ausgeschöpft waren.

4.5.4 Beispiel TEAM-Workshop Problem #7

Das TEAM-Workshop Problem #7 [149] ist ein dreidimensionales Wirbelstromproblem, in dem mehrfach zusammenhängende Gebiete zu bearbeiten sind. Die Problemstellung ist hinreichend bearbeitet, so daß geeignete Vergleichsdaten verfügbar sind.

4.5.4.1 Problemstellung

Gegeben ist eine quadratische Aluminiumplatte mit einem ebenfalls quadratischen, aber exzentrisch angeordnet Loch. Über der Platte befindet sich eine Spule, die von einem sinusförmigen Strom durchflossen wird (Abb. 5.59). Der Strom ergibt mit der Windungszahl eine Durchflutung von $\Theta = 2742$ A bei den Frequenzen $f = 50$ Hz und $f = 200$ Hz. Für die Methode der Finiten Elemente, die keine Gebiete unendlicher Ausdehnung zulassen, sind die Abmessungen des zu verwendenden umgebenden Luftraums angegeben.

4.5.4.2 Lösung

Die Lösung der Aufgabenstellung erfolgte unter Verwendung verschiedener Potentialkombinationen, um die Ergebnisse vergleichen zu können.

Potentialansatz Da eine Aufspaltung des magnetischen Felds in eine erregende Komponente $\vec{H}_e$ und eine rotationsfreie Komponente $\vec{H}_M$ mit reduziertem magnetischen Skalarpotential ϕ (siehe Abschnitt 2.2.3) nicht zur Verfügung steht, kommt zur Modellierung der stromdurchflossenen Spulen nur das magnetische Vektorpotential $\vec{A}$ in Betracht. Das Innere der leitenden Platte muß hinsichtlich der auftretenden Wirbelströme mit der Leitfähigkeit berücksichtigt werden, so daß zusätzlich das elektrische Skalarpotential V verwendet werden muß und das Modell $\vec{A},V$ gilt (Abschnitt 4.2.2.3).

Für den Luftraum kann ebenfalls das magnetische Vektorpotential $\vec{A}$ eingesetzt werden, es ist aber auch die Verwendung des magnetischen Skalarpotentials ψ möglich. Aufgrund der Problematik hinsichtlich mehrfach zusammenhängender Gebiete ist es beim Skalarpotential notwendig, darauf zu achten, daß kein stromdurchflossenes Gebiet umschlossen wird. Um diese Bedingung zu erfüllen, wird das Innere des Lochs in der Platte ebenso wie das Innere der Spule mit Hilfe des Vektorpotentials $\vec{A}$ beschrieben. Da die Platte keine leitende Verbindung mit einer anderen Region aufweist, muß die bei völliger Umrundung ohne Durchdringung des Lochs bestimmte Durchflutung immer den Wert 0 aufweisen, so daß kein „Cut" eingeführt werden muß. Das Gleiche gilt für die Spule, deren Zuleitungen in der Aufgabenstellung vernachlässigt werden. Die Matrixeinträge für die Kopplung von $\vec{A}$ und ψ wurden, wie in Abschnitt 4.2.2 beschrieben, symmetrisch gewählt, woraus allerdings negative Diagonalelemente resultieren.

Eichung Da alle verwendeten Materialien eine relative Permeabilität $\mu_r \approx 1$ aufweisen, ist die Verwendung der COULOMB-Eichung mit der entsprechend guten Konvergenz des Gleichungssystems sinnvoll.

Netzgenerierung Für die Lösung des Problems wurde das gleiche global h-verfeinerte Netz für alle Frequenzen und Potentialansätze benutzt. Bei 6642 Netzknoten und 37310 Tetraedern ergaben sich die Qualitätswerte $Q_m = 0.3888$ und $Q_j = 0.1115$. Die Zahl der Unbekannten im Gleichungssystem hängt von der verwendeten Potentialkombination ab.

Berechnung Die Anforderungen für die Lösung des Gleichungssystems sind von der verwendeten Potentialkombination abhängig. Um die Vergleichbarkeit der Ergebnisse zu gewährleisten, wurde der stabilste vorliegende Algorithmus, das ILUBiCG-Verfahren in doppelter Genauigkeit, für alle Rechnungen verwendet.

4.5.4.3 Auswertung

Die Daten für das Lösen des Gleichungssystems sind in Tabelle 4.13 aufgelistet. Das Abbruchkriterium für die Lösung war eine geforderte Genauigkeit von 10^{-8}. Wie zu sehen, ergibt sich ein deutlicher Speicherplatzvorteil bei der Verwendung des magnetischen Skalarpotentials ψ. Das Gleichungssystem läßt sich bei Anwendung des Vektorpotentials $\vec{A}$ im ganzen Rechengebiet allerdings mit weniger Schritten und kleinerem Rechenzeitverbrauch lösen, wobei eine Erklärung für dieses Phänomen nicht vorliegt.

Tabelle 4.13. Daten des Gleichungssystems

	$\vec{A}, V - \vec{A}$		$\vec{A}, V - \vec{A} - \psi$	
	$f = 50\,\text{Hz}$	$f = 200\,\text{Hz}$	$f = 50\,\text{Hz}$	$f = 200\,\text{Hz}$
Netzknoten	6642	6642	6642	6642
Unbekannte	21160	21160	15076	15076
Matrixelemente	990020	990020	668522	668522
Iterationen	242	298	463	443
Rechenzeit	669	821	855	822

Die Abbildungen 4.102 und 4.103 zeigen die Stromdichteverteilung an der Oberfläche $z = 19\,\text{mm}$ der leitenden Platte für die Potentialkombinationen. Die Unterschiede in den beiden Darstellungen sind sehr gering, die ausgerechneten Werte unterscheiden sich also nicht nennenswert.

Weitere Auswertungen, wie örtliche Induktionsverläufe, finden sich bei JÄNICKE [57].

4.5.4.4 Ergebnis

Beide Potentialkombinationen, $\vec{A}, V - \vec{A}$ und $\vec{A}, V - \vec{A} - \psi$, sind für die Berechnung von Wirbelstromproblemen geeignet, wobei durch die Verwendung des Skalarpotentials der Speicherplatzbedarf erheblich reduziert wird. In der zugrundeliegenden Konfiguration ergibt sich bei Verwendung von ψ zwar eine Erhöhung der Iterationszahl, die aber aufgrund der kleineren Zahl der Matrixelemente zu einer Rechenzeit führt, die vergleichbar zur Rechenzeit bei reiner Verwendung des Vektorpotentials ist. Das Problem der Wirbelfreiheit des Skalarpotentials konnte im vorliegenden Fall durch die Verwendung des Vektorpotentials in ausgewählten kleinen Luftgebieten gelöst werden, ohne daß Schnitte eingeführt werden mußten.

Aufgrund des kleineren Speicherplatzbedarfs erscheint daher die Verwendung des magnetischen Skalarpotentials empfehlenswert, solange keine hochpermeablen Teilräume vorhanden sind, die zu numerischen Schwierigkeiten an den Trennflächen führen.

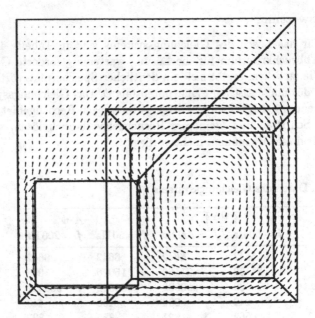

Abb. 4.102. Stromdichte an der Plattenoberfläche $z = 19\,\text{mm}$ bei $50\,\text{Hz}$, Phasenlage $\omega t = 0°$; Potentialkombination $\vec{A}, V\text{-}\vec{A}$

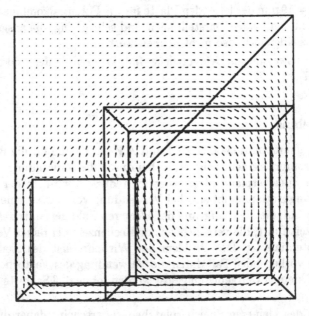

Abb. 4.103. Stromdichte an der Plattenoberfläche $z = 19\,\text{mm}$ bei $50\,\text{Hz}$, Phasenlage $\omega t = 0°$; Potentialkombination $\vec{A}, V\text{-}\vec{A}\text{-}\psi$

4.5.5 Beispiel aus der Mikroelektronik: Leitungsdiskontinuität (Via)

In Aufbauten der Mikroelektronik ist nicht zu vermeiden, daß Leitungsdiskontinuitäten wie z.B. Durchkontaktierungen, Verzweigungen oder Kreuzungen auftreten. Der Schaltungsentwickler benötigt dann Informationen über die Eigenschaften dieser Stellen, wie z.B. den Reflexionskoeffizienten oder die Dämpfung.

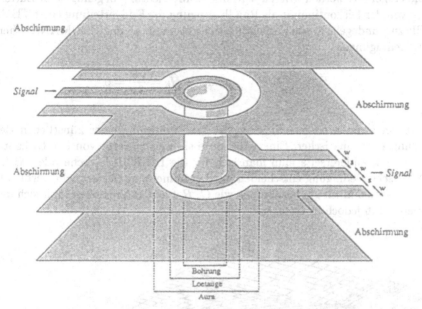

Abb. 4.104. Via eines Mehrlagenaufbaus nach BECK [12]

4.5.5.1 Problemstellung

Abbildung 4.104 zeigt den Aufbau einer Verbindungsstruktur, bei der eine Signalleitung von einer Ebene in eine andere geführt werden muß. Sie wurde auch
technisch realisiert und getestet.

Um Reflexionskoeffizienten solcher Anordnungen zu bestimmen, werden
Analogsimulatoren eingesetzt, für die wiederum ein der Anordnung äquivalentes Netzwerk gefunden werden muß. Um dessen Komponenten R, L und C zu
bestimmen, wird nun die numerische Feldberechnung eingesetzt. Kennt man die
Feldverteilung, so lassen sich daraus globale Feldgrößen wie (Teil-)Kapazitäten,
Widerstände und Induktivitäten ermitteln.

Die geometrischen Verhältnisse (Leiterbreite 180 μm, Durchmesser der zylindrischen Durchführung 300 μm, Kupfer-Metallschichten 25 μm), der Frequenzbereich (bis 2 GHz) und das Dielektrikum ($\epsilon_r = 4$) sind so beschaffen, daß
von einer quasistationären Approximation (LAPLACE-Gleichung) im nicht-

leitenden Bereich und von Oberflächenströmen auf den Leitern ausgegangen werden kann.

4.5.5.2 Lösung

Die Feldverteilung wird mit der FEM ermittelt. Da das Feldgebiet in Abb. 4.104 in zwei Richtungen offen ist, muß in diesen beiden Richtungen ein künstlicher Rand eingeführt werden. Hierzu wird in Leitungsrichtung in genügender Entfernung von der Diskontinuität als Randbedingung die Feldverteilung einer TEM-Welle zugrundegelegt, was hinsichtlich der Potentiale zu den NEUMANN'schen Randbedingungen

$$\vec{E}_{\mathrm{n}} = \frac{\partial \varphi}{\partial n} = 0 \quad \text{und} \quad \vec{H}_{\mathrm{n}} = \frac{\partial \psi}{\partial n} = 0$$

führt.

In der zweiten offenen Richtung ist die Einführung einer künstlichen Berandung problematischer: Einerseits sollte sie weit entfernt von der Diskontinuität sein, andererseits muß man sich für die DIRICHLET'sche oder NEUMANN'sche Bedingung entscheiden, so daß immer eine Fehlerquelle verbleibt. Da hier vornehmlich globale Größen wie C, R und L interessieren, hält sich der Fehlereinfluß jedoch in Grenzen.

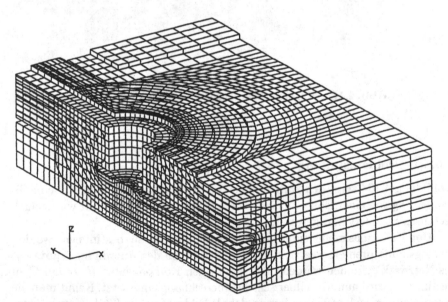

Abb. 4.105. Konturlinien des elektrischen Potentials; zur besseren Darstellung ist ein Teil der Elemente entfernt worden, nach BECK [12]

Das Netz wird hier nicht adaptiv und auch nicht mit Tetraedern erzeugt, sondern spiegelt die Art der ersten 3D-Netze wieder, die man auch als Schich-

tenmodelle bezeichnet: von den 2D-Berechnungen kommend, stand dem Feld-
berechner zunächst einmal ein 2D-Grundnetz (in der x-y-Ebene in Abb. 4.105)
zur Verfügung, das er dann schichtenweise in die dritte Dimension erweiterte.

Bei dem in Abb. 4.105 nach BECK [12] gezeigten Netz sind Hexaeder und
Pentaeder als Elemente erster Ordnung verwendet worden, ca. 16000 Elemente
mit ca. 20000 Knoten. Ferner sind in Abb. 4.105 Konturlinien des elektrischen
Potentials dargestellt. Die berechneten Kapazitäts- und Induktivitätswerte weisen einen geschätzten Fehler unter 2 % auf. Einzelheiten sind bei BECK [12]
nachzulesen.

5 Boundary Element Methode

Die Bezeichnung Boundary Element Methode (BEM) hat sich international fast ausnahmslos durchgesetzt, so daß sie auch im folgenden stellvertretend für die deutsche Übersetzung „Randelementmethode" verwendet werden soll.

Ähnlich wie bei der FEM wurde auch die BEM in den Ingenieurwissenschaften zunächst in der Mechanik eingesetzt und erst später in der Elektrotechnik. Sowohl in der Mechanik als auch in der Elektrotechnik wird sie heutzutage seltener als die FEM eingesetzt, ihr Anteil nimmt jedoch deutlich zu. Neben dem späteren Bekanntwerden der BEM spielt für ihre (noch) geringere Verbreitung sicher auch die Tatsache eine Rolle, daß der Ingenieur mit einer differentiellen Gebietsbeschreibung wie bei der FEM eher vertraut ist als mit einer integralen Problembeschreibung und den zugehörigen Integralgleichungen der BEM. Bei genauerem Studium beider Methoden erkennt man jedoch ihre gemeinsamen Wurzeln, wozu dieses Kapitel einen Beitrag leisten soll.

Es wird allgemein akzeptiert, daß die Basis zur Anwendung der Methode im Jahre 1963 durch eine Arbeit von JASWON [60] geschaffen wurde, nämlich über die numerische Behandlung singulärer Integralgleichungen in der Potentialtheorie. Hieraus entstand zunächst die Methoden-Bezeichnung „Boundary Integral Equation Method", abgekürzt BIEM. Wahrscheinlich wegen des zeitgleichen Booms der Methode der Finiten Differenzen (FDM) und der Ausbreitung der FEM wurde ihr jedoch in den nächsten Jahren wenig Aufmerksamkeit geschenkt. Vereinzelte Anwendungen wie z.B. von RIZZO [123] auf elastoplastische Probleme änderten daran wenig. Erst als LACHAT [84] einen wesentlichen Baustein der FEM, nämlich die isoparametrische Diskretisierung, in die BIEM übertrug, entstand das, was heute als BEM bekannt ist. Hiermit und vor allem auch durch Arbeiten von BREBBIA, wie z.B. [18], wurden die Anwendungsmöglichkeiten der Methode publik gemacht. Letzterer leistete auch durch die regelmäßige Organisation von Konferenzen zur BEM seit 1978 einen besonderen Beitrag zur Verbreitung der Methode. Die Anwendungen konzentrierten sich jedoch weiterhin auf die Mechanik.

Ähnlich wie die FEM wird auch die BEM später als in der Mechanik schließlich in der Elektrotechnik angewendet. Einzelne Arbeiten wie von SALON u.a. [125] werden zu Beginn der 80er Jahre veröffentlicht, eine deutliche Zunahme der BEM-Anwendungen in der Elektrotechnik ist jedoch erst Ende der 80er Jahre zu verzeichnen.

Inzwischen gibt es einen Fundus an Arbeiten über elektro- und magnetostatische Probleme und technische Anwendungen des stationären Strömungsfeldes sowie des Skineffektes. Bei der Wellenausbreitung und ihrer Streuung an leitenden Körpern wurde die Methode weniger angewendet, was aber nicht an einer Mißeignung der BEM für diese Aufgaben liegt, sondern an der Etablierung der in diesem Anwendungsfall ähnlichen Momentenmethode. Vergleichbares gilt für Hohlleiter und Resonatoren, wo aufgrund häufig vorkommender regelmäßiger Geometriestruktur (=Anpassung an einfache Koordinatensysteme) die Methode der Finiten Differenzen (FDM) und analytische Lösungsverfahren geeignet sind.

Auch nichtlineare statische und neuerdings nichtlineare dynamische Probleme werden mit der BEM gelöst, allerdings gibt es erst wenige entsprechende Arbeiten.

Die Algorithmen etlicher Arbeiten wurden von ihren Autoren inzwischen auch als allgemein verfügbare Software implementiert.

Die *Vorteile der BEM* seien im folgenden aufgelistet:

- 3D: Unbekannte Größen sind aus dem Gleichungssystem nur auf Oberflächen zu berechnen.

- 2D: Unbekannte Größen sind aus dem Gleichungssystem nur auf Konturlinien zu berechnen.

- Durch Reduktion der Dimension (3D-Fall: Volumen → Oberfläche, 2D-Fall: Querschnitt → Kontur)

  - ergibt sich eine niedrigere Zahl von unbekannten Größen und
  - eine vereinfachte Datenaufbereitung.

  - Die geometrischen Verhältnisse sind vom Anwender leichter durchschaubar.

- Unbegrenzte Gebiete sind sehr geeignet für die BEM.

- Die Aufstellung der Systemmatrix (preprocessing) und die Berechnung der gewünschten Feldgrößen, Feldbilder (postprocessing) sind perfekt geeignet für massive Parallelrechner.

Diesen Vorteilen stehen folgende *Nachteile der BEM* gegenüber:

- Vollbesetzte (bei einem Gebiet) oder dichtbesetzte (bei wenigen Gebieten) Systemmatrix mit vektoriellen Unbekannten in 3D:

  - Mehrere Tausend Unbekannte, die mit direktem Gleichungslöser zu finden sind, wodurch
  - die Grenzen des Rechenspeichers schnell erreicht werden.

- Singuläre und nahezu singuläre Integrale sind für die Bestimmung der Koeffizienten der Systemmatrix zu berechnen, wodurch die Gefahr numerischer Fehler besteht. In jüngster Zeit wurde dabei eine deutliche Verbesserung der Integrationsmethoden erreicht.

- Nichtlineare Materialien können mit der BEM nur in einem Aufwendigen Lösungsprozeß behandelt werden, der aber sehr gut für einen massiven Parallelrechner geeignet ist.

Das bevorstehende Kapitel wird diese Vor- und Nachteile deutlich werden lassen und stellt dabei den Vergleich mit und den Bezug zu der Finite Elemente Methode her.

5.1 Statisches Randwertproblem

Um die Strategie und die einzelnen Verfahrensschritte der BEM aufzuzeigen, wird mit den statischen Randwertproblemen eine Problemklasse ausgewählt, die mathematisch noch relativ einfach beschreibbar ist, es aber gleichwohl ermöglicht, alle wichtigen Verfahrensschritte vorzuführen.

Statische Randwertprobleme sind anzutreffen bei Problemen der Elektrostatik, Magnetostatik und auch solchen des stationären Strömungsfeldes, so daß der Anwendungshintergrund dieses Kapitels in der Technik bereits recht groß ist.

Schon frühzeitig wird in der Herleitung ein praktisches Beispiel, nämlich das der Isolationswiderstands-Berechnung in einem Mikrostreifenleiter, zur Veranschaulichung der Methodik herangezogen. Auch zur Erläuterung der FEM-Methodik wird dieses Beispiel verwendet, siehe Kapitel 4, so daß sich automatisch ein Vergleich der beiden Methoden ergibt.

5.1.1 Randintegralgleichung und BEM-Strategie

5.1.1.1 Randwertproblem

Betrachtet werde das statische Randwertproblem gemäß Abb. 5.1. Es handelt sich um ein gemischtes Randwertproblem, bei dem im abgeschlossenen Volumen Ω die LAPLACE-Gleichung

$$\Delta u_0 = 0 \quad \text{in } \Omega \tag{5.1}$$

mit der gesuchten, exakten Lösung u_0 zu erfüllen ist. Auf der Oberfläche Γ des Volumens Ω in einem Teilbereich Γ_1 ist eine DIRICHLET'sche und im restlichen Teilbereich Γ_2 eine NEUMANN'sche Randbedingung vorgegeben:

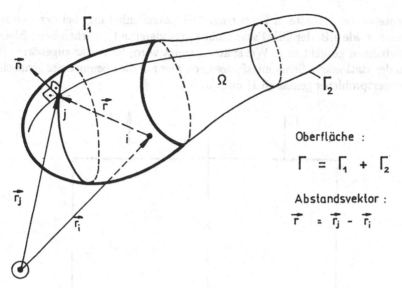

Oberfläche :

$$\Gamma = \Gamma_1 + \Gamma_2$$

Abstandsvektor :

$$\vec{r} = \vec{r}_j - \vec{r}_i$$

Abb. 5.1. Gemischtes Randwertproblem

$$u_0 = \bar{u} \quad \text{auf}\,\Gamma_1,$$
$$q_0 = \frac{\partial u_o}{\partial n} = \bar{q} \quad \text{auf}\,\Gamma_2. \tag{5.2}$$

5.1.1.2 Technischer Anwendungsfall

Bereits jetzt soll dem allgemeinen gemischten Randwertproblem gemäß Abb. 5.1 zur Illustration ein technischer Anwendungsfall zur Seite gestellt werden. Es handelt sich dabei um den in Abb. 5.2 dargestellten Fall einer doppelt be-

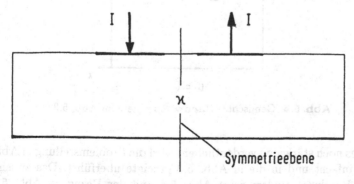

Abb. 5.2. Mikrostreifenleitung I

schichteten Leiterplatte in Form einer Mikrostreifenleitung, bei der Leitungs-
parameter wie z.B. der OHM'sche Isolationswiderstand zwischen benachbarten
Leiterbahnen gesucht sind. Wie später gezeigt wird, führt das zugehörige Problem des stationären Strömungsfeldes auch hier auf die Lösung eines gemischten
Randwertproblems gemäß (5.1) und (5.2).

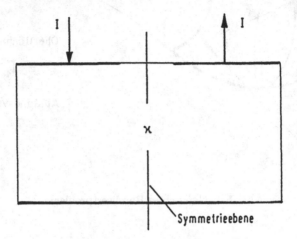

Abb. 5.3. Mikrostreifenleitung II

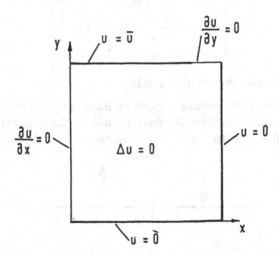

Abb. 5.4. Gemischtes Randwertproblem zu Abb. 5.3

Um dies noch stärker zu verdeutlichen, wird die Problemstellung in Abb. 5.2
etwas vereinfacht und in die in Abb. 5.3 gezeigte überführt. Das zugehörige
gemischte Randwertproblem zeigt Abb. 5.4 und der Bezug zu Abb. 5.1 ist
evident. Aus Symmetriegründen genügt es, nur die linke Hälfte der Anordnung zu betrachten, an deren rechtem Rand eine Äquipotentialfläche $u = 0$

vorliegt. Weitere Äquipotentialflächen und damit DIRICHLET'sche Randbedingungen liegen an den Leiterbahnen vor, da ihre Leitfähigkeit als sehr groß gegenüber der des Isolationsmediums (κ) angenommen werden kann. Die restlichen Randflächen enthalten NEUMANN'sche Randbedingungen $\partial u/\partial n = 0$, da die Strömung hier tangential zum Rand erfolgen muß.

Im übrigen kann das vorliegende Problem nach Abb. 5.4 auch mit analytischen Mitteln gelöst werden, was später als Referenz für die numerische Lösung dient. Die exakte Lösung (analytische Lösung) u_0 ist jedoch, wie bereits ausführlich in Kapitel 3 erörtert wurde, nur für relativ wenige, geometrisch einfache Strukturen auffindbar. Daher wird sie mit numerischen Methoden approximiert, wobei jedoch die approximierte Lösung $u \approx u_0$ die Differentialgleichung nurmehr fehlerhaft erfüllt:

$$\Delta u = \varepsilon \neq 0 \quad \text{in } \Omega. \tag{5.3}$$

5.1.1.3 Gewichtetes Residuum und 2. GREEN'scher Satz

Das Ziel aller weiteren Verfahrensschritte besteht nun darin, die gesuchte Lösung in einem Aufpunkt i im Volumen Ω (siehe Abb. 5.1) von dem Differentialoperator in (5.3) zu befreien und statt dessen explizit bzw. nur durch Lösungswerte auf dem Rand auszudrücken:

Ziel:
Gesuchte Lösung u soll nur explizit auftreten bzw. nur durch Lösungswerte auf dem Rand ausgedrückt werden.

Den Ausgangspunkt für den Weg zu diesem Ziel bildet wie schon bei der Methode der Finiten Elemente die Strategie eines *gewichteten Residuums* mit zunächst beliebiger Gewichtsfunktion w:

$$\int_{\Omega} \varepsilon w \, d\Omega = \int_{\Omega} \Delta u \cdot w \, d\Omega = 0. \tag{5.4}$$

Im Falle der exakten Lösung $u = u_0$ ist der Fehler $\varepsilon = 0$ und (5.4) unabhängig von der Gewichtsfunktion erfüllt. Im Falle einer approximierten Lösung u, wie sie im folgenden bei der BEM auftreten wird, entsteht jedoch eine ortsabhängige Fehlerfunktion ε, das Residuum. Wie Gleichung (5.4) zeigt, wird bei der Strategie eines gewichteten Residuums der mit einer Gewichtsfunktion w gewichtete Fehler ε über das gesamte Volumen Ω integriert und im Mittel zum Verschwinden gebracht. Die Methode hat sich nicht nur als Basis für die BEM, sondern auch für die FEM (Kapitel 4) bewährt. Nähere Einzelheiten findet man bei ZIENKIEWICZ [161].

Um den Rand Γ zum Erreichen des formulierten Ziels ins Spiel zu bringen, wird nun der 2. *GREEN'sche Satz*

$$\int_{\Omega} (\Delta u \cdot w - \Delta w \cdot u)\,d\Omega = \oint_{\Gamma} (w\frac{\partial u}{\partial n} - u\frac{\partial w}{\partial n})\,d\Gamma \qquad (5.5)$$

angewendet. Dieses ist genau der Verzweigungspunkt, bei dem in der BEM-Strategie ein anderer Weg als in der FEM-Strategie eingeschlagen wird, wo nicht dem Rand Γ sondern vielmehr dem Volumen Ω das Hauptaugenmerk gewidmet und folglich der 1. GREEN'sche Satz angewendet wird, siehe Abb. 5.5.

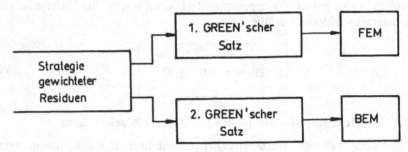

Abb. 5.5. Verzweigungspunkt für BEM- und FEM-Strategie

Setzt man (5.4) in (5.5) ein, so folgt:

$$\int_{\Omega} \Delta w \cdot u\,d\Omega = \oint_{\Gamma} (u\frac{\partial w}{\partial n} - w\frac{\partial u}{\partial n})\,d\Gamma. \qquad (5.6)$$

Unter Berücksichtigung der vorgegebenen Randbedingungen $u = \overline{u}$ auf Γ_1 und $\partial u/\partial n = \overline{q}$ auf Γ_2 nach (5.2) sowie mit $\partial u/\partial n = q$ lautet (5.6):

$$\boxed{\int_{\Omega} \Delta w \cdot u\,d\Omega = \int_{\Gamma_1} (\overline{u}\frac{\partial w}{\partial n} - wq)\,d\Gamma + \int_{\Gamma_2} (u\frac{\partial w}{\partial n} - w\overline{q})\,d\Gamma.} \qquad (5.7)$$

Wie aus den späteren Erläuterungen zur BEM-Diskretisierung hervorgehen wird, ist es nicht immer möglich, eine vorgegebene Randbedingung, z.B. den Potentialverlauf $\overline{u}$, auf dem Rand fehlerfrei zu implementieren. Das wäre z.B. der Fall, wenn dieser eine quadratische Randkoordinaten-Abhängigkeit hätte, die BEM-Elemente aber nur einen linearen oder konstanten Verlauf zuließen. Da üblicherweise für die Normalableitung q des Potentials ein entsprechender Fehler entsteht, wäre es zweckmäßig, die Darstellung mittels gewichtetem Residuu nach (5.4) zu erweitern:

$$\int_{\Omega} \Delta u \cdot w\,d\Omega + \int_{\Gamma_1} w_u(u - \overline{u})\,d\Gamma + \int_{\Gamma_2} w_q(q - \overline{q})\,d\Gamma = 0, \qquad (5.8)$$

mit zunächst beliebigen Gewichtsfunktionen w, w_u und w_q.

Gibt man nun die Oberflächen-Gewichtsfunktionen durch

$$w_u = \frac{\partial w}{\partial n} \quad \text{und} \quad w_q = -w$$

vor, so gelangt man nach elementarem Zwischenschritt zur selben Darstellung wie in (5.7), d.h. dort ist bereits der soeben gewichtete Fehler auf dem Rand impliziert.

Der Gewinn infolge der Anwendung des 2. GREEN'schen Satzes besteht nicht nur in der Einbeziehung des Randes in die Formulierung, sondern auch darin, daß die zweite Ableitung Δu der noch unbekannten Lösung u nicht mehr auftritt, sondern stattdessen die Lösung selbst, allerdings noch unter dem Volumenintegral.

5.1.1.4 DIRAC-Delta-Funktion

Um das in (5.7) noch existierende Volumenintegral zu eliminieren, wird die DIRAC-Delta-Funktion wie folgt eingeführt:

$$\Delta w = -\delta_i. \tag{5.9}$$

Ihre Eigenschaften sind:

$$\delta_i = \delta(\vec{x} - \vec{x}_i) = \begin{cases} 0 & \text{für } \vec{x} \neq \vec{x}_i, \\ \infty & \text{für } \vec{x} = \vec{x}_i, \end{cases} \tag{5.10}$$

$$\int_{\Omega} \delta(\vec{x} - \vec{x}_i)\, d\Omega = 1; \quad \Omega : \text{gesamter Raum.} \tag{5.11}$$

Sie verschwindet also überall außer an der Stelle i (siehe Abbildungen 5.1 und 5.6), wenn Aufpunkt i und Quellpunkt zusammenfallen.

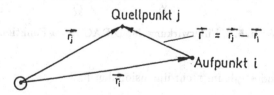

Abb. 5.6. Aufpunkt i und Quellpunkt j

Für das Integral

$$\int_{\Omega} \Delta w \cdot u\, d\Omega \tag{5.12}$$

bedeutet dies im eindimensionalen Fall (Ω entspricht hier einem Intervall auf der x-Achse) mit einer Lösungsfunktion $u(x)$:

$$\int_{\Omega} \Delta w \cdot u(x) \, d\Omega = -\int_{\Omega} \delta(x - x_i) u(x) \, d\Omega$$

$$= -\lim_{a \to 0} \int_{x_i-a}^{x_i+a} u(x) \delta(x - x_i) \, dx$$

$$= -u(x_i) \lim_{a \to 0} \int_{x_i-a}^{x_i+a} \delta(x - x_i) \, dx = -u(x_i) \cdot 1 = -u_i.$$

Die Lösungsfunktion $u(x)$ hat dabei die HÖLDER'sche Bedingung

$$|u(x) - u(x_i)| \leq A(x - x_i)^\alpha \qquad \text{mit } A, \, \alpha: \text{ positive Konstanten}$$

zu erfüllen. Dies bedeutet, daß sie sich einem Sprungverlauf in x_i zwar beliebig annähern, ihn aber nicht erreichen darf.

Wie durch Abb. 5.7 veranschaulicht wird, nutzt man die schärfste denkbare Filterwirkung, welche in der DIRAC-Delta-Funktion steckt, also aus, um die gesuchte Lösungsfunktion $u(x)$ in einem gewünschten Punkt i aus dem Integral herauszulösen und somit explizit darzustellen.

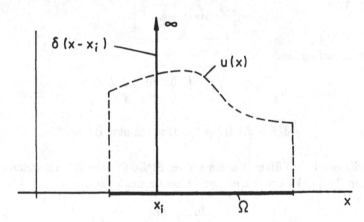

Abb. 5.7. Filterwirkung der DIRAC-Delta-Funktion

Entsprechendes gilt im mehrdimensionalen Fall:

$$\int_{\Omega} \Delta w \cdot u \, d\Omega = -\int_{\Omega} u(\vec{x}) \delta(\vec{x} - \vec{x}_i) \, d\Omega = -u(\vec{x}_i) \cdot 1 = -u_i. \tag{5.13}$$

Der Einsatz der DIRAC-Delta-Funktion in der soeben beschriebenen, zur Eliminierung des Volumenintegrals willkommenen Weise bedeutet gleichzeitig, daß nunmehr aufgrund von (5.9) die noch freie Gewichtsfunktion w festgelegt wird, nämlich als Fundamentallösung (auch genannt: GREEN'sche Funktion) eben dieser Gleichung:

$$\Delta w = -\delta_i.$$

Die Auffindung der Fundamentallösung wie auch eine Übersicht von Fundamentallösungen für verschiedene Differentialgleichungen wird in Abschnitt 5.1.2 behandelt.

Im folgenden soll die in der Literatur, wie z.B. bei BREBBIA [19], häufig verwendete Notation u^* für die Gewichtsfunktion anstelle von w verwendet werden:

$$w(\vec{r}) = u^*(\vec{r}) \quad \text{und} \quad \frac{\partial w(\vec{r})}{\partial n} = \frac{\partial u^*(\vec{r})}{\partial n} = q^*(\vec{r})$$

Das unter 5.1.1.3 formulierte *Ziel* ist nun *erreicht*, indem (5.13) in (5.7) eingesetzt wird:

$$u_i = - \int\limits_{\Gamma_1} (\bar{u}q^* - u^*q)\, \mathrm{d}\Gamma - \int\limits_{\Gamma_2} (uq^* - u^*\bar{q})\, \mathrm{d}\Gamma, \quad i \in \Omega, \tag{5.14}$$

bzw. kompakter dargestellt:

$$u_i = - \int\limits_{\Gamma} uq^*\, \mathrm{d}\Gamma + \int\limits_{\Gamma} u^*q\, \mathrm{d}\Gamma, \quad i \in \Omega. \tag{5.15}$$

Die Lösung u_i in einem Punkt i in Ω kann also explizit durch ein Randintegral dargestellt werden. Voraussetzung hierfür ist allerdings, daß die in (5.14) noch unbekannte Lösung u auf dem Teilrand Γ_2 und ihre ebenfalls noch unbekannte Normalableitung q auf dem Teilrand Γ_1 bekannt sind.

5.1.1.5 Randintegralgleichung

Zur Auffindung der soeben genannten unbekannten Funktionen auf dem Rand wird der Punkt i auf den Rand gelegt und die so entstehende Randintegralgleichung gelöst. Hierzu wird der Rand in diskrete Oberflächenelemente oder Randelemente aufgeteilt, wobei die englische Bezeichnung „Boundary Elements" der gesamten Methode ihren Namen gegeben hat.

Wie bei der Methode der Finiten Elemente wird der wahre Lösungsverlauf über den einzelnen Elementen auch hier lokal angenähert durch mehr oder weniger einfache Formfunktionen. Im Gegensatz zur FEM sind bei der BEM sogar konstante Formfunktionen als einfachste Variante möglich, so daß in diesem Fall die Lösung wie auch ihre Normalableitung über einem Element Γ_j (siehe Abb. 5.8) durch jeweils einen einzelnen Wert angenähert wird.

Auf diese Weise geht die Randintegralgleichung (5.14) für einen festen Punkt i in eine algebraische Gleichung mit $N = N_1 + N_2$ Unbekannten über, wenn der Teilrand Γ_1 N_1 und der Teilrand Γ_2 N_2 Randelemente enthält. Die erforderliche Gesamtzahl von N Gleichungen erhält man, indem man den Punkt i nacheinander auf alle N Randelemente legt, vorzugsweise in deren Mitte (Näheres in Abschnitt 5.1.4) bei konstanten Formfunktionen.

Die soeben skizzierte Lösung der Randintegralgleichung kann man auch als Kernaufgabe bei der BEM bezeichnen. Zugleich ist sie eine kritische Stelle, weil der Größe des Gleichungssystems obere Grenzen gesetzt sind (Näheres in Abschnitt 5.1.5). Im Gegensatz dazu ist das Auffinden der Lösung im Volumen Ω gemäß (5.14) als nachgeschaltete Aufgabe weitgehend unkritisch, vor allem wegen der expliziten Form.

5.1.1.6 Die beiden Hauptschritte der BEM

Sie bestehen aus den in 5.1.1.4 und 5.1.1.5 erläuterten Verfahrensschritten und werden hier in Abb. 5.8 zusammengefaßt dargestellt.

5.1.1.7 GREEN'sches Äquivalenztheorem

Mancher Leser wird bemerkt haben, daß die am Ende der vorangegangenen Herleitung stehende Integralgleichung (5.15) das GREEN'sche Äquivalenztheorem (siehe z.B. STRATTON [140]) ist. Und er mag sich fragen, warum man dann nicht gleich im Anschluß an die Formulierung des Randwertproblems dieses Theorem hinschreibt und sich die zusätzliche Herleitung spart.

Hierzu ist folgendes zu bemerken:

Erstens wird bei der BEM nicht mit der exakten, sondern mit einer angenäherten Lösung gearbeitet. Um sie zu finden, ist mit einer bewährten Strategie zu arbeiten, die hier in Form der gewichteten Residuen Einsatz findet. Daß schließlich die auf diesem Wege gewonnene Formulierung für die angenäherte Lösung auch das Äquivalenztheorem erfüllt, ist bemerkenswert, aber nicht zwingend.

Zweitens treten Randwertprobleme – z.B. bei nichtlinearen Medien – auf, die nicht durch das Äquivalenztheorem beschrieben werden können. Abschnitt 5.6 behandelt ein entsprechendes nichtlineares Wirbelstromproblem. Um auch in einem solchen Fall das Randwertproblem in eine BEM-Strategie zu überführen, ist die Kenntnis ihrer oben aufgezeigten Kernpunkte wie gewichtete Residuen und vor allem DIRAC-Delta-Funktion Voraussetzung zum Erfolg.

5.1.2 Fundamentallösungen

Die durch Gleichung (5.9)

$$\boxed{\Delta u^* = -\delta_i} \quad = \begin{cases} 0 & \text{für} \quad \vec{r} \neq \vec{r_i} \\ \infty & \text{für} \quad \vec{r} = \vec{r_i} \end{cases}$$

1) i wird auf Rand Γ gelegt

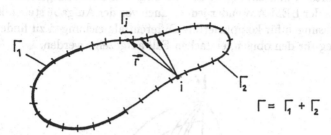

$$\Gamma = \Gamma_1 + \Gamma_2$$

Γ wird diskretisiert:

N_1 Randelemente auf Γ_1

N_2 Randelemente auf Γ_2

aus (5.14)

$N_1 + N_2$ Gleichungen für
N_1 Unbekannte q_i
$+N_2$ Unbekannte u_i

↓ u, q auf Γ bekannt

2) i liegt in Ω

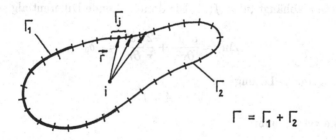

$$\Gamma = \Gamma_1 + \Gamma_2$$

u_i in Ω aus direkter Anwendung von 5.14

Abb. 5.8. Die beiden Hauptschritte der BEM-Strategie

bestimmte Fundamentallösung u^* soll nun ermittelt werden. Aufgrund des Aufbaus der Gleichung ist sie physikalisch interpretierbar als Potentialverlauf einer normierten Punktladung, so daß das Ergebnis sofort hingeschrieben werden könnte. Da der BEM-Anwender jedoch auch vor der Aufgabe stehen kann, Fundamentallösungen für kompliziertere Differentialgleichungen zu finden, soll der Lösungsweg für den obigen, einfachen Fall aufgezeigt werden.

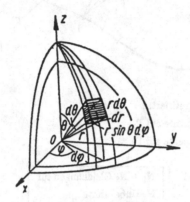

Abb. 5.9. Kugelkoordinatensystem

Ohne Beschränkung der Allgemeinheit kann der Ort i, in dem die DIRAC-Delta-Funktion wirkt bzw. im physikalischen Modell die Punktladung sitzt, in den Ursprung $\vec{r_i} = \vec{r_0} = 0$ des in Abb. 5.9 dargestellten Kugelkoordinatensystems gelegt werden. Das hat den Vorteil, daß u^* dann lediglich von der radialen Koordinate r abhängt: $u^* = f(r)$. Die dann geltende Differentialgleichung

$$\Delta u^* = \frac{\partial^2 u^*}{\partial r^2} + \frac{2}{r}\frac{\partial u^*}{\partial r} = -\delta_0$$

hat die allgemeine Lösung

$$u^* = A + Br^{-1} \tag{5.16}$$

für welche gelten muß:

$$r \to \infty: \quad u^* = 0 \quad \Rightarrow \quad A = 0.$$

Zur Bestimmung der Konstanten B wird eine weitere Eigenschaft hinsichtlich des Integrals der DIRAC-Delta-Funktion herangezogen:

$$\int\limits_{\Omega} \Delta u^*\, d\Omega = -\int\limits_{\Omega} \delta_0\, d\Omega = -1. \tag{5.17}$$

Beim Einsetzen der allgemeinen Lösung nach (5.16) in (5.17) ergibt sich nun die typische Schwierigkeit, daß Δu^* mit r^{-3}, $d\Omega$ aber mit r^2 gegen 0 geht, so daß für $r \to 0$ der Integrand mit r^{-1} singulär wird.

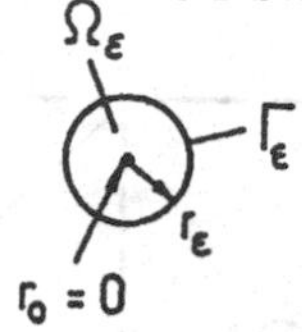

Abb. 5.10. Umgebung der Singularität

Zur Umgehung der Schwierigkeit wird gemäß Abb. 5.10 eine kleine Kugel vom Radius r_ε und Volumen Ω_ε um die Singularität gelegt und der 2. GREEN'sche Satz

$$\int\limits_{\Omega_\varepsilon} \Delta u^* \, d\Omega = \int\limits_{\Gamma_\varepsilon} \frac{\partial u^*}{\partial r} \, d\Gamma$$

angewandt. Dies führt zum Erfolg, da $\partial u^*/\partial r$ mit r^{-2}, $d\Gamma$ aber mit r_ε^2 gegen 0 geht und die Singularität kompensiert wird:

$$\lim_{r_\varepsilon \to 0} \int\limits_{\Gamma_\varepsilon} \frac{\partial u^*}{\partial r} \, d\Gamma = \lim_{r_\varepsilon \to 0} \int\limits_{\Gamma_\varepsilon} -B r_\varepsilon^{-2} \, d\Gamma$$

$$- \lim_{r_\varepsilon \to 0} [-B r_\varepsilon^{-2} 4\pi r_\varepsilon^2] = -4\pi B.$$

Damit gilt für die Fundamentallösung:

$$\boxed{u^* = \frac{1}{4\pi r}.}$$ (5.18)

Bereits an dieser Stelle soll eine Übersicht über Fundamentallösungen für weitere in der elektromagnetischen Feldberechnung vorkommende Differentialgleichungen angegeben werden. Sie sind in Tabelle 5.1 zusammengefaßt.

Obwohl die Fundamentallösungen ihrer Natur nach rein mathematische Funktionen sind, können ihnen – und das ist gerade für den Anwender der BEM im elektromagnetischen Feld wichtig und hilfreich – jeweils physikalische Anordnungen des elektromagnetischen Feldes zugeordnet werden. Bei der LAPLACE-Gleichung sind dies Potentiale von Punkt-, Linien- und Kreisring-Ladungen, und bei der skalaren HELMHOLTZ-Gleichung Vektorpotential-Komponenten von Stromelementen und Linienströmen im Wechselstromfall. Bei der vektoriellen HELMHOLTZ-Gleichung sind es je nach auftretender Komponente die soeben genannten Fälle oder auch Kreisringströme im nichtleitenden umgebenden, aber auch im leitenden (und vom Kreisringstrom isolierten) Medium.

In letzterem Fall ist keine geschlossene Darstellung bekannt, weshalb von KOST u.a. [79] eine Reihendarstellung für die Fundamentallösung entwickelt wurde:

$$u^* = \sum_{n=1}^{\infty} A_n^*(r_0, \vartheta_0) \left(\frac{r}{r_0}\right)^{-\frac{1}{2}} \cdot \left\{ \begin{array}{l} I_{n+\frac{1}{2}}(v_0 \frac{r}{r_0}) \\ K_{n+\frac{1}{2}}(v_0 \frac{r}{r_0}) \end{array} \right\} \cdot P_n^1(\cos\vartheta) \quad \text{für} \left\{ \begin{array}{l} \frac{r}{r_0} \le 1 \\ \frac{r}{r_0} \ge 1 \end{array} \right.$$ (5.19)

mit $v_0 = (1 + j)\frac{r_0}{\delta}$; $\delta^{-1} = \sqrt{\frac{1}{2}\omega\kappa\mu}$.

Tabelle 5.1. Fundamentallösungen

DIFFERENTIAL-GLEICHUNG	ZWEI - DIMENSIONAL		DREI - DIMENSIONAL
	ZYLINDRISCH $u^* \neq f(z)$	ROTATIONSSYMMETRISCH $u^* \neq f(\varphi)$	
(I) LAPLACE $\nabla^2 u^* + \delta_o = 0$	$u^* = \frac{1}{2\pi}\ln\frac{1}{\rho}$ P. einer Linienladung	$u^* = \frac{k}{\pi}\left(\frac{\rho}{\rho_o}\right)^{\frac{1}{2}}\frac{1}{\rho_o}K(k^2)$ P. einer Kreisschleifen-Ladung	$u^* = \frac{1}{4\pi r}$ P. einer Punktladung
(II) SKALAR HELMHOLTZ $\nabla^2 u^* + \lambda^2 u^* + \delta_o = 0$	$u^* = \frac{1}{4j}H_o^{(2)}(\lambda\rho)$ VP. eines Linien-Wechselstromes		$u^* = \frac{1}{4\pi r}\,e^{-j\lambda r}$ VP. eines Wechselstrom-Elements
(IIIa) VEKTORIELL HELMHOLTZ für die einzige Komponente u_z^* oder u_φ^* $\nabla^2 u_z^* + \lambda^2 u_z^* + \delta_o = 0$	siehe (II)		siehe (II)
(IIIb) $\nabla^2 u_\varphi^* - \frac{1}{\rho^2}u_\varphi^* + \lambda^2 u_\varphi^* + \delta_o = 0$		$\lambda = 0:$ $u^* = \frac{1}{\pi k}\left(\frac{\rho}{\rho_o}\right)^{\frac{1}{2}}\left[1 - \frac{k^2}{2}K(m) - E(m)\right]$ $\lambda \neq 0:$ Unendliche Reihe über $\left(\frac{r}{r_o}\right)^{-\frac{1}{2}}\cdot\left\{\frac{I_{n+\frac{1}{2}}}{K_{n+\frac{1}{2}}}\left(v_o\frac{r}{r_o}\right)\right\}P_n^1(\cos\vartheta)$ VP. eines Kreisschleifen-Wechselstromes	

P. bedeutet : Potential

VP. " : Vektorpotential

ρ_o, z_o, r_o : Koordinaten der Kreisschleife

$k^2 = 4\,\rho\,\rho_o/[(\rho+\rho_o)^2 + (z-z_o)^2]$

K,E : Vollständige elliptische Integrale der ersten und zweiten Art

$m = [1-(1-k^2)^{\frac{1}{2}}][1+(1-k^2)^{\frac{1}{2}}]^{-1}$

5.1.3 Singularitäten

Nachdem die Fundamentallösung u^* nunmehr aus Abschnitt 5.1.2 bekannt ist, sei wieder das Randintegral (5.15)

$$u_i = - \int_\Gamma u q^* \, \mathrm{d}\Gamma + \int_\Gamma u^* q \, \mathrm{d}\Gamma, \quad i \in \Omega$$

betrachtet, wobei wie im ersten der beiden Hauptschritte der BEM-Strategie der feste Punkt i auf dem Rand Γ liegen möge, siehe Abb. 5.11. Das bedeutet für die Integration, d.h. bei beweglichem Punkt j, daß beim Zusammenfallen von i und j die Fundamentallösung u^* sowie ihre Normalableitung q^* singulär werden. Dies wird durch Hinschreiben der Argumente in der Integralgleichung verdeutlicht:

$$u_i(\vec{x}_i) = - \int_\Gamma u(\vec{x}_j) q^*(\vec{x}_j - \vec{x}_i) \, \mathrm{d}\Gamma(\vec{x}_j) + \int_\Gamma q(\vec{x}_j) u^*(\vec{x}_j - \vec{x}_i) \, \mathrm{d}\Gamma(\vec{x}_j). \quad (5.20)$$

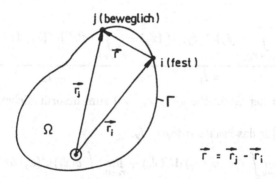

Abb. 5.11. Aufpunkt i und Laufpunkt j auf dem Rand Γ

5.1.3.1 Glatter Rand

Zur Vereinfachung der weiteren Betrachtungen wird ohne Beschränkung der Allgemeinheit gemäß Abb. 5.12 der Ursprung in den Punkt i gelegt. Ferner sei der Rand Γ zunächst glatt in i (in i existiert eine Tangentialebene).

Im Falle des behandelten Randwertproblems (LAPLACE-Gleichung) führt die Fundamentallösung (5.18)

$$u^* = \frac{1}{4\pi r}$$

im Punkte $i = j$, also für $r = 0$, im zweiten Integral von Gleichung (5.20) zu einem singulären Integranden vom Typ $1/r$. Ihre Normalableitung

$$q^* = \frac{\partial u^*}{\partial n} = \frac{\partial u^*}{\partial r} \cdot \frac{\partial r}{\partial n} = -\frac{1}{4\pi} \frac{1}{r^2} \cdot \frac{\partial r}{\partial n}$$

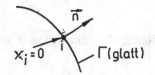

Abb. 5.12. Aufpunkt i auf glattem Rand

hingegen führt im Punkte $i = j$ im ersten Integral von Gleichung (5.20) zu einem singulären Integranden vom Typ $1/r^2$. Um die Verhältnisse genauer zu untersuchen, wird der Punkt i auf dem Rand zunächst noch als Punkt im Volumen Ω (und hierfür wurde auch (5.20) abgeleitet) aufgefaßt, wozu dem Rand gemäß Abb. 5.13 eine kleine halbkugelförmige Beule mit dem Ursprung in i und vom Radius r_ϵ aufgesetzt wird. Somit ist die Integration in (5.20) über den aus zwei Anteilen zusammengesetzten Rand

$$\Gamma = \Gamma_{-\epsilon} + \Gamma_\epsilon$$

durchzuführen:

$$u_i(0) = - \underbrace{\int_{\Gamma_{-\epsilon}+\Gamma_\epsilon} u(\vec{x}_j)q^*(\vec{x}_j)\,d\Gamma(\vec{x}_j)}_{=I_1} + \underbrace{\int_{\Gamma_{-\epsilon}+\Gamma_\epsilon} q(\vec{x}_j)u^*(\vec{x}_j)\,d\Gamma(\vec{x}_j)}_{=I_2} \qquad (5.21)$$

Anschließend ist der Grenzübergang $r_\epsilon \to 0$ zum ursprünglichen Rand zu untersuchen.

Dies liefert für das *zweite Integral* I_2:

$$\lim_{r_\epsilon \to 0} I_2 = \lim_{r_\epsilon \to 0} \int_{\Gamma_\epsilon} q(\vec{x}_j)u^*(\vec{x}_j)\,d\Gamma(\vec{x}_j) + \lim_{r_\epsilon \to 0} \int_{\Gamma_{-\epsilon}} q(\vec{x}_j)u^*(\vec{x}_j)\,d\Gamma(\vec{x}_j) \qquad (5.22)$$

und hierin für das erste Integral über die halbkugelförmige Beulenoberfläche Γ_ϵ:

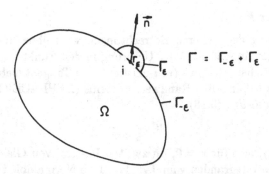

Abb. 5.13. Aufpunkt i auf dem Rand, zunächst noch als Punkt im Volumen aufgefaßt

$$\lim_{r_\epsilon \to 0} \int_{\Gamma_\epsilon} q \frac{1}{4\pi r_\epsilon} \, d\Gamma = \lim_{r_\epsilon \to 0} q \frac{1}{4\pi r_\epsilon} \int_{\Gamma_\epsilon} d\Gamma = \lim_{r_\epsilon \to 0} q \frac{1}{4\pi r_\epsilon} 2\pi r_\epsilon^2 = 0.$$

Für den noch verbleibenden zweiten Term des Integrals I_2 ist dessen Grenzwert als *uneigentliches Integral* definiert und kann berechnet werden. Näheres findet man z.B. bei HACKBUSCH [44].

Für das *erste Integral* I_1 liefert die Grenzwertbildung:

$$\lim_{r_\epsilon \to 0} I_1 = -\lim_{r_\epsilon \to 0} \int_{\Gamma_\epsilon} u(\vec{x}_j) q^*(\vec{x}_j) \, d\Gamma(\vec{x}_j) - \lim_{r_\epsilon \to 0} \int_{\Gamma_{-\epsilon}} u(\vec{x}_j) q^*(\vec{x}_j) \, d\Gamma(\vec{x}_j) \quad (5.23)$$

und hierin für das erste Integral über die halbkugelförmige Beulenoberfläche Γ_ϵ:

$$-\lim_{r_\epsilon \to 0} \int_{\Gamma_\epsilon} u \left(-\frac{1}{4\pi r_\epsilon^2}\right) d\Gamma = \lim_{r_\epsilon \to 0} u \frac{1}{4\pi r_\epsilon^2} \int_{\Gamma_\epsilon} d\Gamma = \lim_{r_\epsilon \to 0} u \frac{1}{4\pi r_\epsilon^2} 2\pi r_\epsilon^2 = u_i \frac{1}{2}. \quad (5.24)$$

Der Faktor $1/2$ läßt sich auch physikalisch deuten: Er gibt den von einer normierten Punktladung 1 im Punkte i (diese Anschauung wurde im Abschnitt 5.1.2 über Fundamentallösungen bereits eingeführt) ausgehenden normierten elektrischen Fluß an, der die Halbkugel Γ_ϵ für $r_\epsilon \to 0$ durchsetzt:

$$\Phi = \int_{\Gamma_\epsilon} \vec{D} \, d\vec{\Gamma} = \int_{\Gamma_\epsilon} \varepsilon \vec{E} \, d\vec{\Gamma} = -\int_{\Gamma_\epsilon} \varepsilon \frac{\partial V}{\partial n} \, d\Gamma = \varepsilon \frac{Q}{4\pi\varepsilon} \frac{1}{r_\epsilon^2} 2\pi r_\epsilon^2 = Q \frac{1}{2} \quad \Rightarrow \quad \frac{\Phi}{Q} = \frac{1}{2}.$$

Der noch verbleibende zweite Term des Integrals I_1 in (5.23) kann nur im Sinne des CAUCHY'schen Hauptwertes berechnet werden:

$$\lim_{r_\epsilon \to 0} \int_{\Gamma_{-\epsilon}} u(\vec{x}_j) q^*(\vec{x}_j) \, d\Gamma(\vec{x}_j) = \lim_{r_\epsilon \to 0} \int_{\Gamma_{-\epsilon}} f(\vec{x}_j) \, d\Gamma(\vec{x}_j) \quad (5.25)$$

$$= \lim_{\substack{r_\epsilon \to 0 \\ r_\epsilon > 0}} \int_{\substack{\vec{x}_j \in \Gamma \\ |\vec{x}_j| \geq r_\epsilon}} f(\vec{x}_j) \, d\Gamma = \text{V.p.} \int_\Gamma f(\vec{x}_j) \, d\Gamma.$$

Auch hier sei auf [44] verwiesen, dort findet man auch die Unterscheidung zwischen *schwachen* und *starken Singularitäten*: Ist eine singuläre Funktion in der Umgebung der Singularität uneigentlich integrierbar, nennt man sie *schwach singulär*, sonst *stark singulär*. Bei den soeben behandelten Oberflächenintegralen heißt das, daß ein Integrand vom Typ $1/r$ (im Integral I_2 infolge von u^*) schwach und vom Typ $1/r^2$ (im Integral I_1 infolge von q^*) stark singulär ist.

Der Integrationsbeitrag $u_i/2$ in (5.24) wird nun vom auf der linken Gleichungsseite in (5.20) stehenden Term u_i abgezogen, so daß diese wie folgt lautet:

$$\frac{1}{2} u_i(\vec{x}_i) = -\int_\Gamma u(\vec{x}_j) q^*(\vec{x}_j - \vec{x}_i) \, d\Gamma(\vec{x}_j) + \int_\Gamma q(\vec{x}_j) u^*(\vec{x}_j - \vec{x}_i) \, d\Gamma(\vec{x}_j)$$

oder ohne Argumente:

$$\frac{1}{2} u_i = - \int\limits_{\Gamma} u q^* \, d\Gamma + \int\limits_{\Gamma} q u^* \, d\Gamma. \tag{5.26}$$

Dies ist die Randintegralgleichung für glatten Rand Γ, wobei es sich nach vorstehenden Ausführungen um eine singuläre Integralgleichung zweiter Art handelt, in der die singulären Integrale als uneigentliche Integrale erklärt sind bzw. im Sinne des CAUCHY'schen Hauptwerts berechnet werden müssen. Das für letzteren verwendete und auch in Gleichung (5.25) stehende Symbol „V.p. $\int$" („Valeur principale") wird dabei in der Literatur üblicherweise durch das normale Integrationssymbol ersetzt.

Einzelheiten zur Berechnung der singulären Integrale sind in Abschnitt 5.4 zu finden.

5.1.3.2 Rand mit Kante (2D)

Betrachtet werde nun ein zweidimensionales Problem, bei dem der Rand gemäß Abb. 5.14 eine Kante enthält, in der der Aufpunkt i liegen möge.

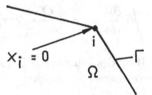

Abb. 5.14. Aufpunkt i in Kante auf nicht glattem Rand

In diesem Fall (ebenes Randwertproblem, LAPLACE-Gleichung) führt die Fundamentallösung

$$u^* = \frac{1}{2\pi} \ln \frac{1}{r}$$

im Punkte $i = j$ $(r = 0)$ im zweiten Integral von (5.20) zu einer Singularität vom Typ $\ln r$, ihre Normalableitung

$$q^* = \frac{\partial u^*}{\partial n} = \frac{\partial u^*}{\partial r} \cdot \frac{\partial r}{\partial n} = -\frac{1}{2\pi} \frac{1}{r} \frac{\partial r}{\partial n}$$

zu einer Singularität vom Typ $1/r$. Um die Verhältnisse wieder genauer zu untersuchen (hier ist in i die Normale $\vec{n}$ nicht definiert), wird der Punkt i auf dem Rand wieder zunächst als Punkt im Volumen Ω aufgefaßt und dem Rand gemäß Abb. 5.15 eine kleine kreiszylindrische, aufgeschnittene Röhre aufgesetzt.

Die Interpretation erfolgt analog zu dem Fall in Abschnitt 5.1.3.1 und ein markanter Unterschied ergibt sich nur für das erste Integral in I_1 gemäß (5.23):

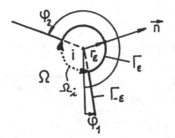

Abb. 5.15. Aufpunkt i in Kante, zunächst noch als Punkt im Volumen aufgefaßt

$$
\begin{aligned}
I_{1,1} &= -\lim_{r_\varepsilon \to 0} \int_{\Gamma_\varepsilon} u \frac{\partial}{\partial n} \left(\frac{1}{2\pi} \ln \frac{1}{r_\varepsilon} \right) \, d\Gamma = +\lim_{r_\varepsilon \to 0} u \frac{1}{2\pi} \int_{\varphi_1}^{\varphi_2} \frac{1}{r_\varepsilon} \, d\varphi \\
&= u_i \frac{\varphi_2 - \varphi_1}{2\pi} = \begin{cases} u_i \frac{1}{2} & \text{für} \quad \varphi_2 - \varphi_1 = \pi \quad \text{(glatter Rand)}, \\ u_i \frac{3}{4} & \text{für} \quad \varphi_2 - \varphi_1 = \frac{3}{2}\pi \quad \text{(90°-Ecke)}. \end{cases} \\
&= u_i \cdot c_i
\end{aligned}
$$

Je nach Augenwinkel $\varphi_2 - \varphi_1$ am Ort der Kante entstehen also unterschiedliche Faktoren c_i, wobei der Fall $c_i = 1/2x$ dem glatten Rand entspricht. Da der Ausdruck $u_i \cdot c_i$ in der Randintegralgleichung, siehe (5.26), sowieso auf die linke Seite gebracht und dort mit dem Ausdruck u_i zusammengefaßt wird, entsteht hierdurch der Term $(1 - c_i)u_i$.

Für diesen wird nun aus Gründen der Anschaulichkeit der Raumwinkel Ω_i (siehe Abb. 5.15) eingeführt, unter dem ein Beobachter in i, in das Volumen Ω blickend, dessen Rand Γ in seiner unmittelbaren Umgebung sieht:

$$
1 - c_i = \begin{cases} \frac{\Omega_i}{2\pi} & \text{im 2D-Fall}, \\ \frac{\Omega_i}{4\pi} & \text{im 3D-Fall}. \end{cases}
$$

Als Maß des Raumwinkels dient dabei die Fläche, die von diesem aus der Einheitskugel (3D-Fall) bzw. dem Einheitskreiszylinder (2D-Fall) um den Scheitel i als Mittelpunkt herausgeschnitten wird. Für einige charakteristische Werte sind die Raumwinkel in Tabelle 5.2 aufgeführt.

Die Randintegralgleichung (5.26) lautet somit im 2D-Fall, wenn i in einer Kante liegt:

$$
\boxed{\frac{\Omega_i}{2\pi} u_i = - \int_{\Gamma} u q^* \, d\Gamma + \int_{\Gamma} q u^* \, d\Gamma,} \qquad (5.27)
$$

wobei Ω_i lediglich durch die Geometrie in unmittelbarer Kantenumgebung bestimmt wird.

Tabelle 5.2. Raumwinkel

3D - Fälle

Volumen Ω	Quader-Inneres mit 90° Ecke	Kegel-Inneres mit 90° Öffnungswinkel	Halbraum	Kegel-Äußeres mit 90° Öffnungswinkel
Raumwinkel Ω_i	$\frac{1}{2}\pi$ 90°	$(2-\sqrt{2})\pi$ 105,4°	2π 360°	$(2+\sqrt{2})\pi$ 614,6°
Faktor $\frac{\Omega_i}{4\pi}$	$\frac{1}{8}$	$\frac{2-\sqrt{2}}{4}$	$\frac{1}{2}$	$\frac{2+\sqrt{2}}{4}$

2D(ebene) - Fälle

Volumen Ω	Keil-Inneres mit 90° Keilwinkel	Halbraum	Keil-Äußeres mit 90° Keilwinkel
Raumwinkel Ω_i	$\frac{1}{2}\pi$ 90°	π 180°	$\frac{3}{2}\pi$ 270°
Faktor $\frac{\Omega_i}{2\pi}$	$\frac{1}{4}$	$\frac{1}{2}$	$\frac{3}{4}$

5.1.3.3 Rand mit Ecke (3D)

Im 3D-Fall hat man es anstelle von Kanten mit Ecken, Kegelspitzen u.ä. zu tun. Auch diese werden durch den Raumwinkel in der Randintegralgleichung erfaßt:

$$\frac{\Omega_i}{4\pi} u_i = - \int_\Gamma u q^* \, d\Gamma + \int_\Gamma q u^* \, d\Gamma. \tag{5.28}$$

Es sei bemerkt, daß (5.27) und (5.28) in (5.15) übergehen, wenn i nicht auf dem Rand Γ, sondern im Volumen liegt: Ein Beobachter in i sieht den Rand Γ dann unter dem Raumwinkel 2π (2D-Fall) bzw. 4π (3D-Fall).

5.1.4 Diskretisierung

Die Randintegralgleichungen (5.27) und (5.28) sind nur für sehr wenige, geometrisch einfache Fälle analytisch lösbar. Da praktische Problemstellungen jedoch komplizierte Geometrieverhältnisse aufweisen, ist nach einem geeigneten numerischen Lösungsverfahren Ausschau zu halten. Ähnlich wie bei der Methode der Finiten Elemente wird daher die Geometrie diskretisiert und die Lösung in geeigneter Form approximiert. Hier bedeutet dies, daß der Rand (die Oberfläche) diskretisiert und die Lösung bzw. die Normalableitung auf dem Rand durch einfache Funktionen approximiert wird, um auf diese Weise die Integralgleichungen in ein lineares Gleichungssystem zu überführen.

5.1.4.1 Rand-Diskretisierung (2D)

Der Rand wird zunächst gemäß Abb. 5.16 in eine gewisse Anzahl N von Randelementen (Boundary Elements) unterteilt. Der wirkliche Randverlauf wird nun innerhalb jedes Elementes geometrisch approximiert und zwar in einfacher Weise durch geradlinige Elemente oder in aufwendigerer Weise durch quadratische Elemente. Dabei liegen alle im folgenden zur geometrischen Approximation verwendeten Knoten auf dem wahren Rand. Natürlich können auch Elemente höherer Ordnung verwendet werden, doch hat die 2D-Praxis gezeigt, daß sich der Aufwand nicht lohnt und praktisch vorkommende Randverläufe durch geradlinige, quadratische oder kreisbogenförmige Elemente hinreichend genau, notfalls durch Erhöhung der Elementzahl, nachgebildet werden können.

Die geradlinigen Elemente entstehen durch geradlinige Verbindung der vorher festgelegten Elementgrenzen, wobei man zwischen *konstanten* und *linearen Elementen* unterscheidet. Diese Begriffsbildung hat allerdings im Fall konstanter Elemente nichts mit der geometrischen Approximation zu tun, sondern charakterisiert die weiter unten behandelte Approximation der Lösung und ihrer Normalableitung innerhalb eines Randelementes dadurch, daß diese jeweils als konstant angesetzt und ihre Werte einem Knoten in der Elementmitte zugeordnet werden. Abbildung 5.17 zeigt den auf diese Weise diskretisierten Rand.

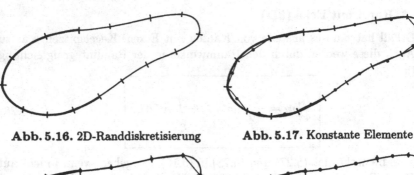

Abb. 5.16. 2D-Randdiskretisierung   **Abb. 5.17.** Konstante Elemente

Abb. 5.18. Lineare Elemente   **Abb. 5.19.** Quadratische Elemente

Abbildung 5.18 zeigt eine Diskretisierung mit linearen Elementen, wobei diese geometrisch mit den konstanten Elementen identisch sind.

Zur *quadratischen Approximation* des Randverlaufs innerhalb eines Elements benötigt man außer den bisherigen Knoten an den Elementenden einen dritten Knoten, der üblicherweise in die Elementmitte gelegt wird. Hierdurch kann der Rand in der Regel bereits sehr gut geometrisch approximiert werden, siehe Abb. 5.19.

Da bei technischen Anordnungen häufig kreisbogenförmige Ränder vorkommen, kann der Rand in diesen Bereichen durch *kreisbogenförmige Elemente* exakt nachgebildet werden, was mit quadratischen (und auch höheren) Elementen nur approximativ möglich ist.

Im folgenden soll der Zusammenhang zwischen den globalen Koordinaten (x, y) und der lokalen Koordinate ξ eines Elementpunktes angegeben werden, wobei *eine* lokale Koordinate für die Beschreibung der 2D-Randkurve Γ ausreicht. Durch Einführung von Formfunktionen $\alpha_k(\xi)$ – shape functions – entsprechend den Darstellungen der Finiten Elemente kann man schreiben

$$x(\xi) = \sum_{k=1}^{p} \alpha_k(\xi) x_k \tag{5.29}$$

$$y(\xi) = \sum_{k=1}^{p} \alpha_k(\xi) y_k \tag{5.30}$$

mit (x_k, y_k):   globale Koordinaten des Knotens k

p: Zahl der Knoten zur Elementbeschreibung

(x, y):   globale Koordinaten eines Elementpunktes

ξ: lokale Koordinate eines Elementpunktes

Für das aus Abb. 5.18 herausvergrößerte *lineare Element* folgt aus (5.29) und

(5.30)

$$x(\xi) = \sum_{k=1}^{2} \alpha_k(\xi) x_k \qquad (5.31)$$

$$y(\xi) = \sum_{k=1}^{2} \alpha_k(\xi) y_k \qquad (5.32)$$

mit den in Abb. 5.20 angegebenen Formfunktionen $\alpha_k(\xi)$. Die gleichen Zusammenhänge gelten für die *konstanten Elemente* in Abb. 5.17, wobei sich deren Mittelpunktskoordinaten (x_M, y_M) trivial aus (5.31) und (5.32) ergeben zu

$$x_M = \frac{1}{2}(x_1 + x_2)$$

$$y_M = \frac{1}{2}(y_1 + y_2).$$

Für das aus Abb. 5.19 herausvergrößerte *quadratische Element* folgt aus (5.29) und (5.30)

$$x(\xi) = \sum_{k=1}^{3} \alpha_k(\xi) x_k \qquad (5.33)$$

$$y(\xi) = \sum_{k=1}^{3} \alpha_k(\xi) y_k \qquad (5.34)$$

mit den in Abb. 5.21 angegebenen Formfunktionen $\alpha_k(\xi)$.

Um ein *Kreisbogensegment* exakt durch die lokale Koordinate ξ zu beschreiben, ist es zweckmäßig, von der Parameterdarstellung eines Kreises auszugehen:

$$x = x_M + R\cos t \qquad (5.35)$$

$$y = y_M + R\sin t \qquad (5.36)$$

mit den in Abb. 5.22 zu findenden Mittelpunktskoordinaten (x_M, y_M), dem Radius R und dem zum Kreispunkt (x, y) gehörigen Winkel t. Da dieser längs eines Kreisbogenelements proportional zur lokalen Koordinate ξ wächst, gilt

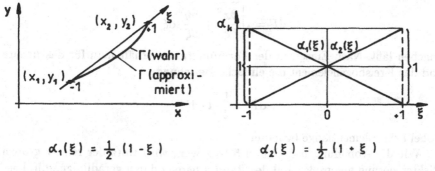

$$\alpha_1(\xi) = \frac{1}{2}(1 - \xi) \qquad\qquad \alpha_2(\xi) = \frac{1}{2}(1 + \xi)$$

Abb. 5.20. Lineares Element und Formfunktionen

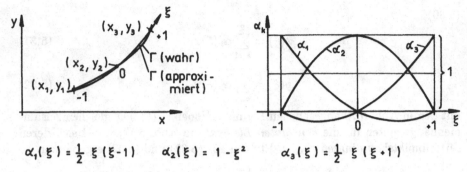

$$\alpha_1(\xi) = \frac{1}{2}\,\xi\,(\xi-1)\qquad \alpha_2(\xi) = 1 - \xi^2 \qquad \alpha_3(\xi) = \frac{1}{2}\,\xi\,(\xi+1)$$

Abb. 5.21. Quadratisches Element und Formfunktionen

$$t = \frac{1}{2}(1-\xi)t_1 + \frac{1}{2}(1+\xi)t_3,$$

und somit folgt aus (5.35) und (5.36)

$$x = x_{\rm M} + R\cos\left[\frac{1}{2}(1-\xi)t_1 + \frac{1}{2}(1+\xi)t_3\right], \qquad (5.37)$$

$$y = y_{\rm M} + R\sin\left[\frac{1}{2}(1-\xi)t_1 + \frac{1}{2}(1+\xi)t_3\right]. \qquad (5.38)$$

Die Winkel t_1, t_3 lassen sich mit (5.35) darstellen durch

$$t_1 = \arccos\frac{x_1 - x_{\rm M}}{R}, \qquad t_3 = \arccos\frac{x_3 - x_{\rm M}}{R}.$$

Ist das Kreisbogenelement durch die 3 Punkte (x_1, y_1), (x_2, y_2) und (x_3, y_3) vorgegeben, so lassen sich Mittelpunktskoordinaten $(x_{\rm M}, y_{\rm M})$, Radius R und Winkel t_1, t_2, t_3 durch dreifache Anwendung der Gleichungen (5.35) und (5.36) ermitteln.

Für die Integrale in (5.27) wird das *Wegelement* $d\Gamma$ benötigt, das sich für die soeben behandelten Elemente und ihre Parameter-Darstellung $x(\xi), y(\xi)$ allgemein durch

$$d\Gamma = \sqrt{\frac{\partial x^2}{\partial \xi} + \frac{\partial y^2}{\partial \xi}}\;d\xi$$

angeben läßt. Nach Einsetzen der Formfunktionen erhält man für das lineare und das Kreisbogenelement die einfache Beziehung

$$d\Gamma = \frac{1}{2}\cdot l\cdot d\xi,$$

wobei l die Elementlänge bedeutet.

Wie die Abbildungen 5.17 und 5.18 zeigen, wird trotz der relativ groben Diskretisierung ein großer Teil des Randes bereits durch geradlinige, d.h. konstante oder lineare, Elemente recht gut geometrisch approximiert. Für das in

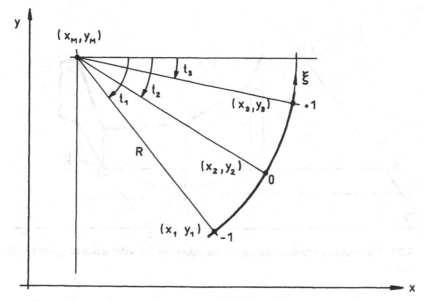

Abb. 5.22. Kreisbogenelement

Abb. 5.2 oder Abb. 5.3 dargestellte Randwertproblem ist der Rand durch geradlinige Elemente sogar exakt geometrisch darzustellen. Das ist bei vielen technischen Problemen so, nämlich immer dann, wenn sich der Rand aus geradlinigen Teilrändern zusammensetzt.

Im Gegensatz zu diesen oftmals geometrisch günstigen Bedingungen ist jedoch der Verlauf der gemäß der Randintegralgleichung (5.27) noch aufzufindenden Lösung und ihrer Normalableitung auf dem Rand nur in Ausnahmefällen exakt durch konstante oder lineare Verläufe in den Elementen nachzubilden. Hierdurch ist zu erklären, daß der *Approximation dieser Randfunktionen* im Rahmen der BEM wesentlich mehr Aufmerksamkeit geschenkt wird als der Approximation der Randgeometrie.

Die einfachste Approximation der Randfunktionen $u(\xi)$ und $\partial u(\xi)/\partial n$ ist ihre elementweise *konstante Approximation*, die bei der FEM für $u(\xi)$ aus prinzipiellen Gründen (s. Kapitel 4) nicht eingeführt werden kann. Abbildung 5.23 veranschaulicht dies, wobei

$$u(\xi) = u_0, \qquad \frac{\partial u(\xi)}{\partial n} = q(\xi) = q_0 \qquad (5.39)$$

die Approximation innerhalb eines Elementes beschreibt und u_0, q_0 die Randwerte in der Elementmitte $\xi = 0$ sind.

Wie Abb. 5.23 deutlich zeigt, enthalten die Randfunktionen an den Elementgrenzen Sprünge, die meist im Widerspruch zu der physikalischen Wirklichkeit stehen. Andererseits verkleinern sich die Sprünge mit zunehmender Elementzahl, ferner führt die konstante Approximation auf einfache Integra-

$u, \dfrac{\partial u}{\partial n}$

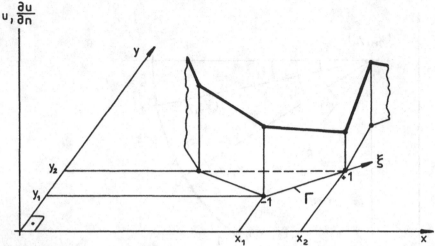

Abb. 5.23. Elementweise konstante Approximation der Randfunktionen („konstante Elemente")

le in (5.27), und darüberhinaus gibt es keine Schwierigkeiten an Kanten und Ecken, wie sie bei linearen Elementen auftreten können, siehe Abschnitt 5.5. Daher werden die *konstanten Elemente*, wie sie nicht nach der geometrischen Approximation, sondern nach der Approximation der Randfunktionen genannt werden, gern und häufig in der BEM verwendet.

Die nächst einfache Approximation der Randfunktionen ist ihre elementweise *lineare Approximation*, wie dies von der FEM für $u(\xi)$ aus Kap. 4 bestens für flächenhafte Elemente bekannt ist. Hierbei beschreibt der Ansatz

$$u(\xi) = \sum_{k=1}^{2} \alpha_k(\xi) u_k, \qquad (5.40)$$

$$\frac{\partial u(\xi)}{\partial n} = q(\xi) = \sum_{k=1}^{2} \alpha_k(\xi) q_k \qquad (5.41)$$

die Approximation innerhalb eines Elementes, wobei u_k, q_k die Randwerte an den Elementgrenzen $\xi = \pm 1$ sind und die Formfunktionen $\alpha_k(\xi)$ von der geometrischen Approximation (Abb. 5.20) bekannt sind.

Wie Abb. 5.24 zeigt, enthalten die Randfunktionen an den Elementgrenzen keine Sprünge mehr, dafür sind die Integrale bei diesen *linearen Elementen* etwas komplizierter als bei konstanten Elementen, und es kann Schwierigkeiten an Kanten und Ecken geben, siehe Abschnitt 5.5. Sind diese zu beseitigen, werden die linearen Elemente ebenfalls häufig in der BEM verwendet.

Bei der *quadratischen Approximation* der Randfunktionen folgt man den Ansätzen für (geometrisch) quadratische Elemente in (5.33) und (5.34) mit den aus Abb. 5.21 bekannten Formfunktionen $\alpha_k(\xi)$:

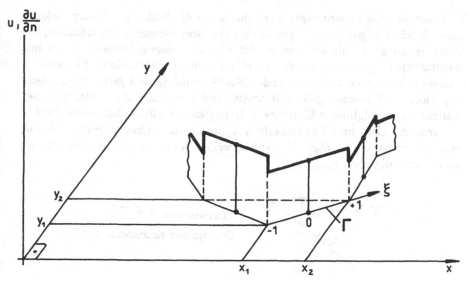

Abb. 5.24. Elementweise lineare Approximation der Randfunktionen („lineare Elemente")

$$u(\xi) = \sum_{k=1}^{3} \alpha_k(\xi)u_k, \tag{5.42}$$

$$\frac{\partial u(\xi)}{\partial n} = q(\xi) = \sum_{k=1}^{3} \alpha_k(\xi)q_k, \tag{5.43}$$

wobei u_k, q_k die Randwerte an den Elementgrenzen $\xi = \pm 1$ und in der Elementmitte $\xi = 0$ sind.

Generell werden mit diesen *quadratischen Elementen* die Randfunktionen besser zu approximieren sein als mit linearen Elementen. Doch auch sie enthalten noch Knickstellen an den Elementgrenzen wie bei linearen Elementen gemäß Abb. 5.24, wenn auch schwächer ausgeprägt. Die Integrale sind noch komplizierter als bei linearen Elementen, und für Kanten und Ecken gilt das gleiche wie dort. Die quadratischen Elemente werden besonders dort verwendet, wo es darauf ankommt, eine obere Grenze der Randknotenzahl nicht zu überschreiten, sei es aus Gründen eines begrenzten Speicherplatzes im Rechner oder einer mäßigen Kondition des zu lösenden Gleichungssystems. In den meisten Aufgabenstellungen kann man nämlich die gleiche Genauigkeit bei quadratischen Elementen mit weniger Knoten erzielen als bei linearen Elementen. Den höheren Integrationsaufwand hat man dann allerdings in Kauf zu nehmen.

Zur Benennung der Elemente als *konstante Elemente*, *lineare Elemente* und *quadratische Elemente* sei noch folgendes bemerkt. Überwiegend richtet sich die Benennung in der Literatur nach der Art der Approximation der Randfunktionen und nicht nach der Art der geometrischen Approximation. Man muß sich auch für eine Benennungsart entscheiden, weil Mischungen häufig vorkommen: So können geometrisch geradlinige (lineare) Elemente bei Rändern, die überwiegend geradlinig sind, verwendet aber durchaus gekoppelt werden mit quadratischer Approximation der Randfunktionen („quadratische Elemente"). Andererseits können bei vorliegenden Kreisbögen-Rändern geometrisch kreisbogenförmige Elemente gekoppelt werden mit konstanter Approximation der Randfunktionen („lineare Elemente"). In denjenigen Fällen, bei denen die Art der geometrischen und Randfunktions-Approximation übereinstimmt, spricht man von *isoparametrischen Elementen*, wegen der dann gleichen Parameter- oder Formfunktionen $\alpha_k(\xi)$.

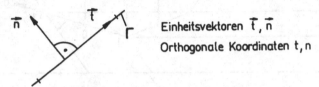

Einheitsvektoren $\vec{t}, \vec{n}$
Orthogonale Koordinaten t, n

Abb. 5.25. Randelement auf Γ

Ferner sei auf einen physikalischen *Widerspruch* hingewiesen, der sich mit *konstanten Elementen* ergibt. Betrachtet werde ein Element auf dem Rand Γ gemäß Abb. 5.25, in dem der Zusammenhang zwischen elektrischer Feldstärke $\vec{E}$ und Potential u gemäß Kap. 2 gegeben ist durch

$$\vec{E} = -\operatorname{grad} u = -\vec{t}\frac{\partial u}{\partial t} - \vec{n}\frac{\partial u}{\partial n},$$

woraus sich für die Normal- und Tangentialkomponenten von $\vec{E}$ im Falle konstanter Elemente

$$\vec{n}\vec{E} = -\frac{\partial u}{\partial n} = -q = \text{const},$$

$$\vec{t}\vec{E} = -\frac{\partial u}{\partial t} = -\frac{\partial(\text{const})}{\partial t} = 0$$

ergibt, was im Gegensatz zu einer konstanten Normalkomponente immer eine verschwindende Tangentialkomponenten von $\vec{E}$ bedeutet. Daß letzteres im Widerspruch zur Physik steht, zeigt das Beispiel des Randwertproblems in Abb. 5.4, wo am linken Teilrand ($x = 0$) offensichtlich eine Feldlinie verläuft und die Tangentialkomponente von $\vec{E}$ nicht verschwindet. Noch deutlicher wird dies für das homogene elektrische Feld $\vec{E} = \vec{e}_y E$, welches durch das Randwertproblem in Abb. 5.26 definiert ist.

Das für konstante Elemente erzwungene (und physikalisch falsche) Verschwinden der Tangentialkomponente führt hier bei Einsatz weniger Randelemente zu einem stark verfälschten Feldverlauf in Randnähe ($x \approx 0$, $x \approx a$). Bei stärkerer Diskretisierung wird das homogene Feld jedoch trotz des „eingebauten" physikalischen Fehlers immer besser approximiert, siehe Abb. 5.26.

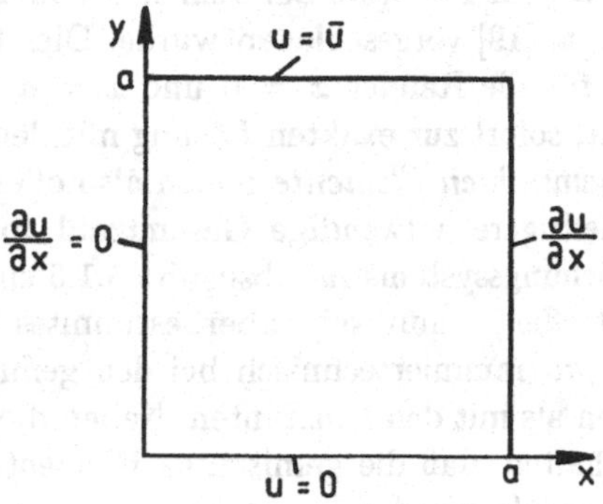

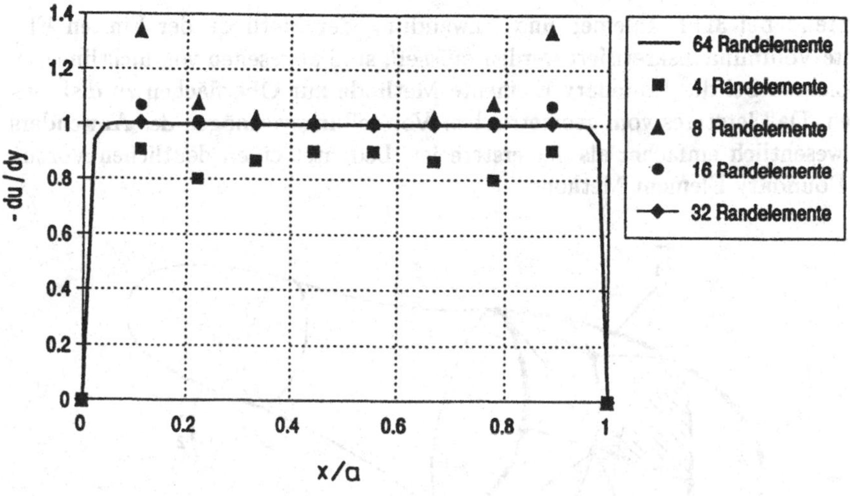

Abb. 5.26. Randwertproblem für homogenes Feld, N konstante Elemente, $y = 0.52a$

Auch bei *höheren Elementen* erscheint es *widersprüchlich*, daß Normal- und Tangentialkomponente unterschiedlich approximiert werden, bei linearen Elementen z.B. wird erstere durch einen linearen, letztere durch einen konstanten Verlauf approximiert.

Vor diesem Hintergrund erscheint es folgerichtig, die Normalableitung mit einer Ordnung niedriger als das Potential auf dem Rand zu approximieren, wie es z.B. von BREBBIA u.a. [19] vorgeschlagen wurde. Dies führt mit dann linearem Potentialansatz für die Ränder $x = 0$ und $x = a$ in Abb. 5.26, wie man unmittelbar erkennt, sofort zur exakten Lösung mit dem Minimum von 4 Randelementen. Diese *gemischten Elemente* haben also offensichtlich Vorzüge im Hinblick auf eine niedrigere notwendige Gesamtzahl von Elementen. Bei der Aufstellung des Gleichungssystems in Abschnitt 5.1.5 sind allerdings (einfache) Maßnahmen zu treffen, damit kein überbestimmtes Gleichungssystem entsteht. Außerdem ist programmiertechnisch bei den gemischten Elementen mehr Aufwand zu treiben als mit den konstanten. Neben diesen Vorzügen und Nachteilen bleibt festzuhalten, daß die gemischten Elemente in der Literatur bislang relativ selten verwendet werden.

5.1.4.2 Oberflächen-Diskretisierung (3D)

Während bei 3D-Problemen und Anwendung der Methode der Finiten Elemente Volumina diskretisiert werden müssen, sind abgesehen von nichtlinearen Problemen bei der Boundary Elemente Methode nur Oberflächen zu diskretisieren. Daß letzteres vom geometrischen Vorstellungsvermögen des Anwenders her wesentlich einfacher als das erstere ist, bedeutet einen deutlichen Vorzug der Boundary Element Methode.

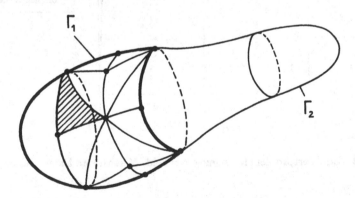

Abb. 5.27. 3D-Oberflächendiskretisierung

Abbildung 5.27 zeigt eine allgemeine Oberflächendiskretisierung, wobei zur geometrischen Beschreibung der ebenen oder gekrümmten Flächenelemente sowie der Approximation der Randfunktionen auf die ausführlichen Darstellungen in Kap. 4 über die Finiten Elemente verwiesen werden kann. Aus der Vielzahl der möglichen Elementtypen seien hier lediglich die *Standard-Elemente* (Elemente mit Standard-Formfunktionen) rekapituliert.

Im folgenden wird der Zusammenhang zwischen den globalen Koordinaten (x, y, z) und den lokalen Koordinaten $\{\xi, \eta\}$ eines Elementpunktes angegeben, wobei *zwei* lokale, nicht notwendigerweise orthogonale Koordinaten zur Beschreibung der 3D-Oberfläche notwendig sind (im Gegensatz zu *einer* bei einer 2D-Randkurve). Betrachtet werde das schraffierte Oberflächenelement in Abb 5.27, ein krummliniges Dreieck, das exakt einen Teil der wahren Oberfläche Γ darstellt.

Die globalen Koordinaten (x, y, z) eines Elementpunktes werden entsprechend (5.29) und (5.30) durch seine lokalen Koordinaten $\{\xi, \eta\}$ sowie durch die Knoten-Koordinaten (x_k, y_k, z_k) ausgedrückt:

$$x(\xi, \eta) = \sum_{k=1}^{p} \alpha_k(\xi, \eta) x_k, \tag{5.44}$$

$$y(\xi, \eta) = \sum_{k=1}^{p} \alpha_k(\xi, \eta) y_k, \tag{5.45}$$

$$z(\xi, \eta) = \sum_{k=1}^{p} \alpha_k(\xi, \eta) z_k. \tag{5.46}$$

Wird das krummlinige, wahre Dreieck gemäß Abb. 5.27 durch das von den 3 Eckpunkten gebildete ebene Dreieck gemäß Abb. 5.28 approximiert, so entsteht ein *lineares Dreieckselement* mit

$$\vec{r}(\xi, \eta) = \sum_{k=1}^{3} \alpha_k(\xi, \eta) \vec{r}_k \tag{5.47}$$

für die Darstellung des zu einem Elementpunkt $\{\xi, \eta\}$ zeigenden Ortsvektors $\vec{r}$. Als lokale Koordinaten werden für das Dreieckselement wie bei den Finiten Elementen zweckmäßigerweise die baryzentrischen Koordinaten $\{\xi, \eta\}$ verwendet. Einer ihrer Vorteile ist die starke Vereinfachung der Formfunktionen $\alpha_k(\xi, \eta)$ zu

$$\alpha_1(\xi, \eta) = \xi, \qquad \alpha_2(\xi, \eta) = \eta, \qquad \alpha_3(\xi, \eta) = 1 - \xi - \eta.$$

Entsprechend der geometrischen Approximation werden die Randfunktionen $u(\xi, \eta)$ und $q(\xi, \eta)$ approximiert:

$$u(\xi, \eta) = \xi u_1 + \eta u_2 + (1 - \xi - \eta) u_3, \tag{5.48}$$

$$q(\xi, \eta) = \xi q_1 + \eta q_2 + (1 - \xi - \eta) q_3. \tag{5.49}$$

Gibt man bei dem krummlinigen, wahren Dreieck in Abb. 5.27 zusätzlich zu den Eckpunkten die Mittenknoten der Seiten vor, so läßt es sich durch ein *quadratisches Dreieckselement* gemäß Abb. 5.29 approximieren mit

$$\vec{r}(\xi, \eta) = \sum_{k=1}^{6} \alpha_k(\xi, \eta) \vec{r}_k \tag{5.50}$$

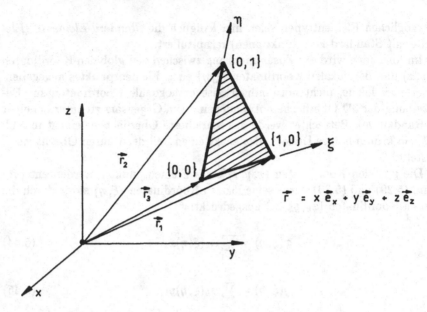

Abb. 5.28. Globale (x, y, z) und lokale $\{\xi, \eta\}$ Koordinaten für lineares Dreieckselement

und den Formfunktionen

$$
\begin{aligned}
\alpha_1(\xi, \eta) &= \xi(2\xi - 1), \\
\alpha_2(\xi, \eta) &= \eta(2\eta - 1), \\
\alpha_3(\xi, \eta) &= (1 - \xi - \eta)[2(1 - \xi - \eta) - 1], \\
\alpha_4(\xi, \eta) &= 4\xi\eta, \\
\alpha_5(\xi, \eta) &= 4\eta(1 - \xi - \eta), \\
\alpha_6(\xi, \eta) &= 4\xi(1 - \xi - \eta).
\end{aligned}
$$

Entsprechend lassen sich die Randfunktionen approximieren:

$$
u(\xi, \eta) = \sum_{k=1}^{6} \alpha_k(\xi, \eta) u_k, \tag{5.51}
$$

$$
q(\xi, \eta) = \sum_{k=1}^{6} \alpha_k(\xi, \eta) q_k. \tag{5.52}
$$

Auch Viereckselemente kommen für die Approximation in Frage. Abbildung 5.30 zeigt ein *lineares Viereckselement* mit der geometrischen Approximation des wahren Oberflächenelements durch

$$
\vec{r}(\xi, \eta) = \sum_{k=1}^{4} \alpha_k(\xi, \eta) \vec{r}_k \tag{5.53}
$$

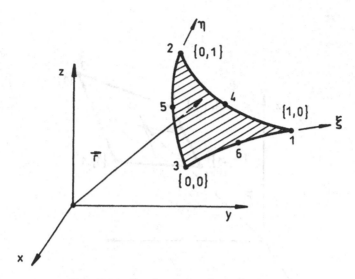

Abb. 5.29. Quadratisches Dreieckselement

mit den Formfunktionen

$$\alpha_1(\xi,\eta) = \frac{1}{4}(1-\xi)(1-\eta),$$

$$\alpha_2(\xi,\eta) = \frac{1}{4}(1+\xi)(1-\eta),$$

$$\alpha_3(\xi,\eta) = \frac{1}{4}(1+\xi)(1+\eta),$$

$$\alpha_4(\xi,\eta) = \frac{1}{4}(1-\xi)(1+\eta).$$

Die entsprechende Approximation gilt für die Randfunktionen:

$$u(\xi,\eta) = \sum_{k=1}^{4} \alpha_k(\xi,\eta)u_k, \tag{5.54}$$

$$q(\xi,\eta) = \sum_{k=1}^{4} \alpha_k(\xi,\eta)q_k. \tag{5.55}$$

Schließlich sollen noch die Zusammenhänge für die *quadratischen Viereckselemente* angegeben werden. Ein solches ist in Abb. 5.31 angegeben mit der geometrischen Approximation

$$\vec{r}(\xi,\eta) = \sum_{k=1}^{8} \alpha_k(\xi,\eta)\vec{r}_k \tag{5.56}$$

und den Formfunktionen

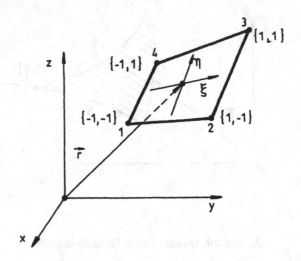

Abb. 5.30. Lineares Viereckselement

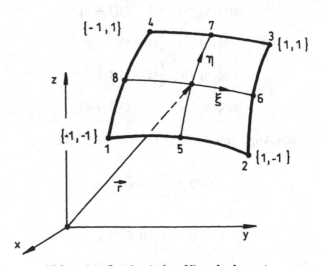

Abb. 5.31. Quadratisches Viereckselement

$$\alpha_1(\xi, \eta) = \frac{1}{4}(1 - \xi)(1 - \eta)(-\xi - \eta - 1),$$

$$\alpha_2(\xi, \eta) = \frac{1}{4}(1 + \xi)(1 - \eta)(\xi - \eta - 1),$$

$$\alpha_3(\xi, \eta) = \frac{1}{4}(1 + \xi)(1 + \eta)(\xi + \eta - 1),$$

$$\alpha_4(\xi, \eta) = \frac{1}{4}(1 - \xi)(1 + \eta)(-\xi + \eta - 1),$$

$$\alpha_5(\xi, \eta) = \frac{1}{4}(1 - \xi^2)(1 - \eta),$$

$$\alpha_6(\xi, \eta) = \frac{1}{4}(1 - \eta^2)(1 + \xi),$$

$$\alpha_7(\xi, \eta) = \frac{1}{4}(1 - \xi^2)(1 + \eta),$$

$$\alpha_8(\xi, \eta) = \frac{1}{4}(1 - \eta^2)(1 - \xi).$$

Für die Randfunktionen lautet die Approximation

$$u(\xi, \eta) = \sum_{k=1}^{8} \alpha_k(\xi, \eta) u_k, \tag{5.57}$$

$$q(\xi, \eta) = \sum_{k=1}^{8} \alpha_k(\xi, \eta) q_k. \tag{5.58}$$

Sowohl für die Dreiecks- als auch für die Viereckselemente können natürlich auch Elemente noch höherer Ordnung zur Approximation herangezogen werden. Einzelheiten findet man bei ZIENKIEWICZ [161] und BREBBIA u.a. [19]. Solche Elemente von höherer als der 2. Ordnung werden jedoch selten angewendet.

Im Falle konstanter Approximation der Randfunktionen, also *konstanten Dreiecks-* oder *Viereckselementen*, werden die jeweils konstanten Werte zweckmäßigerweise den Schwerpunkten der Dreiecke bzw. Mittelpunkten der Vierecke zugeordnet.

5.1.5 Gleichungssystem und Innenraum-Lösung

Nach erfolgter Diskretisierung von Rand bzw. Oberfläche in Abschnitt 5.1.4 ist es nun möglich, die Randintegralgleichung (5.28)

$$\frac{\Omega_i}{4\pi} u_i = -\int_{\Gamma} u q^* \, d\Gamma + \int_{\Gamma} q u^* \, d\Gamma$$

in ein lineares Gleichungssystem zu überführen. Die Oberfläche werde gemäß Abb. 5.1 und Abb. 5.8 so diskretisiert, daß $N = N_1 + N_2$ Randelemente Γ_j und zwar

- N_1 Elemente, zugehörig zu Γ_1, und

- N_2 Elemente, zugehörig zu Γ_2,

enstehen. Auf jedem Element ist entweder u oder q vorgegeben:

- u ist vorgegeben auf Γ_1 und

- q ist vorgegeben auf Γ_2.

Damit lassen sich die Integrale in der Randintegralgleichung als Summe der Teilintegrale über die N Randelemente Γ_j ausdrücken:

$$\frac{\Omega_i}{4\pi} u_i = -\sum_{j=1}^{N} \int_{\Gamma_j} u q^* \, d\Gamma + \sum_{j=1}^{N} \int_{\Gamma_j} q u^* \, d\Gamma. \qquad (5.59)$$

Je nach Art der verwendeten Elemente ergeben sich nun unterschiedliche Beiträge durch die Integrale.

5.1.5.1 Gleichungssystem für konstante Elemente und Innenraum-Lösung

Bei konstanten Elementen können dann die innerhalb der Elemente konstanten Werte $u = u_j$ und $q = q_j$ in (5.59) vor die Integrale gezogen werden:

$$\frac{\Omega_i}{4\pi} u_i + \sum_{j=1}^{N} \underbrace{\left(\int_{\Gamma_j} q^* \, d\Gamma \right)}_{h_{ij}^1} u_j = \sum_{j=1}^{N} \underbrace{\left(\int_{\Gamma_j} u^* \, d\Gamma \right)}_{g_{ij}} q_j. \qquad (5.60)$$

In (ebenen) 2D-Fällen ist der Faktor 4π durch 2π zu ersetzen.

In den Integralen h_{ij}^1 und g_{ij} werden die Fundamentallösung $u^*(\vec{r}_j - \vec{r}_i)$ und ihre Normalableitung $q^*(\vec{r}_j - \vec{r}_i)$ über das Element Γ_j integriert, wodurch die Integrale einen Knoten i mit einem Element Γ_j in Beziehung setzen, siehe Abb. 5.8. Wie bereits in Abschnitt 5.1.3 erwähnt, sind die Integrale beim Zusammentreffen der Punkte i und j *singulär* bzw., wenn i und j nahe beieinander liegen, *nahezu singulär*. Die möglichst genaue und effiziente Berechnung dieser Integrale ist Voraussetzung für den erfolgreichen Einsatz der BEM und somit eine zentrale Aufgabe in der Methode. Sie wird nicht an dieser Stelle sondern wegen ihrer Bedeutung in einem gesonderten Abschnitt (5.4) behandelt.

Es ist für eine einfachere Schreibweise zweckmäßig, die beiden Ausdrücke der linken Seite von (5.50) zusammenzufassen zu:

$$h_{ij} = \begin{cases} h_{ij}^1 & \text{für } i \neq j, \\ h_{ij}^1 + \frac{\Omega_i}{4\pi} & \text{für } i = j. \end{cases} \qquad (5.61)$$

In ebenen Fällen ist der Faktor 4π durch 2π zu ersetzen. Dies ergibt

$$\sum_{j=1}^{N} h_{ij}u_j = \sum_{j=1}^{N} g_{ij}q_j. \tag{5.62}$$

Diese Gleichung für den vorgegebenen Knoten i ist eine Gleichung, in der alle N Knoten-Potentiale u_j und -Normalableitungen q_j linear miteinander gekoppelt sind und die somit noch gemäß Aufgabenstellung N_1 Unbekannte q_j und N_2 Unbekannte u_j enthält ($N = N_1 + N_2$). Läßt man nun den Knoten i nacheinander alle N Knoten einnehmen, so resultiert aus (5.62) das Gleichungssystem

$$\sum_{j=1}^{N} h_{ij}u_j = \sum_{j=1}^{N} g_{ij}q_j; \qquad i = 1\ldots N. \tag{5.63}$$

Mit den Matrizen $\mathbf{H}$ und $\mathbf{G}$ sowie Spaltenvektoren $\mathbf{U}$ und $\mathbf{Q}$ gemäß

$$\mathbf{H} = \{h_{ij}\}_{N\times N}; \quad \mathbf{G} = \{g_{ij}\}_{N\times N}; \quad \mathbf{U}^{\mathrm{T}} = [u_1\,u_2\,\ldots\,u_N]; \quad \mathbf{Q}^{\mathrm{T}} = [q_1\,q_2\,\ldots\,q_N]$$

läßt sich das Gleichungssystem (5.63) in Matrixform schreiben:

$$\mathbf{HU} = \mathbf{GQ}. \tag{5.64}$$

Es ist noch so umzuordnen, daß alle unbekannten Knotenwerte auf die linke und alle bekannten auf die rechte Gleichungsseite kommen. *Unbekannt* ist der *Spaltenvektor* $\mathbf{Q}_1$ der Normalableitungs-Knotenwerte auf Γ_1 und der *Spaltenvektor* $\mathbf{U}_2$ der Potential-Knotenwerte auf Γ_2. Die einfache Umordnung ergibt sich wie folgt aus (5.64), wobei die Matrix-Indizes den Γ-Indizes zugeordnet sind:

$$[\mathbf{H}_1\,|\,\mathbf{H}_2]\begin{bmatrix}\mathbf{U}_1\\\mathbf{U}_2\end{bmatrix} = [\mathbf{G}_1\,|\,\mathbf{G}_2]\begin{bmatrix}\mathbf{Q}_1\\\mathbf{Q}_2\end{bmatrix}$$

$$[\mathbf{H}_2\,|-\mathbf{G}_1]\begin{bmatrix}\mathbf{U}_2\\\mathbf{Q}_1\end{bmatrix} = [-\mathbf{H}_1\,|\,\mathbf{G}_2]\begin{bmatrix}\mathbf{U}_1\\\mathbf{Q}_2\end{bmatrix}. \tag{5.65}$$

Die zusammengefaßte, übliche Darstellung dieses Gleichungssystems lautet

$$\mathbf{Ax} = \mathbf{b}. \tag{5.66}$$

Mit der Lösung des Gleichungssystems (5.65) bzw. (5.66) ist der erste der beiden Hauptschritte der BEM-Strategie nach Abb. 5.8 vollzogen. Hierzu ist folgendes anzumerken:

- Das Gleichungssystem (5.65) enthält, wenn man vergleichbare Genauigkeit zugrunde legt, in der Regel zwar deutlich weniger Unbekannte als bei der FEM, dafür ist aber leider die *Matrix* $\mathbf{A}$ *voll besetzt* und auch weder symmetrisch noch positiv definit. Andererseits ist sie diagonalendominant; dies gilt jedoch nur im Falle eines reinen DIRICHLET- oder reinen NEUMANN-Randwertproblems, nicht dagegen bei einem gemischten Randwertproblem. Für bereichsweise homogene Materialien und damit mehrere Gebiete in Ω wird noch in Abschnitt 5.1.6 gezeigt, daß eine Blockmatrix mit mehreren Null-Unterblöcken entsteht.

- Angesichts der Matrix-Eigenschaften wird meistens ein direktes Lösungsverfahren verwendet, basierend auf dem *GAUSS'schen Algorithmus*. Als Varianten davon sind im Falle einer Block-Matrix spezielle Block-Löser (block solver) empfehlenswert, wie z.B. von STABROWSKI [139]. Neuerdings wurden auch iterative Löser entwickelt, wie z.B. von KAYES [66].

- Steht ein *massiver Parallelrechner* zur Verfügung, so bietet die BEM einen Vorteil gegenüber der FEM: Die *Berechnung der Matrixelemente* (wie auch der Vektoreinträge der rechten Seite) ist hier *perfekt parallelisierbar*.

Der zweite Hauptschritt der BEM-Strategie nach Abb. 5.8 ist nun die Berechnung der *Lösung*, also des Potentials u oder der Feldstärke $\vec{E} = -\operatorname{grad} u$ im *Innenraum* Ω, was eine vergleichsweise unkritische Aufgabe ist.

Ausgangspunkt hierfür ist (5.15) (bzw. (5.60) für konstante Elemente) mit dem Raumwinkel $\Omega_i = 4\pi$ für einen nicht auf der Oberfläche Γ sondern im Volumen Ω liegenden Punkt i, wobei nunmehr die Knotenwerte u_j und q_j in allen Oberflächenknoten j bekannt sind:

$$u_i = -\sum_{j=1}^{N}(\int_{\Gamma_j} q^* \, d\Gamma)u_j + \sum_{j=1}^{N}(\int_{\Gamma_j} u^* \, d\Gamma)q_j, \tag{5.67}$$

$$\vec{E}_i = \sum_{j=1}^{N}(\int_{\Gamma_j} \operatorname{grad}_i q^* \, d\Gamma)u_j - \sum_{j=1}^{N}(\int_{\Gamma_j} \operatorname{grad}_i u^* \, d\Gamma)q_j. \tag{5.68}$$

Der Gradient ist dabei nach den Koordinaten (x_i, y_i, z_i) des betrachteten Raumpunkts i zu bilden:

$$\operatorname{grad}_i u^* = \frac{\partial u^*}{\partial x_i}\vec{e}_x + \frac{\partial u^*}{\partial y_i}\vec{e}_y + \frac{\partial u^*}{\partial z_i}\vec{e}_z.$$

Für jeden betrachteten Raumpunkt i sind also für u_i $2N$ Integrale und für $\vec{E}_i$ $6N$ Integrale auszuwerten, welche alle nichtsingulär, aber bei Raumpunkten in Oberflächennähe nahezu singulär sind und dann besondere Behandlung verlangen (siehe Abschnitt 5.4.5).

Wenn die Lösung u_i bzw. $\vec{E}_i$ in vielen Raumpunkten i, z.B. zur Feldbild-Darstellung gesucht ist, kann sich die Auswertung von (5.67) und (5.68) wegen der vielen Integrale als zeitaufwendig erweisen. Auch hier ist ein Parallelrechner sehr von Nutzen, da die Berechnung der Integrale perfekt parallelisierbar ist.

5.1.5.2 Gleichungssystem für höhere Elemente

Im Falle höherer (einschließlich linearer) Elemente wurden in Abschnitt 5.1.4 Standardelemente mit den Standard-Formfunktionen $\alpha_k(\xi, \eta)$ eingeführt:

$$u(\xi, \eta) = \sum_{k=1}^{p} \alpha_k(\xi, \eta)u_k, \tag{5.69}$$

$$q(\xi, \eta) = \sum_{k=1}^{p} \alpha_k(\xi, \eta) q_k. \qquad (5.70)$$

Diese zunächst nur für ein einziges Element gültigen Formfunktionen werden nun gemäß ihrem Einsatz in der FEM verwendet, d.h. die Formfunktion $\alpha_k(\xi, \eta) \neq 0$ existiert in allen den Knoten k umgebenden und diesen berührenden Elementen, in allen weiteren Elementen gilt jedoch $\alpha_k(\xi, \eta) = 0$. Abbildung 5.32 veranschaulicht diesen Sachverhalt für das Beispiel linearer Formfunktionen.

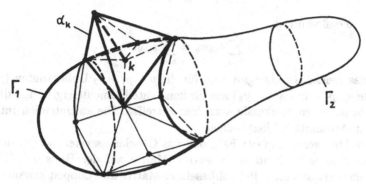

Abb. 5.32. Knoten k und zugehörige Formfunktion α_k über umliegenden Oberflächenelementen

Setzt man diese Formfunktionen nach (5.69) und (5.70) in (5.59) ein, so folgt

$$\frac{\Omega_i}{4\pi} = -\sum_{j=1}^{N} \int_{\Gamma_j} \sum_{k=1}^{p} \alpha_k(\xi, \eta) u_k q^* \, d\Gamma + \sum_{j=1}^{N} \int_{\Gamma_j} \sum_{k=1}^{p} \alpha_k(\xi, \eta) q_k u^* \, d\Gamma$$

mit N: Gesamtzahl der Elemente,
   p: Gesamtzahl der Knoten,
   j, k: Globale Laufindizes.

Da die Knotenwerte u_k und q_k nicht von den Koordinaten $\{\xi, \eta\}$ abhängen, können sie vor die jeweiligen Integrale gezogen werden:

$$\frac{\Omega_i}{4\pi} = -\sum_{j=1}^{N} u_k \underbrace{\int_{\Gamma_j} \sum_{k=1}^{p} \alpha_k(\xi, \eta) q^* \, d\Gamma}_{h_{ik}^1} + \sum_{j=1}^{N} q_k \underbrace{\int_{\Gamma_j} \sum_{k=1}^{p} \alpha_k(\xi, \eta) u^* \, d\Gamma}_{g_{ik}}. \qquad (5.71)$$

Diese Gleichung stellt wie bei konstanten Elementen eine Kopplung zwischen einem Knoten i und allen weiteren Knoten k her. Hier, bei höheren Elementen, entstehen die Koppel- bzw. Matrixelemente h_{ik} und g_{ik} jedoch nicht nur aus einem, sondern aus mehreren Integralen, deren Zahl sich danach richtet, wieviele Elemente j unmittelbar um den Knoten k herum angeordnet sind. Dies sind beispielsweise in Abb. 5.32 um den Knoten k herum 4 Elemente und damit 4

Integrale, bei linearen Elementen im 2D-Fall sind es grundsätzlich 2 Elemente und damit 2 Integrale, siehe Abb. 5.24.

Der Fall konstanter Elemente mit $k = j$ und einem einzigen Integral pro Koppelelement geht als Sonderfall unmittelbar erkennbar ebenfalls aus (5.71) hervor.

Entsprechend (5.61) ist die Zusammenfassung

$$h_{ik} = \begin{cases} h_{ij}^1 & \text{für } i \neq k \\ h_{ij}^1 + \frac{\Omega_i}{4\pi} & \text{für } i = k \end{cases} \tag{5.72}$$

sinnvoll, so daß sich mit

$$\sum_{k=1}^{p} h_{ik} u_k = \sum_{k=1}^{p} g_{ik} q_k \tag{5.73}$$

formal das gleiche Gleichungssystem für die $p = p_1 + p_2$ Unbekannten (p_1 Unbekannte q_k, p_2 Unbekannte u_k) wie für konstante Elemente ergibt und die dort bereits behandelten Merkmale auch hier zutreffen. Die auftretenden Integrale werden in Abschnitt 5.4 besprochen.

Betrachtet werde nun der Fall, daß das Gleichungssystem wegen der vollbesetzten oder weitgehend vollbesetzten Matrix auf der Basis des GAUSS-Algorithmus gelöst werde. Bei vollbesetzter Matrix und doppelt genauen komplexen Zahlen (2 · 8 Byte) für jedes Matrixelement ergibt sich der benötigte Speicherplatz S_{BEM} für die Matrixelemente bei N Gleichungen für die N Unbekannten zu

$$S_{\text{BEM}} = 16 \cdot N^2 \,\text{Byte}.$$

Bei der FEM mit im Schnitt 7 von Null verschiedenen Matrixelementen pro Zeile (für lineare Elemente im 2D-Fall), ergibt sich ein Speicherplatzbedarf von

$$S_{\text{FEM}} = 7 \cdot 16 \cdot N \,\text{Byte}.$$

Abbildung 5.33 zeigt, daß der Hauptspeicher einer leistungsfähigen Workstation (HP 9000/755) bereits bei 2000 Unbekannten durch die Abspeicherung der Matrixelemente verbraucht ist, während bei der FEM erst über 500 000 Unbekannte zu diesem Zustand führen. Durch Großrechner wie einen Vektorrechner (NEC SX-3) oder einen massiven Parallelrechner (CM 200, Thinking Machines Corp.) lassen sich die Werte bei der BEM zwar auf rund 10 000 bzw. 60 000 erhöhen, bleiben jedoch immer stärker hinter denen der FEM zurück (10^7 bzw. $5 \cdot 10^9$ Unbekannte). Der Zahl der Unbekannten sind also bei der BEM aufgrund des enormen Matrix-Speicherbedarfs Grenzen gesetzt. Die Grenze kann zwar durch virtuelle Speicherverwaltung theoretisch erhöht werden, in der Praxis führt der Geschwindigkeitsunterschied zwischen primärem (Haupt-) und sekundärem (Massen-)Speicher leicht zu einem Einbruch der Rechenleistung um einen Faktor ≥ 100 und ist somit nicht anwendbar.

Kommt man bei einem gestellten Problem mit der BEM über die genannte Obergrenze für die Zahl der Unbekannten, so empfiehlt es sich, zur Erzielung gleicher Genauigkeit höhere Elemente einzusetzen. Die notwendige Knoten-

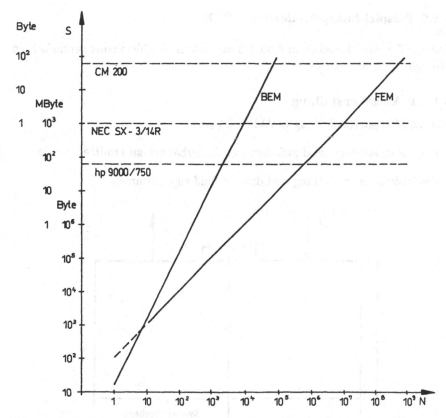

Abb. 5.33. Benötigter Speicherplatz für die Systemmatrix bei linearen Elementen und N Unbekannten

bzw. Unbekanntenzahl kann dann gesenkt werden, allerdings enthalten die Matrixelemente dann mehrere Integrale, was zusätzliche Rechenzeit bedeutet.

Zu Abb. 5.33 muß noch bemerkt werden, daß eine vorgegebene Genauigkeit für ein- und dasselbe Problem bei der BEM deutlich weniger Knoten als bei der FEM verlangt. Auch wenn man dies berücksichtigt, stößt man bei der BEM eher an die Speicherplatz-Grenze als bei der FEM.

Die Lösung im Innenraum ergibt sich schließlich analog zu dem für konstante Elemente gesagten aus (5.15):

$$u_i = -\sum_{k-1}^{p} u_k \sum_{j=1}^{N}(\int_{\Gamma_j} \alpha_k(\xi,\eta)q^* \, d\Gamma) + \sum_{k-1}^{p} q_k \sum_{j=1}^{N}(\int_{\Gamma_j} \alpha_k(\xi,\eta)u^* \, d\Gamma), \qquad (5.74)$$

$$\vec{E}_i = -\sum_{k-1}^{p} u_k \sum_{j=1}^{N}(\int_{\Gamma_j} \alpha_k(\xi,\eta) \, \text{grad}_i \, q^* \, d\Gamma) + \sum_{k-1}^{p} q_k \sum_{j=1}^{N}(\int_{\Gamma_j} \alpha_k(\xi,\eta) \, \text{grad}_i \, u^* \, d\Gamma).$$

$$(5.75)$$

5.1.6 Beispiel Mikrostreifenleiter (2D)

Aufgegriffen wird das schon in Abb. 5.3 dargestellte Problem einer vereinfachten Mikrostreifenleitung.

5.1.6.1 Aufgabenstellung

Für die Mikrostreifenleitung in Abb. 5.34 sind

• der Isolationswiderstand zwischen den Leiterbahnen zu ermitteln sowie

• die örtliche Feldverteilung und das Feldbild zu bestimmen.

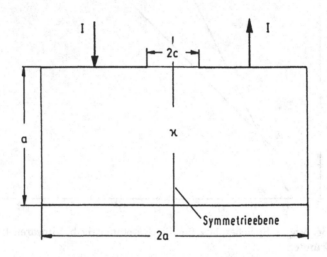

Abb. 5.34. Mikrostreifenleitung II

5.1.6.2 Das feldbeschreibende Randwertproblem

Grundlage für die Betrachtung ist die Ausbreitung einer TEM-Welle auf der Leitung, die durch die z.B. bei SMYTHE [137] angegebene Potentialfunktion

$$\underline{U}(u_1, u_2, z) = U(u_1, u_2)Ce^{-j\beta z} \quad \text{mit} \quad \Delta U(u_1, u_2) = 0 \quad \text{und} \quad \beta^2 = \omega^2\mu\varepsilon$$

beschrieben werden kann, aus der die elektrische Feldstärke

$$\vec{E}(u_1, u_2, z) = -\omega\beta e^{-j\beta z} \operatorname{grad} U(u_1, u_2)$$

hervorgeht.

Die in einer durch die Koordinaten (u_1, u_2) charakterisierten Querschnittsebene verlaufenden elektrischen Feldlinien entsprechen also wegen der Gültigkeit der LAPLACE-Gleichung $\Delta U(u_1, u_2) = 0$ den elektrostatischen Feldlinien zwischen den Streifenleitern und dies trifft auch für eine kleine Restleitfähigkeit $\kappa \neq 0$ des Isolationsmediums der Leitung zu.

Somit kann der gesuchte Isolationswiderstand aus dem dann vorliegenden stationären Strömungsfeld ermittelt werden, dessen Potential u mit $\vec{E} = -\operatorname{grad} u$ die LAPLACE-Gleichung

$$\Delta u(x, y) = 0 \qquad (5.76)$$

und die in Abb. 5.35 eingezeichneten Randbedingungen zu erfüllen hat. Nähere Erläuterungen zu den Randbedingungen wurden bereits in Abschnitt 5.1.1.1 gemacht.

Gemischtes Randwertproblem

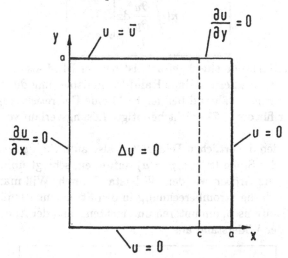

Abb. 5.35. Gemischtes Randwertproblem zu Abb. 5.34

Der *Isolationswiderstand* zwischen den Leitern beträgt

$$R = \frac{2\overline{u}}{I},$$

wobei $\overline{u}$ vorgegeben und i (der zwischen den Leiterbahnen fließende Leckstrom) zunächst unbekannt ist. Er kann jedoch durch das Integral der Stromdichte

$$I = \int\limits_{A} \vec{J} \, \mathrm{d}\vec{A} \quad \text{mit} \quad \vec{J} = \kappa \vec{E} = -\kappa \operatorname{grad} u$$

über eine beliebige vom Strom durchströmte Querschnittsfläche A ausgedrückt werden, wenn die Lösung $u(x, y)$ ermittelt wurde.

Im Hinblick auf die BEM ist es zweckmäßig, als Fläche A eine Randfläche, z.B. die Stromaustrittsfläche einer Leiterbahn, zu wählen, da dort die Normalableitungen $\partial u / \partial n$ methodenbedingt sowieso ermittelt werden müssen:

$$\mathrm{d}\vec{A} = -\mathrm{d}A\,\vec{e}_y = -l \cdot \mathrm{d}x\,\vec{e}_y$$

mit der Längeneinheit l in z-Richtung. Damit ergibt sich

$$\vec{J}\mathrm{d}\vec{A} = -\kappa \left[\frac{\partial u}{\partial x}\vec{e}_x + \frac{\partial u}{\partial y}\vec{e}_y\right]_{y=a} \cdot (-l)\,\mathrm{d}x\,\vec{e}_y = \kappa l \left.\frac{\partial u}{\partial y}\right|_{y=a}\mathrm{d}x,$$

$$I = \kappa l \int\limits_0^c \left.\frac{\partial u}{\partial y}\,\mathrm{d}x\right|_{y=a},$$

$$\boxed{R = \frac{2\overline{u}}{\kappa l \left.\displaystyle\int\limits_0^c \frac{\partial u}{\partial y}\,\mathrm{d}x\right|_{y=a}}.} \tag{5.77}$$

Ist nur der Isolationswiderstand gefragt, ist bei der BEM also nur die Integration über die sowieso zu ermittelnde Rand-Normalableitung $\partial u/\partial y$ im Bereich $0 \le x \le c$ erforderlich, während bei der FEM eine Diskretisierung des inneren Gebiets und der für die (5.77) nicht benötigte Lösungsverlauf von u im Gebiet erforderlich ist.

Der Fehler, den die örtlichen Feldgrößen, also auch $\partial u/\partial y$, in der Nähe der Singularität an der Stelle ($x = c, y = a$) aufweisen, schlägt üblicherweise nur gering auf integrale Größen wie den Widerstand durch. Will man ihn vermeiden, empfiehlt sich die Stromberechnung in den Stromeintrittsflächen, die das Potential $u = 0$ aufweisen, am unteren und rechten Rand der Anordnung. Dann berechnet sich der Widerstand aus

$$\boxed{R = \frac{2\overline{u}}{\kappa l \left.\displaystyle\int\limits_0^a \frac{\partial u}{\partial y}\,\mathrm{d}x\right|_{y=0} + \kappa l \left.\displaystyle\int\limits_0^a \frac{\partial u}{\partial y}\,\mathrm{d}y\right|_{x=a}}.} \tag{5.78}$$

5.1.6.3 BEM-Formulierung

Die noch fehlenden Randfunktionen $u(\Gamma)$, $q(\Gamma)$ – wo $u(\Gamma)$ als Randbedingung vorliegt, muß noch $q(\Gamma)$ ermittelt werden und umgekehrt – können im vorliegenden 2D-Problem aus der Randintegralgleichung (5.27)

$$\frac{\Omega_i}{2\pi}u_i = -\int\limits_\Gamma uq^*\,\mathrm{d}\Gamma + \int\limits_\Gamma qu^*\,\mathrm{d}\Gamma$$

ermittelt werden. Der Aufpunkt i kann auf Γ entweder auf glattem Teilrand oder in einer der vier 90°-Ecken liegen. Aus Tabelle 5.2 für die Raumwinkel Ω_i ist dafür abzulesen:

- i auf glattem Teilrand: $\Omega_i = \pi$,

- i in 90°-Ecke: $\Omega_i = \frac{\pi}{2}$.

Die Fundamentallösung $u^*(r)$ schlägt man in Tabelle 5.1 nach:

$$u^*(r) = \frac{1}{2\pi} \ln \frac{1}{r}.$$

5.1.6.4 Diskretisierung

Aufgrund der vorgegebenen Rechteckstruktur läßt sich der Rand bereits mit konstanten Elementen (und natürlich mit allen höheren) geometrisch exakt wiedergeben.

Bei auch hinsichtlich des elementweisen Verlaufs von $u(\Gamma)$, $q(\Gamma)$ *konstanten Elementen* ist die diskretisierte Randintegralgleichung (5.60) zu verwenden

$$\frac{\Omega_i}{2\pi} u_i + \sum_{j=1}^{N} h_{ij}^1 u_j = \sum_{j=1}^{N} g_{ij} q_j; \qquad i = 1 \ldots N \tag{5.79}$$

mit den Integralen

$$h_{ij}^1 = \int_{\Gamma_j} q^* \, d\Gamma, \qquad g_{ij} = \int_{\Gamma_j} u^* \, d\Gamma.$$

Die Integrale werden ausführlich in Abschnitt 5.4 behandelt. Sie sollen jedoch für das hiesige Beispiel im speziellen angegeben werden.

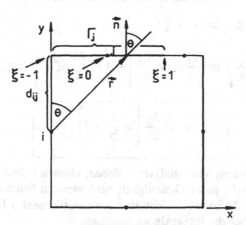

Abb. 5.36. Konstante Elemente, Element Γ_j und Aufpunkt i

Die Normalableitung q^* läßt sich in Γ_j wie folgt darstellen:

$$q^* = \frac{\partial u^*}{\partial n} = \frac{\partial u^*}{\partial r} \frac{\partial r}{\partial n},$$

$$\frac{\partial r}{\partial n} = \vec{n} \operatorname{grad} r = \cos \theta = \frac{d_{ij}}{r}$$

mit dem Abstand d_{ij} zwischen dem Punkt i und der das Element Γ_j enthaltenden Geraden (siehe Abb. 5.36). Mit dem Integrationselement

$$d\Gamma = \frac{1}{2} L_j \, d\xi,$$

der Elementlänge L_j und der lokalen Koordinate $-1 \le \xi \le +1$ lautet das Integral

$$h_{ij}^1 = -\frac{d_{ij} L_j}{4\pi} \int\limits_{-1}^{+1} \frac{d\xi}{r^2} \tag{5.80}$$

und im Falle $i = j$ wird wegen $\partial r / \partial n = 0$ und somit $d_{ij} = 0$ auch

$$h_{ii}^1 = 0 \tag{5.81}$$

und damit gemäß (5.61)

$$h_{ij} = \frac{\Omega_i}{2\pi} = \frac{1}{2}.$$

Das Integral g_{ij} ergibt sich zu

$$g_{ij} = \frac{L_j}{2\pi} \int\limits_{0}^{1} \ln \frac{1}{r} \, d\xi \tag{5.82}$$

und im Falle $i = j$ gilt mit $r = \frac{L_j}{2} \xi$

$$g_{ii} = \frac{L_j}{2\pi} \int\limits_{0}^{1} \ln \frac{1}{\frac{L_j}{2}\xi} \, d\xi = \frac{L_j}{2\pi} \left[-\int\limits_{0}^{1} \ln \frac{L_j}{2} \, d\xi - \int\limits_{0}^{1} \ln \xi \, d\xi \right],$$

$$g_{ii} = \frac{L_j}{2\pi} \left[\ln \frac{1}{\frac{L_j}{2}} + 1 \right]. \tag{5.83}$$

Die Integrale h_{ij}^1 und g_{ij} sind analytisch lösbar, können jedoch auch numerisch nach GAUSS mit sehr guter Genauigkeit und wenigen Stützstellen berechnet werden, sofern der Aufpunkt i nicht zu nahe am Element j liegt. Näheres ist in Abschnitt 5.4 über die Integrale nachzulesen.

Damit kann das Gleichungssystem entsprechend (5.79) aufgestellt werden. Für die „Primitiv"-Diskretisierung gemäß Abb. 5.37 mit lediglich fünf Elementen sind die Potentiale in den Knoten (bzw. Elementen) Nr. 1 und 2 und die Normalableitungen in den Knoten (bzw. Elementen) Nr. 3, 4 und 5 unbekannt und gesucht. Wird das Gleichungssystem gemäß (5.65) nach Bekannten und Unbekannten geordnet, so erhält es auch bei der geringen Elementzahl die für

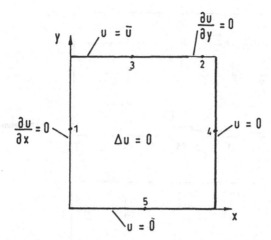

Abb. 5.37. „Primitiv"-Diskretisierung mit fünf konstanten Elementen

die BEM und ein einzelnes Gebiet typische Gestalt mit einer vollbesetzten Koeffizienten-Matrix gemäß (5.84).

$$
\begin{bmatrix}
h_{11} & h_{12} & -g_{13} & -g_{14} & -g_{15} \\
h_{21} & h_{22} & -g_{23} & -g_{24} & -g_{25} \\
h_{31} & h_{32} & -g_{33} & -g_{34} & -g_{35} \\
h_{41} & h_{42} & -g_{43} & -g_{44} & -g_{45} \\
h_{51} & h_{52} & -g_{53} & -g_{54} & -g_{55}
\end{bmatrix}
\begin{bmatrix}
u_1 \\
u_2 \\
\dfrac{\partial u_3}{\partial n} \\
\dfrac{\partial u_4}{\partial n} \\
\dfrac{\partial u_5}{\partial n}
\end{bmatrix}
=
\begin{bmatrix}
0 + 0 - h_{13}\overline{u} + 0 + 0 \\
0 + 0 - h_{23}\overline{u} + 0 + 0 \\
0 + 0 - h_{33}\overline{u} + 0 + 0 \\
0 + 0 - h_{43}\overline{u} + 0 + 0 \\
0 + 0 - h_{53}\overline{u} + 0 + 0
\end{bmatrix}
$$

$$(5.84)$$

5.1.6.5 Numerische Auswertung

Im folgenden werden Resultate für unterschiedliche Elemente und Elementzahlen angegeben. Man vergleiche sie mit den in Abschnitt 4.1.9 mit der FEM gewonnenen Resultaten. Dort ist auch die analytische Lösung graphisch dargestellt.

Die Gesamtzahl der Randelemente in Abb. 5.38 beträgt für (a) 24, (b) 80 und (c) 210. Auf dem Rand wurde in der zugrunde liegenden Rechnung mit gemischten Elementen gearbeitet, bei denen die Normalableitung des Potentials durch konstante, das Potential selbst jedoch durch lineare Funktionen approximiert wird. Daher sind die Verläufe der Feldstärke-Normalkomponente in Abb. 5.38 linksseitig der Singularität treppenförmig, rechtsseitig davon wird der vorgeschriebene Randwert $\partial u/\partial n = 0$ exakt übernommen. Die entsprechenden FEM-Ergebnisse in Abb. 4.54 zeigen ebenfalls treppenförmigen Verlauf, da dort mit linearen Elementen gearbeitet wird, woraus wie erläutert elementweise eine konstante Feldstärke resultiert. Rechtsseitig der Singularität setzt sich bei

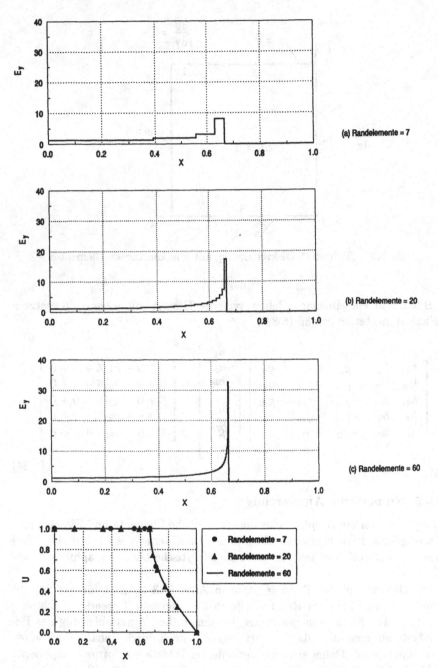

Abb. 5.38. Feldstärkeverlauf $E_y(x)$ und Potentialverlauf $u(x)$ am oberen Rand $y = a$ der Abb. 5.35 für $c/a = 2/3$. E_y ist normiert auf $\bar{u}/a$, u auf $\bar{u}$ und x auf a. Darstellung für 7, 20 und 60 Randelemente am oberen Rand

FEM der treppenförmige Verlauf im Gegensatz zur BEM fort, da wie erläutert die homogene NEUMANN-Bedingung $\partial u/\partial n = 0$ im Gegensatz zur BEM nicht erzwungen werden kann. Mit zunehmender Randelementzahl verschwindet in Abb. 5.38 der Treppencharakter des Verlaufes immer mehr und nähert sich wie bei zunehmender Zahl Finiter Elemente in Abb. 4.54 dem dort enthaltenen analytisch ermittelten Verlauf. Aus dem Kurven-Vergleich folgt weiter, daß mit 120 Randelementen (c) etwa dieselbe Genauigkeit wie mit rund 22000 Finiten Elementen (bei 20facher Verfeinerung) für den Verlauf der Normalableitung am oberen Rand erreicht wird.

Da beim Potentialverlauf mit linearen Elementen gearbeitet wurde, zeigt Abb. 5.38(d) im Gegensatz zu den Abbildungen (a) bis (c) keinen treppenförmigen, sondern einen recht glatten Verlauf. Bereits mit wenigen Randelementen wird der exakte Verlauf rechtsseitig der Singularität sehr gut approximiert, ähnlich wie mit wenigen Finiten Elementen (d.h. wenigen Verfeinerungsschritten) in Abb. 4.55.

5.1.7 Beispiel Strömungsfeld in anisotroper Kohlebürste (2D)

Dieses Beispiel hat von der Lösungs-Methodik her durchaus Ähnlichkeit mit dem vorangegangenen Beispiel eines Mikrostreifenleiters.

5.1.7.1 Aufgabenstellung

Abbildung 5.39 zeigt eine auf den Kommutatorlamellen einer Gleichstrommaschine aufliegende Kohlebürste, durch die die Lamellen möglichst widerstandsfrei von außen mit Strom versorgt werden sollen, während der zwischen zwei benachbarten Lamellen übertretende Strom möglichst klein werden soll. Beiden Wünschen kommt man mit einem anisotropen Kohlematerial der Leitfähigkeit $\kappa_y > \kappa_x$ deutlich näher als mit einem isotropen Standardmaterial. Realisieren kann dies der Materialhersteller durch Pressen des Kohlematerials in einer Vorzugsrichtung.

Die folgende Untersuchung hat die Ermittlung des Widerstandes zwischen zwei benachbarten Lamellen und der Stromdichteverteilung in der Kohlebürste zum Ziel, wobei der Einfluß von Anisotropiegrad und Lamellenlage, d.h. Rotorstellung, von besonderem Interesse ist. Da die dritte Dimension keinen Einfluß auf die Feldverteilung hat, liegt ein zweidimensionales, ebenes Problem (2D) vor.

5.1.7.2 Zu lösendes Randwertproblem

Um die Stromlinien so einfach wie möglich zeichnen zu können, wird die magnetische Feldstärke $\vec{H} = \vec{e}_z H(x,y)$ und nicht wie üblicherweise das Skalarpotential als Leitgröße verwendet. Basis für ihre Verteilung in der Bürste ist das stationäre Strömungsfeld, das durch die MAXWELL'schen Gleichungen

$$\operatorname{rot} \vec{H} = \vec{J} \qquad (5.85)$$

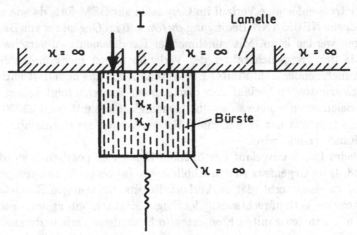

Abb. 5.39. Kohlebürste mit anisotroper Leitfähigkeit

$$\text{rot}\,\vec{E} = 0 \qquad (5.86)$$

mit der Stromdichte $\vec{J}$ und der elektrischen Feldstärke $\vec{E}$ beschrieben wird. Zusammen mit

$$\text{div rot}\,\vec{H} = 0 \qquad (5.87)$$

$$\text{div}\,\vec{B} = \mu\,\text{div}\,\vec{H} = 0 \qquad (5.88)$$

mit der magnetischen Flußdichte $\vec{B}$, der Permeabilität μ und der Anisotropie-Eigenschaft

$$\vec{J} = \kappa_x E_x \vec{e_x} + \kappa_y E_y \vec{e_y} \qquad (5.89)$$

hat die magnetische Feldstärke $\vec{H} = \vec{e_z} H$ die folgende Differentialgleichung zu erfüllen:

$$\frac{\partial^2 H}{\partial x^2} + \frac{\kappa_y}{\kappa_x}\frac{\partial^2 H}{\partial y^2} = 0. \qquad (5.90)$$

Im folgenden wird der *Anisotropiegrad*

$$k = \frac{\kappa_y}{\kappa_x}$$

eingeführt. Infolge der Tatsache, daß die Stromdichte die als ideal leitend angenommenen Kontaktflächen in Abb. 5.39 nur in ihrer Normalenrichtung durchsetzen kann, andererseits aber die Bürstenseiten $x = 0$, $x = a$ sowie den Lamellenschlitz $a_1 < x < a_1 + c$ gar nicht durchfließen kann, resultieren die in Abb. 5.40 dargestellten gemischten Randbedingungen.

Wendet man das Durchflutungsgesetz in seiner Integralform auf den Querschnitt $y = b$ an, so ergeben sich für die vorgeschriebenen Rand-Feldstärken:

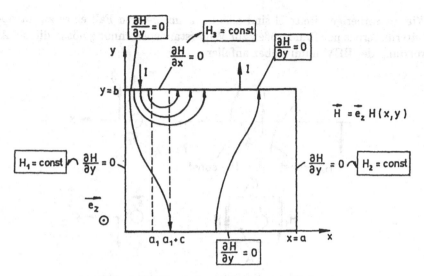

Abb. 5.40. Gemischtes Randwertproblem

$$H_1 = H_2 = 0, \qquad H_3 = \frac{I}{l} \tag{5.91}$$

mit l: Längeneinheit in z-Richtung,

I: Angenommener eingespeister Strom.

Der eingespeiste Strom I erzeugt einen Spannungsabfall U zwischen den benachbarten Lamellen L_1 und L_2:

$$U = \int\limits_{L_1}^{L_2} \vec{E}\,\mathrm{d}\vec{s} = \int\limits_{L_1}^{L_2} \left(\frac{1}{\kappa_x} J_x \vec{e}_x + \frac{1}{\kappa_y} J_y \vec{e}_y \right)\,\mathrm{d}\vec{s} = \frac{1}{\kappa_x} \int\limits_{L_1}^{L_2} \left(\frac{\partial H}{\partial y} \vec{e}_x - \frac{\kappa_x}{\kappa_y} \frac{\partial H}{\partial x} \vec{e}_y \right)\,\mathrm{d}\vec{s},$$

woraus sich der *Widerstand zwischen den benachbarten Lamellen* aus dem OHM'schen Gesetz sofort ergibt.

Als Bezugswiderstand wird der Fall eines Lamellenschlitzes in Bürstenmitte mit $\kappa_x = 0$ eingeführt:

$$R_0 = \frac{4}{l \cdot \kappa_y} \cdot \frac{\frac{b}{a}}{1 - \frac{c}{a}}.$$

Legt man im Hinblick auf eine möglichst einfache Anwendung der BEM den Integrationsweg $L_1 \to L_2$ auf den Rand Γ, so ergibt sich für den auf R_0 bezogenen *Widerstand R zwischen den Lamellen*

$$\frac{R}{R_0} = \frac{\frac{U}{I}}{R_0} = \frac{1 - \frac{c}{a}}{4 \frac{b}{a} \frac{l}{l}} \left[-\int\limits_b^0 \frac{\partial H}{\partial x}\,\mathrm{d}y \bigg|_{x=0} - \int\limits_0^b \frac{\partial H}{\partial x}\,\mathrm{d}y \bigg|_{x=a} \right]. \tag{5.92}$$

Wie im vorherigen Beispiel sind also auch im hiesigen Fall eines anisotropen Leitermaterials nur Randgrößen zur Widerstandsberechnung nötig, die bei Anwendung der BEM unmittelbar anfallen.

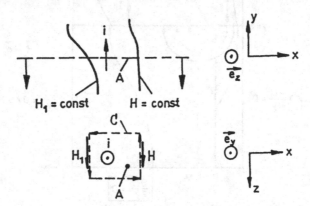

Abb. 5.41. Stromlinien und magnetische Feldstärke

Gemäß Abb. 5.41 und mit Hilfe des STOKES'schen Satzes ergibt sich für den die Teilfläche A durchsetzenden Strom:

$$i = \int_A \vec{J} \, d\vec{A} = \int_A \operatorname{rot} \vec{H} \, d\vec{A} = \oint_C \vec{H} \, d\vec{s} = (H_1 - H)l = -Hl.$$

Hieraus folgt unmittelbar, daß die *Stromlinien* im vorliegenden Beispiel durch Linien konstanter magnetischer Feldstärke gegeben sind.

Führt man eine Stromfunktion $S(x, y)$ durch

$$\frac{i/l}{I/l} = \frac{i}{I} = S(x, y) = \frac{H(x, y)}{H_3}$$

ein, so lautet die *Gleichung der Stromlinien*

$$S(x, y) = \frac{H(x, y)}{H_3} = \text{const} \qquad \text{mit} \quad 0 \le S \le 1. \tag{5.93}$$

5.1.7.3 BEM-Formulierung

Der vorliegende anisotrope Fall kann nicht einfach aus der Randintegralgleichung (5.27) übernommen werden, sondern muß für sich behandelt werden.

Durch eine Koordinatentransformation

$$x' = x \qquad y' = \frac{y}{\sqrt{k}}$$

mit dem schon eingeführten Anisotropiegrad $k = \frac{\kappa_y}{\kappa_x}$ kann die Differentialgleichung (5.90) in die LAPLACE-Gleichung

$$\frac{\partial^2 H}{\partial x'^2} + \frac{\partial^2 H}{\partial y'^2} = 0$$

transformiert werden. Sie wird mit der üblichen Methode der gewichteten Residuen und dem 2. GREEN'schen Satz überführt in die Integraldarstellung

$$\int_\Omega \nabla^2 H^* \cdot H \, d\Omega = \int_\Gamma H \frac{\partial H^*}{\partial n} \, d\Gamma - \int_\Gamma H^* \frac{\partial H}{\partial n} \, d\Gamma,$$

wobei die Gewichtsfunktion H^* durch die zweidimensionale Lösung der Gleichung

$$\nabla^2 H^* = -\frac{1}{\sqrt{k}} \delta_i$$

mit der DIRAC-Delta-Funktion δ_i gegeben ist:

$$\boxed{H^* = \frac{1}{2\pi\sqrt{k}} \ln \frac{1}{r'}} \tag{5.94}$$

mit $r' = \sqrt{(x - x_i)^2 + \frac{1}{k}(y - y_i)^2}$. Daraus resultiert die Randintegralgleichung

$$\frac{\Omega_i}{2\pi} \frac{1}{\sqrt{k}} H_i(r') = -\int_\Gamma H(r') \frac{\partial H^*(r')}{\partial n} \, d\Gamma(r') + \int_\Gamma H^*(r') \frac{\partial H(r')}{\partial n} \, d\Gamma(r'). \tag{5.95}$$

Der Aufpunkt i kann auf Γ gemäß Abb. 5.40 entweder auf glattem Teilrand oder in einer der vier 90°-Ecken liegen. Aus Tabelle 5.2 für die Raumwinkel Ω_i ist dafür abzulesen:

- i auf glattem Teilrand: $\Omega_i = \pi$,

- i in 90°-Ecke: $\Omega_i = \frac{\pi}{2}$.

Liegt der Aufpunkt nicht auf Γ, sondern innerhalb des Randes in Ω, so gilt $\Omega_i = 2\pi$.

5.1.7.4 Diskretisierung

In diesem Beispiel soll der Rand durch lineare Elemente geometrisch exakt wiedergegeben werden.

Bei auch hinsichtlich des elementweisen Verlaufes von $H(\Gamma)$, $\partial H/\partial n(\Gamma)$ *linearen Elementen* geht die Randintegralgleichung (5.95) in die folgende diskretisierte Form über:

$$\frac{\Omega_i}{2\pi} \frac{1}{\sqrt{k}} H_i + \sum_{j=1}^N \int_{\Gamma_j} \frac{\partial H^*}{\partial n} H \, d\Gamma = \sum_{j=1}^N \int_{\Gamma_j} H^* \frac{\partial H}{\partial n} \, d\Gamma, \tag{5.96}$$

wobei die Approximationen wie folgt lauten:

$$H = \varphi_1 H_1 + \varphi_2 H_2 \qquad x = \varphi_1 x_1 + \varphi_2 x_2$$

$$\frac{\partial H}{\partial n} = \varphi_1 \frac{\partial H_1}{\partial n} + \varphi_2 \frac{\partial H_2}{\partial n} \qquad y = \varphi_1 y_1 + \varphi_2 y_2$$

mit $\varphi_1 = \frac{1}{2}(1 - \xi)$ und $\varphi_2 = \frac{1}{2}(1 + \xi)$ als linearen Formfunktionen gemäß Abschnitt 5.1.4.1. Mit den Abkürzungen

$$Q = \frac{\partial H}{\partial n},$$

$$h_{ij}^{\overset{(1)}{(2)}} = \int\limits_{\Gamma_j} \varphi_{\overset{(1)}{(2)}} \frac{\partial H^*}{\partial n}\, \mathrm{d}\Gamma,$$

$$g_{ij}^{\overset{(1)}{(2)}} = \int\limits_{\Gamma_j} H^* \frac{\partial \varphi_{\overset{(1)}{(2)}}}{\partial n}\, \mathrm{d}\Gamma$$

folgt aus (5.96)

$$\frac{\Omega_i}{2\pi} \frac{1}{\sqrt{k}} H_i + \sum_{j=1}^{N} \left[\, h_{ij}^{(1)} \;\; h_{ij}^{(2)} \,\right] \left[\begin{array}{c} H_j \\ H_{j+1} \end{array}\right] = \sum_{j=1}^{N} \left[\, g_{ij}^{(1)} \;\; g_{ij}^{(2)} \,\right] \left[\begin{array}{c} Q_j \\ Q_{j+1} \end{array}\right], \qquad (5.97)$$

wobei H_j, Q_j die zum Anfangs- und H_{j+1}, Q_{j+1} die zum Endknoten des Elements j gehörigen Knotenwerte sind.

$\partial H^*/\partial n$ im Integral für $h_{ij}^{(1)}{}_{(2)}$ wird wie folgt ermittelt:

$$\frac{\partial H^*}{\partial n} = \frac{\partial H^*}{\partial r'} \frac{\partial r'}{\partial n} \qquad \frac{\partial H^*}{\partial r'} = -\frac{1}{2\pi\sqrt{k}} \frac{1}{r'} \qquad \frac{\partial r'}{\partial n} = \frac{1}{r'} \frac{K'_{ij}}{L'_j}.$$

Dabei ist L'_j die transformierte Länge des Elements j

$$L'_j = \sqrt{(x_{j+1} - x_j)^2 + \frac{1}{k}(y_{j+1} - y_j)^2}.$$

Die Abkürzung K'_{ij} bedeutet

$$K'_{ij} = \frac{1}{\sqrt{k}}\left[(x_j - x_i)(y_{j+1} - y_j) - (y_j - y_i)(x_{j+1} - x_j)\right] = \frac{1}{\sqrt{k}} K_{ij}.$$

Hiermit ergibt sich

$$\frac{\partial H^*}{\partial n} = -\frac{1}{2\pi k} \frac{1}{r'^2} \frac{K_{ij}}{L'_j},$$

$$\mathrm{d}\Gamma = \frac{1}{2} L'_j\, \mathrm{d}\xi,$$

$$\frac{\partial H^*}{\partial n}\, \mathrm{d}\Gamma = -\frac{1}{4\pi k} \frac{1}{r'^2} K_{ij}\, \mathrm{d}\xi.$$

Mit diesen soeben dargestellten Ausdrücken lauten die Integrale in (5.97):

$$h_{ij}^{(m)} = -\frac{K_{ij}}{8\pi k} \int\limits_{-1}^{+1} (1 \mp \xi) \frac{1}{r'^2} \, d\xi, \qquad m = 1, 2,$$

$$g_{ij}^{(m)} = \frac{L_j'}{8\pi\sqrt{k}} \int\limits_{-1}^{+1} (1 \mp \xi) \ln\frac{1}{r'} \, d\xi, \qquad m = 1, 2.$$

Sie können auch in geschlossener Form gelöst werden, werden jedoch üblicherweise für einen nicht zum Element j gehörenden Knoten i durch die GAUSS-Quadratur numerisch gelöst (siehe Abschnitt 5.4 über Integrale).

In den Fällen, bei denen der Knoten i zum Element j gehört, d.h. für $j = i$ und $j =. i - 1$, läßt sich hohe Genauigkeit mit der GAUSS-Quadratur nur schlecht erzielen, so daß die geschlossene Lösung, sofern sie existiert, in jedem Fall zu bevorzugen ist. Dies ist im hiesigen Fall möglich:

$$
\begin{aligned}
g_{ii}^{(m)} &= \frac{L_i'}{8\pi\sqrt{k}} \int\limits_{-1}^{+1} (1 \mp \xi) \ln\frac{1}{r'} \, d\xi = \frac{L_i'}{8\pi\sqrt{k}} \int\limits_{-1}^{+1} (1 \mp \xi) \ln\frac{2}{L_i'(1+\xi)} \, d\xi \\[2mm]
&= \begin{cases} \frac{L_i'}{8\pi\sqrt{k}} \left(\frac{3}{2} - \ln L_i'\right) & \text{für} \quad m = 1 \\[2mm] \frac{L_i'}{8\pi\sqrt{k}} \left(\frac{1}{2} - \ln L_i'\right) & \text{für} \quad m = 2 \end{cases} ,
\end{aligned}
$$

$$
\begin{aligned}
g_{i,i-1}^{(m)} &= \frac{L_{i-1}'}{8\pi\sqrt{k}} \int\limits_{-1}^{+1} (1 \mp \xi) \ln\frac{1}{r'} \, d\xi \\[2mm]
&= \begin{cases} \frac{L_{i-1}'}{8\pi\sqrt{k}} \left(\frac{3}{2} - \ln L_{i-1}'\right) & \text{für} \quad m = 1 \\[2mm] \frac{L_{i-1}'}{8\pi\sqrt{k}} \left(\frac{1}{2} - \ln L_{i-1}'\right) & \text{für} \quad m = 2 \end{cases} ,
\end{aligned}
$$

Für die Integrale $h_{ii}^{(m)}$ und $h_{i,i-1}^{(m)}$ ergibt sich wegen $\partial r'/\partial n = 0$ analog zu (5.81) der Wert Null.

An denjenigen Knoten des Randes, an denen unterschiedliche Randbedingungen aufeinandertreffen (siehe Abb. 5.40), können generell dadurch Probleme auftreten, daß mehr Unbekannte als Bestimmungsgleichungen existieren (siehe Abschnitt 5.5). So existieren generell beispielsweise in der Ecke ($x = 0, y = b$) zunächst drei Unbekannte: H, $\partial H/\partial x|_{x=0}$ und $\partial H/\partial y|_{y=b}$. Zwei von ihnen sind jedoch durch die Randbedingungen $H = H_1$ und $\partial H/\partial y|_{y=b} = 0$ vorgegeben, so daß die dritte wie üblich durch Lösung des aus (5.96) resultierenden Gleichungssystems bestimmt werden kann. Bei dem hiesigen Randwertproblem der anisotropen Kohlebürste entstehen auch in allen anderen Randknoten keine Kompatibilitätsprobleme.

Damit kann das Gleichungssystem entsprechend (5.96) ohne Probleme aufgestellt werden und führt wie im vorherigen Beispiel (siehe Abschnitt 5.1.6) zu einer vollbesetzten Matrix.

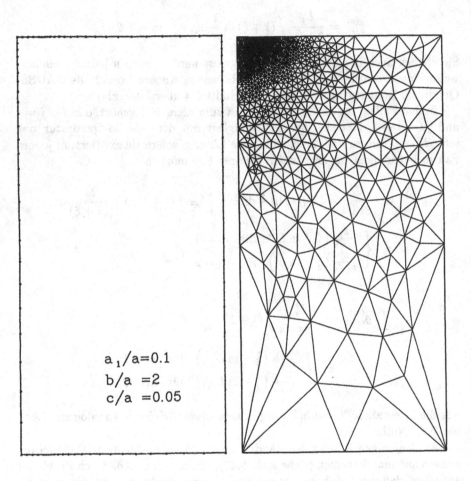

Abb. 5.42. BEM-Netz (96 lineare Elemente) [75]

Abb. 5.43. FEM-Netz (3869 lineare Elemente)

Abbildung 5.42 zeigt den diskretisierten Rand bzw. das BEM-Netz für 96 lineare Elemente. Zum Vergleich gibt Abb. 5.43 das adaptiv generierte FEM-Netz mit 3869 linearen Elementen wieder, das zur etwa gleichen Genauigkeit der Widerstandsbestimmung führt. Die Element-Verdichtung bei BEM am unteren Rand ($y = 0$) wäre für die Widerstandsbestimmung nicht erforderlich. Sie wurde nur eingeführt, um ein regelmäßiges Netz innerhalb des Randes zum Zwecke der Stromliniendarstellung zu erhalten.

5.1.7.5 Numerische Auswertung

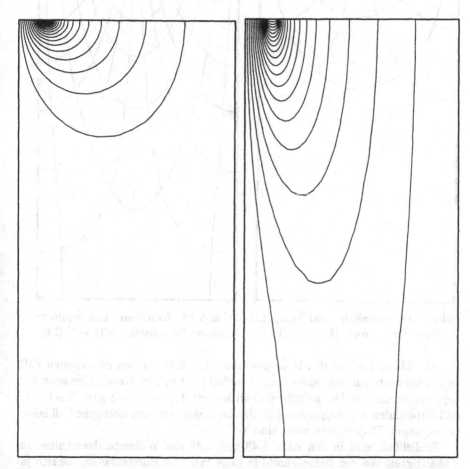

Abb. 5.44. Stromlinien für Isotropie ($k = 1$)   **Abb. 5.45.** Stromlinien für Anisotropie ($k = 10$)

Die Abbildungen 5.44 und 5.45 zeigen die Wirkung des anisotropen Materials gegenüber dem isotropen: Die Stromlinien werden nach unten gezogen aufgrund der besseren Leitfähigkeit in y-Richtung, wodurch der Stromweg verlängert und der Widerstand zwischen benachbarten Lamellen erhöht wird, wie es erwünscht ist.

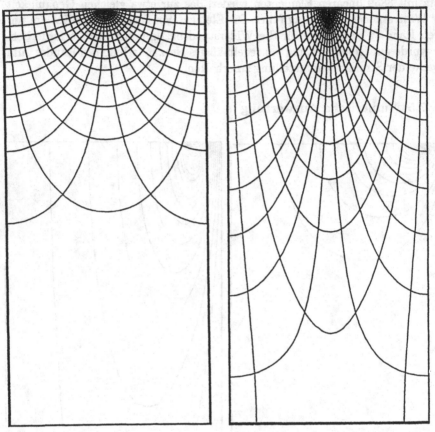

Abb. 5.46. Stromlinien und Äquipoten-   **Abb. 5.47.** Stromlinien und Äquipotentiallinien für Isotropie ($k = 1$) [73]   tiallinien für Anisotropie ($k = 5$) [73]

Abbildung 5.46 für den isotropen und Abb. 5.47 für den anisotropen Fall zeigen bei zentrisch liegendem Lamellenschlitz neben den Stromlinien auch die Äquipotentiallinien. Der anisotrope Fall kommt deutlich darin zum Ausdruck, daß Stromlinien und Äquipotentiallinien im Gegensatz zum isotropen Fall keine orthogonalen Trajektorien mehr sind.

Schließlich wird in den Abb. 5.48 und 5.49 das Widerstandsverhalten in Abhängigkeit von der Lamellenschlitz-Lage bzw. der Bürstenlänge, die sich ja im Betrieb durch Abrieb verändert, dargestellt. In Abb. 5.49 sind zum Vergleich mit der FEM berechnete Werte eingetragen. Schließlich zeigt Abb. 5.50 die Konvergenz des berechneten Widerstands mit zunehmender Randelementzahl.

Eine ausführliche Behandlung des Problems mit der BEM findet man bei KOST und SHEN [75] und mit der FEM bei KOST und KASPER [73].

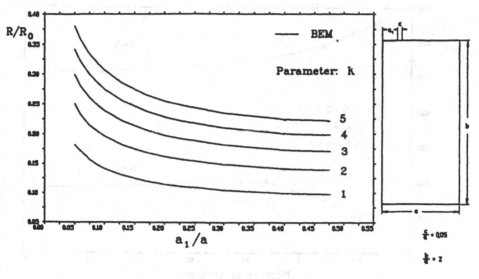

Abb. 5.48. Widerstand als Funktion der Lamellenlage [75]

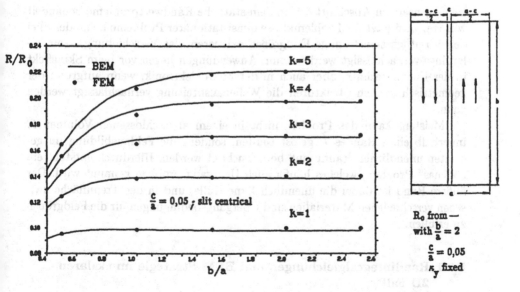

Abb. 5.49. Widerstand als Funktion der Bürstenlänge (Schlitz zentrisch) [73, 75]

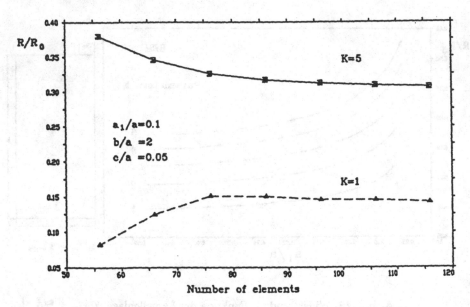

Abb. 5.50. Widerstand als Funktion der Randelementzahl [75]

5.2 Quasistationäres Übergangsproblem

Im Gegensatz zu Abschnitt 5.1, in dem statische Randwertprobleme behandelt wurden, wird jetzt die Problemklasse quasistationärer Probleme behandelt, bei denen zeitlich sinusförmige Feldgrößen existieren, der Verschiebungsstrom allerdings vernachlässigt werden kann. Anwendungen liegen vor beim Skineffekt in der Energietechnik, aber auch in der Mikroelektronik, wenn aufgrund der geometrisch kleinen Strukturen die Wellenausbreitung vernachlässigt werden kann.

Meistens kann das Problem nicht in einem abgeschlossenen Volumen Ω innerhalb eines Randes Γ gelöst werden, sondern die Feldausbildung im gesamten unendlichen Raum muß berücksichtigt werden. Hierdurch entsteht ein „offenes" Problem, welches häufig auch Übergangsproblem genannt wird. Der äußere Rand ist dabei die unendlich ferne Hülle, und in der Trennfläche zwischen verschiedenen Materialien sind Übergangsbedingungen für die Feldgrößen zu erfüllen.

5.2.1 Randintegralgleichungen und BEM-Strategie im skalaren 2D-Fall

5.2.1.1 Aufgabenstellung und Randwertproblem

Behandelt werde das quasistationäre Randwertproblem gemäß Abb. 5.51, bei dem M von vorgegebenen sinusförmigen Wechselströmen durchflossene Leiter miteinander über ihre Felder gekoppelt sind. Gesucht ist die sich in jedem Leiter einstellende Stromdichte-Verteilung sowie die Feldausbildung im gesamten Raum.

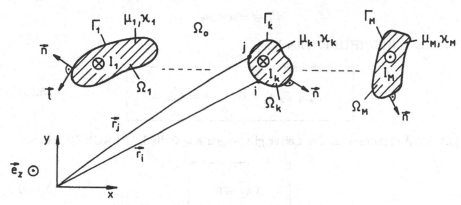

Abb. 5.51. Quasistationäres Randwertproblem

Nun kann die Stromdichte in jedem der Leiter aufgespalten werden in

$$\underline{J}\vec{e}_z = \underline{J}^e\vec{e}_z + \underline{J}^s\vec{e}_z,$$

wobei der Unterstrich als Kennzeichen für die komplexe Amplitude im folgenden weggelassen wird.

J^s ist ein konstanter Stromdichte-Anteil, der mit der Potentialdifferenz längs des Leiters wie folgt verknüpft ist:

$$J^s = \kappa E^s = -\kappa \operatorname{grad} \varPhi = -\kappa \frac{\mathrm{d}\varPhi}{\mathrm{d}z} = \kappa \frac{\varPhi(0) - \varPhi(l)}{l}.$$

Häufig wird er auch als Quellen-Stromdichte bezeichnet, während J^e die Wirbelstromdichte darstellt. Die Verknüpfung mit dem Vektorpotential ist durch

$$J = J^e + J^s = -\mathrm{j}\kappa\omega(A + A^s) = -\mathrm{j}\kappa\omega A^t \tag{5.98}$$

gegeben, wobei A^s, zugehörig zu J^s als Quellen-Vektorpotential und A^t als totales Vektorpotential bezeichnet wird.

Der Verschiebungsstrom wird bei der gegebenen Problemstellung bekanntlich vernachlässigt, so daß gemäß Kap. 2 die Differentialgleichung für das Vektorpotential

$$\operatorname{div} \frac{1}{\mu} \operatorname{grad} A - \mathrm{j}\omega\kappa A = -J^s$$

lautet. Sie läßt sich durch Einführung des oben definierten totalen Vektorpotentials A^t in die homogene Differentialgleichung

$$\operatorname{div} \frac{1}{\mu} \operatorname{grad} A^t - \mathrm{j}\omega\kappa A^t = 0$$

überführen, dessen Form als Ausgangsbasis für eine BEM-Formulierung sehr geeignet ist. Im folgenden werde mit ortsunabhängiger Permeabilität gerechnet, so daß für jeden der M Leiter mit

$$\beta_k^2 = -j\omega\kappa_k\mu_k$$

die skalare HELMHOLTZ-Gleichung

$$\Delta A_k^t + \beta_k^2 A_k^t = 0, \qquad k = 1 \ldots M \tag{5.99}$$

gilt. Im Außenraum Ω_0 der Leiter gilt wegen $\kappa = 0$ die LAPLACE-Gleichung

$$\Delta A_0 = 0. \tag{5.100}$$

Auf den Leiteroberflächen müssen die Übergangsbedingungen

$$
\begin{aligned}
A_0 &= A_k = A_k^t - A_k^s \\
\frac{\partial A_0}{\partial n} &= \mu_{rk}\frac{\partial A_k}{\partial n} = \mu_{rk}\frac{\partial A_k^t}{\partial n}
\end{aligned}
\tag{5.101}
$$

für alle $k = 1 \ldots M$ erfüllt werden. Dabei ist wegen des konstanten Anteils A_k^s der Sachverhalt $\partial A_k^s/\partial n = 0$ berücksichtigt worden. μ_{rk} ist die relative Permeabilität des Leiters k.

Zur eindeutigen Definition der Problemstellung sind noch die Leiterströme vorzugeben und in die Gleichungen (5.99) bis (5.101) einzuarbeiten. Dies kann über die Anwendung des Durchflutungsgesetzes für die einzelnen Leiter erfolgen:

$$I_k = \int_{\Omega_k} \vec{J}_K \, d\Omega = \int_{\Gamma_k} \vec{H}_k \, d\vec{\Gamma} = \frac{1}{\mu_k} \int_{\Gamma_k} \text{rot}\, \vec{A}_k \, d\vec{\Gamma}. \tag{5.102}$$

Da hier ein ebenes Problem vorliegt, gilt mit den Einheitsvektoren

$$(\vec{e}_1, \vec{e}_2, \vec{e}_3) = (\vec{n}, \vec{t}, \vec{e}_z)$$

die folgende Darstellung für $\text{rot}\, \vec{A} \, d\vec{\Gamma}$:

$$
\begin{aligned}
\text{rot}\, \vec{A} &= \vec{n}(\vec{n}\,\text{rot}\,\vec{A}) + \vec{t}(\vec{t}\,\text{rot}\,\vec{A}), \\
d\vec{\Gamma} &= \vec{t}\,d\Gamma, \\
\text{rot}\, \vec{A}\, d\vec{\Gamma} &= \vec{t}\,\text{rot}\,\vec{A}\,d\Gamma = -\frac{\partial A}{\partial n}\,d\Gamma,
\end{aligned}
$$

und somit für (5.102):

$$\int_{\Gamma_k} \frac{\partial A_k}{\partial n}\, d\Gamma = -\mu_k I_k.$$

$\partial A_k/\partial n$ werde mit (5.101) durch die Normalableitungen im nichtleitenden Raum dargestellt, die zur genauen Kennzeichnung mit $\partial A_{0,k}/\partial n$ bezeichnet werden:

$$\boxed{\int_{\Gamma_k} \frac{\partial A_{0,k}}{\partial n}\, d\Gamma = -\mu_0 I_k.} \tag{5.103}$$

5.2.1.2 BEM-Formulierung

Jetzt geht es darum, die beiden Differentialgleichungen (5.99) und (5.100) mit den Übergangsbedingungen (5.101) und der Nebenbedingung (5.103) in eine BEM-Formulierung zu überführen. Da das Vorgehen sehr ähnlich dem in Abschnitt 5.1 für die LAPLACE-Gleichung aufgezeigten Verfahren ist, werden hier nur die abweichenden Besonderheiten herausgestellt.

Anstelle der LAPLACE-Gleichung (5.1) wird die *skalare HELMHOLTZ-Gleichung* (5.99) für einen der Leiter betrachtet:

$$\Delta A + \beta^2 A = 0. \tag{5.104}$$

Auch hier bildet wie in (5.4) die Strategie eines *gewichteten Residuums* den Ausgangspunkt

$$\int_\Omega \varepsilon w\, d\Omega = \int_\Omega (\Delta A + \beta^2 A) w\, d\Omega = 0 \tag{5.105}$$

mit zunächst beliebiger Gewichtsfunktion w. Mit dem *2. GREEN'schen Satz* lassen sich wie in (5.7) die erwünschten Randintegrale einführen:

$$\int_\Omega (\Delta w + \beta^2 w) A\, d\Omega = \int_\Gamma \left(A \frac{\partial w}{\partial n} - w \frac{\partial A}{\partial n} \right) d\Gamma. \tag{5.106}$$

Im Unterschied zum gemischten Randwertproblem in Abschnitt 5.1 mit seinem abgeschlossenen Volumen sind jedoch bei dem hiesigen Übergangsproblem zunächst keinerlei Potential- bzw. Normalableitungswerte A, $\partial A/\partial n$ auf dem (Übergangs-)Rand Γ bekannt.

Auch hier wird die *DIRAC-Delta-Funktion* eingeführt, um das Volumen-Integral in (5.106) zu eliminieren:

$$\Delta w + \beta^2 w = -\delta_i \tag{5.107}$$

Damit ist die Gewichtsfunktion w festgelegt, welche man in Tabelle 5.1 nachschlagen kann zu

$$w = G^* = \begin{cases} \frac{1}{4j} H_0^{(2)}(\beta r) & \text{für } \beta \neq 0 \\ \frac{1}{2\pi} \ln\left(\frac{1}{r}\right) & \text{für } \beta = 0. \end{cases} \tag{5.108}$$

Entsprechend (5.15) und (5.27) läßt sich nun die Lösung A_i in einem Punkt innerhalb des Leiters Ω oder auf dessen Rand Γ durch das folgende Randintegral darstellen:

$$\frac{\Omega_i}{2\pi} A_i = -\int_\Gamma A \frac{\partial G^*}{\partial n}\, d\Gamma + \int_\Gamma \frac{\partial A}{\partial n} G^*\, d\Gamma \tag{5.109}$$

mit dem in Abschnitt 5.1 definierten Raumwinkel Ω_i.

Angewendet auf einen Leiter k mit dem in (5.99) verwendeten totalen Vektorpotential A_k^t und der zugehörigen Fundamentallösung bzw. Gewichtsfunktion $G_k^*(\beta_k)$ lautet die Randintegral-Darstellung:

$$\boxed{\frac{\Omega_i}{2\pi} A_{k,i}^t = -\int_{\Gamma_k} A_k^t \frac{\partial G_k^*}{\partial n}\, d\Gamma + \int_{\Gamma_k} \frac{\partial A_k^t}{\partial n} G_k^*\, d\Gamma, \qquad k = 1 \ldots M} \tag{5.110}$$

Da weder A_k^t noch $\partial_k^t/\partial n$ auf der Leiteroberfläche bekannt ist, muß auch der nichtleitende Bereich Ω_0 zwischen den Leitern in Form einer Randintegral-Darstellung erfaßt werden. Sie ergibt sich leicht als Sonderfall $\beta = 0$ der soeben durchgeführten Herleitung für das mit A_0 bezeichnete Vektorpotential in Ω_0 und die in (5.108) bereits aufgeführte Gewichtsfunktion

$$G_0^* = \frac{1}{2\pi} \ln \frac{1}{r}.$$

Zu berücksichtigen ist, daß bei der bisherigen Ableitung die Flächennormale immer aus dem betrachteten Volumen herauszeigt. Da sie so auch auf den Leiteroberflächen Γ_k festgelegt wurde, zeigt sie aber nun zwangsläufig in das Volumen Ω_0 *hinein*, so daß sich in der folgenden Gleichung (5.111) gegenüber (5.110) bei den Normalableitungen Vorzeichenänderungen ergeben:

$$\boxed{\frac{\Omega_i}{2\pi} A_{0,i} = \int_{\Gamma_k} A_0 \frac{\partial G_0^*}{\partial n}\, d\Gamma - \int_{\Gamma_k} \frac{\partial A_0}{\partial n} G_0^*\, d\Gamma.} \tag{5.111}$$

Zu integrieren ist in (5.111) über die Oberfläche des gesamten Volumen Γ_0, die sich einerseits aus der Summe über alle Leiteroberflächen

$$\sum \Gamma_k = \sum_{k=1}^M \Gamma_k$$

und andererseits der unendlich fernen Hülle zusammensetzt. Letztere liefert jedoch keinen Beitrag in (5.111), da sowohl $\partial G_0^*/\partial n$ als auch die Induktionskomponente $\partial A_0/\partial n$ dort verschwinden.

5.2.1.3 Diskretisierung und Gleichungssystem

Es sollen lineare Formfunktionen zur Approximation der Leiteroberflächen und der Funktionen A und $\partial A/\partial n$ auf diesen Flächen verwendet werden.

Nimmt man N Knoten pro Leiteroberfläche bei der Diskretisierung an, so sieht die Bilanz der Unbekannten und Bestimmungsgleichungen folgendermaßen aus:

Unbekannte pro Leiter:

N	Werte $A_k^t = A_k - A_k^s$,
	also N Werte A_k und 1 Wert A_k^s
N	Werte $\partial A_k^t/\partial n$
N	Werte A_0
N	Werte $\partial A_0/\partial n$

$4N+1$ Unbekannte pro Leiter insgesamt

Bestimmungsgleichungen pro Leiter:

N	BEM-Gleichungen (5.110)
N	BEM-Gleichungen (5.111)
N	Gleichungen 1. Übergangsbedingung (5.101)
N	Gleichungen 2. Übergangsbedingung (5.101)
1	Nebenbedingung (5.103)

$4N+1$ Gleichungen pro Leiter insgesamt

Da die Gleichungen voneinander linear unabhängig sind, ist das System lösbar.

Durch Einführung von Blockmatrizen nimmt das *Gleichungssystem für M Leiter* prinzipiell die Struktur wie für einen Leiter an, bei größer werdender Leiterzahl enthalten die Blockmatrizen jedoch mehr und mehr Nullen, was bei der BEM typisch für eine zunehmende Raumunterteilung ist:

$$\begin{bmatrix} \mathbf{H} & \mathbf{G} & \mathbf{0} \\ \mathbf{H}_0 & -\mathbf{G}_0 & -\mathbf{S}_h \\ \mathbf{0} & \mathbf{T} & \mathbf{0} \end{bmatrix} \begin{bmatrix} \mathbf{A}^t \\ \mathbf{Q}_0 \\ \mathbf{A}^s \end{bmatrix} = \begin{bmatrix} \mathbf{0} \\ \mathbf{0} \\ \mathbf{F} \end{bmatrix} \qquad (5.112)$$

Im folgenden wird die Bedeutung der einzelnen Blockmatrizen und Spaltenvektoren angegeben:

$$\mathbf{A}^t = \begin{bmatrix} A_1^t & A_2^t & \dots & A_M^t \end{bmatrix}^T$$

$$\mathbf{Q}_0 = \begin{bmatrix} Q_{0,1} & Q_{0,2} & \dots & Q_{0,M} \end{bmatrix}^T$$

$$\mathbf{A}^s = \begin{bmatrix} A_1^s & A_2^s & \dots & A_M^s \end{bmatrix}^T$$

$$\mathbf{H} = \text{diag} \begin{bmatrix} \mathbf{H}_1 & \mathbf{H}_2 & \dots & \mathbf{H}_M \end{bmatrix}$$

$$\mathbf{G} = \text{diag} \begin{bmatrix} \mu_{r,1}\mathbf{G}_1 & \mu_{r,2}\mathbf{G}_2 & \dots & \mu_{r,M}\mathbf{G}_M \end{bmatrix}$$

$$\mathbf{H}_0 = \begin{bmatrix} \mathbf{H}_0^1 & \mathbf{H}_0^2 & \dots & \mathbf{H}_0^M \end{bmatrix}$$

$$\mathbf{G}_0 = \begin{bmatrix} \mathbf{G}_0^1 & \mathbf{G}_0^2 & \dots & \mathbf{G}_0^M \end{bmatrix}$$

$$S_\mathrm{h} = \left\{ \sum \mathbf{H}_0^m \right\}_{N \times M}$$

$$\mathbf{T} = \mathrm{diag}\,[\mathbf{T}_1 \quad \mathbf{T}_2 \quad \ldots \quad \mathbf{T}_M]$$

$$\mathbf{T}_k = \mathrm{diag}\,\left[t_1^k \quad t_2^k \quad \ldots \quad t_M^k \right]$$

$$\mathbf{F} = [-\mu_0 \mathbf{I}_1 \quad -\mu_0 \mathbf{I}_2 \quad \ldots \quad -\mu_0 \mathbf{I}_M]^\mathrm{T}$$

mit (für $k = 1 \ldots M$):

$\mathbf{H}_k,\ \mathbf{G}_K$:   Koppelmatrizen aus BEM-Gleichung (5.110),
Leiterbereich

$\mathbf{H}_0,\ \mathbf{G}_0$:   Koppelmatrizen aus BEM-Gleichung (5.111),
Nichtleiterbereich

$\mathbf{A}_0^t,\ \mathbf{G}_{0,k} = \left[\frac{\partial \mathbf{A}_{0,k}}{\partial n} \right]$:   Vektor der Lösungen für Vektorpotential und dessen
Normalableitung auf der Oberfläche des Leiters k

$\mathbf{H}_0^k,\ \mathbf{G}_o^K$: $N \times N_k$ Submatrizen von $\mathbf{H}_0$ und $\mathbf{G}_0$;
ihre Spalten korrespondieren mit den Randelementen
des Leiters k

t_j^k: $t_j^k = \frac{1}{2}(L_{j-1}^k + L_j^k),\ j = 2 \ldots N_k\ t_1^k = \frac{1}{2}(L_1^k + L_{N_k}^k)$
N_k: Zahl der Randelemente des Leiters k
$N = \sum N_k$:   Gesamtzahl der Randelemente
L_j^k: Länge eines Randelements

Für das *Beispiel eines einzelnen Leiters* vereinfachen sich die Blockmatrizen
wie folgt:

$$\begin{bmatrix} \mathbf{H}_1 & \mu_{\mathrm{r},1}\mathbf{G}_1 & 0 \\ \mathbf{H}_0 & -\mathbf{G}_0 & -\mathbf{S}_\mathrm{h} \\ 0 & \mathbf{T} & 0 \end{bmatrix} \begin{bmatrix} \mathbf{A}^t \\ \mathbf{Q}_0 \\ \mathbf{A}^s \end{bmatrix} = \begin{bmatrix} 0 \\ 0 \\ -\mu_0 \mathbf{I}_1 \end{bmatrix} \tag{5.113}$$

Dabei sind:
$\mathbf{H}_1$ und $\mathbf{G}_1$:   Koppelmatrizen für den Leiter
$\mathbf{H}_0$ und $\mathbf{G}_0$:   Koppelmatrizen für den nichtleitenden Bereich

$$\mathbf{S}_\mathrm{h} = \begin{bmatrix} \sum_l h_{1l}^0 \\ \vdots \\ \sum_l h_{Nl}^0 \end{bmatrix}$$

$$\mathbf{H}_0 = \left\{ h_{ij}^0 \right\}_{N \times N}$$

N: Anzahl der Randelemente
$\mathbf{T} = [t_1 \ldots t_N]$ $t_j = \frac{1}{2}(L_{j-1} + L_j),\ j = 2 \ldots N,\ t_1 = \frac{1}{2}(L_1 + L_N)$
L_j Länge eines Randelements

Anmerkungen zum Beispiel eines einzelnen Leiters: Von der wohlbekannten
analytischen Lösung für die Stromdichteverteilung in einem einzelnen kreiszy-
lindrischen Leiter weiß man, daß diese und damit auch das Vektorpotential auf
der Oberfläche konstant ist. Die natürlichste BEM-Diskretisierung wäre von daher die, mit einem einzelnen konstanten Element zu arbeiten, das geometrisch
als Vollkreisbogenelement den Rand exakt nachbildet.

Das Gleichungssystem (5.113) schrumpft in diesem Fall auf drei Gleichungen für die drei Unbekannten A^t, $Q_0 = \partial A/\partial n$ und A^s zusammen und die Matrizen $\mathbf{H}$ und $\mathbf{G}$ gehen in einzelne Matrixelemente über.

Was routinemäßig aus den Programmen für konstante und lineare Elemente nicht verfügbar ist, sind die Integrale

$$\int_\Gamma \frac{\partial G^*}{\partial n}\, r d\Gamma, \qquad \int_\Gamma G^*\, r d\Gamma,$$

sowie

$$\int_\Gamma \frac{\partial G_0^*}{\partial n}\, r d\Gamma, \qquad \int_\Gamma G_0^*\, r d\Gamma,$$

welche als Matrixelemente aus den (5.110) und (5.111) hervorgehen und in den ersten beiden Fällen als singuläre Integrale über die HANKEL-Funktion bzw. ihre Normalableitung längs des Kreisumfanges besonders zu behandeln sind. Dies dürfte der Grund sein, warum in der Literatur die Kreisoberfläche diskretisiert wird, obwohl dies eigentlich widersinnig ist.

Für das *Beispiel von 2 Leitern* stellt sich das Gleichungssystem wie folgt dar:

$$
\begin{bmatrix}
\mathbf{H}_1 & 0 & \mu_{r,1}\mathbf{G}_1 & 0 & 0 & 0 \\
0 & \mathbf{H}_2 & 0 & \mu_{r,2}\mathbf{G}_2 & 0 & 0 \\
\mathbf{H}_0^1 & 0 & -\mathbf{G}_0^1 & 0 & -\mathbf{S}_h^1 & 0 \\
0 & \mathbf{H}_0^2 & 0 & -\mathbf{G}_0^2 & 0 & -\mathbf{S}_h^2 \\
0 & 0 & \mathbf{T}_1 & 0 & 0 & 0 \\
0 & 0 & 0 & \mathbf{T}_2 & 0 & 0
\end{bmatrix}
\begin{bmatrix}
\mathbf{A}_1^t \\
\mathbf{A}_2^t \\
\mathbf{Q}_{0,1} \\
\mathbf{Q}_{0,2} \\
\mathbf{A}_1^s \\
\mathbf{A}_2^s
\end{bmatrix}
=
\begin{bmatrix}
0 \\
0 \\
0 \\
0 \\
-\mu_0 \mathbf{I}_1 \\
-\mu_0 \mathbf{I}_2
\end{bmatrix}
\qquad (5.114)
$$

Dabei sind:
$\mathbf{H}_1$, $\mathbf{G}_1$ und $\mathbf{H}_2$, $\mathbf{G}_2$: Koppelmatrizen für Leiter 1 bzw. 2
$\mathbf{H}_0^1$, $\mathbf{G}_0^1$ und $\mathbf{H}_0^2$, $\mathbf{G}_0^2$: Koppelmatrizen für den nichtleitenden Bereich

$$\mathbf{S}_h^m = \begin{bmatrix} \sum_l h_{1l}^{0m} \\ \vdots \\ \sum_l h_{Nl}^{0m} \end{bmatrix}$$

$\mathbf{H}_0^1 = \left\{ h_{ij}^{01} \right\}_{N \times N_1}$

$\mathbf{H}_0^2 = \left\{ h_{ij}^{02} \right\}_{N \times N_2}$

$N = N_1 + N_2$ Anzahl der Randelemente

$\mathbf{T}_1 = \begin{bmatrix} t_1^1 \dots t_{N_1}^1 \end{bmatrix}$ Bedeutung siehe Beispiel eines Leiters

$\mathbf{T}_2 = \begin{bmatrix} t_1^2 \dots t_{N_1}^2 \end{bmatrix}$ Bedeutung siehe Beispiel eines Leiters

Die wachsende Zahl von Nullen in der Matrix mit zunehmender Leiterzahl wird aus dem Vergleich von zwei Leitern und einem Leiter deutlich, siehe (5.113) und (5.114). Die in den Matrixelementen auftretenden Integrale werden in Abschnitt 5.4 behandelt.

5.2.1.4 Beispiele und numerische Auswertung

Als erstes Beispiel werde der *Skineffekt im einzelnen Kreisleiter* behandelt, für den die wohlbekannte analytische Lösung für die Stromdichte J mit modifizierten BESSEL-Gunktionen, siehe z.B. SMYTHE [137], lautet:

$$J^* = \frac{J}{J_0} = \frac{(1+j)\frac{a}{\delta}}{2I_1\left((1+j)\frac{a}{\delta}\right)}I_0\left((1+j)\frac{\rho}{\delta}\right)$$

mit $J_0 = \frac{I}{\pi a^2}$:   Bezugsstromdichte (I: Gesamtstrom, a: Leiterradius),

$\delta = \left(\frac{1}{2}\omega\kappa\mu\right)^2$:   Eindringtiefe,

ρ: radiale Zylinderkoordinate.

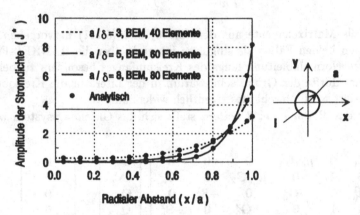

Abb. 5.52. Skineffekt im einzelnen Kreisleiter

Abbildung 5.52 zeigt eine sehr gute Übereinstimmung der BEM-Ergebnisse (40, 60 und 80 Randelemente) mit der analytischen Lösung.

Mit zunehmender Randelementzahl sollte der Fehler der BEM-Ergebnisse abnehmen, da der Kreis dann geometrisch immer besser angenähert wird, siehe Abb. 5.53, und der numerische Fehler in diesem Beispiel hauptsächlich von der geometrischen Approximation herrührt. Die Abb. 5.54 bestätigt diese Annahme für den Widerstand und die Induktivität des Leiters. Wegen der Knickstellen des Randes in den Knoten existieren dort grundsätzlich 2 Normalableitungen. Sie werden aus Symmetriegründen durch einen einzigen Wert in radialer Richtung ersetzt.

Das nächste Beispiel behandelt den *Skin- und Proximity-Effekt bei zwei Kreisleitern*. In einer horizontalen Leiterschnittebene wird die Amplitude des totalen Vektorpotentials A^t (unter Verwendung von 80 linearen Randelementen je Leiter) gemäß Abschnitt 5.2.1.3 dargestellt und mit der in Abschnitt 5.5 behandelten, die Problem-Symmetrie ausnutzenden Methode sowie der Methode von RUCKER und RICHTER [124] verglichen. Abgesehen von geringeren Abweichungen an der Oberfläche ist eine gute Übereinstimmung zu konstatieren, siehe Abb. 5.55.

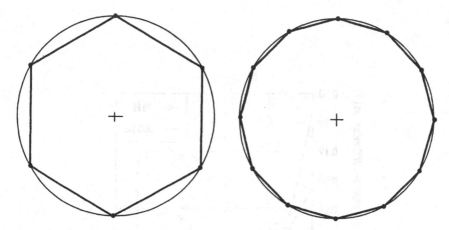

Abb. 5.53. Geometrische Approximation des Kreisrandes mit 6 und 12 linearen Elementen

Das dritte Beispiel behandelt den *Skin- und Proximity-Effekt bei vier Kreis-leitern*. Hier wird in einer horizontalen Leiterschnittebene die normierte Amplitude der Stromdichte J^* unter Verwendung von 80 linearen Randelementen je Leiter dargestellt und mit der in Abschnitt 5.5 behandelten, die Problemsymmetrie hinsichtlich x- und y-Achse ausnutzenden Methode verglichen. Auch die Ergebnisse mit der hybriden FEM/BEM-Methode nach Kap. 6 werden herangezogen. Es ergibt sich eine sehr gute Übereinstimmung, siehe Abb. 5.56.

Abbildung 5.57 zeigt die Vorteile der Symmetrieausnutzung mit speziellen Fundamentallösungen aus Abschnitt 5.5: Da nur die Hälfte (bei zwei Leitern) bzw. ein Viertel (bei vier Leitern) an Randelementen gegenüber der konventionellen BEM verwendet wird, vermindert sich die CPU-Zeit für die Matrixelemente-Berechnung, aber insbesondere für die Lösung des Gleichungssystems (um den Faktor 64 bei 4 Leitern!), siehe SHEN [132].

5.2.2 Randintegralgleichungen und BEM-Strategie im vektoriellen 3D-Fall (Direkte BEM)

Anders als im vorigen Abschnitt 5.2.1 beschrieben, können zahlreiche quasistationäre Probleme (Vernachlässigung des Verschiebungsstroms) nicht als ebene Probleme behandelt werden sondern verlangen die Berücksichtigung der dritten Dimension. Die generelle Aufgabenstellung eines leitenden dreidimensionalen Körpers im Wechselfeld einer ebenfalls dreidimensionalen Erregungs-Anordnung wird in Abb. 5.58 dargestellt, wobei das resultierende Gesamtfeld innerhalb und außerhalb des leitenden Körpers, manchmal vornehmlich außerhalb oder innerhalb, gesucht ist.

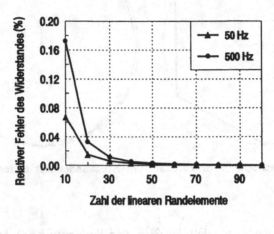

(a) Widerstand

Abb. 5.54. Genauigkeit von Widerstand und Induktivität beim kreisförmigen Einzelleiter als Funktion der Randelementezahl ($a = 0.02\,\mathrm{m}$, $\kappa = 5.8 \cdot 10^7\,\mathrm{S/m}$, $\mu_{\mathrm{r}} = 1$)

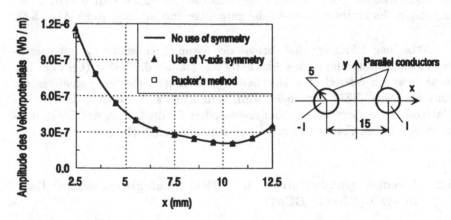

Abb. 5.55. Amplitude des totalen Vektorpotentials in einer Leiterschnittebene ($y = 0$) bei zwei Kreisleitern ($f = 50\,\mathrm{Hz}$, $\kappa = 5.8 \cdot 10^7\,\mathrm{S/m}$, $\mu_{\mathrm{r}} = 1$, $I = 10\,\mathrm{A}$)

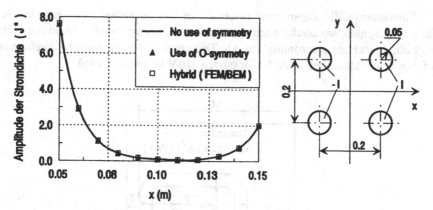

Abb. 5.56. Amplitude der Stromdichte in einer Leiterschnittebene ($y = 0.1$) bei vier Kreisleitern ($f = 50\,\text{Hz}$, $\kappa = 5.8 \cdot 10^7\,\text{S/m}$, $\mu_\text{r} = 1$)

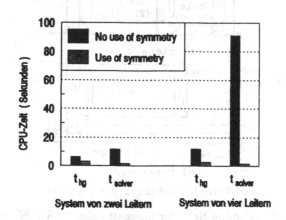

Abb. 5.57. Rechenzeiten mit und ohne Symmetrieausnutzung bei der BEM (t_hg: Matrixelemente-Berechnung)

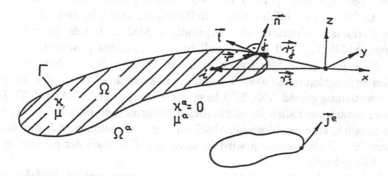

Abb. 5.58. Leitender Körper im erregenden Wechselfeld

Anwendungsfälle liegen zum Beispiel vor bei leitenden Bereichen in der Nähe von Spulen, wo häufig nach den Verlusten gefragt wird. Abbildung 5.59 zeigt eine derartige Anordnung, die als Testproblem für numerische Verfahren auf den internationalen TEAM-Workshops [103] verwendet wird.

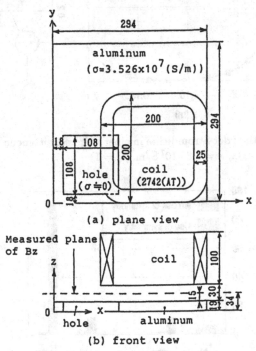

Abb. 5.59. Testproblem Nr. 7 der internationalen TEAM-Workshops

Ein weiterer typischer Anwendungsfall liegt im Bereich der Elektromagnetischen Verträglichkeit (EMV) vor, wo leitende Platten dazu verwendet werden, Störfelder, z.B. infolge von Schaltanlagen, abzuschirmen, damit in der Nähe stationierte Monitore oder empfindliche Meßgeräte störungsfrei arbeiten können. Abbildung 5.60 veranschaulicht eine derartige grundsätzliche Situation. Auch für andere Störquellen, wie z.B. Bahnen, Straßenbahnen und deren Versorgungsleitungen sowie Umspann-/Gleichrichter-Werke, gilt die gleiche Problemstellung gemäß Abb. 5.60 bzw. grundsätzlich gemäß Abb. 5.58. In den meisten derartigen Fällen ist es nämlich aus räumlichen oder Kosten-Gründen nicht möglich, eine geschlossene Abschirmung vorzunehmen. Als Ergebnis der numerischen Feldberechnung wird in solchen Fällen nach der optimalen Plattengestalt gefragt.

Gesichtspunkte zur *Auswahl* eines geeigneten *numerischen Verfahrens* sind:

- Es liegt ein *3D-Problem* mit *offenem Rand* vor.

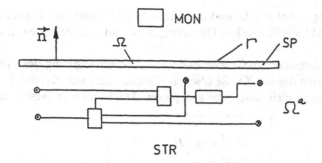

Abschirmung eines von Stromschienen (STR) herrührenden Störfeldes durch
eine Stahlplatte (SP)
MON: Abzuschirmende Monitore
Ω: Volumen außerhalb der Stahlplatte
Γ: Oberfläche der Stahlplatte
$\vec{n}$: Normale des Volumens Ω

Abb. 5.60. Offenes Abschirmproblem der Elektromagnetischen Verträglichkeit

- Bei FEM ist eine sehr umfangreiche Diskretisierung mit vielen Volumen-
  elementen in Ω und Ω^a nötig.

  Die Frage nach der Plazierung des notwendigen äußeren, aber künstlichen
  Randes ist nicht leicht zu beantworten, beeinflußt aber die Genauigkeit.

- Bei BEM ist nur eine Diskretisierung der Oberfläche Γ mit relativ wenigen
  Flächenelementen erforderlich

• Bei *eisenhaltigen Leitermaterialien*

- kann bei niedriger Induktion die Magnetisierungskennlinie als linear angenommen werden (Anfangspermeabilität): BEM verwendbar.

- muß bei hoher Induktion (Überlast- und Kurzschlußfälle in der Erregung)
  die Nichtlinearität der Magnetisierungskennlinie berücksichtigt werden.

  Die Anwendung der BEM ist dann zwar möglich (siehe Abschnitt 5.6)
  aber für nichtlineare 3D-Fälle bislang nicht implementiert. Die hybride
  FEM/BEM-Methode erscheint hier am besten geeignet.

Die folgenden Untersuchungen mit der BEM beschränken sich daher auf lineare
Materialien.

5.2.2.1 $\vec{E}, \vec{H}$-Formulierung

Im Gegensatz zu den bisher mit der BEM behandelten Problemen, deren Felder durch ein einziges Potential oder eine einzige Vektorpotential-Komponente
beschrieben werden konnten, ist dies im vorliegenden quasistationären 3D-
Problem nicht möglich. Neben einer Formulierung mit Potentialen kann man

sich auch sozusagen auf den Grund der Dinge begeben und eine Formulierung mit den in den MAXWELL'schen Gleichungen enthaltenen Feldstärken $\vec{E}$ und $\vec{H}$ vornehmen.

Für zeitlich sinusförmige Größen und unter Vernachlässigung des Verschiebungsstroms lauten die MAXWELL'schen Gleichungen nach Kapitel 2, wobei unter allen Vektoren gleichzeitig die komplexen Amplituden zu verstehen sind:

$$
\begin{aligned}
\operatorname{rot} \vec{E} + \mathrm{j}\omega\mu\vec{H} &= 0 \\
\operatorname{rot} \vec{H} - \kappa\vec{E} &= \vec{J}^{\mathrm{e}} \\
\operatorname{div} \vec{B} &= 0 \\
\operatorname{div} \vec{J} &= 0
\end{aligned}
\tag{5.115}
$$

mit den Materialgleichungen

$$
\vec{B} = \mu\vec{H} \qquad \vec{J} = \kappa\vec{E} \qquad \vec{D} = \varepsilon\vec{E}
$$

$$
\kappa = \left\{ \begin{array}{c} \kappa \\ 0 \end{array} \right. \quad \text{und} \quad \vec{J}^{\mathrm{e}} = \left\{ \begin{array}{c} 0 \\ \vec{J}^{\mathrm{e}} \end{array} \right. \quad \text{in} \quad \begin{array}{c} \Omega \\ \Omega^{\mathrm{a}} \end{array} .
$$

Die Übergangsbedingungen in der Oberfläche Γ in Abb. 5.58 und 5.60 lauten nach Kapitel 2

$$
\begin{aligned}
\vec{n}\vec{B}|_\Gamma &= \vec{n}\vec{B}^{\mathrm{a}}|_\Gamma \\
\vec{n} \times \vec{H}|_\Gamma &= \vec{n} \times \vec{H}^{\mathrm{a}}|_\Gamma \\
\vec{n}\vec{J}|_\Gamma &= 0 \\
\vec{n} \times \vec{E}|_\Gamma &= \vec{n} \times \vec{E}^{\mathrm{a}}|_\Gamma
\end{aligned}
\tag{5.116}
$$

Die BEM-Strategie ist im Prinzip die gleiche wie in den bisher behandelten skalaren Fällen, jedoch erfordert die hier zu behandelnde vektorielle Natur der Feldgrößen einige zusätzliche Maßnahmen aus dem Bereich der Vektoranalysis. Dies soll im folgenden dargelegt werden.

Durch Differentiation der I. MAXWELL'schen Gleichung erhält man

$$
\operatorname{rot}\operatorname{rot} \vec{E} + \mathrm{j}\omega\mu \operatorname{rot} \vec{H} = 0
$$

und durch Einbeziehung der II. Gleichung folgt hieraus eine vektorielle Differentialgleichung für die elektrische Feldstärke:

$$
\operatorname{rot}\operatorname{rot} \vec{E} + \mathrm{j}\omega\mu\kappa\vec{E} = -\mathrm{j}\omega\mu\vec{J}^{\mathrm{e}},
\tag{5.117}
$$

welche bei ortsunabhängiger Leitfähigkeit und dann gegebener Divergenzfreiheit $\operatorname{div} \vec{E} = 0$ mit der vektoriellen HELMHOLTZ-Gleichung identisch ist.

Auch hier bildet die Strategie eines *gewichteten Residuums* den Ausgangs-punkt

$$\int_{\Omega} \vec{e}\vec{\Phi}\,d\Omega = \int_{\Omega} (\text{rot rot }\vec{E} + j\omega\mu\kappa\vec{E})\vec{\Phi}\,d\Omega + \int_{\Omega} j\omega\mu\vec{J^e}\vec{\Phi}\,d\Omega = 0 \qquad (5.118)$$

mit der zunächst beliebigen vektoriellen Gewichtsfunktion

$$\vec{\Phi} = \Phi\vec{a} \qquad \text{mit } \vec{a}\text{: beliebiger Einheitsvektor.}$$

Um Randintegrale wie in (5.7) einzuführen, ist der vektorielle *2. GREEN'sche Satz*, auch *2. STRATTON'scher Satz* genannt und bei STRATTON [140] zu finden, heranzuziehen, welcher angewendet auf die Vektoren $\vec{E}$ und $\vec{\Phi}$

$$\int_{\Omega} \left[\Phi\vec{a}\,\text{rot rot }\vec{E} - \vec{E}\,\text{rot rot}(\Phi\vec{a})\right]\,d\Omega = \int_{\Gamma} \left[\vec{E}\times\text{rot}(\Phi\vec{a}) - \Phi\vec{a}\times\text{rot }\vec{e}\right]\vec{n}\,d\Gamma$$

lautet. Mit ihm läßt sich zunächst das Volumenintegral über rot rot $\vec{E}$ in (5.118) beseitigen:

$$\int_{\Omega} \left[\vec{E}\,\text{rot rot}(\Phi\vec{a}) + j\omega\kappa\mu\vec{E}\Phi\vec{a}\right]\,d\Omega \;+\; \int_{\Gamma} \left[\vec{E}\times\text{rot}(\Phi\vec{a}) - \Phi\vec{a}\times\text{rot }\vec{E}\right]\vec{n}\,d\Gamma$$

$$= \int_{\Omega} j\omega\mu\vec{J^e}\Phi\vec{a}\,d\Omega \qquad (5.119)$$

Zur gewünschten Beseitigung der Volumenintegrale stellt es sich nun als notwendig heraus, den Einheitsvektor $\vec{a}$ in der Gewichtsfunktion wie folgt festzulegen:

$$\vec{a} = \text{const} \qquad \text{mit} \quad \text{rot }\vec{a} = \text{div }\vec{a} = 0.$$

Damit läßt sich das erste Volumenintegral in (5.119) wie folgt umformen:

$$\text{rot rot}(\Phi\vec{a}) = \text{grad div}(\Phi\vec{a}) - \Delta\Phi\vec{a} \qquad \text{mit} \quad \text{div}(\Phi\vec{a}) = \vec{a}\,\text{grad }\Phi + \Phi\underbrace{\text{div }\vec{a}}_{= 0},$$

$$\int_{\Omega} \vec{E}\,\text{rot rot}(\Phi\vec{a})\,d\Omega = \int_{\Omega} \vec{E}\,\text{grad}\underbrace{(\vec{a}\,\text{grad }\Phi)}_{= \varphi}\,d\Omega - \int_{\Omega} \vec{E}\Delta\Phi\vec{a}\,d\Omega.$$

Weitere Umformung erfolgt mit

$$\text{div}(\vec{E}\varphi) = \vec{E}\,\text{grad }\varphi + \varphi\underbrace{\text{div }\vec{E}}_{= 0},$$

$$\int_{\Omega} \vec{E}\,\text{rot rot}(\Phi\vec{a})\,d\Omega = \underbrace{\int_{\Omega} \text{div}[\vec{E}(\vec{a}\,\text{grad }\Phi)]\,d\Omega}_{= I} - \int_{\Omega} \vec{E}\Delta\Phi\vec{a}\,d\Omega.$$

GAUSS'scher Satz: $I = \displaystyle\int_\Gamma \vec{E}(\vec{a}\,\mathrm{grad}\,\Phi)\vec{n}\,\mathrm{d}\Gamma = \int_\Gamma \vec{a}\,\mathrm{grad}\,\Phi\,(\vec{E}\cdot\vec{n})\,\mathrm{d}\Gamma.$

$$(5.120)$$

Mit mehrmaliger Anwendung elementarer Regeln der Vektoranalysis sowie der I. MAXWELL'schen Gleichung läßt sich unter Auslassung der diesbezüglichen Schritte das Oberflächenintegral in (5.119) wie folgt umformen:

$$\int_\Gamma \left[\vec{E}\times\mathrm{rot}(\Phi\vec{a}) - \Phi\vec{a}\times\mathrm{rot}\,\vec{E}\right]\vec{n}\,\mathrm{d}\Gamma$$

$$= \ \vec{a}\int_\Gamma \left[(\vec{n}\times\vec{E})\times\mathrm{grad}\,\Phi - \mathrm{j}\omega\mu(\vec{n}\times\vec{H})\Phi\right]\mathrm{d}\Gamma. \qquad (5.121)$$

Damit lautet (5.118) mit den (5.119), (5.120) und (5.121):

$$-\vec{a}\int_\Omega \vec{E}\Delta\Phi\,\mathrm{d}\Omega \ + \ \vec{a}\int_\Gamma (\vec{E}\vec{n})\,\mathrm{grad}\,\Phi\,\mathrm{d}\Gamma - \vec{a}\int_\Omega -\mathrm{j}\omega\kappa\mu\vec{E}\Phi\,\mathrm{d}\Omega$$

$$+ \ \vec{a}\int_\Gamma \left[(\vec{n}\times\vec{E})\times\mathrm{grad}\,\Phi - \mathrm{j}\omega\mu(\vec{n}\times\vec{H})\Phi\right]\mathrm{d}\Gamma$$

$$= -\vec{a}\int_\Omega \mathrm{j}\omega\mu\vec{J}^e\Phi\,\mathrm{d}\Omega.$$

$\vec{a}$ ist kein fester, sondern ein beliebiger konstanter Vektor, so daß aus der Form $\vec{a}\cdot\vec{b} = 0$ der vorigen Gleichung $\vec{b} = 0$ folgt:

$$\int_\Omega \vec{E}\Delta\Phi\,\mathrm{d}\Omega \ = \ \int_\Omega \mathrm{j}\omega\mu\vec{J}^e\Phi\,\mathrm{d}\Omega + \int_\Gamma (\vec{E}\vec{n})\,\mathrm{grad}\,\Phi\,\mathrm{d}\Gamma \qquad (5.122)$$

$$+ \ \int_\Gamma \left[(\vec{n}\times\vec{E})\times\mathrm{grad}\,\Phi - \mathrm{j}\omega\mu(\vec{n}\times\vec{H})\Phi\right]\mathrm{d}\Gamma.$$

Nun kann auch hier die *DIRAC-Delta-Funktion* eingeführt werden, um das letzte verbliebene Volumenintegral über die noch unbekannte Feldstärke $\vec{E}$ zu eliminieren:

$$\Delta\Phi \underbrace{-\mathrm{j}\omega\kappa\mu}_{= \ \beta^2} = -\delta_i$$

Somit ist auch die Gewichtsfunktion Φ festgelegt, die man in Tabelle 5.1 nachschlagen kann zu

$$\Phi = \frac{1}{4\pi r}\mathrm{e}^{-\mathrm{j}\beta r}.$$

Damit läßt sich die elektrische Feldstärke in einem Punkt i innerhalb des Leiters oder auf dessen Rand durch das folgende Randintegral darstellen:

$$\boxed{\frac{\Omega_i}{4\pi}\vec{E}_i = \int_\Gamma \left[\mathrm{j}\omega\mu(\vec{n}\times\vec{H})\Phi - (\vec{n}\times\vec{E})\times\mathrm{grad}\,\Phi - (\vec{n}\vec{E})\,\mathrm{grad}\,\Phi\right]\mathrm{d}\Gamma - \int_\Omega \mathrm{j}\omega\mu\vec{J}^e\Phi\,\mathrm{d}\Omega}$$

$$(5.123)$$

Die Darstellung enthält zwar noch ein Volumenintegral über die natürlich bekannten Quellen $\vec{J}^e$ im Volumen Ω, das aber völlig unabhängig von der eigentlichen Lösung der (5.123) berechnet werden kann und nichts anderes als die erregende elektrische Feldstärke im Aufpunkt i darstellt.

Der Raumwinkel Ω_i hängt wie in den früheren Gleichungen nur von der Geometrie ab (der Beweis wird hier nicht geführt) und kann aus Tabelle 5.2 abgelesen werden: Er hat den Wert 4π für i innerhalb Ω und den Wert 2π für i auf glattem Rand Γ.

In völlig analoger Weise läßt sich eine zweite Randintegralgleichung aus der Differentialgleichung für die magnetische Feldstärke $\vec{H}$ herleiten. Auf die Herleitung werde verzichtet. Das Ergebnis lautet:

$$\frac{\Omega_i}{4\pi}\vec{H}_i = -\int\limits_{\Gamma}[\kappa(\vec{n}\times\vec{E})\Phi+(\vec{n}\times\vec{H})\times\operatorname{grad}\Phi-(\vec{n}\vec{H})\operatorname{grad}\Phi]\,d\Gamma+\int\limits_{\Omega}\vec{J}^e\times\operatorname{grad}\Phi\,d\Omega$$

$$(5.124)$$

Hier repräsentiert das Volumenintegral die erregende magnetische Feldstärke infolge der Quellen im Volumen Ω.

Ein Vorteil der Darstellungen (5.123) und (5.124) besteht darin, daß die gesuchten Feldgrößen direkt auftreten und keinerlei Ableitungen von ihnen benötigt werden, was meist mit einem Genauigkeitsverlust verbunden ist.

Bei Anwendung der beiden Gleichungen (5.123) und (5.124) auf den leitenden Bereich Ω in den Abbildungen 5.58 bzw. 5.60 ist festzuhalten, daß dort üblicherweise keine erregenden Ströme $\vec{J}^e$ existieren, so daß die Volumenintegrale entfallen.

Bei Anwendung der beiden Gleichungen (5.123) und (5.124) auf den nichtleitenden Bereich Ω^a in Abb. 5.58 sind die Volumenintegrale über die erregenden Ströme zu bilden, andererseits entfällt wegen $\kappa = 0$ das erste Oberflächenintegral in (5.124). Nach in Abb. 5.58 und 5.60 festgelegter Flächennormale $\vec{n}$ zeigt diese in das Volumen Ω^a hinein, so daß das Vorzeichen des gesamten Oberflächenintegrals in beiden Gleichungen bei Anwendung auf Ω^a geändert werden muß (siehe auch Bemerkung nach (5.110)).

Die Gewichtsfunktion lautet im nichtleitenden Bereich

$$\Phi^a = \frac{1}{4\pi r}.$$

5.2.2.2 Diskretisierung und Gleichungssystem

Es sollen hier konstante Formfunktionen zur Approximation der Leiteroberflächen und der Vektorfunktionen $\vec{E}$ und $\vec{H}$ auf diesen Flächen eingesetzt werden.

Abbildung 5.61 zeigt, daß mit konstanten Dreieckselementen eine Plattenoberfläche geometrisch exakt wiedergegeben werden kann, wobei natürlich die Diskretisierung der Randflächen nicht vergessen werden darf. Eine Kugeloberfläche ist, wie Abb. 5.63 zeigt, nur näherungsweise wiederzugeben.

Auffindung der Lösung in zwei Stufen

1) i wird auf Rand Γ gelegt

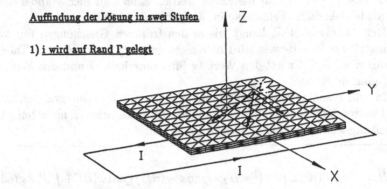

Γ wird diskretisiert:

N boundary elements auf Γ

aus Gl. (5.120): 3N Gleichungen für

               12N unbekannte Komponenten der Vektoren $\vec{E}_i$, $\vec{H}_i$, $\vec{E}_i^a$, $\vec{H}_i^a$

               Weitere 9N Gleichungen aus   Vol. $\Omega^{(a)}$, Gl. (5.121)

               Verwendung von 8N (aus 12N) Gleichungen und

               4N (aus 6N) Gleichungen (5.115)

               für die Tangentialkomponenten von $\vec{E}$, $\vec{H}$

               $\boxed{\curvearrowright \vec{E}_i, \vec{H}_i \text{ auf } \Gamma \text{ bekannt}}$

2) i liegt in Ω

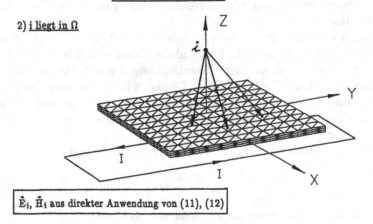

$\boxed{\vec{E}_i, \vec{H}_i \text{ aus direkter Anwendung von (11), (12)}}$

Abb. 5.61. Die beiden Hauptschritte der BEM-Strategie

Nun sollen N Knoten jeweils im Schwerpunkt der N Dreieckselemente Γ_j angenommen werden. Die Bilanz der Zahl von Unbekannten und Bestimmungsgleichungen sieht dann so aus, wie in Abb. 5.61 dargestellt.

Es zeigt sich also, daß für $12N$ unbekannte Komponenten der Vektoren $\vec{E}_i$, $\vec{H}_i$, $\vec{E}_i^{\,a}$, $\vec{H}_i^{\,a}$ in den N Oberflächenknoten zunächst insgesamt $12N$ (aus (5.123) und (5.124)) plus $6N$ (aus (5.116)) Bestimmungsgleichungen zur Verfügung stehen, das System also überbestimmt ist. Dies ist dadurch erklärbar, daß in den Randintegralgleichungen wie auch den Übergangsbedingungen, sofern sie verwendet werden, lineare Abhängigkeiten über die MAXWELL'schen Gleichungen impliziert werden.

Eine Möglichkeit, dies zu vermeiden, besteht darin, gemäß Abb. 5.61 nur die Gleichungen für die Tangentialkomponenten auf der linken Seite von (5.123) und (5.124) sowie bei den Übergangsbedingungen (5.116) zu berücksichtigen. Man erhält dann letztendlich ein System von $6N$ Gleichungen für die 6 Feldstärkekomponenten von $\vec{E}$ und $\vec{H}$ auf z.B. der leitenden Oberflächenseite in den N Knoten.

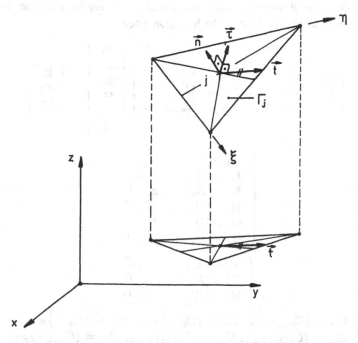

Abb. 5.62. Oberflächenelement Γ_j mit lokalem Koordinatensystem $\{\xi, \eta\}$ sowie lokalen Einheitsvektoren $\vec{t} \perp \vec{\tau} \perp \vec{n}$ ($\vec{t}$ liegt in der x-y-Ebene)

Für die Diskretisierung der leitenden Platte könnten wegen der einfachen Quaderstruktur die globalen Einheitsvektoren $\vec{e}_x$, $\vec{e}_y$ und $\vec{e}_z$ zur Beschreibung der normalen und tangentialen Feldkomponenten verwendet werden. Dies geht im allgemeinen jedoch nicht, wie z.B. bei der Kugel. Dann muß ein *lokales*

Einheits-Vektoren-System

$$\vec{t} \perp \vec{\tau} \perp \vec{n}$$

eingeführt werden, wie es Abb. 5.62 für ein Oberflächenelement Γ_j zeigt. Während der Normalenvektor $\vec{n}$ per Definition immer festliegt, ist das $\vec{t}, \vec{\tau}$-System noch beliebig drehbar in der Fläche Γ_j. Es wird dadurch fixiert, daß der Einheitsvektor $\vec{t}$ in die x-y-Ebene gelegt wird und, sofern $\vec{n}$ die Richtung der z-Achse hat, in x-Richtung zeigt.

Gleichung (5.123) kann dann wie folgt geschrieben werden:

$$\frac{\Omega_i}{4\pi} = \sum_{j=1}^{N} \int_{\Gamma_j} \left\{ j\omega\mu \begin{bmatrix} \vec{t}_i \\ \vec{\tau}_i \\ \vec{n}_i \end{bmatrix} (\vec{n} \times \vec{H})\Phi - \begin{bmatrix} \vec{t}_i \\ \vec{\tau}_i \\ \vec{n}_i \end{bmatrix} (\vec{n} \times \vec{E}) \times \operatorname{grad}\Phi \right. \tag{5.125}$$

$$\left. - \begin{bmatrix} \vec{t}_i \\ \vec{\tau}_i \\ \vec{n}_i \end{bmatrix} (\vec{n}\vec{E}) \operatorname{grad}\Phi \right\} d\Gamma + \begin{bmatrix} E^e_{t,i} \\ E^e_{\tau,i} \\ E^e_{n,i} \end{bmatrix}.$$

Ordnet man nach Bekannten und Unbekannten, so ergibt sich das folgende Gleichungssystem für die Feldstärke-Komponenten:

$$\begin{bmatrix} C_{tt} & C_{t\tau} & C_{tn} & C_{eh,tt} & C_{eh,t\tau} & 0 \\ C_{\tau t} & C_{\tau\tau} & C_{\tau n} & C_{eh,\tau t} & C_{eh,\tau\tau} & 0 \\ C_{nt} & C_{n\tau} & C_{nn} & C_{eh,nt} & C_{eh,n\tau} & 0 \end{bmatrix} \begin{bmatrix} E_t \\ E_\tau \\ E_n \\ H_t \\ H_\tau \\ H_n \end{bmatrix} = \begin{bmatrix} E^e_t \\ E^e_\tau \\ E^e_n \end{bmatrix}$$

$$\begin{cases} E_t = [E_{t,1} \ldots E_{t,N}]^T \\ E_\tau = [E_{\tau,1} \ldots E_{\tau,N}]^T \\ E_n = [E_{n,1} \ldots E_{n,N}]^T \\ H_t = [H_{t,1} \ldots H_{t,N}]^T \\ H_\tau = [H_{\tau,1} \ldots H_{\tau,N}]^T \\ H_n = [H_{n,1} \ldots H_{n,N}]^T \end{cases}$$

$$\begin{cases} E^e_t = [E^e_{t,1} \ldots E^e_{t,N}]^T \\ E^e_\tau = [E^e_{\tau,1} \ldots E^e_{\tau,N}]^T \\ E^e_n = [E^e_{n,1} \ldots E^e_{n,N}]^T \end{cases}$$

$$\begin{cases} C_{tt} = \{C_{tt,ij}\}_{N\times N}, \ C_{t\tau} = \{C_{t\tau,ij}\}_{N\times N}, \ C_{tn} = \{C_{tn,ij}\}_{N\times N} \\ C_{\tau t} = \{C_{\tau t,ij}\}_{N\times N}, \ C_{\tau\tau} = \{C_{\tau\tau,ij}\}_{N\times N}, \ C_{\tau n} = \{C_{\tau n,ij}\}_{N\times N} \\ C_{nt} = \{C_{nt,ij}\}_{N\times N}, \ C_{n\tau} = \{C_{n\tau,ij}\}_{N\times N}, \ C_{nn} = \{C_{nn,ij}\}_{N\times N} \\ C_{eh,tt} = \{C_{eh,tt,ij}\}_{N\times N}, \ C_{eh,t\tau} = \{C_{eh,t\tau,ij}\}_{N\times N} \\ C_{eh,\tau t} = \{C_{eh,\tau t,ij}\}_{N\times N}, \ C_{eh,\tau\tau} = \{C_{eh,\tau\tau,ij}\}_{N\times N} \\ C_{eh,nt} = \{C_{eh,nt,ij}\}_{N\times N}, \ C_{eh,n\tau} = \{C_{eh,n\tau,ij}\}_{N\times N} \end{cases}$$

$$\begin{cases} C_{tt,ij} = g_{tt,ij}d^m_{1,ij} - g_{tn,ij}d^t_{ij} \\ C_{t\tau,ij} = g_{t\tau,ij}d^m_{ij} - g_{tn,ij}d^\tau_{ij} \\ C_{tn,ij} = g_{tn,ij}d^m_{ij} - g_{tt,ij}d^t_{ij} + g_{t\tau,ij}d^\tau_{ij} \end{cases}$$

$$\begin{cases} C_{\tau t, ij} = g_{\tau t, ij} d^m_{ij} - g_{\tau n, ij} d^t_{ij} \\ C_{\tau\tau, ij} = g_{\tau\tau, ij} d^m_{1, ij} - g_{\tau n, ij} d^\tau_{ij} \\ C_{\tau n, ij} = g_{\tau n, ij} d^m_{ij} - g_{\tau t, ij} d^t_{ij} + g_{\tau\tau, ij} d^\tau_{ij} \end{cases}$$

$$\begin{cases} C_{nt, ij} = g_{nt, ij} d^m_{ij} - g_{nn, ij} d^t_{ij} \\ C_{n\tau, ij} = g_{n\tau, ij} d^m_{ij} - g_{nn, ij} d^\tau_{ij} \\ C_{nn, ij} = g_{nn, ij} d^m_{1, ij} - g_{nt, ij} d^t_{ij} + g_{n\tau, ij} d^\tau_{ij} \end{cases}$$

$$\begin{cases} C_{eh, tt, ij} = -g_{t\tau, ij} k^H_{ij} \\ C_{eh, t\tau, ij} = g_{tt, ij} k^H_{ij} \\ C_{eh, \tau t, ij} = -g_{\tau\tau, ij} k^H_{ij} \\ C_{eh, \tau\tau, ij} = g_{\tau t, ij} k^H_{ij} \\ C_{eh, nt, ij} = -g_{n\tau, ij} k^H_{ij} \\ C_{eh, n\tau, ij} = g_{nt, ij} k^H_{ij} \end{cases}$$

$$\begin{cases} g_{tt, ij} = \vec{e}_{ti} \cdot \vec{e}_{tj} \\ g_{t\tau, ij} = \vec{e}_{ti} \cdot \vec{e}_{\tau j} \\ g_{tn, ij} = \vec{e}_{ti} \cdot \vec{e}_{nj} \\ g_{\tau t, ij} = \vec{e}_{\tau i} \cdot \vec{e}_{tj} \\ g_{\tau\tau, ij} = \vec{e}_{\tau i} \cdot \vec{e}_{\tau j} \\ g_{\tau n, ij} = \vec{e}_{\tau i} \cdot \vec{e}_{nj} \\ g_{nt, ij} = \vec{e}_{ni} \cdot \vec{e}_{tj} \\ g_{n\tau, ij} = \vec{e}_{ni} \cdot \vec{e}_{\tau j} \\ g_{nn, ij} = \vec{e}_{ni} \cdot \vec{e}_{nj} \end{cases}$$

$$k_{ij} = \int\limits_{\Gamma_j} \Phi \, d\Gamma$$

$$d^t_{ij} = \int\limits_{\Gamma_j} \frac{\partial \Phi}{\partial t} \, d\Gamma$$

$$d^\tau_{ij} = \int\limits_{\Gamma_j} \frac{\partial \Phi}{\partial \tau} \, d\Gamma$$

$$d^m_{ij} = \int\limits_{\Gamma_j} \frac{\partial \Phi}{\partial n} \, d\Gamma$$

$$k^H_{ij} = j\omega\mu k_{ij}$$

$$d^m_{1, ij} = \begin{cases} \frac{1}{2} + d^m_{ij} & i = j \\ d^m_{ij} & i \neq j \end{cases}$$

Damit ist am Beispiel der Integralgleichung (5.123) ausführlich gezeigt worden, wie die Diskretisierung sie in ein Gleichungssystem überführt. Da die Diskretisierung von (5.124) sowie beider Gleichungen für den nichtleitenden Raum in entsprechender Weise erfolgt und keine neuen Aspekte beinhaltet, wird auf die Wiedergabe hier verzichtet. Die anfallenden Integrale für die Matrixelemente werden in Abschnitt 5.4 behandelt.

5.2.2.3 Verbesserte $\vec{E}, \vec{H}$-Formulierung

Bei der Anwendung der $\vec{E}, \vec{H}$-Formulierung wurde in einigen Fällen eine schlechte Konditionierung des Gleichungssystems beobachtet. In diesen Fällen läßt sich letztere durch Ersatz der elektrischen Feldstärke durch eine sogenannte „virtuelle Stromdichte" erheblich verbessern. Sie wird so genannt, weil es im nichtleitenden Raum natürlich keine wirkliche Stromdichte gibt, unter Einführung einer virtuellen Leitfähigkeit κ_ν aber auch eine virtuelle Stromdichte $\vec{J}_\nu$ eingeführt werden kann:

$$\vec{J}_\nu = \kappa_\nu \vec{E}.$$

In einem leitenden Bereich ist $\vec{J}_\nu$ die wirkliche Stromdichte und $\kappa_\nu = \kappa$ die wirkliche Leitfähigkeit. In einem nichtleitenden Bereich wird eine virtuelle Leitfähigkeit $\kappa_\nu = \kappa_{max}$ eingeführt, wobei κ_{max} die maximale der in der Problemstellung vorkommenden Leitfähigkeiten ist, nach Abb. 5.60 also diejenige der Abschirmplatte.

Mit dieser Definition gehen die beiden Integralgleichungen (5.123) und (5.124) über in

$$\frac{\Omega_i}{4\pi}\vec{J}_{\nu,i} = \int\limits_\Gamma [\mathrm{j}\omega\mu\kappa_\nu(\vec{n}\times\vec{H})\Phi - (\vec{n}\times\vec{J}_\nu)\times\operatorname{grad}\Phi - (\vec{n}\vec{J}_\nu)\operatorname{grad}\Phi]\,\mathrm{d}\Gamma$$
$$- \int\limits_\Omega \mathrm{j}\omega\mu\kappa_\nu \vec{J}^{\mathrm{e}}\Phi\,\mathrm{d}\Omega,$$

(5.126)

$$\frac{\Omega_i}{4\pi}\vec{H}_i = -\int\limits_\Gamma [\kappa(\vec{n}\times\vec{J}'_\nu)\Phi + (\vec{n}\times\vec{H})\times\operatorname{grad}\Phi - (\vec{n}\vec{H})\operatorname{grad}\Phi]\,\mathrm{d}\Gamma$$
$$+ \int\limits_\Omega \vec{J}^{\mathrm{e}}\times\operatorname{grad}\Phi\,\mathrm{d}\Omega.$$

(5.127)

Damit (5.126) und (5.127) sowohl für den leitenden wie für den nichtleitenden Raum gelten, wurde in der zweiten Gleichung noch die Stromdichte $\vec{J}'_\nu$ eingeführt:

$$\vec{J}'_\nu = \begin{cases} \vec{J}_\nu & \text{für} \quad \kappa \neq 0, \\ 0 & \text{für} \quad \kappa = 0. \end{cases}$$

Die Übergangsbedingungen für die virtuelle Stromdichte bei zwei Medien mit den wahren Leitfähigkeiten κ_1 und κ_2 lauten:

$$(\vec{n}\times\vec{J}_\nu)_1 = \frac{\kappa_{\nu,1}}{\kappa_{\nu,2}}(\vec{n}\times\vec{J}_\nu)_2,$$

$$(\vec{n}\vec{J_\nu})_1 = \frac{\kappa_2}{\kappa_1}\frac{\kappa_{\nu,1}}{\kappa_{\nu,2}}(\vec{n}\vec{J_\nu})_2.$$

Weitere Einzelheiten sind bei SHEN u.a. [130] zu finden. Andere Autoren, wie z.B. TSUBOI [146] verwenden anstelle der magnetischen Feldstärke $\vec{H}$ die magnetische Flußdichte $\vec{B}$.

5.2.2.4 Beispiele und numerische Auswertung

Als *Testproblem* wird eine Problemstellung mit bekannter analytischer Lösung herangezogen, nämlich eine leitende Kugel im homogenen Wechselfeld. Die analytische Lösung ist bei SMYTHE [137] zu finden. Der Ursprung des Koordinatensystems liegt im Mittelpunkt der Kugel, deren Oberfläche bewußt ohne Berücksichtigung von Symmetrien durch 296 konstante Dreieckselemente diskretisiert ist, wie Abb. 5.63 zeigt. Analytische und BEM-Lösung sind der Abb. 5.64 zu entnehmen.

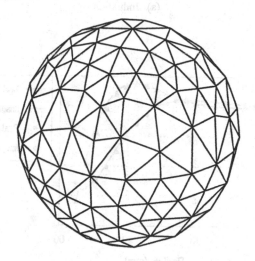

Abb. 5.63. Diskretisierung der Kugeloberfläche

Als *weiteres Beispiel* soll das in Abb. 5.60 dargestellte *offene Abschirmproblem der Elektromagnetischen Verträglichkeit* behandelt werden. Die Störquellen in Form von Wechselstrom (50 Hz) führenden Sammelschienen und Transformatoren haben zwar eine geometrisch komplexe 3D-Gestalt, doch können nach erfolgter Beschreibung dieser Geometrie die Volumenintegrale in (5.123) und (5.124) numerisch berechnet werden. Die Aufpunkte liegen dabei in den Knoten der leitenden Plattenoberfläche, siehe Abb. 5.61, und an denjenigen Stellen des gestörten Bereichs Ω^a, in denen man das Gesamtfeld berechnen möchte. Die Diskretisierung der Plattenoberfläche erfolgt gemäß Abb. 5.61 durch konstante Dreieckselemente, die wegen der inhomogenen Störgeometrie keiner manuellen oder adaptiven Verfeinerung unterzogen werden. Im vorliegenden Fall soll ein Raum, der direkt über der die Störquellen enthaltenden

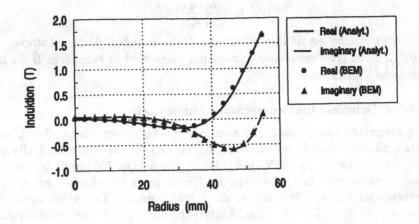

(a) Induktion

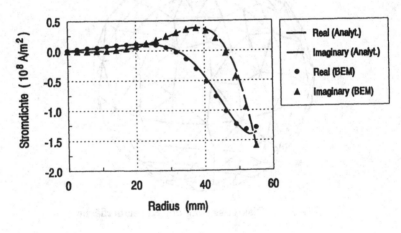

(b) Stromdichte

Abb. 5.64. Leitende Kugel (Radius 55 mm, $\mu_r = 1$, $\kappa = 5.92 \cdot 10^7$ S/m) im homogenen Wechselfeld ($H_z^e = 10^6$ A/m, $f = 50$ Hz). Analytische und BEM-Lösung (296 konstante Dreieckselemente)

Schaltanlage liegt, so abgeschirmt werden, daß in Tischhöhe angeordnete PCs und empfindliche Meßgeräte störungsfrei arbeiten können. Die Forderung hierzu lautet, daß die Induktion in Tischhöhe einen Maximalwert (Spitze-Spitze-Wert) von 2.5 μT nicht überschreitet.

Aus Kostengründen soll Eisen als Abschirmmaterial verwendet werden. Die Verhältnisse infolge der Störquellen sind so, daß die Magnetisierungskurve nur schwach ausgesteuert wird, so daß die Nichtlinearität des $B = f(H)$-Verlaufs vernachlässigt werden kann. Beim Zusammensetzen der leitenden Gesamtabschirmung aus einzelnen Platten ist auf gute leitende Verbindung an den gemeinsamen Kantenbereichen zu achten, da sonst die die dynamische Abschirmung bewirkenden Wirbelströme behindert werden.

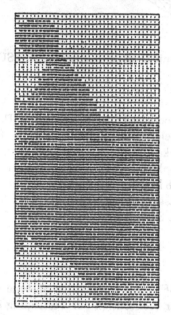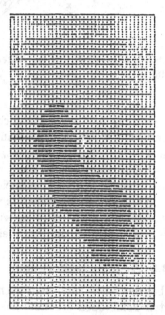

Abb. 5.65. Gestörte (dunkel) und ungestörte Bereiche nach Abschirmung mit einer Eisenplatte von 4 mm (linkes Bild) und 5 mm (rechtes Bild) Stärke nach KOST und EHRICH [72]

Abbildung 5.65 zeigt zwei Rasterdiagramme in Tischhöhe für eine 4 und 5 mm starke Abschirmung, wobei die dunklen Bereiche anzeigen, daß der zulässige Maximalwert der Induktion noch überschritten wird. Bei 6 mm Stärke ist die Forderung überall erfüllt.

Als nächstes *Beispiel* wird die in Abb. 5.59 dargestellte Anordnung einer stromdurchflossenen Spule behandelt, welche asymmetrisch über einer leitenden Platte mit exzentrisch angeordneter Rechtecköffnung liegt. TSUBOI [146] löst die Aufgabe gleichfalls mit der $\vec{E}, \vec{H}$-Formulierung nach (5.123) und (5.124), ersetzt dabei jedoch die magnetische Feldstärke $\vec{H}$ durch die Induktion $\vec{B}$.

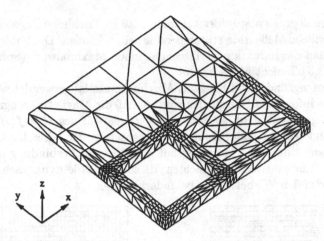

Abb. 5.66. Diskretisierung der Leiteroberfläche mit Dreieckselementen nach TSUB-OI [146]

Abbildung 5.66 veranschaulicht die verwendete Diskretisierung der Plattenoberfläche, wobei 1048 konstante Dreieckselemente verwendet wurden. Da, wie in Abschnitt 5.2.2.2 erläutert, sechs Unbekannte pro Knoten auftreten, ergibt sich eine Zahl von $6 \cdot 1048 = 6288$ komplexen Unbekannten. Wegen der vollbesetzten Matrix wird der Speicher von 128 MB des verwendeten Supercomputers NEC SX-1E damit bereits voll ausgelastet, wie sich auch aus Abb. 5.33 ergibt. Abbildung 5.67 zeigt die wirbelförmige Stromdichte-Ausbildung auf der Ober- und Unterseite der leitenden Platte.

5.2.2.5 $\vec{A}, \varphi$-Formulierung

Wie bei der FEM kann man auch bei der BEM mit Potentialen anstelle der direkten Feldgrößen arbeiten. Die Wahl einer Konvention zur Festlegung der Potentiale hat, wie sich bei der FEM gezeigt hat, grundsätzlich Einfluß auf die Genauigkeit auch bei der BEM, jedoch ist eine systematische Untersuchung hierzu nicht bekannt.

Wie in Kapitel 2 nachzulesen ist, führt auf der Basis der MAXWELL'schen Gleichungen die Einführung des magnetischen Vektorpotentials $\vec{A}$

$$\vec{B} = \operatorname{rot} \vec{A}$$

notwendigerweise auf die Berücksichtigung eines Skalarpotentials φ mit

$$\vec{E} = -\mathrm{j}\omega\vec{A} - \operatorname{grad}\varphi.$$

Bei Wahl der LORENTZ-Konvention

$$\boxed{\operatorname{div}\vec{A} = -\kappa\mu\varphi}$$

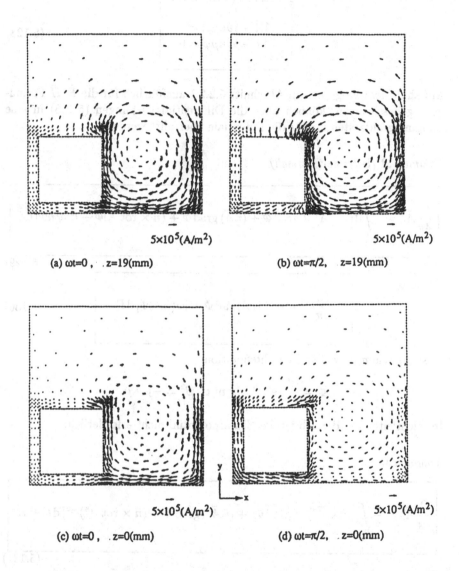

(a) ωt=0 ,   z=19(mm)

(b) ωt=π/2,   z=19(mm)

(c) ωt=0 ,   z=0(mm)

(d) ωt=π/2,   z=0(mm)

Abb. 5.67. Stromdichte-Ausbildung in der Ober- und Unterseite der Platte bei 50 Hz nach TSUBOI [146]

erhält man für $\vec{A}$ und φ zwei Differentialgleichungen desselben Typs

$$\boxed{\begin{aligned} \Delta\vec{A} - \mathrm{j}\omega\kappa\mu\vec{A} &= 0 \\ \Delta\varphi - \mathrm{j}\omega\kappa\mu\varphi &= 0 \end{aligned}}$$ (5.128)

Auf ähnlichem Wege, wie in Abschnitt 5.2.2.1 ausführlich für die $\vec{E}, \vec{H}$-Formulierung beschrieben, können auch die Differentialgleichungen (5.128) in eine Randintegraldarstellung für die Potentiale überführt werden:

Volumen Ω (leitender Bereich)

$$\boxed{\frac{\Omega_i}{4\pi}\vec{A}_i = -\int\limits_{\Gamma}[(\vec{n}\times\vec{A})\times\operatorname{grad}\varPhi + (\vec{n}\vec{A})\operatorname{grad}\varPhi + (\vec{n}\times\operatorname{rot}\vec{A})\varPhi + \kappa\mu\varphi\vec{n}\varPhi]\,\mathrm{d}\Gamma}$$

(5.129)

$$\boxed{\frac{\Omega_i}{4\pi}\varphi_i = -\int\limits_{\Gamma}[\varphi\vec{n}\operatorname{grad}\varPhi + \mathrm{j}\omega(\vec{n}\vec{A})\varPhi]\,\mathrm{d}\Gamma}$$ (5.130)

$\varPhi$ ist die schon bekannte Gewichtsfunktion:

$$\varPhi = \frac{1}{4\pi r}\mathrm{e}^{-\mathrm{j}\beta r} \quad \text{mit} \quad \beta^2 = -\mathrm{j}\omega\kappa\mu.$$

Im nichtleitenden Bereich ist das Skalarpotential nicht erforderlich:

Volumen Ω^{a}

$$\boxed{\frac{\Omega_i}{4\pi}\vec{A}_i^{\mathrm{a}} = -\int\limits_{\Gamma}[(\vec{n}\times\vec{A}^{\mathrm{a}})\times\operatorname{grad}\varPhi^{\mathrm{a}} + (\vec{n}\vec{A}^{\mathrm{a}})\operatorname{grad}\varPhi + (\vec{n}\times\operatorname{rot}\vec{A}^{\mathrm{a}})\varPhi^{\mathrm{a}}]\,\mathrm{d}\Gamma + \vec{A}^{\mathrm{e}}}$$

(5.131)

$\vec{A}^{\mathrm{e}}$ ist das erregende Vektorpotential infolge der Quellen $\vec{J}^{\mathrm{e}}$:

$$\vec{A}^{\mathrm{e}} = \int\limits_{\Omega^{\mathrm{a}}}\mu\vec{J}^{\mathrm{e}}\varPhi^{\mathrm{a}}\,\mathrm{d}\Omega,$$

$\varPhi^{\mathrm{a}}$ die Gewichtsfunktion für den nichtleitenden Raum:

$$\varPhi^{\mathrm{a}} = \frac{1}{4\pi r}.$$

Einzelheiten der Herleitung von (5.129) bis (5.131) können als linearer Sonderfall der von KOST [70] hergeleiteten Formulierung für nichtlineare Wirbelströme entnommen werden.

Die *Übergangsbedingungen in* Γ lauten

$$\vec{n}\vec{B} = \vec{n}\vec{B}^{\mathrm{a}} \;\Rightarrow\; \vec{A} = \vec{A}^{\mathrm{a}},$$
$$\vec{n} \times \vec{H} = \vec{n} \times \vec{H}^{\mathrm{a}} \;\Rightarrow\; \tfrac{1}{\mu}(\vec{n} \times \mathrm{rot}\,\vec{A}) = \tfrac{1}{\mu^{\mathrm{a}}}(\vec{n} \times \mathrm{rot}\,\vec{A}^{\mathrm{a}}).$$

(5.132)

Schließlich führt die Diskretisierung der Oberfläche Γ in konstante Dreieckselemente mit insgesamt N Knoten auf ein Gleichungssystem für $6N$ Unbekannte, je Knoten sind es drei Komponenten von $\vec{A}$, zwei Komponenten $\vec{n} \times \mathrm{rot}\,\vec{A} = \vec{n} \times \vec{B}$ und eine Komponente φ. Je Knoten führt ein System der Art

$$
\begin{bmatrix}
\cdots & \cdots & \cdots \\
\cdots & \cdots & \cdots \\
\cdots & \cdots & \cdots \\
\cdots & \cdots & \cdots \\
\cdots & \cdots & \cdots \\
\cdots & \cdots & \cdots
\end{bmatrix}
\begin{bmatrix}
A_n \\ A_t \\ A_\tau \\ \varphi \\ B_t \\ B_\tau
\end{bmatrix}
=
\begin{bmatrix}
A_n^{\mathrm{e}} \\ A_t^{\mathrm{e}} \\ A_\tau^{\mathrm{e}} \\ 0 \\ 0 \\ 0
\end{bmatrix}
$$

auf eine Gesamtmatrix $\mathbf{M}$ mit $6N \times 6N$ Elementen. Damit ist ein ähnliches System wie bei der $\vec{E}, \vec{H}$-Formulierung entstanden.

In beiden Formulierungen tritt eine relativ große Zahl von Unbekannten pro Knoten, nämlich sechs, auf, was zu einer umfangreichen vollbesetzten Matrix führt. Da deren Elemente-Berechnung wie auch die der rechten Seiten *perfekt parallelisierbar* ist, ist der hierzu erforderliche Zeitaufwand bei Einsatz eines *massiven Parallelrechners* unkritisch. Das gleiche gilt für eine nach Lösung des Gleichungssystems gewünschte Berechnung von Feldgrößen in Ω und Ω_{a}: Auch dieser Vorgang ist auf einem seriellen Rechner zeitraubend, wenn die Feldgrößen z.B. für ein Feldbild in vielen Punkten benötigt werden. Da der Vorgang aber gleichfalls perfekt parallelisierbar ist, ist er für einen Parallelrechner unkritisch. So tragen die Parallelrechner dazu bei, zeitraubende Schritte bei der BEM drastisch zu verkürzen und die Anwendung der Methode zu verstärken, siehe KOST und SHEN [78].

Bei der Frage nach der Wahl der $\vec{E}, \vec{H}$- oder $\vec{A}, \varphi$-Methode ist folgendes zu berücksichtigen. Ein Vorteil der $\vec{E}, \vec{H}$-Methode ist, daß die durchweg gesuchten Feldgrößen $\vec{E}, \vec{H}$ direkt bzw. bei $\vec{B}, \vec{J}$ über einen skalaren Faktor aus der Formulierung hervorgehen. Bei der $\vec{A}, \varphi$-Methode sind zur Ermittlung dieser Feldgrößen jedoch z.T. Differentiationen nach dem Ort vorzunehmen, die bei numerischen Verfahren üblicherweise zu zusätzlichen Ungenauigkeiten führen, siehe z.B. SHEN und KOST [128]. Andererseits kann die Zahl der Unbekannten bei der $\vec{A}, \varphi$-Methode in manchen Problemstellungen, insbesondere im 2D-Fall, gegenüber der $\vec{E}, \vec{H}$-Methode reduziert werden.

Das in Abb. 5.59 gezeigte Testproblem wurde auch mit der $\vec{A}, \varphi$-Methode behandelt, wie z.B. von RICHTER und RUCKER [122]. ENOKIZONO und TODAKA [32] wenden die Methode auf einen endlich langen leitenden Kreiszylinder an. Probleme mit schraubenförmiger Symmetrie werden in einer Reihe von Arbeiten von HONMA u.a., wie z.B. [158], mit der BEM behandelt. Mit rotationssymmetrischen Skineffekt-Problemen beschäftigen sich NICOLAS u.a. [54]. KOST u.a. [79] führen bei derselben Problemstellung eine Reihenentwicklung für die axisymmetrische Fundamentallösung ein.

5.2.2.6 IBC-Formulierung

Die Abkürzung IBC bedeutet: Impedance Boundary Condition. Die Tatsache, daß bei zahlreichen praktischen Problemen aufgrund höherer Frequenzen und guter Leitfähigkeit das elektromagnetische Feld nur wenig in die leitenden Körper eindringt, führte zu dem Versuch, die vollständige Feldbeschreibung durch vier Integralgleichungen auf dem Rande Γ (bei $\vec{E}, \vec{H}$ z.B. (5.123) und (5.124) angewendet auf die Innen- und Außenseite) zu vereinfachen. Der Versuch basiert auf der Annahme, daß das elektromagnetische Feld in jedem regulären Punkt der Oberfläche wie in einen leitenden Halbraum eindringt:

$$\vec{n} \times \vec{E} = Z_s \vec{n} \times [\vec{n} \times \vec{H}] \tag{5.133}$$

mit der Oberflächenimpedanz

$$Z_s = \frac{1}{2}(1 - j)\,\omega\mu\delta$$

und der bereits definierten Eindringtiefe δ. Der Vorteil ist, daß nur noch mit den Integralgleichungen im Außenraum der Leiter zu arbeiten ist, was die Zahl der Unbekannten reduziert. Eine Reihe von Arbeiten von LAVERS u.a., wie z.B. [3], wendet diese Methode erfolgreich an, u.a. bei rotationssymmetrischen Problemen wie Metall-Schmelztiegeln. Dabei wird z.B. im Falle eines leitenden Kreiszylinders, der sich im Wechselfeld einer kurzen Zylinderspule befindet, eine gute Übereinstimmung von Messung und Rechnung erzielt, siehe Abb. 5.68.

Die IBC-Bedingung darf nicht verwechselt werden mit der in der Hochfrequenztechnik häufig anzutreffenden Annahme verschwindender Eindringtiefe, was anstelle von (5.133) zu der Randbedingung

$$\vec{n} \times \vec{H} = \vec{K}$$

und

$$Z_s = 0$$

mit dem Oberflächenstrombelag $\vec{K}$ führt.

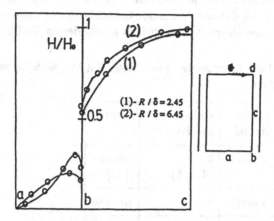

Abb. 5.68. Verteilung von Stromdichte (unten) und magnetischer Feldstärke (oben) auf der Oberfläche eines leitenden Zylinders (Länge/Radius=3.2, $\kappa = 3.4 \cdot 10^7$ S/m) im Wechselfeld einer koaxialen Spule, $f = 50$ Hz. — Numerisch, BEM, nach LAVERS u.a. [3]; oo Experimentell nach LAVERS [86]

5.2.3 Indirekte BEM-Strategie im vektoriellen 3D-Fall

Obwohl die zur Lösung von quasistationären Problemen eingesetzten $\vec{E}, \vec{H}$ und $\vec{A}, \varphi$-Formulierungen erfolgreich angewendet werden, wie in Abschnitt 5.2.2 ausgeführt wurde, möchte man gern die *Zahl der Unbekannten pro Knoten reduzieren*. Der Grund liegt in der voll oder dicht besetzten Matrix des Gleichungssystems, wodurch man selbst bei leistungsfähigen seriellen Rechnern rasch an die Grenze der Primärspeicher-Kapazität stößt. SHEN [132] berichtet, daß die Zahl von sechs Unbekannten pro Knoten bei geschickter Kombination der diskretisierten Integralgleichungen und Randbedingungen auch auf fünf und sogar vier reduziert werden kann.

Eine weitere Reduzierung ist jedoch offenbar nur mit einer indirekten Strategie möglich, wie sie von MAYERGOYZ [93] präsentiert wurde. Bei ihr wird das Feld im leitenden und nichtleitenden Raum durch virtuelle Quellen, nämlich eine magnetische Ladungsdichte und eine Stromdichte auf der Leiteroberfläche dargestellt. Diese virtuellen Größen werden als Lösungen von diskretisierten Randintegralgleichungen gefunden. Da der Lösungsweg sozusagen auf einem Umweg über physikalisch nicht existente, virtuelle Größen verläuft, spricht man auch von einer *indirekten BEM-Strategie* oder Methode. Sie wurde von KALAI-CHELVAN [63] implementiert und führt auf vier Unbekannte pro Knoten bei konstanten Matrixelementen.

YUAN und KOST [159] konnten die Zahl der Unbekannten pro Knoten sogar auf drei reduzieren, so daß immerhin etwa $40\% \approx (4^2 - 3^2)/4^2$ Speicherplatz und etwa 50 % Rechenzeit bei der Lösung des BEM Gleichungssystems gegenüber der Variante mit vier Unbekannten pro Knoten eingespart werden konnte, vorausgesetzt, daß wie üblich der GAUSS-Algorithmus eingesetzt wird. Tabelle 5.3 zeigt eine Übersicht der soeben geschilderten Verhältnisse.

Tabelle 5.3. Zahl der Unbekannten pro Knoten im Vergleich für verschiedene 3D BEM-Formulierungen

Formulierung	direkt, indirekt	Unbekannte pro Knoten	Quelle
$\vec{E}, \vec{H}$	direkt	6 (4...5)	diverse [132]
$\vec{A}, \varphi$	direkt	6	diverse
$\vec{H}, \varphi$	indirekt	4 3	[63, 93] [159]

5.2.3.1 $\vec{H}, \varphi$-Formulierung

Betrachtet werde wie bei der $\vec{E}, \vec{H}$- und $\vec{A}, \varphi$-Formulierung die Anordnung in Abb. 5.58 oder 5.60. Man lenkt nun zunächst das Augenmerk auf die Ermittlung der magnetischen Feldstärke $\vec{H}$, woraus die im folgenden erläuterte $\vec{H}, \varphi$-Formulierung resultiert. Aus ihr kann im leitenden Raum anschließend die elektrische Feldstärke und Stromdichte aus der MAXWELL'schen Gleichung $\kappa \vec{E} = \text{rot } \vec{H}$ ermittelt werden, was allerdings mit nichtleitenden Raum wegen $\kappa = 0$ nicht möglich ist und stattdessen eine nachgeschaltete Zusatzformulierung für $\vec{E}^{\text{a}}$ erfordert.

Das Randwertproblem für die magnetische Feldstärke bei konstanter Permeabilität ist wie folgt definiert.

$$
\begin{aligned}
\text{rot rot } \vec{H} + j\omega\kappa\mu\vec{H} &= 0 \\
\text{div } \vec{H} &= 0 \\
\text{rot } \vec{H}^{\text{a}} &= 0 \\
\text{div } \vec{H}^{\text{a}} &= 0
\end{aligned}
$$

$$
\begin{aligned}
\vec{n} \times \vec{H}\Big|_{\Gamma} &= \vec{n} \times \vec{H}^{\text{a}}\Big|_{\Gamma} \\
\vec{n}\mu\vec{H}\Big|_{\Gamma} &= \vec{n}\mu^{\text{a}}\vec{H}^{\text{a}}\Big|_{\Gamma}
\end{aligned}
$$

Mit dem erregenden Feld $\vec{H}^e$ infolge der Quellen $\vec{J}^e$

$$\vec{H}^e = \int_{\Omega} \vec{J}^e \times \operatorname{grad} \Phi^a \, d\Omega$$

läßt sich das Feld im nichtleitenden Raum aufspalten in eben dieses sowie ein Streufeld $\vec{H}^r$ infolge der Existenz des leitenden Körpers, welches als wirbelfreier Feldanteil aus einem Skalarpotential φ abgeleitet werden kann:

$$\vec{H}^a = \vec{H}^e + \vec{H}^r \tag{5.134}$$

$$\vec{H}^r = -\operatorname{grad} \varphi \tag{5.135}$$

Nun läßt sich wegen

$$0 = \operatorname{div} \vec{H}^a = -\operatorname{div} \operatorname{grad} \varphi = -\Delta\varphi$$

das Randwertproblem vereinfacht formuliert darstellen:

$$\begin{aligned} \operatorname{rot} \operatorname{rot} \vec{H} + j\omega\kappa\mu\vec{H} &= 0 \\ \operatorname{div} \vec{H} &= 0 \end{aligned} \tag{5.136}$$

$$\Delta\varphi = 0 \tag{5.137}$$

$$\begin{aligned} \vec{n} \times (\vec{H} + \operatorname{grad}\varphi)\Big|_{\Gamma} &= \vec{n} \times \vec{H}^e\Big|_{\Gamma} \\ \vec{n}(\mu\vec{H} + \mu^a \operatorname{grad}\varphi)\Big|_{\Gamma} &= \vec{n}\mu^a\vec{H}^e\Big|_{\Gamma}. \end{aligned} \tag{5.138}$$

Nun läßt sich die Feldstärke $\vec{H}$ im leitenden Bereich durch einen zunächst unbekannten *virtuellen Strombelag* $\vec{J}$ auf der Leiteroberfläche darstellen:

$$\vec{H} = \int_{\Gamma} \operatorname{rot}[\vec{J}\Phi] \, d\Gamma = -\int_{\Gamma} (\vec{J} \times \operatorname{grad} \Phi) \, d\Gamma. \tag{5.139}$$

Es wurde von KALAICHELVAN [63] ausführlich bewiesen, daß dieser Ansatz die Differentialgleichung (5.136) erfüllt. Φ ist die in den vorangegangenen Abschnitten bereits verwendete Gewichtsfunktion

$$\Phi = \frac{1}{4\pi r} e^{-j\beta r} \quad \text{mit} \quad \beta^2 = -j\omega\kappa\mu$$

für den leitenden Bereich.

Für den nichtleitenden Bereich läßt sich das dortige Skalarpotential φ durch eine zunächst unbekannte *virtuelle magnetische Flächenladungsdichte* σ_m auf der Leiteroberfläche darstellen:

$$\varphi = \int_\Gamma \sigma_m \Phi^a \, d\Gamma \tag{5.140}$$

Auch hierfür wurde in [63] der Beweis für die Erfüllung der betreffenden Differentialgleichung (5.137) geführt. Φ^a wurde auch bereits verwendet, es ist die Gewichtsfunktion

$$\Phi^a = \frac{1}{4\pi r}$$

für den nichtleitenden Raum.

Fordert man nun, daß die beiden Ansätze (5.139) und (5.140) die Randbedingungen erfüllen, so entstehen die zwei gewünschten Randintegralgleichungen für die Bestimmung der noch unbekannten virtuellen Größen:

$$\frac{\Omega}{4\pi}\vec{J}(\xi) \;+\; \int_\Gamma \vec{n}_\xi \times [\vec{J}(\eta) \times \mathrm{grad}_\xi \, \Phi]\, d\Gamma_\eta$$
$$-\; \int_\Gamma \sigma_m(\eta)[\vec{n}_\xi \times \mathrm{grad}_\xi \, \Phi^a]\, d\Gamma_\eta = -\vec{n}_\xi \times \vec{H}^e, \tag{5.141}$$

$$\frac{\Omega}{4\pi}\sigma_m(\xi) \;-\; \int_\Gamma \sigma_m(\eta)[\vec{n}_\xi \, \mathrm{grad}_\xi \, \Phi^a]\, d\Gamma_\eta$$
$$+\; \frac{\mu}{\mu^a}\int_\Gamma \vec{n}_\xi \times [\vec{J}(\eta) \times \mathrm{grad}_\xi \, \Phi]\, d\Gamma_\eta = -\vec{n}_\xi \vec{H}^e, \tag{5.142}$$

Zur Verdeutlichung der Differentiationen wurde ξ als Index bzw. Lage des Aufpunktes und η entsprechend für den Quellpunkt angegeben. Da die beiden Integralgleichungen hier anders als bei den bisherigen BEM-Formulierungen *nicht direkt* die gewünschten Feldgrößen oder Potentiale, sondern zunächst virtuelle Größen liefern, aus denen anschließend die gesuchten Feldgrößen ermittelt werden, spricht man auch von einer *indirekten Methode*. Es sei darauf hingewiesen, daß der eingeführte virtuelle Strombelag nicht mit der sich tatsächlich einstellenden Oberflächenstromdichte verwechselt werden darf.

5.2.3.2 Diskretisierung und Gleichungssystem

Die beiden Integralgleichungen (5.141) und (5.142) sollen nun diskretisiert werden. Dazu werden generiert

$\quad m \qquad\qquad$ konstante Dreieckselemente auf Γ

mit

$\quad i = 1 \ldots m$:   Index für Aufpunkte, jeweils im
$\qquad\qquad\qquad$ Schwerpunkt der Dreiecke,
$\quad \Gamma_j$:$\qquad\qquad$ Fläche des Dreiecks j.

Damit entstehen die beiden folgenden BEM-Gleichungen

$$\frac{\Omega}{4\pi}\vec{J_i} + \sum_{j=1}^{m}\int_{\Gamma_j} \vec{n}_i \times [\vec{J_j} \times \mathrm{grad}\,\Phi_{ij}]\,\mathrm{d}\Gamma$$

$$- \sum_{j=1}^{m}\int_{\Gamma_j} \sigma_{\mathrm{m}j}[\vec{n}_i \times \mathrm{grad}\,\Phi_{ij}^{\mathrm{a}}]\,\mathrm{d}\Gamma = -\vec{n}_i \times \vec{H}_i^{\mathrm{e}},$$

$$\frac{\Omega}{4\pi}\sigma_{\mathrm{m}i} - \sum_{j=1}^{m}\int_{\Gamma_j} \sigma_{\mathrm{m}j}[\vec{n}_i\,\mathrm{grad}\,\Phi_{ij}^{\mathrm{a}}]\,\mathrm{d}\Gamma$$

$$+ \frac{\mu}{\mu^{\mathrm{a}}}\sum_{j=1}^{m}\int_{\Gamma_j} \vec{n}_i \times [\vec{J_j} \times \mathrm{grad}\,\Phi_{ij}]\,\mathrm{d}\Gamma = -\vec{n}_i\vec{H}_i^{\mathrm{e}}.$$

Üblicherweise wird die erste der beiden Gleichungen als vektorielle Gleichung in drei skalare Gleichungen zerlegt. YUAN u. KOST [159] konnten jedoch mit *lediglich zwei skalaren Gleichungen* auskommen, indem die folgenden Punkte ausgenutzt wurden:

1. Es wurde die Tatsache berücksichtigt, daß der virtuelle Strombelag nur 2 (tangentiale) Komponenten in der Oberfläche hat:

$$\vec{J_j} = J_{\mathrm{u}j}\vec{u}_j + J_{\mathrm{v}j}\vec{v}_j$$

   mit $\vec{u}_j$, $\vec{v}_j$: 2 orthogonale Einheitsvektoren in der Tangentialebene des Elements.

2. Es wurden lokale Koordinaten herangezogen.

Mit den so eingeführten beiden Komponenten des virtuellen Strombelages und der skalaren virtuellen magnetischen Flächenladungsdichte entsteht der schon in Tabelle 5.3 aufgeführte Algorithmus, der also nur drei Unbekannte pro Knoten j aufweist. Das für diese Unbekannten entstehende Gleichungssystem lautet:

$$\frac{1}{2}J_{ui} + \sum_{j=1}^{m} S_{uij}^{u} J_{uj} + \sum_{j=1}^{m} S_{vij}^{u} J_{vj} - \sum_{j=1}^{m} S_{\sigma ij}^{u} \sigma_{mj} = -\vec{u}_i \cdot (\vec{n}_i \times \vec{H}_i^e),$$

$$\frac{1}{2}J_{vi} + \sum_{j=1}^{m} S_{uij}^{v} J_{uj} + \sum_{j=1}^{m} S_{vij}^{v} J_{vj} - \sum_{j=1}^{m} S_{\sigma ij}^{v} \sigma_{mj} = -\vec{v}_i \cdot (\vec{n}_i \times \vec{H}_i^e),$$

$$\frac{1}{2}\sigma_{mi} + \sum_{j=1}^{m} S_{uij}^{\sigma} J_{uj} + \frac{\mu}{\mu_a} \sum_{j=1}^{m} S_{vij}^{\sigma} J_{vj} - \sum_{j=1}^{m} S_{\sigma ij}^{\sigma} \sigma_{mj} = -\vec{n}_i \cdot \vec{H}_i^e.$$

$$(5.143)$$

Dabei haben die Matrixelemente S die folgende Bedeutung:

$$S_{uij}^{u} = \vec{u}_i \cdot \left[\vec{n}_i \times \int_{\Gamma_j} (\vec{u}_j \times \vec{K}_{ij}) \, \mathrm{d}\Gamma \right] = \vec{u}_i \cdot \vec{A}_{ij},$$

$$S_{vij}^{u} = \vec{u}_i \cdot \left[\vec{n}_i \times \int_{\Gamma_j} (\vec{v}_j \times \vec{K}_{ij}) \, \mathrm{d}\Gamma \right] = \vec{u}_i \cdot \vec{B}_{ij},$$

$$S_{\sigma ij}^{u} = \vec{u}_i \cdot \left[\vec{n}_i \times \int_{\Gamma_j} \vec{G}_{ij} \, \mathrm{d}\Gamma \right] = \vec{u}_i \cdot \vec{C}_{ij},$$

$$S_{uij}^{v} = \vec{v} \cdot \vec{A}_{ij}, \quad S_{vij}^{v} = \vec{v} \cdot \vec{B}_{ij}, \quad S_{\sigma ij}^{v} = \vec{v} \cdot \vec{C}_{ij},$$

$$S_{uij}^{\sigma} = \vec{n}_i \cdot \int_{\Gamma_j} (\vec{u}_j \times \vec{K}_{ij}) \, \mathrm{d}\Gamma, \quad S_{vij}^{\sigma} = \vec{n}_i \cdot \int_{\Gamma_j} (\vec{v}_j \times \vec{K}_{ij}) \, \mathrm{d}\Gamma, \quad S_{\sigma ij}^{\sigma} = \vec{n}_i \cdot \int_{\Gamma_j} \vec{G}_{ij} \, \mathrm{d}\Gamma.$$

Weiterhin bedeuten

$$\vec{K}_{ij} = \operatorname{grad} \Phi_{ij}, \qquad \vec{G}_{ij} = \operatorname{grad} \Phi_{ij}^a.$$

5.2.3.3 Berechnung der wirklichen Feldgrößen

Nach Auffinden der virtuellen Größen $\vec{J}$ und σ_m aus dem Gleichungssystem (5.143) können die wirklichen Feldgrößen aus ihnen abgeleitet werden. Die magnetische und elektrische Feldstärke ($\vec{H}$ bzw. $\vec{E}$) im leitenden Raum sind durch die (5.139) und die 2. MAXWELL'sche Gleichung gegeben, während die magnetische Feldstärke $\vec{H}^a$ im nichtleitenden Raum sich aus (5.134) und (5.135) mit (5.140) ergibt:

$$\vec{H} = \int_{\Gamma} \operatorname{rot}[\vec{J}\Phi] \, \mathrm{d}\Gamma,$$

$$\vec{E} = \frac{1}{\kappa} \int_{\Gamma} \operatorname{rot} \operatorname{rot}[\vec{J}\Phi] \, \mathrm{d}\Gamma, \qquad (5.144)$$

$$\vec{H}^a = \vec{H}^e - \int_{\Gamma} \sigma_m \operatorname{grad} \Phi^a \, \mathrm{d}\Gamma.$$

Wie aus der bisherigen Ableitung hervorgeht, gibt es keine direkte Beziehung zwischen der elektrischen Feldstärke $\vec{E}^{\mathrm{a}}$ im nichtleitenden Raum und den virtuellen Größen auf der Oberfläche. Nun besteht in vielen Anwendungsfällen auch gar kein Interesse an der elektrischen Feldstärke im nichtleitenden Raum. Andererseits hat MAYERGOYZ [93] den Weg aufgezeigt, wie man durch Lösen eines „nachgeschalteten" Randwertproblems für $\vec{E}^{\mathrm{a}}$ diese Feldstärke ermitteln kann. YUAN und KOST [159] zeigen, wie dabei auftretende singuläre Integrale sowie auch dasjenige in (5.144) umgangen werden können, nämlich durch Lösen einer diskretisierten Randintegralgleichung mit zwei Unbekannten pro Knoten.

Im Falle *mehrfach-zusammenhängender Bereiche* hat MAYERGOYZ [93] gezeigt, daß die $\vec{H}, \varphi$-Formulierung und ihr Lösungsweg auch hierfür erweitert werden können, indem einer oder einige virtuelle Stromfäden als weitere Unbekannte eingeführt werden. Das resultiert lediglich im Hinzufügen von einer oder einiger Gleichungen zum Gleichungssystem.

5.2.3.4 Beispiele zur Abschirmung und Elektromagnetischen Verträglichkeit

Als erstes Beispiel werde das *Testproblem Nr. 6* der internationalen *TEAM-Workshops* mit der $\vec{H}\,\varphi$-Formulierung und dem dazu entwickelten Programm behandelt. Es handelt sich gemäß Abb. 5.69 um eine leitende abschirmende Hohlkugel im homogenen Wechselfeld.

Es wurde mit insgesamt 992 konstanten Dreieckselementen ohne Ausnutzung der Symmetrie gerechnet, und die Resultate liegen im Hinblick auf die Genauigkeit im Rahmen der von EMSON [29] veröffentlichten Resultate anderer Programme für die Induktion (Betrag und Phase der z-Komponente) in den Punkten 1 und 2.

Die Abbildungen 5.70 und 5.71 zeigen die Induktion und die elektrische Feldstärke in der Äquatorialebene $z = 0$ für dasselbe Beispiel. Eine sehr gute Übereinstimmung von indirekter BEM-Rechnung und analytischer Lösung ist offenkundig.

Das nächste Beispiel zeigt in Abb. 5.72 eine leitende Platte zur Abschirmung des Feldes infolge einer unter ihr liegenden wechselstromdurchflossenen Kreisschleife. Die gewählte Diskretisierung der Oberfläche mit konstanten Dreieckselementen wird verdeutlicht. In Abb. 5.73 wird die Verteilung des virtuellen Strombelages sowie der magnetischen Flächenladungsdichte auf der Ober- und Unterseite der Platte veranschaulicht.

Schließlich zeigt Abb. 5.74 den Verlauf des Abschirmfaktors

$$S = \frac{|\vec{H}^{\mathrm{e}}|}{|\vec{H}|}$$

(mit $\vec{H}^{\mathrm{e}}$: Erregerfeldstärke und $\vec{H}$: Gesamtfeldstärke) bei einer Kupferplatte im abgeschirmten Bereich längs der z-Achse, wobei statt einer Kreisschleife eine symmetrisch und parallel unter der Platte liegende Rechteckschleife die Erregung darstellt.

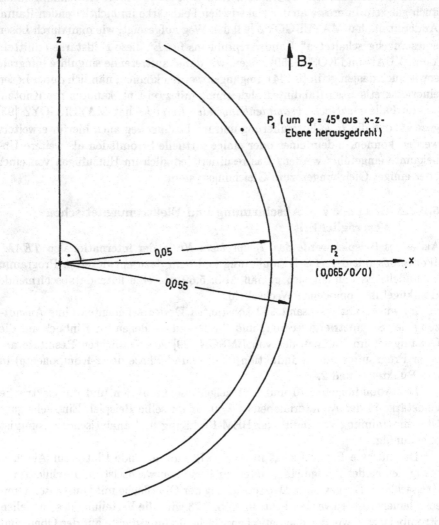

Abb. 5.69. Leitende Hohlkugel (Radien 0.05 m und 0.055 m) im homogenen Wechselfeld B_z (Frequenz 50 Hz)

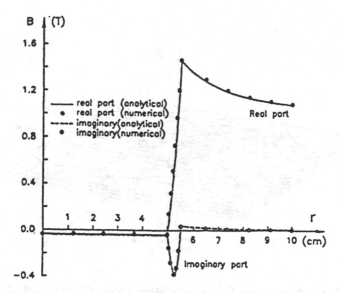

Abb. 5.70. Leitende Hohlkugel im homogenen Wechselfeld: Induktion in der Ebene $z = 0$. Nach YUAN und KOST [159]

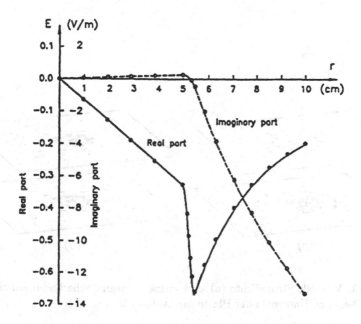

Abb. 5.71. Leitende Hohlkugel im homogenen Wechselfeld: Elektrische Feldstärke in der Ebene $z = 0$. Nach YUAN und KOST [159]

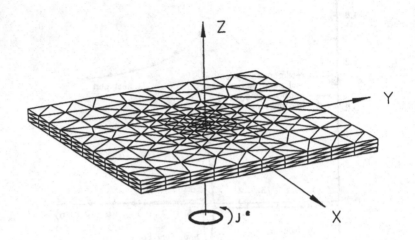

Abb. 5.72. Abschirmung des Feldes einer Stromschleife (50 Hz) durch eine Kupfer-platte; Netz (700 Elemente)

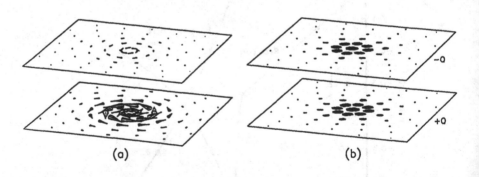

Abb. 5.73. Virtuelle Stromdichte (a) und virtuelle magnetische Ladungsdichte (b) auf der Ober- und Unterseite der Platte aus Abb. 5.72

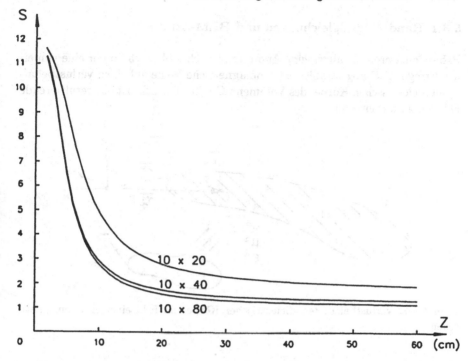

Abb. 5.74. Abschirmfaktor auf z-Achse für Kupferplatte ($20\,\text{cm} \times 20\,\text{cm} \times 1\,\text{cm}$) bei $f = 50\,\text{Hz}$ und erregende Rechteckschleife ($10\,\text{cm} \times 20\,\text{cm}$, $10\,\text{cm} \times 40\,\text{cm}$ und $10\,\text{cm} \times 80\,\text{cm}$) symmetrisch und parallel unter der Platte

5.3 Streuung elektromagnetischer Wellen

In diesem Abschnitt werden schnell veränderliche elektromagnetische Felder mit der BEM behandelt, bei denen im Gegensatz zum vorherigen Abschnitt 5.2 der Verschiebungsstrom nicht vernachlässigt werden kann. Gleichwohl sind die Unterschiede in Formulierung und Diskretisierung gegenüber Abschnitt 5.2 nicht sehr groß, so daß dieser Abschnitt relativ kurz gehalten werden kann.

Als Anwendungsbereich aus dem vielgestaltigen Gesamtgebiet hochfrequenter Felder sei die Streuung elektromagnetischer Wellen hier herausgegriffen, wobei es sich durchweg auch um offene Probleme wie in Abschnitt 5.2 handelt. Anwendungen finden sich z.B. in der Radartechnik und der Elektromedizin, wo bei der Hyperthermie als Krebstherapie die im Patienten erzeugten hochfrequenten Felder infolge äußerer Quellen von Interesse sind. Dabei muß sowohl der Verschiebungs- als auch der Leitungsstrom im verlustbehafteten Gewebe bzw. Dielektrikum berücksichtigt werden.

5.3.1 Randintegralgleichungen und BEM-Strategie

Behandelt werde die allgemeine Anordnung nach Abb. 5.75, in der eine von einer Erregung $\vec{J}^e$ abgestrahlte elektromagnetische Welle auf einen verlustbehafteten dielektrischen Körper des Volumens Ω trifft. Gesucht ist das resultierende Feld im gesamten Raum.

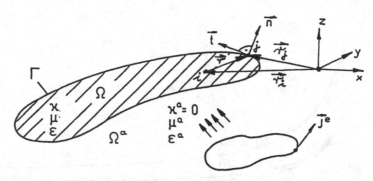

Abb. 5.75. Verlustbehafteter, dielektrischer Körper im Feld einer elektromagnetischen Welle

Für die Auswahl eines geeigneten numerischen Verfahrens gelten dieselben Überlegungen wie im Abschnitt 5.2.2. Auch hier wird eine Formulierung mit den Feldstärken $\vec{E}$ und $\vec{H}$ vorgenommen. Sie ist hinsichtlich eines numerischen Verfahrens attraktiv, weil in den Integranden der Randintegralgleichungen direkt diejenigen Ausdrücke auftreten, die auch in den natürlichen Übergangsbedingungen für die elektrische und magnetische Feldstärke auftreten: $\vec{n} \times \vec{E}$, $\vec{n}\vec{E}$, $\vec{n} \times \vec{H}$ und $\vec{n}\vec{H}$. Ferner ist die Gewichtsfunktion skalar und nicht vektoriell. Und schließlich entfallen Überlegungen und Untersuchungen hinsichtlich verschiedener möglicher Konventionen, wie sie bei Potentialformulierungen bezüglich des Einflusses auf die Genauigkeit naheliegend sind.

Die folgenden Betrachtungen gelten für Abwesenheit von Raumladungen ρ in den Volumina Ω, Ω^a sowie für dort homogene Medien. Das Medium in Ω soll verlustbehaftet aufgrund einer vorhandenen Leitfähigkeit κ sein. Für alle Feldgrößen wird ein zeitlich sinusförmiger Verlauf vorausgesetzt, so daß die elektrische Feldstärke in einem Punkt i

$$\vec{E}(\vec{r}_i, t) = \mathrm{Re}\{\underline{\vec{E}}(\vec{r}_i)e^{j\omega t}\}$$

lautet. Die Schreibweise $\underline{\vec{E}}$ für die komplexe Amplitude und die vektorielle Natur wird wie schon in Abschnitt 5.2 im folgenden der Einfachheit halber nur noch durch die vektorielle Kennzeichnung $\vec{E}$ ersetzt.

Vieles kann von der in Abschnitt 5.2.2 ausführlich hergeleiteten Formulierung übernommen werden, so daß hier im wesentlichen die Unterschiede herausgearbeitet werden sollen.

In der 2. MAXWELL'schen Gleichung (5.115) ist die Verschiebungsstromdichte

$$\frac{\partial \vec{D}}{\partial t} \Rightarrow j\omega\epsilon\vec{E}$$

hinzuzufügen:

$$\mathrm{rot}\,\vec{H} - \kappa\vec{E} - j\omega\epsilon\vec{E} = \vec{J}^{e}.$$

Zweckmäßigerweise wird eine komplexe Dielektrizitätskonstante ϵ^{*} aus

$$-\kappa - j\omega\epsilon = -j\omega \underbrace{\left(\epsilon - j\frac{\kappa}{\omega}\right)}_{=:\,\epsilon^{*}} = -j\omega\epsilon^{*} \tag{5.145}$$

eingeführt, die das gleichzeitige Vorhandensein einer Leitungsstromdichte (wegen $j\kappa/\omega$) und einer Verschiebungsstromdichte (wegen ϵ) beinhaltet. Ist letztere vernachlässigbar, liegen wieder die Verhältnisse von Abschnitt 5.2.2 vor. Ist die Leitungsstromdichte vernachlässigbar, findet eine Wellenausbreitung im verlustfreien Medium ϵ statt. Damit lauten die Feldgleichungen

$$
\begin{aligned}
\mathrm{rot}\,\vec{E} + j\omega\mu\vec{H} &= 0 \\
\mathrm{rot}\,\vec{H} - j\omega\epsilon^{*}\vec{E} &= \vec{J}^{e} \\
\mathrm{div}\,\vec{H} &= 0 \\
\mathrm{div}\,\vec{E} &= 0
\end{aligned}
\tag{5.146}
$$

Im Volumen Ω in Abb. 5.75 existiert keine Feldquelle, weshalb dort $\vec{J}^{e} = 0$ zu setzen ist, während im Volumen Ω^{a} das Medium verlustfrei sein soll, so daß dort $\epsilon^{*a} = \epsilon^{a}$ gilt.

Die Übergangsbedingungen in der Oberfläche Γ in Abb. 5.75 lauten:

$$
\begin{aligned}
\mu\vec{n}\vec{H}\Big|_{\Gamma} &= \mu^{a}\vec{n}\vec{H}^{a}\Big|_{\Gamma} \\
\vec{n} \times \vec{H}\Big|_{\Gamma} &= \vec{n} \times \vec{H}^{a}\Big|_{\Gamma} \\
\epsilon^{*}\vec{n}\vec{E}\Big|_{\Gamma} &= \epsilon^{*a}\vec{n}\vec{E}^{a}\Big|_{\Gamma} \\
\vec{n} \times \vec{E}\Big|_{\Gamma} &= \vec{n} \times \vec{E}^{a}\Big|_{\Gamma}
\end{aligned}
\tag{5.147}
$$

Aus den Feldgleichungen (5.146) läßt sich wie in Abschnitt 5.2.2 leicht eine Differentialgleichung für die elektrische Feldstärke $\vec{E}$ herleiten:

$$\mathrm{rot}\,\mathrm{rot}\,\vec{E} - \omega^{2}\mu\epsilon^{*}\vec{E} = -j\omega\mu\vec{J}^{e}. \tag{5.148}$$

Wiederum wird hieraus eine Randintegraldarstellung hergeleitet, die die gleiche Form wie (5.123) hat:

$$\frac{\Omega_i}{4\pi}\vec{E}_i = \int\limits_{\Gamma}[\mathrm{j}\omega\mu(\vec{n}\times\vec{H})\Phi - (\vec{n}\times\vec{E})\times\mathrm{grad}\,\Phi - (\vec{n}\vec{E})\,\mathrm{grad}\,\Phi]\,\mathrm{d}\Gamma - \int\limits_{\Omega}\mathrm{j}\omega\mu\vec{J}^\mathrm{e}\Phi\,\mathrm{d}\Omega.$$

(5.149)

Der Unterschied zu (5.123) liegt in der Gewichtsfunktion Φ, welche hier die Differentialgleichung

$$\Delta\Phi + \underbrace{\omega^2\mu\epsilon^2}_{=\,\beta^2}\Phi = -\delta_i$$

mit der Lösung

$$\Phi = \frac{1}{4\pi r}\mathrm{e}^{-\mathrm{j}\beta r}$$

erfüllt. Die Wellenkonstante β (auch Wellenzahl genannt)

$$\beta = \omega\sqrt{\mu\epsilon^*}$$

ist für $\kappa = 0$ reell, was eine verlustlose Wellenausbreitung bedeutet. Für $\kappa \neq 0$ ist sie komplex und geht für $\kappa/\omega \gg \epsilon$ in den quasistationären Fall in Abschnitt 5.2.2 über, es liegt eine gedämpfte bzw. sehr stark gedämpfte Ausbreitung vor.

Die zweite Randintegralgleichung, hergeleitet in analoger Form, lautet

$$\frac{\Omega_i}{4\pi}\vec{H}_i = -\int\limits_{\Gamma}[\mathrm{j}\omega\epsilon^*(\vec{n}\times\vec{E})\Phi + (\vec{n}\times\vec{H})\times\mathrm{grad}\,\Phi + (\vec{n}\vec{H})\,\mathrm{grad}\,\Phi]\,\mathrm{d}\Gamma$$
$$+ \int\limits_{\Omega}\vec{J}^\mathrm{e}\times\mathrm{grad}\,\Phi\,\mathrm{d}\Omega.$$

(5.150)

Bei Anwendung von (5.149) und (5.150) auf das Volumen Ω in Abb. 5.75 entfallen die beiden Volumenintegrale, da dort keine Quellen $\vec{J}^\mathrm{e}$ existieren.

Bei der Anwendung auf den verlustfreien Bereich ist ϵ^* durch ϵ zu ersetzen, außerdem müssen wegen der in das Volumen Ω^a hineinzeigenden Flächennormalen $\vec{n}$ die Vorzeichen der Oberflächenintegrale geändert werden.

Die Gewichtsfunktion lautet im verlustfreien Bereich Ω^a

$$\Phi^\mathrm{a} = \frac{1}{4\pi r}\mathrm{e}^{-\mathrm{j}\beta^\mathrm{a}r} \qquad \text{mit} \quad \beta^\mathrm{a} = \omega\sqrt{\mu^\mathrm{a}\epsilon^\mathrm{a}}.$$

5.3.2 Diskretisierung und Gleichungssystem

Im Gegensatz zu Abschnitt 5.2.2 soll hier nicht nur mit konstanten sondern auch mit linearen oder höheren Elementen gearbeitet werden. Diskretisiert man eine nicht ebene Oberfläche wie z.B. die Kugeloberfläche in Abb. 5.63, so stoßen in den Knoten Dreiecksflächen mit jeweils unterschiedlicher Flächennormale zusammen. Dies bedeutet, daß in den Knoten die Normalen nicht definiert sind und die Tangentialebenen auch nicht. Eine Lösung des Problems wird in Abschnitt 5.5.4.6 aufgezeigt.

Im übrigen verläuft die Diskretisierung wie in Abschnitt 5.2.2 ausführlich dargestellt. Das gleiche gilt für die Entstehung des Gleichungssystems.

5.3.3 Beispiele

5.3.3.1 Reflexion einer ebenen Welle am leitenden Zylinder

Mit den beiden Randintegralgleichungen (5.149) und (5.150) sowie den Randbedingungen (5.147) kann beispielsweise die Reflexion einer ebenen Welle an einem verlustbehafteten dielektrischen Zylinder bei beliebiger Einfallsrichtung berechnet werden. Abbildung 5.76 zeigt die Anordnung. Die Diskretisierung und die Entstehung des Gleichungssystems verlaufen entsprechend Abschnitt 5.2.2.

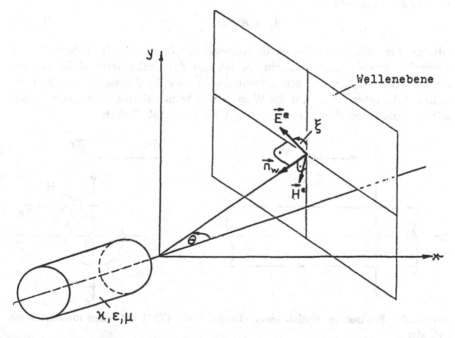

Abb. 5.76. Einfall einer ebenen Welle auf einen verlustbehafteten dielektrischen Zylinder. $\vec{n}$: Wellennormale, ξ: Polarisationswinkel, θ: Einfallswinkel

Numerisch ausgewertet werden soll der Fall eines idealleitenden, unendlich langen Kreiszylinders, auf den die Welle gemäß Abb. 5.77 senkrecht einfallen möge, wobei die (lineare) Polarisation so gewählt sei, daß bezüglich der Zylinderachse eine rein transversal-magnetische (TM) Erregung vorliegt.

Diese Situation bedeutet, daß ein ebenes (von z unabhängiges) Problem vorliegt. Die ideale Leitfähigkeit verhindert ein Eindringen des Feldes in den Zylinder. Auf seiner Oberfläche entsteht ein Strombelag $\vec{K}$, so daß die Randbedingungen (5.147) in die Form

$$
\begin{aligned}
\vec{n}\vec{H}^{\mathrm{a}}\Big|_{\varGamma} &= 0 \\[1ex]
\vec{n} \times \vec{H}^{\mathrm{a}}\Big|_{\varGamma} &= \vec{K} \\[1ex]
\vec{n}\vec{E}^{\mathrm{a}}\Big|_{\varGamma} &= 0 \\[1ex]
\vec{n} \times \vec{E}^{\mathrm{a}}\Big|_{\varGamma} &= 0
\end{aligned}
\tag{5.151}
$$

übergehen. Die zweite Gleichung hierin liefert angesichts der TM-Erregung den einfachen Zusammenhang

$$
K = K_{z} = H_{\varphi}^{\mathrm{a}}\Big|_{\varGamma}
\tag{5.152}
$$

mit der magnetischen Feldstärke im Außenraum (Index „a"). In Abb. 5.77 wird dieser Sachverhalt veranschaulicht: Bildet man das Umlaufintegral der magnetischen Feldstärke um ein den Strombelag $\vec{K} = \vec{e}_{z}K_{z}$ führendes Wegelement, so liefert die Integration über die Wege 2, 3, 4 keinen Beitrag zum Strombelag, während die Integration über den Weg 1 direkt (5.152) liefert.

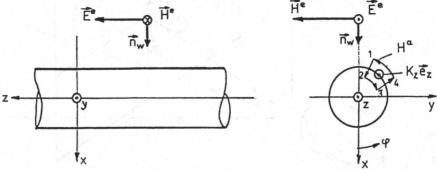

Abb. 5.77. Senkrechter Einfall einer ebenen Welle (TM) auf einen idealleitenden Zylinder

Gleichung (5.150) kann nun herangezogen werden, um eine Randintegralgleichung für den Strombelag zu erhalten. Der einzige von Null verschiedene Beitrag im Oberflächenintegral ist wegen der Randbedingungen (5.151) der zweite Summand, der ja direkt den Strombelag enthält:

$$\vec{n} \times \vec{H}^{\mathrm{a}}\Big|_{\Gamma} = \vec{K} = \vec{e}_z K,$$

$$(\vec{n} \times \vec{H}^{\mathrm{a}}) \times \operatorname{grad} \Phi^{\mathrm{a}} = K\vec{e}_z \times \left[\vec{e}_\rho \frac{\partial \Phi^{\mathrm{a}}}{\partial \rho} + \vec{e}_\varphi \frac{1}{\rho} \frac{\partial \Phi^{\mathrm{a}}}{\partial \varphi}\right] = K \left[\vec{e}_\varphi \frac{\partial \Phi^{\mathrm{a}}}{\partial \rho} - \vec{e}_\rho \frac{1}{\rho} \frac{\partial \Phi^{\mathrm{a}}}{\partial \varphi}\right].$$

Linksseitig steht mit (5.152)

$$\vec{H}_i^{\mathrm{a}} = H_i^{\mathrm{a}}\vec{e}_\varphi = K_i \vec{e}_\varphi.$$

Zu berücksichtigen ist ferner, daß wegen der ebenen Problematik und des glatten Kreisrandes Γ der Wert $\Omega_i/4\pi$ für den Raumwinkel zu ersetzen ist durch

$$\frac{\Omega_i}{2\pi} = \frac{1}{2},$$

und daß die Gewichtsfunktion im Außenraum

$$\Phi^{\mathrm{a}} = \frac{1}{4\mathrm{j}} \mathrm{H}_0^{(2)}(\beta^{\mathrm{a}}\rho) \qquad \text{mit} \quad \beta^{\mathrm{a}} = \omega\sqrt{\mu^{\mathrm{a}}\epsilon^{\mathrm{a}}}$$

lautet. Die Normale $\vec{n}$ zeigt in den Außenraum hinein, deswegen ist das Vorzeichen vor dem Randintegral zu ändern. Anstelle einer Stromschleife $\vec{J}^{\mathrm{e}}$ in (5.150) liegt hier die *einfallende ebene Welle* vor, deren magnetische Feldstärke auf der Zylinderoberfläche gegeben ist durch

$$\vec{H}_i^{\mathrm{e}} = \vec{H}_0 \mathrm{e}^{-\mathrm{j}\beta^{\mathrm{a}}(\vec{n}_{\mathrm{w}}\vec{r}_i)}$$

mit $\vec{n}_{\mathrm{w}}$: Wellennormale, siehe Abb. 5.77,

$\vec{r}_i$: Radiusvektor eines Oberflächenpunktes i, siehe Abb. 5.77,

H_0: Amplitude der magnetischen Feldstärke.

Damit entsteht aus (5.150) schließlich die folgende *Randintegralgleichung* für den z-gerichteten *Strombelag*:

$$\frac{1}{2}K_i = + \int\limits_{\Gamma} K \frac{\partial \Phi^{\mathrm{a}}}{\partial n}\, \mathrm{d}\Gamma + \vec{e}_{\phi i} \vec{H}_i^{\mathrm{e}}. \tag{5.153}$$

Nach Diskretisierung des Kreises Γ durch lineare Elemente entsteht hieraus wieder ein lineares Gleichungssystem für die N Knotenwerte K_i mit $i = 1\ldots n$ des Strombelags.

Das BEM-Resultat wird in Abb. 5.78 mit der *analytischen Lösung*

$$K = \frac{2H_0}{\pi\beta^{\mathrm{a}}a} \sum_{-\infty}^{+\infty}(-\mathrm{j})^n \frac{\mathrm{e}^{-\mathrm{j}n\varphi}}{\mathrm{H}_n^{(2)}(\beta a)}$$

verglichen und zwar mit

$$\beta^{\mathrm{a}}a = 2\pi \frac{a}{\lambda^{\mathrm{a}}}$$

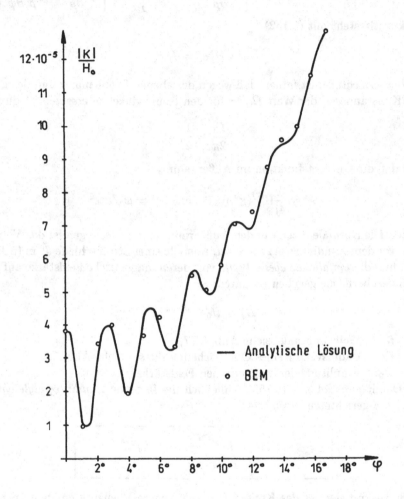

Abb. 5.78. Strombelag $K = |K|e^{j\alpha}$ auf idealleitendem Kreiszylinder bei Einfall einer ebenen Welle nach Abb. 5.77. $a/\lambda^a = 10$ mit a: Zylinderradius, λ^a: Wellenlänge der einfallenden Welle

für den Fall $a/\lambda^{\mathrm{a}} = 10$, bei dem der Zylinderradius zehnmal so groß wie die Wellenlänge der einfallenden Welle ist. H_0 ist die Amplitude der magnetischen Feldstärke der ebenen Welle. Bei diesem Verhältnis $a/\lambda^{\mathrm{a}} = 10$ treten in der Schattenzone, d.h. der dem Welleneinfall abgewandten Zone, bereits starke Interferenzen auf. Der entsprechende Verlauf des Strombelag-Betrags eignet sich daher zu Testzwecken und zeigt eine gute Übereinstimmung von analytischer Lösung und BEM-Lösung. In der Schattenzone wurde für letztere eine feine Diskretisierung von 5 Elementen pro Grad in φ-Richtung gewählt, während in der dem Welleneinfall zugewandten Zone ($\varphi \approx 180°$) nur 1 Element auf 5 Grad eingesetzt wurde.

Mit dem nun ermittelten Strombelag können die magnetische und elektrische Feldstärke anschließend in einem Aufpunkt i des Außenraums unter Anwendung von (5.149) und (5.150) ermittelt werden:

$$\vec{E}_i^{\mathrm{a}} = - \int_\Gamma \mathrm{j}\omega\mu^{\mathrm{a}}(\vec{e}_{\mathrm{z}}K)\varPhi^{\mathrm{a}}\,\mathrm{d}\Gamma + \vec{E}_i^{\mathrm{e}}; \qquad i \text{ in } \Omega^{\mathrm{a}}$$

wobei die elektrische Feldstärke $\vec{E}_i^{\mathrm{e}}$ der ebenen Welle gegeben ist durch

$$\vec{E}_i^{\mathrm{e}} = \vec{E}_0 \mathrm{e}^{-\mathrm{j}\beta^{\mathrm{a}}(\vec{n}_{\mathrm{w}}\vec{r}_i)}$$

mit dem Zusammenhang

$$\vec{H}_0 = \frac{1}{Z}(\vec{n}_{\mathrm{w}} \times \vec{E}_0)$$

und dem Wellenwiderstand

$$Z = \sqrt{\mu^{\mathrm{a}}/\epsilon^{\mathrm{a}}}.$$

Die magnetische Feldstärke aus (5.150) lautet

$$\vec{H}_i^{\mathrm{a}} = + \int_\Gamma \vec{e}_{\mathrm{z}}K \times \operatorname{grad}\varPhi^{\mathrm{a}}\,\mathrm{d}\Gamma + \vec{H}_i^{\mathrm{e}}, \qquad i \text{ in } \Omega^{\mathrm{a}}.$$

Bedingt durch den einfachen Streukörper hat die elektrische Feldstärke nur eine z- und die magnetische Feldstärke nur eine ρ- und eine φ-Komponente.

5.3.3.2 Drahtantenne vor dielektrischem Körper

Zur Auslegung einer Radiofrequenz-(RF-)Antenne für die MRI-Technik (Magnetic Resonance Imaging), kann die Momenten-Methode, siehe Kapitel 7, herangezogen werden. Da der menschliche Körper als verlustbehaftetes Dielektrikum angesehen werden kann, stellt sich die Aufgabe, ein numerisches Verfahren für verlustbehaftete Dielektrika in der Nähe einer Antenne zu entwickeln.

Dies kann so erfolgen, daß die Momenten-Methode zur Analyse des Antennenverhaltens und in Kombination damit die BEM zur Erfassung der Streuung des Dielektrikums wie in Abschnitt 5.3.1 eingesetzt wird.

Betrachtet man das Gesamtproblem vom Standpunkt der BEM, so wird in ihr als Besonderheit das sonst als bekannt betrachtete erregende Feld erst mit der Momenten-Methode ermittelt, indem mit dieser näherungsweise die Stromverteilung auf der Antenne berechnet wird.

Wird das Gesamtproblem vom Standpunkt der Momenten-Methode betrachtet, so wird in dieser als Besonderheit der Streufeldanteil infolge des Dielektrikums mit Hilfe der BEM-Gleichungen dargestellt.

Der Vorteil der Methoden-Kopplung besteht darin, daß bei der BEM nur die Oberfläche des verlustbehafteten Dielektrikums diskretisiert werden muß, während bei der Momenten-Methode, sofern sie auch auf das Dielektrikum angewandt würde, alle stromführenden Volumenelemente, und damit auch das innere Volumen des verlustbehafteten Dielektrikums, diskretisiert werden müßten.

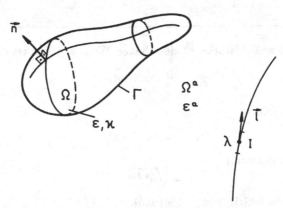

Abb. 5.79. Einfache Drahtantenne vor verlustbehaftetem dielektrischen Körper

Verallgemeinert dargestellt ist die Problemstellung in Abb. 5.79. Die Randbedingung für die Momenten-Methode lautet im Punkte λ auf dem Draht

$$(\vec{E}^{\mathrm{e}} + \vec{E}^{\mathrm{s}})\frac{\vec{l}}{l} = 0 \qquad (5.154)$$

mit $\vec{E}^{\mathrm{e}}$:   aufgeprägte elektrische Feldstärke,

$\vec{E}^{\mathrm{s}}$:   gestreute elektrische Feldstärke,

$\frac{\vec{l}}{l}$:   Einheitsvektor in Drahtlängsrichtung.

Das gestreute Feld beinhaltet 2 Anteile, nämlich vom Draht ($\vec{E}^{\mathrm{w}}$) und vom Dielektrikum ($\vec{E}^{\mathrm{D}}$)

$$\vec{E}^{\mathrm{s}} = \vec{E}^{\mathrm{w}} + \vec{E}^{\mathrm{D}} \qquad (5.155)$$

mit

$$\vec{E}^{\mathrm{w}} = -\mathrm{j}\omega\vec{A} - \operatorname{grad}\varphi,$$

wobei gilt:

$$\vec{A} = \int_L \mu^{\mathrm{a}} I \Phi^{\mathrm{a}}\,\mathrm{d}\vec{l},$$

$$\varphi = \int_L \frac{\rho}{\epsilon^{\mathrm{a}}}\Phi^{\mathrm{a}}\,\mathrm{d}l.$$

L ist die Drahtlänge, I ist der Strom und ρ die Ladungsdichte auf dem Draht. Φ^{a} ist die Gewichtsfunktion des Raumes Ω^{a}:

$$\Phi^{\mathrm{a}} = \frac{1}{4\pi r}\mathrm{e}^{-\mathrm{j}\beta^{\mathrm{a}}r}.$$

Ladungsdichte und Strom sind über die Kontinuitätsgleichung verknüpft:

$$\rho = -\frac{\operatorname{div}\vec{J}}{\mathrm{j}\omega} = -\frac{1}{\mathrm{j}\omega}\frac{\mathrm{d}I}{\mathrm{d}l}\frac{1}{\pi a^2} \qquad \text{mit } a\text{: Drahtradius.}$$

$\vec{E}^{\mathrm{D}}$ wird weiter unten von der BEM geliefert.

Damit liefern (5.154) und (5.155):

$$(\vec{E}^{\mathrm{w}}_{\lambda} + \vec{E}^{\mathrm{D}}_{\lambda})\vec{l} = -\vec{E}^{\mathrm{e}}_{\lambda}\cdot\vec{l} = V_{\lambda}, \tag{5.156}$$

wobei V_{λ} die aufgeprägte Spannung für das Element λ darstellt.

Mit den Gleichungen (5.149) und (5.150) kann das Feld im Raum Ω^{a} außerhalb des dielektrischen Körpers in einem *Raumpunkt* i wie folgt angegeben werden, wobei die Ladungsverteilung auf der Antenne als zusätzliche Quelle berücksichtigt werden muß:

$$\frac{\Omega_i}{4\pi}\vec{E}_i = \vec{E}^{\mathrm{D}}_i - \int_{\Omega^{\mathrm{a}}}\left[\mathrm{j}\omega\mu^{\mathrm{a}}\vec{J}\Phi^{\mathrm{a}} + \frac{\rho}{\epsilon}\operatorname{grad}\Phi^{\mathrm{a}}\right]\mathrm{d}\Omega, \tag{5.157}$$

$$\frac{\Omega_i}{4\pi}\vec{H}_i = \vec{H}^{\mathrm{D}}_i - \int_{\Omega^{\mathrm{a}}}(\vec{J}\times\operatorname{grad}\Phi^{\mathrm{a}})\,\mathrm{d}\Omega. \tag{5.158}$$

$\vec{E}^{\mathrm{D}}_i$ und $\vec{H}^{\mathrm{D}}_i$ geben als Abkürzungen für die durch das Dielektrikum gestreuten Feldanteile die auch in (5.149) und (5.150) vorkommenden Anteile derselben Bedeutung an:

$$\vec{E}^{\mathrm{D}}_i = -\int_{\Gamma}\left[\mathrm{j}\omega\mu^{\mathrm{a}}(\vec{n}\times\vec{H})\Phi^{\mathrm{a}} - (\vec{n}\times\vec{E})\times\operatorname{grad}\Phi^{\mathrm{a}} - (\vec{n}\vec{E})\operatorname{grad}\Phi^{\mathrm{a}}\right]\mathrm{d}\Gamma,$$

$$\vec{H}^{\mathrm{D}}_i = +\int_{\Gamma}\left[\mathrm{j}\omega\epsilon(\vec{n}\times\vec{E})\Phi^{\mathrm{a}} + (\vec{n}\times\vec{H})\times\operatorname{grad}\Phi^{\mathrm{a}} + (\vec{n}\vec{H})\operatorname{grad}\Phi^{\mathrm{a}}\right]\mathrm{d}\Gamma.$$

In den Volumenintegralen (5.157) und (5.158) sind zur Anpassung an die Momenten-Methode Stromdichte und Raumladungsdichte durch den Strom auszudrücken:

$$\int\limits_{\Omega^a} j\omega\mu^a \vec{J}\Phi^a \, d\Omega = \int\limits_L j\omega\mu^a \pi a^2 \vec{J}\Phi^a \, dl = \int\limits_L j\omega\mu^a I\Phi^a \, \vec{dl},$$

$$\int\limits_{\Omega^a} \frac{\rho}{\epsilon^a} \operatorname{grad}\Phi^a \, d\Omega = -\int\limits_L \frac{1}{j\omega\epsilon^a} \frac{dI}{dl} \operatorname{grad}\Phi^a \, dl,$$

$$\int\limits_{\Omega^a} \vec{J} \times \operatorname{grad}\Phi^a \, d\Omega = \int\limits_L (\vec{dl} \times \operatorname{grad}\Phi^a).$$

Um die noch unbekannten Randgrößen auf Γ sowie die noch unbekannte Strom-verteilung auf der Antenne zu ermitteln, wird der *Raumpunkt i auf* Γ gelegt, wofür aus (5.157) und (5.158) die Gleichungen

$$\frac{\Omega_i}{4\pi} \vec{E}_i = \vec{E}_i^D - \int\limits_L j\omega\mu^a I\Phi^a \, \vec{dl} + \int\limits_L \frac{1}{j\omega\epsilon^a} \frac{dI}{dl} \operatorname{grad}\Phi^a \, dl, \qquad (5.159)$$

$$\frac{\Omega_i}{4\pi} \vec{H}_i = \vec{H}_i^D - \int\limits_L (\vec{dl} \times \operatorname{grad}\Phi^a) \qquad (5.160)$$

werden.

Die Gleichungen (5.159), (5.160) und (5.156) bilden das Gesamtgleichungs-system für die Feldstärken $\vec{E}_i$ und $\vec{H}_i$ in den Knoten der Dielektrikums-Oberfläche sowie für die Ströme I in den Drahtsegmenten. Wie in Abschnitt 5.3.1 sind (5.159) und (5.160) dabei auch auf das Innere des Dielektrikums anzuwenden.

$$\begin{bmatrix} \cdots & \cdots & \cdots \\ \cdots & \cdots & \cdots \\ \cdots & \cdots & \cdots \end{bmatrix} \begin{bmatrix} E \\ H \\ I \end{bmatrix} = \begin{bmatrix} 0 \\ 0 \\ V \end{bmatrix}$$

Alle unbekannten Knoten- bzw. Segment-Werte sind hierbei zu einem Spal-tenvektor E, H, I und die bekannten Spannungen zu einem Spaltenvektor V zusammengefaßt worden.

TSUBOI u.a. [147] haben die Methode angewendet auf eine schraubenförmi-ge Antenne mit einem innenliegenden verlustbehafteten dielektrischen Zylinder, siehe Abb. 5.80.

In Abb. 5.81 wird für den in die Antenne symmetrisch eingetauchten ver-lustbehafteten dielektrischen Zylinder die Eingangs-Admittanz der Antenne mit obiger Methode sowie infolge Messung dargestellt, und zwar jeweils die Konduktanz (Wirkleitwert) sowie Suszeptanz (Blindleitwert). In Resonanzum-gebung sind deutliche Unterschiede zwischen Messung und Rechnung zu erken-nen, sonst erscheinen die Unterschiede als gering.

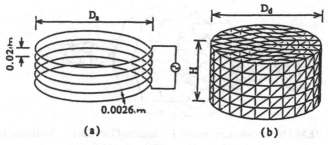

(a)   **(b)**

Abb. 5.80. Schraubenförmige Antenne (a) und verlustbehafteter dielektrischer Zylinder (b) nach TSUBOI u.a. [147]

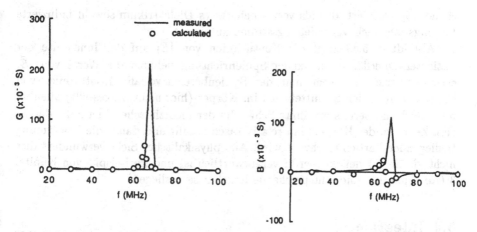

Abb. 5.81. Eingangs-Admittanz von Schraubenantenne und eingetauchtem Zylinder (s. Abb. 5.80) nach TSUBOI u.a. [147]. $D_a = 0.27\,\text{m}$, $D_d = 0.24\,\text{m}$, $\epsilon = 90\epsilon_0$, $\kappa = 2.1 \cdot 10^{-2}\,\text{S/m}$, $H = 0.15\,\text{m}$, 93 Segmente auf Antenne, 500 Dreieckselemente auf Zylinder

5.3.3.3 Gewebe-Hyperthermie mittels elektromagnetischer Felder

In der klinischen Hyperthermie besteht weiterhin das sehr aktuelle Problem, tiefliegende Tumore effektiv zu erwärmen. Das folgende Beispiel ist, wie sich anhand der berechneten Resultate herausgestellt hat, kein sehr effektiver Beitrag zur medizinischen Lösung des Problems. Mit ihm soll aber veranschaulicht werden, wie die in den vorherigen Abschnitten hergeleitete BEM für derartige Problemstellungen herangezogen werden kann.

Abbildung 5.82 zeigt die relativ grob approximierte und diskretisierte Oberfläche des Patienten mit Dreiecken (500 Dreiecke insgesamt). Er befindet sich innerhalb einer einlagigen konzentrischen, sehr dünnen Spule, für deren Oberfläche $\vec{n} \times \vec{H}$ als bekannt angesetzt werden kann; die Frequenz der Erregung beträgt 13 MHz. Der Körper wird durch homogenes Muskelgewebe vereinfa-

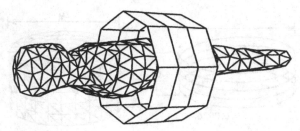

Abb. 5.82. BEM-Diskretisierung einer Patienten-Oberfläche, konzentrische Spule zur Erwärmung, $f = 13\,\text{MHz}$. Nach PAULSEN u.a. [114]

chend approximiert, das als verlustbehaftetes Dielektrikum sowohl induzierte Leitungs- als auch Verschiebungsströme aufnimmt.

Abbildung 5.83 zeigt die Konturlinien von $|\vec{E}|$ auf der Innenseite der Patienten-Oberfläche. In axialer Spulenrichtung nehmen die Werte von $|\vec{E}|$ erkennbar rasch ab, wenn man den Spulenbereich verläßt. Konturlinien von $|\vec{E}|$ in transversalen Schnittebenen im Körper (hier nicht dargestellt) offenbaren jedoch die bereits erwähnte Schwäche der medizinischen Methode, da $|\vec{E}|$ zum Zentrum des Körpers hin relativ rasch abfällt und damit die Erwärmung tiefliegender Partien erschwert wird. Aus physikalischer Sicht verwundert dies nicht, da der Skineffekt hierfür verantwortlich ist und im Beispiel von Kapitel 3 (Rotationsellipsoid) entsprechende Ergebnisse vorliegen.

5.4 Integrale

Um die Systemmatrix aufzustellen, ist es notwendig, die Integrale auszuwerten, welche in den diskretisierten BEM-Gleichungen auftreten. Ihre korrekte Berechnung ist einer der wichtigsten Punkte bei einer erfolgreichen Implementierung der BEM-Formulierung.

Wegen der üblicherweise komplizierten Geometrie und der Gestalt der auftretenden Fundamentallösung, sind die Integrale nur für wenige spezielle Fälle analytisch lösbar. Dies ist z.B. im Falle der LAPLACE-Gleichung mit linearen Linien- oder Flächenelementen möglich. Beispiele dafür werden in den folgenden Abschnitten angegeben.

Normalerweise muß daher die Integration numerisch durchgeführt werden. Unter den numerischen Integrationsverfahren hat sich die GAUSS-Quadratur bewährt, mit der man verglichen mit anderen Methoden die gleiche Genauigkeit bei halber oder geringerer Zahl an Integrations-Stützstellen erreicht. Bei der GAUSS-Quadratur kann ein Integral auf eine Summation zurückgeführt werden [141]:

$$I = \int_{-1}^{+1} f(\xi)\,\mathrm{d}\xi \approx \sum_{i=1}^{N_g} w_i f(\xi_i), \tag{5.161}$$

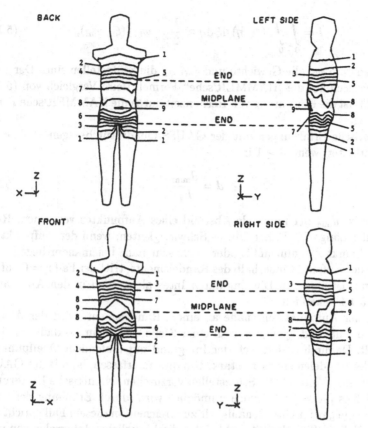

Abb. 5.83. Konturlinien von $|\vec{E}|$ auf der Innenseite der Körperoberfläche. Homogenes Muskelgewebe, $\epsilon_r = 122$, $\kappa = 0.6\,\text{S/m}$, $f = 13\,\text{MHz}$. Gestrichelte Linien: Spulenlage. Nach PAULSEN u.a. [114]

wobei w_i die Gewichte, ξ_i die Stützstellen und N_g deren Anzahl sind. Ist der Integrand als Polynom vom Grad $2N_g - 1$ darstellbar, liefert (5.161) die exakte Lösung.

Im Falle eines Volumenintegrals lautet die Formel für die GAUSS-Quadratur nach [141]

$$I = \int\limits_{-1}^{+1}\int\limits_{-1}^{+1} f(\xi, \eta)\,\mathrm{d}\xi\,\mathrm{d}\eta \approx \sum_{i=1}^{N_{gx}}\sum_{j=1}^{N_{gy}} w_{xi}w_{yj}f(\xi_i, \eta_j), \qquad (5.162)$$

wobei entsprechend zu (5.161) w_{xi}, w_{yj} die Gewichte, ξ_i, η_j die Stützstellen und N_{gx}, N_{gy} deren Anzahl sind. Falls ein Oberflächenelement (Randelement) dreiecksförmig ist, kann (5.162) in einen Ausdruck transformiert werden, der auch als HAMMER'sche Formel [26] bekannt ist:

$$I = \int\limits_0^1 \int\limits_0^{1-\eta} f(\xi, \eta)\, d\xi\, d\eta \approx \frac{1}{2} \sum_{i=1}^{N_\xi} w_{hi} f(\xi_{hi}, \eta_{hi}), \qquad (5.163)$$

wobei wiederum w_{hi} die Gewichte und ξ_{hi}, η_{hi} die Stützstellen sind. Der Index „h" bezieht sich auf die „HAMMER'sche" Formel. Beim Vergleich von (5.162) und (5.163) ist die Einsparung von Rechenzeit durch die HAMMER'sche Formel offenkundig.

Numerische Erfahrungen mit der GAUSS-Quadratur besagen, daß sie nur effizient arbeitet, wenn $d \geq 1$ in

$$d = \frac{d_{min}}{L_j} \qquad (5.164)$$

ist. Dabei ist d_{min} der minimale Abstand eines Aufpunktes von einem Randelement der Länge L_j. Daher gibt es Schwierigkeiten, wenn der Aufpunkt mit dem Quellpunkt zusammenfällt oder beide sehr nahe beieinander liegen.

Liegt der Aufpunkt innerhalb des Randelements, tritt der Fall $r = 0$ auf und das Integral ist singulär. Die singulären Integrale werden in den Abschnitten 5.4.1 bis 5.4.4 behandelt.

Liegt der Aufpunkt sehr nahe an einem Randelement, wird der Abstand r zwischen Auf- und Quellpunkt an einer Stelle sehr klein, so daß $r \ll 1$ mit $r \neq 0$ gilt. Dadurch ändert sich der Integrand mit laufendem Quellpunkt innerhalb des Randelements sehr stark. Um dies zu erfassen, ist mit der GAUSS-Quadratur eine Vielzahl von Stützstellen vorzusehen. Numerische Erfahrungen zeigen, daß es für $d < 0.3$ jedoch unmöglich wird, durch Erhöhung der Stützstellenzahl die gewünschte Genauigkeit zu erreichen. In diesem Fall spricht man von einer Nahezu-Singularität und bei den diesbezüglichen Integralen von nahezu singulären Integralen. Um auch in diesem Fall gute Genauigkeit zu erzielen, werden spezielle Methoden angewendet, die auf Koordinatentransformation beruhen [132] und die in Abschnitt 5.4.5 behandelt werden.

5.4.1 Singuläre Integrale, herrührend von der LAPLACE-Gleichung (2D-Konturintegrale)

Die in früheren Kapiteln hergeleiteten Integrale in der BEM-Formulierung für die LAPLACE-Gleichung seien hier in folgender Form wiederholt

$$h_{ij}^{(m)} = \int\limits_{\Gamma_j} \varphi_m(\xi) \frac{\partial U^*}{\partial n}\, d\Gamma, \qquad (5.165)$$

$$g_{ij}^{(m)} = \int\limits_{\Gamma_j} \varphi_m(\xi) U^*\, d\Gamma, \qquad (5.166)$$

wobei $\varphi_m(\xi)$ die Formfunktion und U^* die Fundamentallösung darstellen. Den häufig verwendeten konstanten Elementen ist $m = 1$ zugeordnet, den linearen $m = 2$ und den quadratischen $m = 3$.

Wie früher dargelegt, wird auch die Geometrie eines Randelements durch Formfunktionen approximativ oder exakt erfaßt, siehe Abb. 5.84.

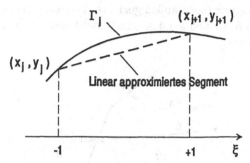

Abb. 5.84. Geometrische Approximation eines Randelements durch lineare Formfunktionen

In Abb. 5.84 wird die Geometrie des linearen Randelements dargestellt durch

$$\begin{cases} x = \varphi_1(\xi)x_j + \varphi_2(\xi)x_{j+1}, \\ y = \varphi_1(\xi)y_j + \varphi_2(\xi)y_{j+1}, \end{cases} \tag{5.167}$$

wobei $\varphi_1(\xi)$ und $\varphi_2(\xi)$ die linearen Formfunktionen

$$\begin{cases} \varphi_1(\xi) = \frac{1}{2}(1 - \xi), \\ \varphi_2(\xi) = \frac{1}{2}(1 + \xi) \end{cases} \tag{5.168}$$

sind.

Diese Darstellung beinhaltet die Einführung einer Koordinatentransformation vom globalen (x, y)-Koordinatensystem ins lokale, dimensionslose Koordinatensystem ξ, in welchem schließlich das Integral analytisch oder numerisch gelöst wird.

So ergibt sich generell

$$d\Gamma = |\mathbf{J}| \, d\xi, \tag{5.169}$$

wobei $|\mathbf{J}|$ die JACOBI-Determinante der Koordinatentransformation ist:

$$|\mathbf{J}| = \sqrt{(dx)^2 + (dy)^2} = \sqrt{\left[\sum_m \varphi'_m(\xi)x_m\right]^2 + \left[\sum_m \varphi'_m(\xi)y_m\right]^2} \, d\xi$$

mit den linearen Formfunktionen $\varphi_m(\xi)$, $m = 1, 2$ in (5.168) und ihren Ableitungen $\varphi'_m(\xi) = d\varphi_m(\xi)/d\xi$. Somit resultiert

$$|\mathbf{J}| = \frac{1}{2}L_j \, d\xi, \tag{5.170}$$

wobei die Elementlänge L_j dargestellt wird durch

$$L_j = \sqrt{(x_{j+1} - x_j)^2 + (y_{j+1} - y_j)^2}.$$

In den Gleichungen (5.165) und (5.166) bedeutet $\partial U^*/\partial n$ die Ableitung von U^* in Normalen-Richtung (nach außen gerichtet hinsichtlich des Volumens oder Gebiets Ω). Gemäß Abb. 5.85 kann sie dargestellt werden durch

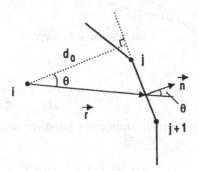

Abb. 5.85. Geometrie zur Berechnung der Element-Koeffizienten

$$\frac{\partial U^*}{\partial n} = \frac{\partial U^*}{\partial r}\frac{\partial r}{\partial n}, \qquad (5.171)$$

wobei

$$\frac{\partial r}{\partial n} = \cos\theta = \frac{d_0}{r} = \frac{1}{r}\frac{K_{ij}}{L_j}$$

und

$$K_{ij} = |(x_j - x_i)(y_{j+1} - y_j) - (y_j - y_i)(x_{j+1} - x_j)|$$

gilt. Auf diese Weise werden alle Integranden in Abhängigkeit von der dimensionslosen Koordinate ξ dargestellt. Die von der LAPLACE-Gleichung herrührenden Integrale sind analytisch integrierbar.

5.4.1.1 Konstante Elemente

Im Falle konstanter Elemente wird die Geometrie eines Elements durch lineare Formfunktionen repräsentiert und der Aufpunkt i (Kollokationspunkt) wird in die Elementmitte gelegt. Da unter diesen Verhältnissen gemäß Abb. 5.86 $\vec{r} \perp \vec{n}$ gilt, bedeutet dies $\partial r/\partial n = 0$. Folglich gilt mit (5.61)

$$h_{ii} = \frac{1}{2}, \qquad i = 1\ldots N. \qquad (5.172)$$

Im singulären Falle folgt mit

$$r := \frac{L_i}{2}|\xi|$$

und der Elementlänge L_i für g_{ii}:

$$g_{ii} = \int\limits_{-1}^{+1} \frac{1}{2\pi} \ln\left(\frac{1}{r}\right) \cdot \frac{1}{2} L_i \, d\xi = \frac{L_i}{4\pi} \lim_{\varepsilon \to 0} \left[\int\limits_{-1}^{-\varepsilon} \ln\frac{1}{r} \, d\xi + \int\limits_{-\varepsilon}^{+\varepsilon} \ln\frac{1}{r} \, d\xi + \int\limits_{+\varepsilon}^{+1} \ln\frac{1}{r} \, d\xi \right]$$

$$= \frac{L_i}{2\pi}\left[1 - \ln\frac{L_i}{2}\right], \qquad i = 1 \dots N. \tag{5.173}$$

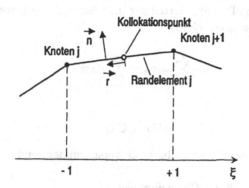

Abb. 5.86. Aufpunkt in der Mitte eines Randelements

5.4.1.2 Lineare Elemente

Wie bereits früher erläutert, wird im Falle linearer Elemente die Geometrie ebenfalls durch lineare Formfunktionen approximiert, gleichfalls jedoch der Lösungsverlauf. Hierdurch bedingt benötigt man 2 Kollokationspunkte pro Element, welche in die Randknoten des Elements gelegt werden. Daher gilt auch hier $\vec{r} \perp \vec{n}$ gemäß Abb. 5.87.

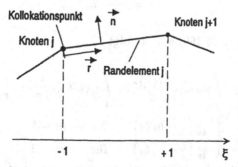

Abb. 5.87. Aufpunkt in einem der beiden Randknoten eines linearen Elements

Es folgt

$$h_{ij}^{(m)} = 0 \qquad \text{für} \quad m = 1, 2; \quad j = i \text{ und } j = i - 1$$

und

$$h_{ii} = \frac{\Omega_i}{2\pi} \quad \text{für} \quad i = 1 \ldots N, \tag{5.174}$$

wobei Ω_i der Raumwinkel gemäß Tabelle 5.2 ist, der von benachbarten Linienelementen im Knoten i gebildet wird.

Die Koeffizienten h_{ii} können auch auf andere Weise berechnet werden [19]. Liegt eine homogene Potentialverteilung im Lösungsbereich vor, so vereinfacht sich das Gleichungssystem (5.73)

$$\sum_{k=1}^{p} h_{ik} u_k = \sum_{k=1}^{p} g_{ik} q_k$$

bzw.

$$\mathbf{HU} = \mathbf{GQ},$$

weil alle Normalableitungen q_k bzw. $\mathbf{Q}$ verschwinden und $u_k = \text{const}$ bzw. $\mathbf{U} = \text{const} \cdot \mathbf{1}$ gilt.

Dies bedeutet, daß das Gleichungssystem

$$\mathbf{H} \cdot \mathbf{1} = \mathbf{0}$$

lautet und somit

$$h_{ii} = -\sum_{i \neq j} h_{ij} \tag{5.175}$$

gilt.

Die singulären Integrale $g_{ij}^{(m)}$ ($m = 1, 2$; $j = i$ und $j = i - 1$) können auch analytisch ermittelt werden. Wenn z.B. $j = i$ gilt, folgt aus Abb. 5.87

$$r = \frac{1+\xi}{2} L_i.$$

Setzt man (5.169) in (5.166) ein, so folgt

$$\begin{aligned}
g_{ii}^{(m)} &= \int_{\Gamma_j} \varphi_m(\xi) U^* |\mathbf{J}| \, d\xi = \int_{-1}^{+1} \frac{1}{2}(1 \mp \xi) \frac{1}{2\pi} \ln\left(\frac{1}{r}\right) \frac{1}{2} L_i \, d\xi \\
&= \begin{cases} \frac{L_i}{4\pi}\left(\frac{3}{2} - \ln L_i\right) & \text{für} \quad m = 1 \\ \frac{L_i}{4\pi}\left(\frac{1}{2} - \ln L_i\right) & \text{für} \quad m = 2 \end{cases}
\end{aligned} \tag{5.176}$$

und entsprechend

$$g_{i,i-1}^{(m)} = \begin{cases} \frac{L_{i-1}}{4\pi}\left(\frac{1}{2} - \ln L_{i-1}\right) & \text{für} \quad m = 1 \\ \frac{L_{i-1}}{4\pi}\left(\frac{3}{2} - \ln L_{i-1}\right) & \text{für} \quad m = 2. \end{cases} \tag{5.177}$$

5.4.2 Singuläre Integrale, herrührend von der skalaren HELMHOLTZ-Gleichung (2D-Konturintegrale)

In Gebieten, in denen die HELMHOLTZ-Gleichung feldbeschreibend ist, gestaltet sich die Behandlung der singulären Integrale schwieriger, da in diesen Fällen die HANKEL-Funktion die 2D-Fundamentallösung ist. Die Integrale können hier zweckmäßigerweise mit der Methode der Singularitäts-Subtraktion behandelt werden.

Der Kern der Methode ist der folgende [2]. Man nehme an, daß das Integral

$$I = \int\limits_a^b f(x)\,\mathrm{d}x$$

singulär an der Stelle a sei. Um das Integral zu lösen, ist zunächst eine Funktion $g(x)$ zu finden, die dieselbe Art von Singularität an der Stelle a aufweist wie $f(x)$, und für die das Integral

$$I_{g(x)} = \int\limits_a^b g(x)\,\mathrm{d}x$$

exakt mit einer analytischen Methode oder sehr genau mit einer Quadraturformel gelöst werden kann, so daß

$$I = \int\limits_a^b f(x)\,\mathrm{d}x = \int\limits_a^b [f(x) - g(x)]\,\mathrm{d}x + \int\limits_a^b g(x)\,\mathrm{d}x$$

integrierbar wird, da

$$\lim_{x \to a} \int\limits_a^b [f(x) - g(x)]\,\mathrm{d}x$$

endlich ist und durch eine Quadraturformel berechnet werden kann.

Für $r \to 0$ kann die NEUMANN-Funktion als singulärer Bestandteil der HANKEL-Funktion wie folgt dargestellt werden [1]:

$$Y_0(\beta r) = \frac{2}{\pi} J_0(\beta r)[\ln(\beta r) + \gamma_0 - \ln 2] + g(\beta r) \tag{5.178}$$

mit γ_0:   EULER'sche Konstante,
     β: komplexer Parameter,
     $J_0(\beta r)$:   BESSEL-Funktion erster Art nullter Ordnung,
     $g(\beta r)$:   Potenzreihe mit $g(0) = 0$.
Aus (5.178) folgt

$$\lim_{r \to 0} \left[Y_0(\beta r) - \frac{2}{\pi} J_0(\beta r) \ln r \right] = \frac{2}{\pi} \left(\ln \frac{\beta}{2} + \gamma_0 \right) \tag{5.179}$$

Aus der BEM-Formulierung folgt

$$g_{ii}^{(m)} = \frac{L_i}{8j} \int\limits_{-1}^{+1} \varphi_m(\xi) H_0^{(2)}(\beta r)\, d\xi \tag{5.180}$$

$$= \frac{L_i}{8j} \left[\int\limits_{-1}^{+1} \varphi_m(\xi) J_0(\beta r)\, d\xi - j \int\limits_{-1}^{+1} \varphi_m(\xi) Y_0(\beta r)\, d\xi \right], \quad m = 1, 2.$$

Auf der rechten Seite von (5.180) ist nur das zweite Integral singulär, welches unter Anwendung der Singularitäts-Subtraktion behandelt werden kann.

5.4.2.1 Konstante Elemente

Für konstante Elemente gilt $\varphi_m(\xi) = 1$. Aus (5.180) folgt

$$g_{ii} = \frac{L_i}{8j} \left[\int\limits_{-1}^{+1} J_0(\beta r)\, d\xi - j \int\limits_{-1}^{+1} Y_0(\beta r)\, d\xi \right].$$

Aus der Singularitäts-Subtraktion und (5.179) folgt

$$\int\limits_{-1}^{+1} Y_0(\beta r)\, d\xi = \int\limits_{-1}^{+1} \left[Y_0(\beta r) - \frac{2}{\pi} J_0(\beta r) \ln r \right] d\xi$$

$$+ \frac{2}{\pi} \int\limits_{-1}^{+1} J_0(\beta r) \ln \frac{r}{|\xi|}\, d\xi + \frac{4}{\pi} \int\limits_{0}^{+1} J_0(\beta L_i \frac{\xi}{2}) \ln \xi\, d\xi,$$

wobei das erste und zweite Integral der rechten Seite eine hebbare Singularität für $\xi = 0$ aufweisen und einwandfrei mit der GAUSS-Quadratur behandelt werden können. Das dritte Integral ist singulär an der Stelle $\xi = 0$ und kann mit der GAUSS-Quadratur unter Einbeziehung einer logarithmischen Gewichtung numerisch gelöst werden [141]. Somit ergibt sich

$$g_{ii} = -\frac{L_i}{8} \int\limits_{-1}^{+1} \left[Y_0(\beta r) - \frac{2}{\pi} J_0(\beta r) \ln r \right] d\xi$$

$$- \frac{L_i}{8} \left(\frac{2}{\pi} \ln \frac{L_i}{2} + j \right) \int\limits_{-1}^{+1} J_0(\beta r)\, d\xi$$

$$- \frac{L_i}{2\pi} \int\limits_{0}^{+1} J_0(\frac{\beta L_i \xi}{2}) \ln \xi\, d\xi. \tag{5.181}$$

5.4.2.2 Lineare Elemente

Im Falle linearer Elemente gibt es in beiden Knoten des betrachteten Randelements eine Singularität. Das zweite Integral der rechten Seite von (5.180) kann dann wie folgt behandelt werden

$$\int\limits_{-1}^{+1} \varphi_m(\xi) Y_0(\beta r)\, d\xi \;=\; \int\limits_{-1}^{+1} \varphi_m(\xi) \left[Y_0(\beta r) - \frac{2}{\pi} J_0(\beta r) \ln r \right] d\xi$$

$$+ \frac{2}{\pi} \int\limits_{-1}^{+1} \varphi_m(\xi) J_0(\beta r) \ln \frac{2r}{1+\xi}\, d\xi$$

$$+ \frac{4}{\pi} \int\limits_{0}^{+1} \varphi_m(\eta) J_0(\beta L_i \eta) \ln \eta\, d\eta,$$

wobei $\eta = (1 + \xi)/2$ gilt.

Wie bei konstanten Elementen kann das erste und zweite Integral der rechten Seite vorstehender Gleichung mit hebbarer Singularität an der Stelle $\xi = -1$ mit der standardmäßigen GAUSS-Quadratur gelöst werden. Der dritte Term kann wiederum mit einer GAUSS-Quadratur unter Einbeziehung einer logarithmischen Gleichung behandelt werden. Es folgt

$$g_{ii}^{(m)} \;=\; -\frac{L_i}{8} \int\limits_{-1}^{+1} \varphi_m(\xi) \left[Y_0(\beta r) - \frac{2}{\pi} J_0(\beta r) \ln r \right] d\xi$$

$$-\frac{L_i}{8} \left(\frac{2}{\pi} \ln L_i + j \right) \int\limits_{-1}^{+1} \varphi_m(\xi) J_0(\beta r)\, d\xi \qquad (5.182)$$

$$-\frac{L_i}{2\pi} \int\limits_{0}^{+1} \left\{ \begin{matrix} (1-\eta) \\ \eta \end{matrix} \right\} J_0(\beta L_i \eta) \ln \eta\, d\eta \qquad m = \left\{ \begin{matrix} 1 \\ 2 \end{matrix} \right\}$$

mit $r = L_i(1 + \xi)/2$.

Auf entsprechende Weise ergibt sich

$$g_{i,i-1}^{(m)} \;=\; -\frac{L_{i-1}}{8} \int\limits_{-1}^{+1} \varphi_m(\xi) \left[Y_0(\beta r) - \frac{2}{\pi} J_0(\beta r) \ln r \right] d\xi$$

$$-\frac{L_{i-1}}{8} \left(\frac{2}{\pi} \ln L_{i-1} + j \right) \int\limits_{-1}^{+1} \varphi_m(\xi) J_0(\beta r)\, d\xi \qquad (5.183)$$

$$-\frac{L_{i-1}}{2\pi} \int\limits_{0}^{+1} \left\{ \begin{matrix} \eta \\ (1-\eta) \end{matrix} \right\} J_0(\beta L_{i-1} \eta) \ln \eta\, d\eta \qquad m = \left\{ \begin{matrix} 1 \\ 2 \end{matrix} \right\}$$

mit $r = L_{i-1}(1 - \xi)/2$.

Auf entsprechende Weise ergibt sich

5.4.3 Singuläre Integrale, herrührend von der LAPLACE-Gleichung (3D-Flächenintegrale)

Wie in Abschnitt 5.1.4 erwähnt, müssen alle Variablen und Funktionen vom globalen Koordinatensystem (x, y, z) in einem auf jedem Randelement definierten lokalen Koordinatensystem $\{\xi, \eta\}$ beschrieben werden, um die BEM-Formulierung numerisch implementieren zu können. Durch diese Koordinatentransformation wird das allgemeine dreieckige Element im lokalen Koordinatensystem normiert und das Flächenintegral läßt sich wie folgt angeben [145]

$$d\Gamma(x, y, z) = |\mathbf{G}| d\xi d\eta, \qquad (5.184)$$

wobei $|\mathbf{G}| = \sqrt{E_0 G_0 - F_0^2}$ und

$$\begin{cases} E_0 = \left(\frac{\partial x}{\partial \xi}\right)^2 + \left(\frac{\partial y}{\partial \xi}\right)^2 + \left(\frac{\partial z}{\partial \xi}\right)^2 \\ G_0 = \left(\frac{\partial x}{\partial \eta}\right)^2 + \left(\frac{\partial y}{\partial \eta}\right)^2 + \left(\frac{\partial z}{\partial \eta}\right)^2 \\ F_0 = \frac{\partial x}{\partial \xi}\frac{\partial x}{\partial \eta} + \frac{\partial y}{\partial \xi}\frac{\partial y}{\partial \eta} + \frac{\partial z}{\partial \xi}\frac{\partial z}{\partial \eta} \end{cases}$$

gilt.

Die in der BEM-Formulierung für die LAPLACE-Gleichung im 3D-Fall auftretenden Integrale werden wie folgt zusammengefaßt

$$h_{ij}^{(m)} = \int\limits_{\Gamma_j} \varphi_m(\xi, \eta) \frac{\partial U^*}{\partial n} |\mathbf{G}| \, d\xi d\eta, \qquad (5.185)$$

$$g_{ij}^{(m)} = \int\limits_{\Gamma_j} \varphi_m(\xi, \eta) U^* |\mathbf{G}| \, d\xi d\eta \qquad (5.186)$$

mit $m = 1, 2$, wobei $\varphi_m(\xi, \eta)$ die Formfunktion ist, $U^* = 1/(4\pi r)$ die Fundamentallösung und $\vec{n}$ der aus dem Volumen Ω nach außen gerichtete Normalenvektor.

Wenn das dreieckige Element mit einer geometrischen Ecke oder Kante verbunden ist, ist der Normalenvektor an solchen Stellen nicht definiert. Aus numerischen Gründen ist es notwendig, einen äquivalenten Ersatznormalenvektor an diesen Stellen einzuführen, wie dies in Abschnitt 5.5.4.6 geschieht.

Bei der Berechnung der Integrale wird i.a. der Normalenvektor eines Dreieckselementes jedoch auch immer als Normalenvektor in den drei Knoten angenommen. Im singulären Fall, d.h. wenn der Aufpunkt i im betrachteten Randelement liegt, verschwindet $\partial r/\partial n$, da der Vektor $\vec{r}$ immer senkrecht zum Normalenvektor steht. Daher sind nur die Integrale von (5.186) zu berücksichtigen.

Die singulären Integrale von (5.186) weisen eine schwache Singularität der Ordnung $O(1/r)$ auf. Sie lassen sich i.a. durch die Anwendung einer Polar- bzw. nichtlinearen Koordinatentransformation numerisch berechnen.

5.4.3.1 Konstante Elemente

Wenn konstante Dreieckselemente eingesetzt werden, läßt sich das singuläre Integral wie folgt analytisch bestimmen [19]

$$g_{ii} = \int\limits_{\Gamma_i} \frac{1}{4\pi r} |G| \, d\xi d\eta$$

$$= \frac{F_i}{6\pi} \left\{ \frac{1}{l_2} \ln \left(\frac{\tan[(\theta_1 + \alpha_2)/2]}{\tan(\alpha_2/2)} \right) + \frac{1}{l_3} \ln \left(\frac{\tan[(\theta_2 + \alpha_3)/2]}{\tan(\alpha_3/2)} \right) \right.$$

$$\left. + \frac{1}{l_1} \ln \left(\frac{\tan[(\theta_3 + \alpha_1)/2]}{\tan(\alpha_1/2)} \right) \right\}, \tag{5.187}$$

wobei F_i die Fläche des Elementes bedeutet und alle anderen Symbole in Abb. 5.88 veranschaulicht werden.

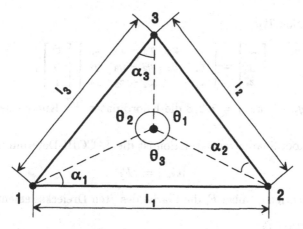

Abb. 5.88. Geometrische Definitionen für die analytische Integration von (5.187)

5.4.3.2 Lineare Elemente

Es folgt die Berechnung der schwach singulären Integrale von (5.186)

$$g_{ij}^{(m)} = \int\limits_{\Gamma_j} \varphi_m(\xi, \eta) \frac{1}{4\pi r} \, d\Gamma, \quad m = 1, 2.$$

Hierbei wird eine nichtlineare Koordinatentransformation verwendet [129].

Die Idee zur Anwendung der nichtlinearen Koordinatentransformation besteht darin, daß die Singularität von $O(1/r)$ durch einen bei der nichtlinearen Koordinatentransformation entstehenden Ausdruck weggekürzt wird, so daß das Integral mit den bekannten numerischen Integrationsverfahren, wie z.B. der GAUSS-Quadratur, bestimmt werden kann.

Es sind die folgenden Koordinatentransformationen zu benutzen (Abb. 5.89). Dabei wurde angenommen, daß der Aufpunkt P_i mit dem Knoten „1" des Elementes zusammenfällt.

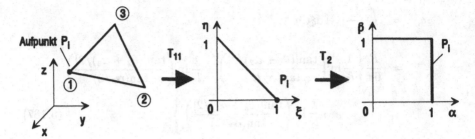

Abb. 5.89. Koordinatentransformationen zur Berechnung der singulären Integrale

- Transformation T_{11}

$$\begin{bmatrix} x \\ y \\ z \end{bmatrix} = \begin{bmatrix} x_1 - x_3 & x_2 - x_3 & x_3 \\ y_1 - y_3 & y_2 - y_3 & y_3 \\ z_1 - z_3 & z_2 - z_3 & z_3 \end{bmatrix} \begin{bmatrix} \xi \\ \eta \\ 1 \end{bmatrix}, \tag{5.188}$$

wobei (x_j, y_j, z_j) mit $j = 1, 2, 3$ die Koordinaten der Knoten des Elements sind.

Für diese Koordinatentransformation ist die JACOBI-Determinante mit

$$|\mathbf{G}_{11}| = 2F_j$$

zu berücksichtigen, wobei F_j die Fläche des $j$ten Dreieckselements ist.

- Transformation T_2

$$\begin{cases} \xi = \alpha \\ \eta = \beta(1 - \alpha) \end{cases} \tag{5.189}$$

mit der JACOBI-Determinante

$$|\mathbf{G}_2| = (1 - \alpha). \tag{5.190}$$

Hierbei ist darauf hinzuweisen, daß der Aufpunkt P_i der Kante $\alpha = 1$ im (α, β)-Koordinatensystem entspricht, so daß die auftretende Singularität von $r = 0$ mit der JACOBI-Determinante $|\mathbf{G}_2|$ (5.190) bei $\alpha = 1$ weggekürzt werden kann.

Mit den Transformationen wird das Integral in der folgenden Weise umformuliert:

$$g_{ij}^{(m)} = \int_{\Gamma_j} \varphi_m(\xi, \eta) \frac{1}{4\pi r} \, \mathrm{d}\Gamma = \int_0^1 \int_0^{1-\eta} \varphi_m(\xi, \eta) \frac{|\mathbf{G}_{11}|}{4\pi r} \, \mathrm{d}\xi \mathrm{d}\eta$$

$$= \frac{F_j}{2\pi} \int_0^1 \int_0^1 \varphi_m(\alpha, \beta) \frac{1 - \alpha}{r} \, \mathrm{d}\alpha \mathrm{d}\beta, \quad m = 1, 2. \tag{5.191}$$

Dieses Integral weist die Singularität nicht mehr auf und kann somit numerisch berechnet werden.

Wenn der Aufpunkt P_i auf dem Knoten „2" oder „3" des Elements liegt, ergeben sich die singulären Integrale aus dieser Rechnung ebenfalls, indem die Transformation T_{11} so verändert wird, daß der Aufpunkt P_i immer mit dem Punkt $(1,0)$ im $\{\xi,\eta\}$-Koordinatensystem zusammenfällt.

5.4.4 Singuläre Integrale, herrührend von der vektoriellen HELMHOLTZ-Gleichung (3D-Flächenintegrale)

5.4.4.1 Konstante Elemente

Im Abschnitt 5.2.2.1 wurde eine Formulierung für ein dreidimensionales Wirbelstromproblem mit elektrischer und magnetischer Feldstärke vorgestellt. In dieser BEM-Formulierung sind zwei Typen von Integralen

$$k_{ij} = \int_{\Gamma_j} U^* \, d\Gamma \qquad (5.192)$$

und

$$\vec{d}_{ij} = d_{ij}^t \vec{e}_t + d_{ij}^\tau \vec{e}_\tau + d_{ij}^n \vec{e}_n = \int_{\Gamma_j} \nabla U^* \, d\Gamma \qquad (5.193)$$

vorhanden, wobei $U^* = \frac{1}{4\pi r} e^{-j\beta r}$ die Fundamentallösung der HELMHOLTZ-Gleichung ist und $\vec{e}_t$, $\vec{e}_\tau$ und $\vec{e}_n$ die Einheitsvektoren des auf jedem Randelement definierten lokalen Koordinatensystems sind.

Das schwach singuläre Integral k_{ii} (5.192) läßt sich mit dem in Abschnitt 5.4.3.2 eingeführten Verfahren der nichtlinearen Koordinatentransformation bestimmen. Ein Verfahren zur Berechnung der singulären Integrale der Ordnung $O(1/r^3)$, (5.193) wurde schon in [129] entwickelt und wird hier im einzelnen beschrieben.

Im linearen Koordinatensystem ist:

$$\nabla U^* = \frac{\partial U^*}{\partial t} \vec{e}_t + \frac{\partial U^*}{\partial \tau} \vec{e}_\tau + \frac{\partial U^*}{\partial n} \vec{e}_n.$$

Im Falle der singulären Integrale gilt, wo schon in den vorherigen Abschnitten erwähnt, $\partial U^*/\partial n = 0$, wegen $\vec{r} \perp \vec{n}$.

Für die t-Komponente erhält man

$$\frac{\partial U^*}{\partial t} = \frac{\partial U^*}{\partial r} \frac{\partial r}{\partial t} = f(r) g_t(x,y,z), \qquad (5.194)$$

wobei

$$f(r) = -\frac{1}{4\pi r^3}(1 + j\beta r)e^{-j\beta r}, \qquad (5.195)$$

$$g_t = l_t(x - x_i) + m_t(y - y_i) + n_t(z - z_i) \qquad (5.196)$$

mit $l_t = \vec{e}_x \vec{e}_t$, $m_t = \vec{e}_y \vec{e}_t$ und $n_t = \vec{e}_z \vec{e}_t$.

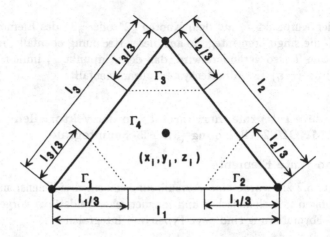

Abb. 5.90. Geometrische Definitionen für die singulären Integrale von (5.193)

Zur Berechnung der singulären Integrale wird zunächst das Dreieckselement in vier Teile zerlegt, wie in Abb. 5.90 gezeigt. Dann werden die Gleichungen (5.194), (5.195) und (5.196) in (5.193) eingeführt. Es folgt

$$d_{ii}^t = \int\limits_{\Gamma_i} \frac{\partial U^*}{\partial t}\,\mathrm{d}\Gamma = \int\limits_{\Gamma_1} \frac{\partial U^*}{\partial t}\,\mathrm{d}\Gamma + \int\limits_{\Gamma_2} \frac{\partial U^*}{\partial t}\,\mathrm{d}\Gamma + \int\limits_{\Gamma_3} \frac{\partial U^*}{\partial t}\,\mathrm{d}\Gamma + \int\limits_{\Gamma_4} \frac{\partial U^*}{\partial t}\,\mathrm{d}\Gamma. \quad (5.197)$$

Dadurch tritt die Singularität nur im vierten Integral der rechten Seite von (5.197) auf, und die anderen drei Teilintegrale sind nichtsingulär. Desweiteren gilt die folgende Beziehung

$$\int\limits_{\Gamma_4} \frac{\partial U^*}{\partial t}\,\mathrm{d}\Gamma = \int\limits_{\Gamma_4} f(r)g_t(x,y,z)\,\mathrm{d}\Gamma = 0,$$

da $f(r)g_t(x,y,z)$ eine ungerade Funktion um den Aufpunkt (x_i, y_i, z_i) in der Teiloberfläche Γ_4 ist.

Schließlich erhält man:

$$d_{ii}^t = \int\limits_{\Gamma_1} \frac{\partial U^*}{\partial t}\,\mathrm{d}\Gamma + \int\limits_{\Gamma_2} \frac{\partial U^*}{\partial t}\,\mathrm{d}\Gamma + \int\limits_{\Gamma_3} \frac{\partial U^*}{\partial t}\,\mathrm{d}\Gamma. \quad (5.198)$$

Diese Integrale lassen sich numerisch mit der GAUSS-Quadratur bestimmen.

Aus entsprechender Rechnung folgt für das singuläre Integral d_{ii}^τ:

$$d_{ii}^\tau = \int\limits_{\Gamma_1} \frac{\partial U^*}{\partial \tau}\,\mathrm{d}\Gamma + \int\limits_{\Gamma_2} \frac{\partial U^*}{\partial \tau}\,\mathrm{d}\Gamma + \int\limits_{\Gamma_3} \frac{\partial U^*}{\partial \tau}\,\mathrm{d}\Gamma. \quad (5.199)$$

5.4.4.2 Lineare Elemente

Im Fall von linearen Elementen sind zusätzlich die Formfunktionen in den Integranden der Koeffizienten k_{ij} nach (5.192) und $\vec{d}_{ij}$ nach (5.193) vorhanden. Das singuläre Integral von k_{ij} bleibt weiterhin ein schwach singuläres Integral, das mit dem Verfahren der Anwendung der nichtlinearen Koordinatentransformation bestimmt werden kann.

Das Integral der Ordnung $O(1/r^3)$ bzw. $O(1/r^2)$ wird mathematisch als stark singuläres Integral bezeichnet und kann im allgemeinen nur im Sinne des CAUCHY'schen Hauptwertes berechnet werden. Eine Möglichkeit zur Behandlung dieses Typs stark singulärer Integrale ist in [43] zu finden.

5.4.5 Verfahren zur Behandlung von nahezu singulären Integralen

In der näheren Umgebung des Aufpunktes ($d \ll 1$, $d \neq 0$) tritt ein nahezu singuläres Integral auf. Der Integrand ändert sich sehr stark, wenn sich der Quellpunkt entlang eines Randelements bewegt. Dafür werden viel mehr Integrationsstützstellen als beim normalen Fall gebraucht, um eine ausreichende Integrationsgenauigkeit zu erreichen, falls die GAUSS-Quadratur überhaupt noch möglich ist.

Bei der Behandlung der nahezu singulären Integrale ist es wichtig, zwei widersprüchliche Aspekte, nämlich die Integrationsgenauigkeit und die Rechenzeit, gegeneinander abzuwägen. Ein erster geeigneter Kompromiß ist die „Method of Subdividing Element" [61, 85]. Leider funktioniert diese Methode nur in einem begrenzten Bereich von d [131].

Die Idee eines weiteren numerischen Verfahrens ist es, eine Art von Koordinatentransformation zur teilweisen oder vollständigen Kompensation der auftretenden Beinahe-Singularität anzuwenden, wie z.B. bei der Methode von TELLES [144] und HAYAMI [51]. Die beiden Methoden sind an dreidimensionalen Problemen orientiert. Für zweidimensionale Probleme wurde ein ähnliches Verfahren, die LOG-L_1-Transformation [128], vorgestellt.

Prinzipiell ist davon auszugehen, daß die Koordinatentransformationsmethode eine höhere Genauigkeit bei gleicher Rechenzeit zur Berechnung der nahezu singulären Integrale als die „Method of Subdividing Element" liefern kann.

5.4.5.1 Verfahren der LOG-L_1-Transformation für nahezu singuläre Konturintegrale (2D LAPLACE- und skalare HELMHOLTZ-Gleichung)

Die LOG-L_1-Transformation wird wie folgt definiert:

$$\eta = \ln(1 \mp \xi + d), \tag{5.200}$$

wobei $d = d_{min}/L_j$ durch (5.164) gegeben ist und das Minus-Zeichen dem Fall der Beinahe-Singularität für $\xi = 1$ und das Plus-Zeichen dem Fall der Beinahe-Singularität für $\xi = -1$ entspricht. Abbildung 5.91 zeigt den kleinsten Abstand

$d_{\min}$ vom Aufpunkt P_i zum Randelement P_1P_2. Wenn die Beinahe-Singularität in einem Punkt innerhalb des Randelements auftritt, ist das Randelement in zwei Teilelemente aufzuteilen, für die die LOG-L_1-Transformation von (5.200) angewendet werden kann.

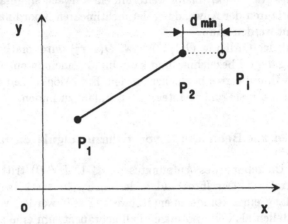

Abb. 5.91. Geometrische Bezeichnungen für nahezu singuläre Linienintegrale

Zur Erläuterung der LOG-L_1 Transformationsmethode wird angenommen, daß ein Integrand $f(r)$ die Beinahe-Singularität beispielsweise für $\xi = 1$ aufweist. Durch die Anwendung der LOG-L_1-Transformation mit

$$\eta = \ln(1 - \xi + d)$$

erhält man

$$\int\limits_{-1}^{+1} f(r)\,d\xi = \int\limits_{\ln d}^{\ln(2+d)} (1 - \xi + d)f(r)\,d\eta. \tag{5.201}$$

Schließlich wird die Beinahe-Singularität von $f(r)$ für $\xi = 1$ durch die Beinahe-Nullstelle von $(1 - \xi + d)$ für $\xi = 1$ teilweise bzw. vollständig kompensiert, so daß das Integral der rechten Seite von (5.201) numerisch und ausreichend genau mit der GAUSS-Quadratur bestimmt werden kann.

Die Auswirkungen der LOG-L_1-Transformation zur Berechnung der nahezu singulären Integrale sind in Abb. 5.92 dargestellt. Dieser Abbildung liegt ein zweidimensionales Wirbelstromproblem mit $f = 50\,\text{Hz}$, $\mu_r = 1000$ und $\kappa = 1.3 \cdot 10^7\,\text{S/m}$ als Beispiel zugrunde. Der Bestimmung der relativen Fehlers liegen die mit 50 Integrationspunkten berechneten numerischen Integrationsergebnisse als Bezugswerte zugrunde.

Aus der Abb. 5.92 ist zu erkennen, daß bei $d = 0.01$ mit der Methode der LOG-L_1-Transformation erheblich genauere Integrationsergebnisse als mit der normalen GAUSS-Quadratur erreicht werden können. Für die LAPLACE- bzw. POISSON-Gleichung gelten diese Aussagen ebenfalls. Näheres ist in [128] zu finden.

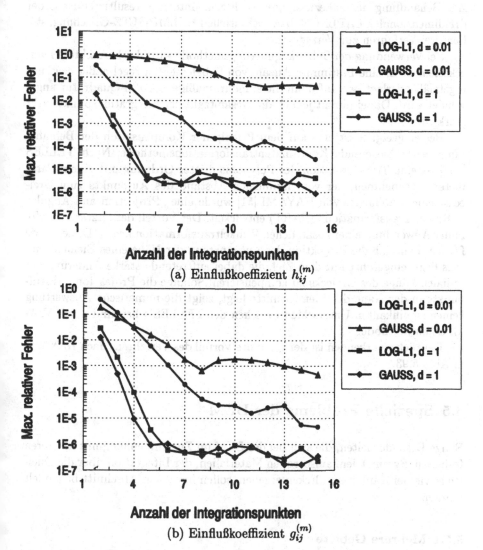

(a) Einflußkoeffizient $h_{ij}^{(m)}$

(b) Einflußkoeffizient $g_{ij}^{(m)}$

Abb. 5.92. Konvergenz der Methode der LOG-L_1 Transformation für die nahezu singulären Integrale resultierend aus der skalaren HELMHOLTZ-Gleichung

5.4.5.2 Verfahren zur Berechnung der nahezu singulären Flächenintegrale (3D LAPLACE und vektorielle HELMHOLTZ-Gleichung)

Zur Behandlung der nahezu singulären Flächenintegrale resultierend aus der dreidimensionalen LAPLACE- bzw. vektoriellen HELMHOLTZ-Gleichung, stehen drei Verfahren zur Verfügung.

Bei Verwendung der Subtriangulierungsmethode wird das betrachtete Dreieckselement in eine bestimmte Anzahl von Subelementen regelmäßig bzw. unregelmäßig zerlegt, worauf dann die standardmäßige GAUSS-Quadratur angewendet wird. Dabei nimmt jedoch die Gesamtzahl der Integrationspunkte sehr stark zu.

Besser geeignet ist eine auf dem Prinzip der Kompensation der Beinahe-Singularität basierende Koordinatentransformationsmethode. Nach TELLES [144] ist eine Transformation des Polynoms dritter Ordnung mit einem Parameter vorzunehmen, der vom minimalen Abstand des Aufpunkts zum Dreieckselement abhängt. Von HAYAMI [51] wurde eine „Projection and Angular & Radial Transformation" (PART) entwickelt. Der Vorteil der letzteren dürfte in der Anwendung einer zusätzlichen Winkeltransformation liegen. Diese wurde für den Fall, daß die Projektion des Aufpunkts in der Nähe eines Elementknotens liegt, eingeführt mit dem Ziel, die dabei auftretende starke Änderung der radialen Länge des Dreiecks zu kompensieren. Solange die Projektion des Aufpunkts in der Nähe der Elementmitte liegt, zeigt die numerische Auswertung keinen signifikanten Unterschied zwischen der TELLES'schen und der HAYAMI'schen Methode.

Deutlich zu erkennen ist der genannte Vorteil des Verfahrens nach HAYAMI in Abb. 5.93.

5.5 Spezielle Probleme der BEM

Einige Besonderheiten, die sich bei der BEM im Zusammenhang mit mehreren Gebieten, Symmetrien, anisotropen Materialien, der Integration über die Quellen sowie bei Kanten und Ecken ergeben, sollen in diesem Abschnitt behandelt werden.

5.5.1 Mehrere Gebiete

In den Abschnitten 5.2 und 5.3 wurden bereits praktische Probleme behandelt, bei denen mehrere Gebiete auftraten, vgl. Abb. 5.51. Hier soll nun auch der Fall behandelt werden, bei dem es Knoten gibt, in denen sich Oberflächen verzweigen.

Abbildung 5.94 zeigt ein solches Beispiel, bei dem zwei Subregionen zusammentreffen. Es liege beispielsweise ein quasistationäres 2D-Problem (Skineffekt) vor. Für beide Subregionen kann die BEM angewandt werden, so daß für Ω_1

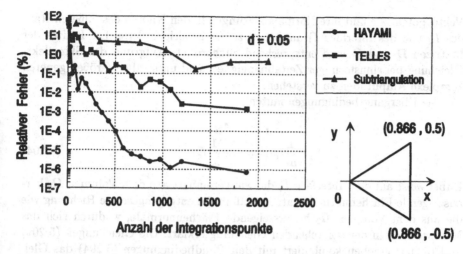

Abb. 5.93. Konvergenz der numerischen Methoden für die nahezu singulären Flächenintegrale: Aufpunkt $(0.05, 0, 0.05)$

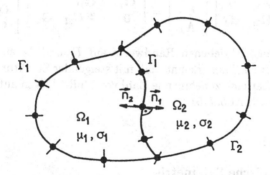

Abb. 5.94. Beispiel von zwei Subregionen

und Ω_2 je ein Gleichungssystem entsteht:

$$\begin{bmatrix} H_1 & H_{1I} \end{bmatrix} \begin{bmatrix} A_1 \\ A_{1I} \end{bmatrix} = \begin{bmatrix} G_1 & G_{1I} \end{bmatrix} \begin{bmatrix} Q_1 \\ Q_{1I} \end{bmatrix} \qquad \text{für } \Omega_1 \qquad (5.202)$$

und

$$\begin{bmatrix} H_2 & H_{2I} \end{bmatrix} \begin{bmatrix} A_2 \\ A_{2I} \end{bmatrix} = \begin{bmatrix} G_2 & G_{2I} \end{bmatrix} \begin{bmatrix} Q_2 \\ Q_{2I} \end{bmatrix} \qquad \text{für } \Omega_2. \qquad (5.203)$$

Dabei sind A_1, A_{1I}, Q_1, Q_{1I} jeweils Spaltenvektoren für die Vektorpotentiale und ihre Normalableitungen in den Knoten des äußeren Randes Γ_1 und des Interface Γ_I (des für Ω_1 und Ω_2 gemeinsamen Randes) auf seiner zu Ω_1 gehörigen Seite. Entsprechend sind A_2, A_{2I}, Q_2, Q_{2I} jeweils Spaltenvektoren für die

Vektorpotentiale und ihre Normalableitungen in den Knoten des äußeren Randes Γ_2 und des Interface Γ_I auf seiner zu Ω_2 gehörigen Seite. Die Indizes der Matrizen $\mathbf{H}$ und $\mathbf{G}$ sind entsprechend zugeordnet. Aufgrund der Skineffekt-Gleichung bei sinusförmiger Zeitabhängigkeit sind unter allen Größen generell komplexe Amplituden zu verstehen.

Die Übergangsbedingungen lauten

$$A_{1I} = A_{2I}$$
$$\frac{1}{\mu_1}Q_{1I} = -\frac{1}{\mu_2}Q_{2I} \tag{5.204}$$

Dabei weist auf dem Interface Γ_I die wie vereinbart aus dem Volumen Ω_1 herauszeigende Flächennormale naturgemäß in die entgegengesetzte Richtung wie die aus dem Volumen Ω_2 herauszeigende Flächennormale, wodurch sich das Minuszeichen in der vorstehenden Gleichung erklärt. Die Gleichungen (5.202) und (5.203) ergeben kombiniert mit den Randbedingungen (5.204) das Gleichungssystem

$$\begin{bmatrix} \mathbf{H}_1 & \mathbf{H}_{1I} & 0 \\ 0 & \mathbf{H}_{2I} & \mathbf{H}_2 \end{bmatrix} \begin{bmatrix} \mathbf{A}_1 \\ \mathbf{A}_{1I} \\ \mathbf{A}_2 \end{bmatrix} = \begin{bmatrix} \mathbf{G}_1 & \mathbf{G}_{1I} & 0 \\ 0 & -\frac{\mu_2}{\mu_1}\mathbf{G}_{2I} & \mathbf{G}_2 \end{bmatrix} \begin{bmatrix} \mathbf{Q}_1 \\ \mathbf{Q}_{1I} \\ \mathbf{Q}_2 \end{bmatrix}$$

Setzt man die vorgeschriebenen Randwerte auf Γ_1 und Γ_2 ein, kann dieses System gelöst werden. Man erkennt, daß mit steigender Strukturierung die Systemmatrix offenbar eine zunehmende Zahl von Null-Blöcken aufweist, ähnlich wie im Beispiel nach Abb. 5.51.

5.5.2 Symmetrie

5.5.2.1 Physikalische Symmetrie

Physikalische Symmetrie bedeutet hier eine Symmetrie in der Ortsbhängigkeit einer physikalischen Variablen. Abbildung 5.95 zeigt zwei entgegengesetzt vom Strom durchflossene unendlich lange Leiter, wobei eine physikalische Symmetrie hinsichtlich der x- und y-Achse offenkundig ist. Sie kann jeweils durch die DIRICHLET'sche und NEUMANN'sche Randbedingung auf der x- bzw. y-Achse beschrieben werden.

Ist der Außenraum durch einen Rand Γ_0 mit vorgegebener Randbedingung abgeschlossen, kann das innen liegende Gebiet einfach auf ein Viertel, nämlich z.B. den ersten Quadranten, reduziert werden, also auf $0P_2P_3P_10$, dessen Teilrand $0P_1$ die Randbedingung $A = 0$ und $0P_2$ die Randbedingung $\partial A/\partial n = 0$ aufweist. Damit kann der Rechenaufwand für das eindeutig definierte Randwertproblem stark reduziert werden, und zwar um mehr als das Vierfache.

Häufig gibt es, wie bei offenen Problemen, jedoch keine äußere Begrenzung Γ_0, bzw. liegt diese im Unendlichen. Dann erstrecken sich auch die Teilränder $0P_1$ und $0P_2$ einseitig ins Unendliche, wenn man die Symmetrie weiter ausnutzen will, und es ergeben sich Schwierigkeiten bei der geeigneten Diskretisierung

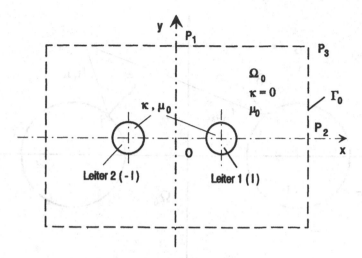

Abb. 5.95. Physikalische Symmetrie

eines solchen Teilrandes. Sie sind von ähnlicher Art wie beim Einsatz der FEM für offene, nicht berandete Probleme.

Eine Möglichkeit, solche Schwierigkeiten zu vermeiden, besteht in der Verwendung einer speziellen Gewichtsfunktion, durch die die geforderten Randbedingungen auf den sich einseitig ins Unendliche erstreckenden Teilrändern automatisch erfüllt werden und diese Teilränder in der Formulierung gar nicht mehr auftreten.

Um dies zu erläutern, soll in Abb. 5.95 eine der beiden Symmetrieebenen, nämlich die Ebene $x = 0$ mit der DIRICHLET'schen Randbedingung $A = 0$ auf der y-Achse ausgenutzt werden. Das *Ziel* besteht in der *Auffindung einer geeigneten Gewichtsfunktion*, so daß zur Feldermittlung im ersten und vierten Quadranten *nur* noch die kreiszylindrische *Leiteroberfläche diskretisiert* werden muß.

Ausgangspunkt für die Betrachtung sei (5.111) für das Vektorpotential im Raum außerhalb des Leiters

$$\frac{\Omega_i}{2\pi} A_i = \int_{\Gamma_1} A \frac{\partial G^*}{\partial n}\, \mathrm{d}\Gamma - \int_{\Gamma_1} \frac{\partial A}{\partial n} G^*\, \mathrm{d}\Gamma + \int_{\Gamma_2} A \frac{\partial G^*}{\partial n}\, \mathrm{d}\Gamma - \int_{\Gamma_2} \frac{\partial A}{\partial n} G^*\, \mathrm{d}\Gamma. \quad (5.205)$$

Die Gewichtsfunktion lautet

$$G^* = \frac{1}{2\pi} \ln \frac{1}{r} \qquad \text{bzw.} \qquad G_{ij}^* = \frac{1}{2\pi} \ln \frac{1}{r_{ij}}.$$

Es seien nun folgende Punkte betrachtet
i_1: Aufpunkt in Ω_0
j_1: laufender Punkt auf Γ_1 (Leiter 1)
i_2: Zur y-Achse spiegelbildlicher Aufpunkt von i_1 in Ω_0
j_2: Zur y-Achse spiegelbildlicher laufender Punkt auf Γ_2 (Leiter 2)

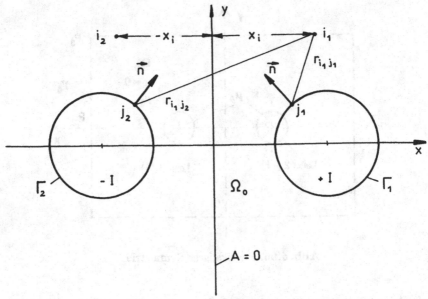

Abb. 5.96. Symmetrisches Problem mit DIRICHLET-Bedingung auf der y-Achse

Abbildung 5.96 zeigt die spiegelbildliche Anordnung.

Die DIRICHLET-Bedingung auf der y-Achse bedeutet

$$A_{j_1} = -A_{j_2}, \qquad \frac{\partial A_{j_1}}{\partial n} = -\frac{\partial A_{j_2}}{\partial n}. \tag{5.206}$$

Damit lautet (5.205)

$$\frac{\Omega_i}{2\pi} A_{i_1} = \int\limits_{\Gamma_1} A_{j_1} \frac{\partial G^*_{i_1 j_1}}{\partial n} \, \mathrm{d}\Gamma + \int\limits_{\Gamma_2} A_{j_2} \frac{\partial G^*_{i_1 j_2}}{\partial n} \, \mathrm{d}\Gamma - \int\limits_{\Gamma_1} \frac{\partial A_{j_1}}{\partial n} G^*_{i_1 j_1} \, \mathrm{d}\Gamma - \int\limits_{\Gamma_2} \frac{\partial A_{j_2}}{\partial n} G^*_{i_1 j_2} \, \mathrm{d}\Gamma. \tag{5.207}$$

Durch die Ausnutzung der Symmetrie-Eigenschaften nach (5.206) und der Tatsache

$$r_{i_1 j_2} = r_{i_2 j_1}$$

lassen sich in vorstehender Gleichung die Integrale über Γ_2 durch solche über Γ_1 ausdrücken:

$$\int\limits_{\Gamma_2} A_{j_2} \frac{\partial G^*_{i_1 j_2}}{\partial n} \, \mathrm{d}\Gamma = -\int\limits_{\Gamma_1} A_{j_1} \frac{\partial G^*_{i_2 j_1}}{\partial n} \, \mathrm{d}\Gamma,$$

$$\int\limits_{\Gamma_2} \frac{\partial A_{j_2}}{\partial n} G^*_{i_1 j_2} \, \mathrm{d}\Gamma = -\int\limits_{\Gamma_1} \frac{\partial A_{j_1}}{\partial n} G^*_{i_2 j_1} \, \mathrm{d}\Gamma.$$

Dies in (5.207) eingesetzt, ergibt

$$\frac{\Omega_i}{2\pi} A_{i_1} = \int\limits_{\Gamma_1} A_{j_1} \left[\frac{\partial G^*_{i_1 j_1}}{\partial n} - \frac{\partial G^*_{i_2 j_1}}{\partial n} \right] \mathrm{d}\Gamma - \int\limits_{\Gamma_1} \frac{\partial A_{j_1}}{\partial n} \left[G^*_{i_1 j_1} - G^*_{i_2 j_1} \right] \mathrm{d}\Gamma.$$

Die zweite eckige Klammer stellt die gesuchte neue Gewichtsfunktion und die erste ihre Normalableitung dar:

$$\left[G^*_{i_1 j_1} - G^*_{i_2 j_1} \right] = \frac{1}{2\pi} \left[\ln \frac{1}{r_{i_1 j_1}} - \ln \frac{1}{r_{i_2 j_1}} \right] = \frac{1}{2\pi} \ln \frac{r_{i_2 j_1}}{r_{i_1 j_1}}.$$

Mit den Abkürzungen

$$r_2 = r_{i_2 j_1} \qquad r_1 = r_{i_1 j_1}$$

lautet die neue Gewichtsfunktion

$$\boxed{ G^* = \frac{1}{2\pi} \ln \frac{r_2}{r_1}. } \qquad (5.208)$$

Die Abstände r_1, r_2 in kartesischen Koordinaten lauten

$$r_1 = \sqrt{(x - x_i)^2 + (y - y_i)^2},$$

$$r_2 = \sqrt{(x + x_i)^2 + (y - y_i)^2}.$$

Das Ziel ist somit erreicht: Mit Hilfe der neuen Gewichtsfunktion muß nur noch die Leiteroberfläche des Leiters 1 und nicht mehr der sich ins Unendliche erstreckende Rand in der Symmetrieebene diskretisiert werden. Das reduziert den Rechenaufwand um mehr als das Vierfache.

In Tabelle 5.4 sind einige spezielle Gewichtsfunktionen (Fundamentallösungen) für verschiedene Symmetriefälle zusammengestellt. Einsparungen hinsichtlich Rechenzeit und Speicherplatz sind ebenfalls aufgeführt, um die Vorteile ihrer Anwendung zu verdeutlichen. Die Vorteile werden auch in den Beispiele zu Abschnitt 5.2.1 deutlich, siehe dort die Abb. 5.57.

Die folgenden Größen in Tabelle 5.4 sind ohne Symmetrieausnutzung angegeben:

N: Zahl der Randelemente,

t_{hg}: CPU-Zeit zur Berechnung der **H**- und **G**-Matrizen,

t_s: Zeit zur Lösung des Gleichungssystems mittels GAUSS-JORDAN-Eliminationsverfahren,

M_c: Speicherplatz, erforderlich zur Lösung des Feldproblems.

$$\begin{aligned} r_1 &= \sqrt{(x - x_i)^2 + (y - y_i)^2}, \\ r_2 &= \sqrt{(x + x_i)^2 + (y - y_i)^2}, \\ r_3 &= \sqrt{(x - x_i)^2 + (y + y_i)^2}, \\ r_4 &= \sqrt{(x + x_i)^2 + (y + y_i)^2}. \end{aligned}$$

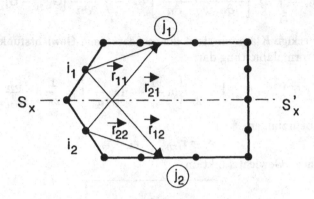

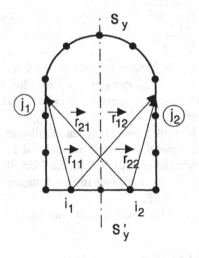

(a) Symmetrie hinsichtlich X-Achse

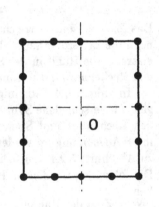

(b) Symmetrie hinsichtlich Y-Achse

(c) Zentralsymmetrie
(= hinsichtlich X- und Y-Achse)

Abb. 5.97. Illustration der geometrischen Symmetrie

Tabelle 5.4. Einige spezielle Gewichtsfunktionen zur Ausnutzung von Symmetrien

Ausgenutzte Symmetrie	Spezielle Fundamental-lösung	Zahl der Boundary-Elemente	CPU-Zeit		Speicher
			Berechnung von H & G	Gleichungs-löser	
Neumann auf X-Achse	$\dfrac{1}{2\pi}\ln(\dfrac{1}{r_1 r_3})$	$\dfrac{N}{2}$	$\dfrac{t_{hg}}{4}$	$\dfrac{t_{solver}}{9}$	$\dfrac{M_c}{4}$
Dirichlet auf Y-Achse	$\dfrac{1}{2\pi}\ln(\dfrac{r_2}{r_1})$	$\dfrac{N}{2}$	$\dfrac{t_{hg}}{4}$	$\dfrac{t_{solver}}{9}$	$\dfrac{M_c}{4}$
Neumann auf X-Achse Dirichlet auf Y-Achse	$\dfrac{1}{2\pi}\ln(\dfrac{r_2 r_4}{r_1 r_3})$	$\dfrac{N}{4}$	$\dfrac{t_{hg}}{16}$	$\dfrac{t_{solver}}{64}$	$\dfrac{M_c}{16}$

5.5.2.2 Geometrische Symmetrie

Die geometrische Symmetrie ist allein durch die geometrische Gestalt des zu lösenden Feldproblems gegeben. Ihre Ausnutzung kann die zur Berechnung der Systemmatrix-Elemente erforderliche Rechenzeit verkürzen. Dies soll anhand der Beispiele in Abb. 5.97 erläutert werden. Bei geometrischer Symmetrie ist die im vorigen Abschnitt behandelte physikalische Symmetrie erst dann gegeben, wenn eine entsprechend symmetrische Erregung bzw. Quellenverteilung vorliegt.

Betrachtet werden sollen die Symmetrie hinsichtlich der x-Achse, der y-Achse und die Zentralsymmetrie. Gemäß (5.71) lauten die Systemmatrix-Elemente generell

$$h_{ij}^k = \int_{\Gamma_j} \alpha_k q^* \, d\Gamma,$$

$$g_{ij}^k = \int_{\Gamma_j} \alpha_k u^* \, d\Gamma$$

mit den Formfunktionen α_k ($k = 1$ und 2 bei linearen Elementen) und der Gewichtsfunktion u^* sowie ihrer Normalableitung q^*.

Bei der Symmetrie hinsichtlich der x-Achse, d.h. hinsichtlich $S_x S_x'$ in Abb. 5.97, erkennt man die Identitäten

$$h_{i_1 j_1}^k = h_{i_2 j_2}^k, \quad g_{i_1 j_1}^k = g_{i_2 j_2}^k, \quad h_{i_1 j_2}^k = h_{i_2 j_1}^k, \quad g_{i_1 j_2}^k = g_{i_2 j_1}^k \cdots$$

für die Systemmatrix-Elemente. Daher ist nur die Hälfte aller Elemente mittels Integration zu berechnen. Bei der Symmetrie hinsichtlich der y-Achse gilt Entsprechendes. Bei der Zentralsymmetrie, also hinsichtlich x- und y-Achse, ist nur ein Viertel aller Elemente zu berechnen.

334   5 Boundary Element Methode

Die Einsparungen sind bei seriellen Rechnern deswegen besonders wichtig, weil die CPU-Zeit zur Berechnung der Systemmatrix die Hälfte oder mehr von der gesamten CPU-Zeit bei einer BEM-Lösung ausmachen kann.

Die geometrische Symmetrie bedeutet natürlich im hiesigen Zusammenhang auch, daß eine entsprechend symmetrische Randdiskretisierung erfolgt.

5.5.3 Anisotropie

Ein Beispiel mit anisotroper Leitfähigkeit wurde bereits in Abschnitt 5.1.7 behandelt (2D-Fall). Einzelheiten zur Formulierung, Diskretisierung und Ergebnisse können dort nachgelesen werden.

5.5.4 Kanten und Ecken

In der Praxis weisen zahlreiche Anwendungen geometrische Kanten und Ecken auf. An diesen Stelle ist die Oberflächennormale nicht definiert, so daß die Normalableitung der Potentiale bzw. Feldgrößen unbestimmt ist. Dies führt zu Schwierigkeiten beim Implementieren einer BEM-Formulierung, wenn lineare Elemente oder Elemente höherer Ordnung verwendet werden. Bei konstanten Elementen tritt das Problem naturgemäß nicht auf, da die Knoten im Schwerpunkt der Flächen- bzw. Mittelpunkt der Linienelemente angeordnet werden.

Um diese Schwierigkeiten zu umgehen, sind verschiedene Verfahren entwickelt worden, die im folgenden besprochen werden.

5.5.4.1 Abrundung von Ecken und Kanten

BREBBIA [18] schlug vor, zwei sehr nahe beieinander liegende Punkte in der Nähe der Kante (bzw. drei in der Nähe der Ecke) zu verwenden anstelle des ursprünglichen Kanten- bzw. Eckpunktes, siehe Abb. 5.98. Die Methode neigt jedoch zu einem schlecht konditionierten Gleichungssystem, da die Punkte P_1 und P_2 sehr nahe beieinander sind.

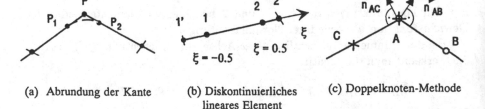

(a) Abrundung der Kante   (b) Diskontinuierliches lineares Element   (c) Doppelknoten-Methode

Abb. 5.98. Unterschiedliche Behandlung einer Kante

5.5.4.2 Diskontinuierliches Element

Werden die Knoten zur Festlegung der Approximationsfunktionen nicht in die Elementknoten gelegt, verschwindet die erläuterte Schwierigkeit mit der Normalen-Definition in Kanten und Ecken. PATTERSON u.a. [113] sprechen dann von diskontinuierlichen Elementen, siehe Abb. 5.98. Allerdings muß bei diesen Elementen eine Extrapolation des Lösungsverlaufs gegen die Kante oder Ecke vorgenommen werden. Hierdurch kann die Lösung ungenauer als mit kontinuierlichen Elementen werden.

Wenn einer der Funktionsknoten, z.B. Knoten 1 oder 2 in Abb. 5.98, mit dem entsprechenden Elementknoten zur Deckung gebracht wird, spricht man von einem teilweise diskontinuierlichen Element.

5.5.4.3 Doppelknoten-Elemente

Hierbei werden zwei Knoten eingeführt, die jedoch in Wirklichkeit mit dem geometrischen Kantenknoten zusammenfallen, siehe Abb. 5.98. Einer der Knoten gehört zur Kante CA, der andere zur Kante AB. Auf diese Weise können zwei Normalen $\vec{n}_{AC}$ und $\vec{n}_{AB}$ in der Kante definiert werden, wie es auch von MITRA u.a. [98], BRUCH [20] und WALKER u.a. [153] vorgeschlagen wurde. Jedoch gibt es nun drei Unbekannte im Kantenknoten, nämlich das Potential und zwei Normalableitungen in einem skalaren abgeschlossenen Problem, wohingegen hier nur eine einzige BEM-Gleichung wie üblich zur Verfügung steht und eine oder zwei Bestimmungsgleichungen aus den Randbedingungen auf AC und AB. Es kann also eine Bestimmungsgleichung fehlen: Nämlich dann, wenn das Potential als Randbedingung auf AC und AB vorgegeben ist. Entsprechend kann auch im 3D-Fall und bei vektoriellen Problemen die Zahl der Unbekannten größer sein als die Zahl der Bestimmungsgleichungen.

Von MITRA u.a. [98] sowie BRUCH [20] stammte der Vorschlag, eine zusätzliche BEM-Gleichung für einen Extra-Knoten außerhalb des berechneten Volumens und nahe der Kante zu verwenden. Numerische Experimente zeigten jedoch eine unbefriedigend starke Abhängigkeit der Lösung von der Lage dieses Extra-Knotens.

WALKER u.a. [153] verarbeiteten bei vorgegebenem Potential in und nahe der Kante diese Information so, daß sie hieraus die Potentialgradienten in der Kante herleiten konnten. Es entsteht jedoch ein großer Fehler bei kleinen Keil- bzw. Eckwinkeln.

Angesichts dieser Erfahrungen schlägt SHEN [132] ein *gemischtes Vorgehen* vor:

- Die *Doppelknoten-Methode* wird angewandt, wenn keine zusätzliche Bestimmungsgleichung erforderlich ist,

- sonst werden *Teilweise diskontinuierliche Elemente* für die beiden Elemente an der Kante verwendet.

Einige Anwendungen dieses Verfahrens zeigt Tabelle 5.5.

Tabelle 5.5. Gemischtes Vorgehen für Kanten

Type of corners	Illustration	Prescribed Boundary conditions	Approach to be used
Jointing points of two boundaries	Γ_{B1} Γ_{B2} Ω	Dirichlet on Γ_{B1} and Γ_{B2}	PDE
		Dirichlet and Neumann	DN
		Periodic on either Γ_{B1} or Γ_{B2}	DN
Intersecting points of boundaries and interfaces	Γ_{B1} Γ_{B2} Γ_I Ω_1 Ω_2	Dirichlet on Γ_{B1} and Γ_{B2}	PDE*
		Dirichlet and Neumann	DN
		Periodic on either Γ_{B1} or Γ_{B2}	DN
Intersecting points of several interfaces	Ω_2 Ω_1 Ω_3 Ω_4		PDE

PDE: Partially Discontinuous Element method;

DN: Double Node method;

*PDE: Here DN can be used, when the boundaries are geometrically smooth
        at the intersecting point.

5.5.4.4 Kanten-Probleme bei periodischen Randbedingungen

Randbedingungen periodischer Art kommen häufig in der Elektrotechnik vor.
So liegt z.B. bei dem behandelten Fall „Reflexion einer ebenen Welle am leitenden Zylinder" in Abschnitt 5.3.3.1 eine periodische Randbedingung in den
Ebenen $z = $ const vor, wenn die ebene Welle unter einem Winkel $\neq 90°$ auf
den Zylinder einfällt. Der Abstand zwischen solchen Ebenen $z = $ const stellt
die Periodizität in z-Richtung dar.

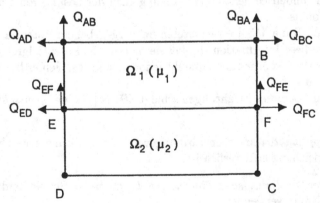

Abb. 5.99. Kanten bei halbperiodischen Randbedingungen $Q \triangleq \partial A/\partial n$

Ein anderes Beispiel aus dem Bereich elektrischer Maschinen ist die Grundanordnung in Abb. 5.99, bei der die Randbedingungen auf dem Rand AB (Statoroberfläche, fortlaufende Strombelagswelle $e^{j(\omega t - \pi x/\tau)}$) sich halbperiodisch in horizontaler Richtung wiederholt:

$$A|_{AD} = -A|_{BC}$$
$$\frac{\partial A}{\partial n}\bigg|_{AD} = \frac{\partial A}{\partial n}\bigg|_{BC}$$

Durch die Ausnutzung dieser Periodizitätseigenschaft können natürlich Elemente eingespart werden, andererseits gibt es wieder Kanten, nämlich in A, B, C, F, die genau zu betrachten sind. Die Problemstellung gemäß Abb. 5.99 lautet für die komplexen Amplituden A, $\partial A/\partial n$:

$$\Delta A = 0$$
$$\frac{\partial A}{\partial n}\bigg|_{AB} = \mu_0 J_m e^{-j\frac{\pi}{\tau}x}; \qquad \frac{\partial A}{\partial n}\bigg|_{DC} = 0$$
$$A|_{AD} = -A|_{BC}; \qquad \frac{\partial A}{\partial n}\bigg|_{AD} = \frac{\partial A}{\partial n}\bigg|_{BC} \tag{5.209}$$
$$\frac{\mu_2}{\mu_1} = 5, \qquad \tau = 10, \qquad AE = ED = 5$$

Die *Doppelknoten-Methode* soll angewendet werden. Somit existieren z.B. für das Knotenpaar A, B zunächst sechs Unbekannte:

$$A|_A, \; A|_B,$$

$$\frac{\partial A}{\partial n}\bigg|_{AD}, \; \frac{\partial A}{\partial n}\bigg|_{AB}, \; \frac{\partial A}{\partial n}\bigg|_{BA}, \; \frac{\partial A}{\partial n}\bigg|_{BC}.$$

Diesen sechs Unbekannten stehen jedoch auch sechs Bestimmungsgleichungen gegenüber:

Randbed. auf AB in A, B nach (5.209) $\rightarrow$ 2 Gleichungen
2 BEM-Gleichungen für A, B $\rightarrow$ 2 Gleichungen
Halbperiodische Randbed. nach (5.209) $\rightarrow$ 2 Gleichungen

Damit gibt es hier bei der Kombination der (künstlich entstandenen) Kanten in A, B mit den periodischen Randbedingungen keine Probleme. Das gleiche gilt für die Verzweigungspunkte E und F, wozu Einzelheiten bei KOST u. SHEN [76] nachgelesen werden können.

Da für das Beispiel gemäß Abb. 5.99 eine analytische Lösung existiert, kann der relative Fehler der BEM-Lösung dargestellt werden. Abbildung 5.100 zeigt, daß der maximale relative Fehler an den Kanten A und B sowie Verzweigungspunkten E und F auftritt, aber bei 60 Knoten (und linearen Elementen) nicht größer als 2 % für das Vektorpotential bzw. 2.15 % für dessen Normalableitung ist.

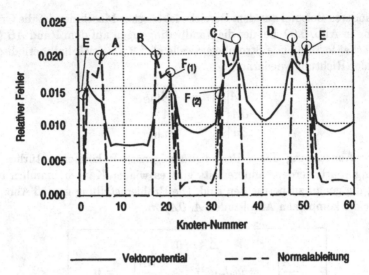

Abb. 5.100. Relativer Fehler der BEM-Lösung auf Rand und Trennebene der Anordnung in Abb. 5.99; 60 Knoten, lineare Randelemente

5.5.4.5 Diskontinuierliche Randbedingungen

Auch dieser Fall tritt in der Elektrotechnik häufiger auf. Er bedeutet, daß die vorgegebene Randfunktion oder ihre Normalableitung auf dem ansonsten geometrisch glatten Rand eine oder mehrere Diskontinuitäten (Sprünge) aufweist. Ein typisches Beispiel zeigt Abb. 5.101, in dem auf dem Rand $P_2 P_3$ (Statoroberfläche, fortlaufende Strombelagswelle) die vorgegebene Normalableitung des Vektorpotentials Sprünge aufweist. In denjenigen Knoten, in denen diese Sprünge auftreten, liegt somit dieselbe Problematik wie bei Kanten vor, da auch hier in einem Knoten zwei verschiedene Normalableitungen zusammentreffen. Die Behandlung geschieht erfolgreich mit der Doppelknoten-Methode, da hier von den drei Unbekannten pro Knoten zwei durch die vorgegebenen Normalableitungen und die dritte durch die zum Knoten gehörige BEM-Gleichung bestimmt werden.

Da auch bei diesem Beispiel eine analytische Lösung existiert, siehe KOST u. SHEN [76], liegt es nahe, den relativen Fehler der BEM-Lösung zu bestimmen. Abbildung 5.102 zeigt ihn für das Vektorpotential und dessen Normalableitung auf dem Rand für 83 Knoten und lineare Elemente.

5.5.4.6 Ecken-Probleme

Neben den bisher dargestellten Methoden zur Vermeidung der Probleme an Kanten soll noch eine weitere dargestellt werden, die speziell für solche Ecken im 3D-Fall geeignet ist, die erst infolge der geometrischen Diskretisierung einer

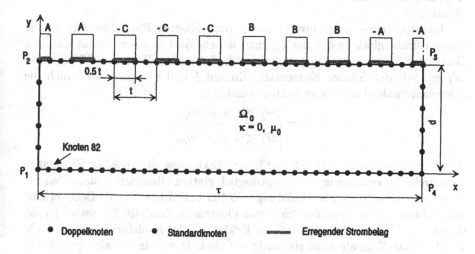

Abb. 5.101. Vereinfachtes Luftspalt-Modell in Asynchronmaschine

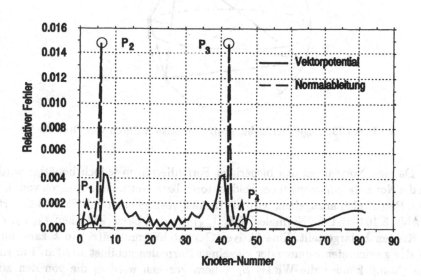

Abb. 5.102. Relativer Fehler der BEM-Lösung auf dem Rand der Anordnung in Abb. 5.101; 83 Knoten, lineare Randelemente

ursprünglich glatten Oberfläche entstehen. Das Verfahren läßt sich auf 2D-Fälle übertragen.

Innerhalb eines konstanten, linearen oder höheren Randelementes ist die Elementfläche glatt, so daß die Tangentialebene dort in einem Punkt mit dem Ortsvektor $\vec{r}$ eindeutig definiert ist durch die beiden Vektoren $\partial\vec{r}/\partial\xi|_{\vec{r}}$ und $\partial\vec{r}/\partial\eta|_{\vec{r}}$ mit den lokalen Elementkoordinaten ξ und η. Dann kann auch die Flächennormale eindeutig angegeben werden zu

$$\vec{n}(\vec{r}) = \frac{\partial\vec{r}/\partial\xi|_{\vec{r}} \times \partial\vec{r}/\partial\eta|_{\vec{r}}}{\left|\partial\vec{r}/\partial\xi|_{\vec{r}} \times \partial\vec{r}/\partial\eta|_{\vec{r}}\right|}.$$

$\vec{n}$ ist jedoch nicht eindeutig definiert in den Eckknoten eines solchen Elementes, das durch Diskretisierung einer ursprünglich glatten Oberfläche entstanden ist. Dies veranschaulichen die Abbildungen 5.103 und 5.104, wo als Beispiel eine Kugeloberfläche die ursprünglich glatte Oberfläche darstellt. Sie sei sehr grob durch vier Dreiecke diskretisiert. Im Eckknoten k beispielsweise, siehe Abb. 5.104, ist die Normale nicht eindeutig definiert. Daran ändert sich grundsätzlich auch nichts, wenn besser diskretisiert wird durch viele und/oder höhere Elemente.

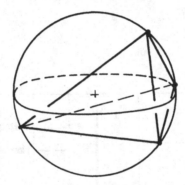

Abb. 5.103. Kugeloberfläche, grob diskretisiert durch vier Dreiecke

Da eine Normale in den bisherigen Formulierungen jedoch benötigt wird, um die Normalkomponenten der Feldvektoren bzw. Normalableitungen von skalaren Potentialen anzugeben, wird sie für den vorliegenden Fall fiktiv definiert. In Abb. 5.104 sind die Normalen $\vec{n}(\vec{r}_{k=1...3})$ der drei Dreiecksflächen Γ_1, Γ_2, Γ_3 im Knoten k dargestellt. Eine fiktive (Gesamt-)Normale $\vec{n}(\vec{r}_k)$ in k kann nun aus der gewichteten Summe der einzelnen Normalen gebildet werden. Für die Gewichtung können die Winkel $\beta_{1...3}$ herangezogen werden, die von den aus dem Knoten k herauslaufenden Kanten der Dreiecke $1...3$ gebildet werden:

$$\vec{n}(\vec{r}_k) = \frac{\sum\limits_{j=1}^{3} \beta_j \vec{n}(\vec{r}_{k,j})}{\left|\sum\limits_{j=1}^{3} \beta_j \vec{n}(\vec{r}_{k,j})\right|}.$$

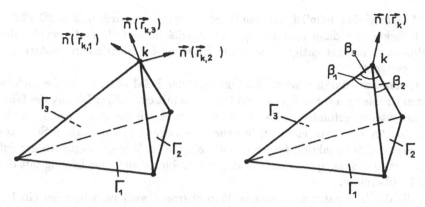

Abb. 5.104. Normale der 3 Dreiecksflächen (links) und fiktive Normale (rechts) im Knoten k

Eine andere Möglichkeit besteht darin, anstelle der Winkel β_i die entsprechenden Dreiecksflächen Γ_i zur Gewichtung heranzuziehen.

Damit kann beispielsweise der Verlauf der Normalkomponente E_n der elektrischen Feldstärke $\vec{E}$ über einem Element angegeben werden, siehe auch Abb. 5.32 und Gleichung (5.69) für die dort verwendeten Formfunktionen α_k:

$$\vec{E}_n(\vec{r}) = \sum_{k=1}^{3} \alpha_k(\vec{r}) E_{nk}$$

mit $E_{nk} = \vec{E}(\vec{r}_k) \cdot \vec{n}(\vec{r}_k)$.

Im praktischen Anwendungsfall ist die Zahl der um den Knoten k herumliegenden Elemente üblicherweise nicht nur drei, sondern etwa sechs.

Nach Definition einer fiktiven Normale liegt nun auch die Tangentialebene in einem Knoten k fest, so daß auch die Tangentialkomponenten der Feldgrößen definiert sind.

Es sei nochmals darauf hingewiesen, daß alle Probleme des Abschnitts 5.5.4 bei konstanten Elementen nicht auftreten. Allerdings ist mit diesen die Feldbeschreibung in der Nähe von Kanten und Ecken auch ungenauer als mit linearen Elementen, vorausgesetzt, gleich große Elemente werden zugrunde gelegt.

5.6 Parallele Berechnung nichtlinearer Wirbelströme

Nichtlinearitäten treten in der Elektrotechnik insbesondere bei Verwendung von Halbleitermaterialien und ferromagnetischen Materialien auf. Der Grund liegt bekanntlich im teilweise stark nichtlinearen Verlauf der Materialkennlinien, wie z.B. der Magnetisierungskennlinie $B = f(H)$. Da im letzteren Fall die Feldstärke im allgemeinen ortsabhängig ist, liegt es nahe, die FEM mit ihrer lokalen Diskretisierung (und den bei 3D-Fällen dann auch lokal im Volumen verteilten Unbekannten) für nichtlineare Probleme einzusetzen. Da bei der

BEM mehr global, nämlich auf dem Rand, diskretisiert wird (und in 3D-Fällen die Unbekannten dann lediglich auf der Oberfläche verteilt sind), scheint der Schluß zunächst berechtigt zu sein, die BEM sei für nichtlineare Materialien nicht geeignet.

Genaueres Hinsehen zeigt, daß auch mit der FEM die Lösung des nichtlinearen Problems nicht auf „einen Schlag", also mit einmaliger Lösung des Gleichungssystems, gefunden werden kann, sondern durch iterative Lösung jeweils linearisierter Probleme entsteht, in denen die Lösung des vorherigen Schrittes als bekannte Störfunktion fungiert, siehe Kapitel 4. Wie im folgenden gezeigt wird, lassen sich entsprechend linearisierte Probleme auch zur Lösung mit der BEM aufbereiten.

Mit der Thematik nichtlinearer Wirbelströme wird im folgenden ein besonders schwieriger Problemkreis behandelt, da nicht nur die örtliche sondern auch die zeitliche Abhängigkeit der Permeabilität zu berücksichtigen ist. Bei nichtlinearen statischen Fällen entfällt letztere naturgemäß.

5.6.1 Nichtlineare Problemstellung

Es wird der schon in Abschnitt 5.2.2 behandelte und in Abb. 5.58 dargestellte leitende Körper im erregenden Wechselfeld der Quelle $\vec{J}^e$ betrachtet, wobei das leitende Material ferromagnetisch ist und seine Permeabilität $\mu(H)$ von der Feldstärke abhängt. Abbildung 5.105 zeigt die Anordnung. Anwendungen

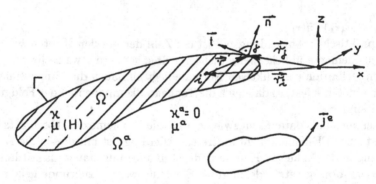

Abb. 5.105. Ferromagnetisches Material im erregenden Wechselfeld

dieser Problematik liegen vor in elektrischen Maschinen, energietechnischen Anlagen und auch bei Problemen der elektromagnetischen Verträglichkeit.

Die Lösung solcher Probleme erfolgte bislang nahezu ausschließlich mit der Finite Elemente Methode. Kapitel 6 zeigt auch eine Behandlung mit der FEM/BEM-Kopplungsmethode. Die hier skizzierte Problemlösung hat folgende Merkmale:

• Die Lösung des nichtlinearen Problems erfolgt allein mit der BEM.

- Die volle Zeit- und Ortsabhängigkeit von μ wird berücksichtigt.

- Es wird lediglich eine periodische (nicht notwendigerweise sinusförmige) Zeitabhängigkeit vorausgesetzt.

- Die 3D-BEM-Formulierung basiert auf den Feldvektoren $\vec{E}$ und $\vec{H}$.

- Ein iterativer Lösungsprozeß behandelt den nichtlinearen Term in jedem Schritt als bekannte Störfunktion.

- Die einzelnen Schritte sind numerisch aufwendig, aber für einen massiven Parallelrechner sehr geeignet

  - mittels BEM für verschiedene Frequenzen,

  - mittels FFT für verschiedene Orte.

5.6.1.1 Darstellung der Magnetisierungskurve

Die Magnetisierungskurve $B = f(H)$ wird in zwei additive Terme, nämlich einen linearen und einen nichtlinearen Restteil (Index „nonl" von „nonlinear") aufgespalten:

$$B = B_{\text{lin}} + B_{\text{nonl}} = pH + \alpha[B(H) - pH]; \quad 0 < \alpha \leq 1. \tag{5.210}$$

Die Parameter p und α sind willkürlich, haben aber Einfluß auf die Konvergenz des Verfahrens, bei ihrer Wahl sollte auch die auftretende Maximalinduktion berücksichtigt werden. Näheres findet man bei KOST u. SHEN [77].

Abbildung 5.106 zeigt den Einfluß der gewählten Parameter auf die Darstellung der Magnetisierungskurve. Durch α läßt sich eine *variable Unterrelaxation* einstellen, die für die Konvergenz notwendig sein kann. Dabei wählt man für die ersten Schritte des iterativen Verfahrens $\alpha \ll 1$ und steigert es mit zunehmender Schrittzahl kontinuierlich bis zum Wert $\alpha = 1$.

Hystereseerscheinungen werden hier also nicht berücksichtigt.

5.6.2 Iterativer Lösungsweg und BEM-Formulierung

Die BEM-Formulierung erfolgt analog der in Abschnitt 5.2.2 enthaltenen ausführlichen Herleitung für den vektoriellen 3D-Fall bei direkter BEM mit $\vec{E}, \vec{H}$-Formulierung, wobei hier nur die durch die Nichtlinearität bedingten zusätzlichen Merkmale herausgearbeitet werden sollen.

Die I. MAXWELL'sche Gleichung muß mit allgemeiner Zeitabhängigkeit geschrieben werden:

$$\text{rot } \vec{E} + \frac{\partial \vec{B}}{\partial t} = 0 \tag{5.211}$$

und alle Feldvektoren hängen vom Ort *und* der Zeit ab. Mit (5.210) und (5.211) entsteht anstelle von (5.122) die folgende Gleichung

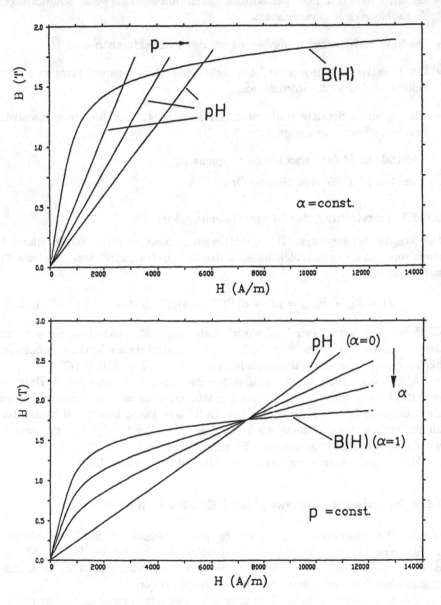

Abb. 5.106. Magnetisierungskurve mit zwei Steuerparametern p und α

$$\int_\Omega \vec{E}\Delta\Phi\,\mathrm{d}\Omega \;-\; \int_\Omega p\kappa\frac{\partial\vec{E}}{\partial t}\Phi\,\mathrm{d}\Omega - \int_\Gamma (\vec{n}\vec{E})\,\mathrm{grad}\,\Phi\,\mathrm{d}\Gamma$$

$$-\;\int_\Gamma p\left(\frac{\partial\vec{H}}{\partial t}\times\vec{n}\right)\Phi\,\mathrm{d}\Gamma - \int_\Gamma (\vec{n}\times\vec{E})\times\mathrm{grad}\,\Phi\,\mathrm{d}\Gamma$$

$$-\;\int_\Omega \left(\frac{\partial\vec{B}_{\mathrm{nonl}}}{\partial t}\times\mathrm{grad}\,\Phi\right)\,\mathrm{d}\Omega = 0. \tag{5.212}$$

Einzelheiten der Herleitung sind bei KOST [69] zu finden, wo auch eine entsprechende zweite, die Feldgrößen $\vec{E}$ und $\vec{H}$ koppelnde Gleichung nachzulesen ist. Eine evtl. erregende Stromdichte $\vec{J}^e$ im leitenden Bereich Ω wurde hier ohne Beschränkung der Allgemeinheit nicht berücksichtigt. Beide Gleichungen lassen sich mit dem linearen Operator $\mathcal{L}$ und dem nichtlinearen Operator $\mathcal{N}$ wie folgt schreiben:

$$\mathcal{L}_1(\vec{E},\vec{H},\Phi) + \mathcal{N}_1(\vec{H},\Phi) = 0,$$

$$\mathcal{L}_2(\vec{E},\vec{H},\Phi) + \mathcal{N}_2(\vec{H},\Phi) = 0,$$

wobei $\mathcal{N}_1$ das von $\vec{B}_{\mathrm{nonl}}$ abhängige Volumenintegral in (5.212) und $\mathcal{N}_2$ ein entsprechendes in der anderen erwähnten Gleichung repräsentiert. $\mathcal{L}_1$ und $\mathcal{L}_2$ stellen jeweils den Rest der Gleichungen dar.

In dem sich anschließenden *iterativen Lösungsprozeß* werden die nichtlinearen Anteile nun als bekannte Störfunktionen aus dem vorherigen Schritt approximativ aufgefaßt, wie das auch in Kapitel 4 bei der FEM im Zusammenhang mit nichtlinearen Materialien geschieht. Somit ist der Schritt (k) des iterativen Lösungsprozesses gegeben durch

$$\mathcal{L}_1(\vec{E},\vec{H},\Phi)^{(k)} + \mathcal{N}_1(\vec{H},\Phi)^{(k-1)} = 0,$$

$$\mathcal{L}_2(\vec{E},\vec{H},\Phi)^{(k)} + \mathcal{N}_2(\vec{H},\Phi)^{(k-1)} = 0.$$

Der Beginn des Prozesses, also der 1. Schritt, ist gegeben durch

$$\mathcal{N}_1(\vec{H},\Phi)^{(0)} = \mathcal{N}_2(\vec{H},\Phi)^{(0)} = 0$$

und entspricht dem linearen Fall. Der letzte Schritt ist erreicht, wenn unter Vorgabe einer gewissen Genauigkeit

$$(\vec{E},\vec{H})^{(k)} \approx (\vec{E},\vec{H})^{(k-1)}$$

erreicht worden ist.

Da die Erregung zeitlich periodisch ist, wird die Periodizität auch den resultierenden Feldgrößen aufgezwungen, deren Fourierdarstellung im Schritt (k)

$$\vec{E}^{(k)} = \sum_{n=0}^{N} \mathrm{Re}\left\{ \vec{E}_{2n+1}^{(k)}(x,y,z)e^{j(2n+1)\omega t} \right\},$$

$$\vec{H}^{(k)} = \sum_{n=0}^{N} \mathrm{Re}\left\{ \vec{H}_{2n+1}^{(k)}(x,y,z)e^{j(2n+1)\omega t} \right\}, \qquad (5.213)$$

$$\vec{B}_{\mathrm{nonl}}^{(k-1)} = \sum_{n=0}^{N} \mathrm{Re}\left\{ \vec{B}_{\mathrm{nonl},2n+1}^{(k-1)}(x,y,z)e^{j(2n+1)\omega t} \right\}$$

lautet. Setzt man diese Zeitabhängigkeit in (5.212) ein, so erweist es sich zum Erzielen einer BEM-Formulierung als notwendig, die Gewichtsfunktion Φ als Lösung der Gleichung

$$\Delta\Phi + \beta_{2n+1}^2 \Phi = -\delta_i$$

zu wählen mit

$$\beta_{2n+1}^2 = -j(2n+1)\omega p\kappa.$$

Sie lautet damit frequenzabhängig

$$\Phi = \Phi_{2n+1} = \frac{1}{4\pi r}e^{-j\beta_{2n+1}r}$$

und (5.212) sowie die korrespondierende Gleichung gehen über in

$$\frac{\Omega_i}{4\pi}\vec{E}_{i,2n+1}^{(k)} = \int_\Gamma \left[j(2n+1)\omega p(\vec{n}\times\vec{H}_{2n+1}^{(k)})\Phi_{2n+1} - (\vec{n}\times\vec{E}_{2n+1}^{(k)})\times\mathrm{grad}\,\Phi_{2n+1} \right.$$
$$\left. -(\vec{n}\vec{E}_{2n+1}^{(k)})\,\mathrm{grad}\,\Phi_{2n+1} \right]\mathrm{d}\Gamma$$
$$-\int_\Omega j(2n+1)\omega(\vec{B}_{\mathrm{nonl},2n+1}^{(k-1)}\times\mathrm{grad}\,\Phi_{2n+1})\,\mathrm{d}\Omega,$$

$$(5.214)$$

$$\frac{\Omega_i}{4\pi}\vec{H}_{i,2n+1}^{(k)} = -\int_\Gamma \left[\kappa(\vec{n}\times\vec{E}_{2n+1}^{(k)})\Phi_{2n+1} + (\vec{n}\times\vec{H}_{2n+1}^{(k)})\times\mathrm{grad}\,\Phi_{2n+1} \right.$$
$$\left. +(\vec{n}\vec{H}_{2n+1}^{(k)})\,\mathrm{grad}\,\Phi_{2n+1} \right]\mathrm{d}\Gamma$$
$$-\int_\Omega j(2n+1)\omega\kappa(\vec{B}_{\mathrm{nonl},2n+1}^{(k-1)}\times\mathrm{grad}\,\Phi_{2n+1})\,\mathrm{d}\Omega.$$

$$(5.215)$$

Die Gleichungen enthalten zwar Volumenintegrale, wozu das Volumen Ω auch diskretisiert werden muß. Da $\vec{B}_{\mathrm{nonl},2n+1}^{(k-1)}$ jedoch vom vorherigen Schritt $(k-1)$ her bekannt ist, können die Integrale auch berechnet werden. Somit liegen mit (5.214) und (5.215) typische Randintegralgleichungen und das charakteristische Merkmal der BEM vor, daß die zu ermittelnden Unbekannten im zugehörigen Gleichungssystem nur auf dem Rand vorkommen.

Für den Außenraum ergeben sich anstelle von (5.214) und (5.215) zwei entsprechende Gleichungen mit der frequenzunabhängigen Gewichtsfunktion

$$\Phi^{\mathrm{a}} = \frac{1}{4\pi r}$$

und den erregenden Feldstärken $\vec{H}_{2n+1}^{\mathrm{e}}$, $\vec{E}_{2n+1}^{\mathrm{e}}$ in z.B.

$$\vec{H}^{\mathrm{e}} = \sum_{n=0}^{N^{\mathrm{e}}} \mathrm{Re}\left\{\vec{H}_{2n+1}^{\mathrm{e}}(x,y,z)\mathrm{e}^{\mathrm{j}(2n+1)\omega t}\right\} :$$

$$\frac{\Omega_i}{4\pi}\vec{E}_{i,2n+1}^{\mathrm{a}(k)} = \int_{\Gamma}\left[-\mathrm{j}(2n+1)\omega p^{\mathrm{a}}(\vec{n}\times\vec{H}_{2n+1}^{\mathrm{a}(k)})\Phi_{2n+1}^{\mathrm{a}}\right.$$

$$+(\vec{n}\times\vec{E}_{2n+1}^{\mathrm{a}(k)})\times\mathrm{grad}\,\Phi_{2n+1}^{\mathrm{a}}$$

$$\left.+(\vec{n}\vec{E}_{2n+1}^{\mathrm{a}(k)})\,\mathrm{grad}\,\Phi_{2n+1}^{\mathrm{a}}\right]\mathrm{d}\Gamma + \vec{E}_{2n+1}^{\mathrm{e}}, \qquad (5.216)$$

$$\frac{\Omega_i}{4\pi}\vec{H}_{i,2n+1}^{\mathrm{a}(k)} = \int_{\Gamma}\left[(\vec{n}\times\vec{H}_{2n+1}^{\mathrm{a}(k)})\times\mathrm{grad}\,\Phi_{2n+1}^{\mathrm{a}}\right.$$

$$\left.+(\vec{n}\vec{H}_{2n+1}^{\mathrm{a}(k)})\,\mathrm{grad}\,\Phi_{2n+1}^{\mathrm{a}}\right]\mathrm{d}\Gamma + \vec{H}_{2n+1}^{\mathrm{e}}. \qquad (5.217)$$

Der Ablauf des Lösungsvorganges ist nun folgender. Begonnen wird mit dem Schritt $k=1$, in dem, wie oben bereits erwähnt, $B_{\mathrm{nonl}}=0$ gesetzt wird. Für alle vorkommenden Frequenzen der Erregung, d.h. Ordnungszahlen $n=0$ bis N^{e} wird mit den Gleichungen (5.214) bis (5.217) jeweils ein BEM-Problem analog zu Abschnitt 5.2.2 gelöst, als dessen Ergebnis die Feldstärken $\vec{E}_{2n+1}^{(1)}(x,y,z)$ und $\vec{H}_{2n+1}^{(1)}(x,y,z)$ in gewünschten Raumknoten (x,y,z) innerhalb von Ω (also des ferromagnetischen Materials) vorliegen. Dabei wird Γ mit Dreiecken und Ω mit Tetraedern diskretisiert. Sie bilden die Eingangsgrößen des folgenden zweiten Schritts $k=1$, dessen Struktur dieselbe wie bei einem nachfolgenden Schritt (k) ist und in Abb. 5.107 für die magnetische Feldstärke $\vec{H}^{(k)}$ dargestellt ist. Für alle Raumknoten (x_i, y_i, z_i) in Ω geht man also in parallel ablaufenden Schritten in die Magnetisierungskurve, um $\vec{B}_{\mathrm{nonl}}^{(k-1)}(x_1, y_1, z_1, t)$ zu ermitteln. Der Vorgang erfolgt ebenfalls für genügend viele Zeitpunkte $t=t_{\mathrm{s}}$ (Stützstellen) innerhalb einer Periodendauer in paralleler Weise. „Genügend" bedeutet abhängig vom zeitlichen Verlauf von $\vec{H}^{(k-1)}$, d.h. seinem Oberwellengehalt. Als Richtwert für die durchgeführten Auswertungen sei die Zahl von $64\ldots128$ Zeitpunkten pro Periode genannt. Mit Hilfe einer schnellen Fouriertransformation (FFT) wird der mittels der Stützstellen t_s bekannte zeitliche Verlauf von $\vec{B}_{nonl}^{(k-1)}(t)$ nun in den Frequenzbereich transformiert, was ja für die BEM-Formulierung der Gleichungen (5.214) und (5.215) erforderlich ist. Anschließend wird, wie bereits oben für den ersten Schritt $k = 1$ erläutert, für alle Ordnungszahlen $n = 0 \ldots N$ parallel das zugehörige BEM-Problem gelöst. Typische Werte für N bei den Auswertungen lagen bis zu etwa $N = 11$, d.h. $2N + 1 = 23$.

Wie aus den Erläuterungen zum Lösungsweg hervorgeht, erfordert die Berücksichtigung der zeitlichen und örtlichen Abhängigkeit von μ erheblichen Aufwand. Er kann jedoch bei Vorhandensein eines massiven Parallelrechners schnell abgearbeitet werden, da die Struktur eines Schrittes (k) perfekt parallelisierbar ist.

5.6.3 Beispiele und Ergebnisse

KOST u. SHEN [74] geben die Stromdichteverteilung im nichtlinearen Halbraum $z \geq 0$ bei Erregung durch ein zeitlich sinusförmiges homogenes Feld an, das parallel zur Oberfläche gerichtet ist. Bei dem eindimensionalen Problem degeneriert das Volumen Ω (ferromagnetischer Bereich) zur positiven z-Achse und der Rand Γ zu 2 Punkten an den Enden dieser Achse, nämlich für $z = 0$ und $z = \infty$. Dadurch wird der Rechenaufwand auch für einen Serienrechner (Workstation) erträglich.

Ein Beispiel mit ähnlichen Kurvenverläufen ist die in Abb. 5.108 dargestellte 2D-Grundanordnung aus einer elektrischen Maschine mit stark vereinfachter Statorerregung, Luftspalt und massiver Läuferregion mit nichtlinearem $\mu(H)$. Abb. 5.109 zeigt die infolge der Nichtlinearität nicht mehr sinusförmigen Zeitverläufe der Stromdichte innerhalb des massiven Rotors.

Will man die vorangehend erläuterte Methode in nichtlinearen 3D-Fällen anwenden, stellt sich angesichts der verwendeten $\vec{E}, \vec{H}$-Formulierung wieder das Problem vieler Unbekannter pro Oberflächenknoten. Daher hat KOST [71] die nichtlineare Methodik mit der in Abschnitt 5.2.3 dargestellten indirekten BEM gekoppelt, wobei nur 3 Unbekannte pro Oberflächenknoten notwendig sind. Numerische Ergebnisse liegen allerdings noch nicht vor.

SHEN wendet die nichtlineare Methodik im 2D-Fall auf die in Abschnitt 5.2.2.5 erläuterte $\vec{A}, \varphi$-Formulierung an, wobei nur mit dem Vektorpotential $\vec{A}$ gearbeitet werden muß. Die detaillierte Darstellung findet sich in [132] und behandelt auch ein eindimensionales Testbeispiel mit einer idealisierten Magnetisierungskurve (Sprungfunktion), deren Vorteil darin besteht, daß für sie eine analytische Lösung zu Kontrollzwecken angegeben werden kann.

ISHIBASHI [56] behandelt auch nichtlineare Wirbelströme mit der BEM, ersetzt jedoch die Zeitabhängigkeit der Permeabilität durch einen konstanten Ersatzwert.

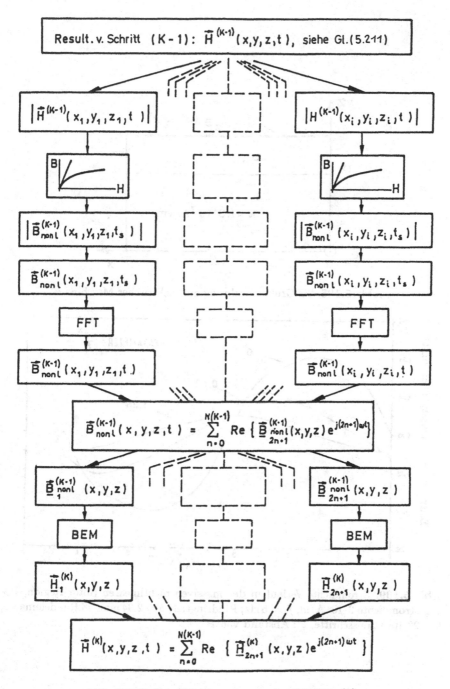

Abb. 5.107. Parallele Berechnung des Schrittes (k)

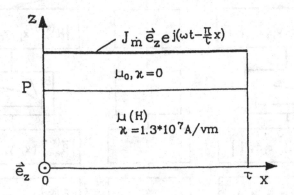

Abb. 5.108. 2D-Grundanordnung aus elektrischer Maschine

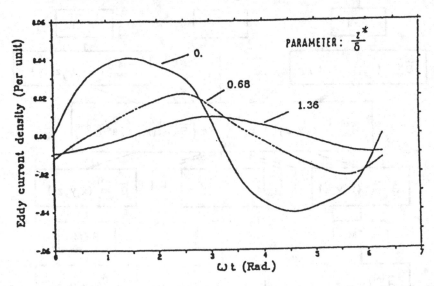

Abb. 5.109. Stromdichte-Verlauf in der massiven nichtlinearen Rotor-Region; Bezugsstromdichte $2 \cdot 10^5$ A/m, $f_s = 5$ Hz, Eindringtiefe $\delta = 2.94$ mm, 58 Randelemente, $k = 22$ Iterationsschritte, z^*: Abstand von P

5.7 Weitere mit der BEM behandelte Probleme

Zur Abrundung der aus den vorangegangenen Abschnitten hervorgehenden Einsatzmöglichkeiten der BEM und zu den bereits zahlreich angegebenen Literaturquellen sollen hier noch einige hinzugefügt werden.

5.7.1 Nichtlineare magnetostatische Probleme

SHAO und ZHOU [127] wenden den Grundgedanken der nichtlinearen Lösungsstrategie in Abschnitt 5.6.2 auf magnetostatische Probleme an und führen eine sogenannte „monotone Iteration" zusätzlich ein, um mit einem in ihr enthaltenen frei wählbaren Parameter die Konvergenz zu verbessern.

5.7.2 Transiente Wirbelströme

Auch mit der $\vec{T}$, Ω-Formulierung ist die BEM eingesetzt worden ($\vec{T}$: elektrisches Vektorpotential). ENOKIZONO u. TODAKA [31] wenden sie grundsätzlich auf leitende Bereiche an und in einem Anwendungsbeispiel auf dünne Platten im homogenen, zur Oberfläche orthogonalen Feld. Der transiente Fall kann nun grundsätzlich auf der Basis der in Abschnitt 5.6.2 angegebenen Darstellung im Frequenzbereich behandelt werden, indem man den transienten Vorgang nach hinreichend langer Zeit periodisch wiederholt. In [31] wird er direkt mit einer transienten Gewichtsfunktion (Fundamentallösung) behandelt. Insbesondere KRAWCZYK hat sich ebenfalls mit der Berechnung transienter Wirbelströme unter Anwendung der BEM auseinandergesetzt, wie z.B. in [83].

5.7.3 $\vec{T}$, Ω-Formulierung

Auch MIYA u. HASHIZUME wenden die in 5.7.2 erwähnte $\vec{T}$, Ω-Formulierung an, in [99] auf zeitlich sinusförmige Wirbelströme. Die Eindeutigkeit des elektrischen Vektorpotentials wird durch die COULOMB-Konvention

$$\operatorname{div} \vec{T} = 0$$

gewährleistet. Zu ihrer Erfüllung wird eine penalty-Methode herangezogen und der Einfluß des hierdurch in die Formulierung eingebrachten penalty-Parameters gezeigt.

Eine der frühen Arbeiten, die das elektrische Vektorpotential $\vec{T}$ mit der BEM verwenden, ist von SALON u.a. [125]. Der ausführlichen Darstellung der Methode schließt sich ein Ergebnisvergleich von FEM und BEM für ein einfaches Beispiel an.

5.7.4 Magnetostatische Probleme mit dünnen Plattenmaterialien

Da bei sehr dünnen Platten die Knoten beider Seiten sehr nahe beieinander liegen, kann es erforderlich werden, ein sehr feines Oberflächennetz mit entsprechend vielen Knoten zu verwenden. NICOLET u.a. [110] umgehen dieses Problem, indem sie die hochpermeable dünne Platte durch eine Doppelschicht (bestehend aus 2 Strombelägen) ersetzen und so die starke Änderung des Vektorpotentials in Normalenrichtung durch eine Diskontinuität ersetzen. Sie resultiert in einer speziellen Übergangsbedingung, welche einen Zusammenhang zwischen Vektorpotential und tangentialer magnetischer Feldstärke auf beiden Plattenseiten herstellt.

5.7.5 Felder in Halbleiter-Materialien

Die Anwendungen der BEM in diesen Materialien ist relativ selten, was sicher vor allem auf die nichtlinearen Kennlinien zurückzuführen ist. So beschränken sich vorliegende Arbeiten zumeist auf in speziellen Fällen mögliche Approximationen, die dann auf die POISSON- oder LAPLACE-Gleichung zurückführen. Als ein Beispiel sei die Arbeit von DE MEY [27] aufgeführt, in der auf der Basis einer Niedrigstrom-Approximation die dann feldbeschreibende POISSON-Gleichung in eine BEM-Formulierung überführt wird. Für geometrisch einfache MOS-Strukturen werden numerische Resultate angegeben.

5.7.6 Adaptive Randnetz-Verfeinerung

Wie in Kapitel 4 erläutert wurde, ist die adaptive Netzgenerierung bei der FEM von großem Vorteil. Auch bei der BEM ist das Thema von Interesse. Wenn nur der Rand diskretisiert werden muß, ist der Wunsch nach einer adaptiven Netzgenerierung allerdings nicht so stark wie bei der FEM, da der Anwender hier aufgrund der besseren geometrischen Vorstellungskraft leichter direkt die Netzstruktur beeinflussen kann als im Falle eines Volumens. Die Arbeit von RENCIS u.a. [120] behandelt die adaptive h-Verfeinerung und die Arbeit von ALARCON u.a. [4] die adaptive p-Verfeinerung.

5.7.7 Kanten-Elemente (edge elements)

Auch die bei der FEM in jüngerer Zeit verwendeten Kanten-Elemente anstelle der sonst üblichen Knoten-Elemente (siehe Kapitel 4) sind in jüngster Zeit bei der BEM verwendet worden. So führen sie ONUKI und WAKAO [112] bei der in Abschnitt 5.2.2 behandelten Themenstellung ein. Dies führt allerdings zu einer Formulierung mit vier Unbekannten pro Randkante, während die indirekte Formulierung in Abschnitt 5.2.3 mit drei Unbekannten pro Randknoten auskommt. Da die Singularitäten in den Randintegralgleichungen in beiden Fällen von gleicher Ordnung sind, ist ein Vorteil der Kanten-Elemente in diesem Zusammenhang nicht erkennbar. Als Vorteil mag gelten, daß bei den Kantenelementen die Tangentialkomponenten der magnetischen und elektrischen Feldstärke die Unbekannten sind, während in Abschnitt 5.2.3 ein Umweg über drei virtuelle Größen gegangen wird.

5.7.8 Besondere Behandlung der Integrale

In den verschiedenen BEM-Formulierungen, die in vorstehenden Abschnitten abgeleitet wurden, ist häufig *über bekannte Quellenverteilungen zu integrieren*, im 3D-Fall z.B. über das die Quellen enthaltende Volumen. Konventionell erfolgt dies durch Diskretisierung des Volumens in Tetraeder oder andere einfache Raumelemente. Man kann aber auch mit verschiedenen Methoden diese Volumenintegrale auf die Randoberfläche transformieren, was in einer Arbeit von AZEVEDO und BREBBIA [5] ausführlich dargestellt wird.

Eine sehr leistungsfähige Methode zur genauen Berechnung *nahezu singulärer Integrale* wurde von HAYAMI [50] auf der Basis einer sogenannten PART (= Projection and Angular & Radial Transformation) entwickelt. Dies ist besonders wichtig, wenn Feldgrößen in unmittelbarer Nähe des Randes ermittelt werden müssen. Auch IGARASHI und HONMA [55] haben eine leistungsfähige Methode hierzu entwickelt, die sie als Regularisations-Methode bezeichnen, wobei eine Abschwächung der Quasi-Singularität erreicht wird.

6 Hybride FEM/BEM-Methode

Bei dieser Methode besteht das Ziel darin, die Vorteile der FEM und der BEM zu nutzen bzw. ihre jeweiligen Nachteile zu vermeiden. Vorteile und Nachteile beider Methoden sind in der Einleitung zu den Kapiteln 4 und 5 zusammengestellt und werden zum Teil in jenen Kapiteln selbst deutlich.

Ein technischer Problemkreis, für den weder die FEM noch die BEM alleine gut geeignet ist, liegt in der Form offener Randwertprobleme bei gleichzeitiger Anwesenheit nichtlinearer Materialbereiche vor. Sind letztere linear, aber geometrisch sehr kompliziert, z.B. mit Verästelungen, Unterteilungen oder Verzweigungen versehen, gilt das gleiche: Solche Bereiche sind für die BEM weniger geeignet, für die FEM ergeben sich hingegen kaum Probleme. Der offene Rand wiederum ist ungünstig für die FEM, bereitet jedoch bei der BEM keine Schwierigkeiten. Die grundsätzliche Anordnung einer solchen Problematik zeigt Abb. 6.1, wobei bei Problemen der *Elektromagnetischen Verträglichkeit* der leitende, machmal nichtlineare Materialbereich Ω die Abschirmung darstellt, welche in Abb. 6.2 in Form einer oder mehrerer üblicherweise (im Vergleich zur Ausdehnung) dünnen Platte realisiert wird. Eine mehr kopplungsbedingte Feinheit ist die Tatsache, daß man bei starker Änderung der Materialparameter, z.B. μ von Luft und Eisen, die FEM/BEM-Trennfläche zweckmäßigerweise nicht mit der Material-Trennfläche zusammenfallen läßt, sondern etwas von ihr weg in den Außenraum verlagert.

Ein weiterer Problemkreis liegt bei der Modellierung einer *elektrischen Maschine* vor, wenn man die tatsächliche Rotorbewegung erfassen möchte. Da sich das Luftspaltnetz bei der FEM während der Bewegung verzerrt und wegen der dabei zwangsweise einer starken Streckung unterworfenen Elemente schnell unbrauchbar wird, ist es in rasch aufeinander folgenden Schritten ständig zu erneuern, was erheblichen zusätzlichen Aufwand bedeutet. Arbeitet man jedoch mit der BEM im Luftspaltbereich, entfällt diese Problematik.

Die hybride FEM/BEM-Methode ist noch sehr jung, verständlicherweise hat sie sich erst nach der Etablierung der BEM entwickeln können. Ihre Ausbreitung zu Beginn dieses Jahrzehnts ist in der Elektrotechnik keineswegs als flächendeckend sondern noch als stark punktuell zu bezeichnen. Auf weltweit wenige Gruppen konzentriert ist die Fortentwicklungsarbeit an der Methode, was sicher auch daran liegt, daß der Entwickler sowohl die FEM als auch die BEM, also nicht wie häufig nur eine einzelne Methode, sehr gut kennen muß.

Da sowohl die FEM in Kapitel 4 als auch die BEM in Kapitel 5 sehr ausführlich behandelt wurden, werden im vorliegenden Kapitel hinsichtlich der Formulierung hauptsächlich die die Kopplung beider Methoden betreffenden Besonderheiten behandelt. Einige Beispiele runden die Darstellung ab.

6.1 Allgemeine Problemstellung

Zur Erläuterung der Methode wird die in Abb. 6.1 dargestellte allgemeine Problemstellung betrachtet. Der ferromagnetische Bereich vom Volumen Ω liegt im erregenden Wechselfeld einer Quelle, hier eines Linienstroms. Insgesamt soll ein ebenes Problem vorliegen.

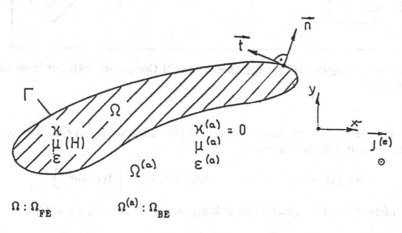

Abb. 6.1. Allgemeine Problemstellung: Ferromagnetischer Bereich im Wechselfeld eines Linienstroms (2D)

Die 2D-Anordnung wurde gewählt, um die Methode möglichst transparent zu erklären. Sie läßt sich jedoch ohne weiteres auch auf eine 3D-Problematik übertragen, wie sie in Abb. 6.2 dargestellt ist und typischerweise im Bereich der Elektromagnetischen Verträglichkeit auftritt. Allerdings muß dabei zwangsläufig die Zahl der Unbekannten pro Knoten ansteigen wie auch im 3D-Fall bei der FEM oder der BEM allein. Abbildung 6.2 symbolisiert eine Störquelle, deren Feld durch die ferromagnetische Abschirmung soweit reduziert wird, daß es keine Störungen des Personal Computers mehr hervorruft. Da bei den Störquellen (z.B. Straßenbahn-Zuleitungskabel oder dreiphasiges 400 kV-Erdkabel) auch Überlast- oder gar Kurzschlußfälle zu berücksichtigen sind, werden die ferromagnetischen Abschirmungen durchaus in den nichtlinearen bzw. Sättigungsbereich der Magnetisierungskennlinie getrieben, außerdem sind die Platten dünn im Vergleich zu ihrer Ausdehnung. Beides zusammen spricht für den FEM-Einsatz im ferromagnetischen Material bzw. der in Abb. 6.2 eingezeichneten Zone.

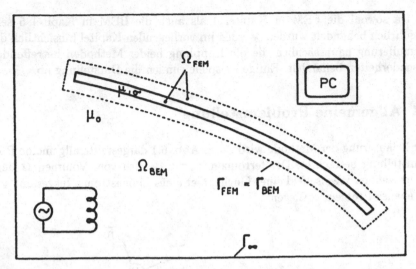

Abb. 6.2. Beseitigung der Störung eines Personal Computers (PC) mit Hilfe einer Abschirmung

Das 2D-Problem von Abb. 6.1 wird zweckmäßigerweise mit dem Vektorpotential als Leitgröße beschrieben:

$$\vec{A}(x,y,t) = A(x,y,t)\vec{e}_z, \qquad A(x,y,t) = \text{Re}\left\{A(x,y)e^{j\omega t}\right\}.$$

Die Differentialgleichungen für das Vektorpotential in $\Omega = \Omega_{\text{FE}}$ und $\Omega^{(a)} = \Omega_{\text{BE}}$ lauten

$$\begin{aligned}
\text{rot}\{\nu \,\text{rot}\, \vec{e}_z A(x,y)\} + j\omega\kappa\mu\vec{e}_z A(x,y) &= J_0\vec{e}_z \quad \text{in} \quad \Omega_{\text{FE}}, \\
\Delta A(x,y) &= -\frac{1}{\nu^{(a)}} J^{(e)} \quad \text{in} \quad \Omega_{\text{BE}}.
\end{aligned} \tag{6.1}$$

In vielen Fällen gibt es keine eingeprägte Stromdichte in Ω_{FE}, so daß $J_0 = 0$ gilt. $J^{(e)}$ ist die in Abb. 6.1 enthaltene und vorgegebene Störquellen-Stromdichte. Wird Ω_{FE} in den Außenraum $\Omega^{(a)}$ hinein ausgedehnt wie in Abb. 6.2, so wird die erste Differentialgleichung dort einfach beibehalten und in den zugehörigen Elementen $\nu = \nu_{\text{Luft}}$ und $\kappa = 0$ in der FEM-Formulierung eingesetzt.

6.2 FEM-Formulierung für den FEM-Bereich

Für

$$\vec{A} = \vec{e}_z A(x,y)$$

läßt sich der mit der Rotation behaftete Ausdruck in (6.1) ersetzen:

$$\mathrm{rot}\{\nu\,\mathrm{rot}\,\vec{e}_z A(x,y)\} = -\vec{e}_z\,\mathrm{div}(\nu\,\mathrm{grad}\,A),$$

so daß die Differentialgleichung (6.1) für Ω_{FE} übergeht in:

$$\mathrm{div}(\nu\,\mathrm{grad}\,A) - \mathrm{j}\omega\kappa A + J_0 = R \neq 0.$$

Hier wurde der Tatsache Rechnung getragen, daß eine im folgenden angenommene Näherungslösung für A die Differentialgleichung nur näherungsweise erfüllt und auf der rechten Seite ein Residuum R hinterläßt.

Der Strategie der *gewichteten Residuen*, siehe (4.5), folgend, ist nun zu fordern:

$$\int_{\Omega_{FE}} Rw\,\mathrm{d}\Omega = \int_{\Omega_{FE}} [\mathrm{div}(\nu\,\mathrm{grad}\,A) - \mathrm{j}\omega\kappa A + J_0]w\,\mathrm{d}\Omega = 0. \qquad (6.2)$$

Mit

$$\mathrm{div}(\nu\,\mathrm{grad}\,A) = \nu\Delta A + \mathrm{grad}\,\nu\,\mathrm{grad}\,A$$

wird deutlich, daß wegen ΔA die zweite Ableitung im Integral von (6.2) auftritt. Da man gemäß den Ausführungen in Abschnitt 4.1.1 mit linearen Formfunktionen arbeiten möchte, wird auch hier der *1. GREEN'sche Satz* auf ΔA angewendet, wodurch sich die zweite Ableitung im Integral beseitigen läßt:

$$\int_{\Omega_{FE}} U_1\Delta U_2\,\mathrm{d}\Omega = -\int_{\Omega_{FE}} \mathrm{grad}\,U_1\,\mathrm{grad}\,U_2\,\mathrm{d}\Omega + \oint_{\Gamma} U_1\,\mathrm{grad}\,U_2\vec{n}\,\mathrm{d}\Gamma.$$

Dies überführt (6.2) in die Form

$$\int_{\Omega_{FE}} (\nu\,\mathrm{grad}\,A)\,\mathrm{grad}\,w\,\mathrm{d}\Omega + \int_{\Omega_{FE}} \mathrm{j}\omega\kappa Aw\,\mathrm{d}\Omega - \int_{\Omega_{FE}} J_0 w\,\mathrm{d}\Omega - \oint_{\Gamma} \nu\frac{\partial A}{\partial n}w\,\mathrm{d}\Gamma = 0.$$

$$(6.3)$$

Da Γ hier nicht die äußere Oberfläche des gesamten betrachteten Volumens ist, kann das Oberflächenintegral nicht verschwinden, sondern wird vielmehr zur Erfüllung der Übergangsbedingungen in Γ und zur Kopplung der BEM und FEM benötigt.

Für die Gewichtsfunktionen werden dem *lokalen GALERKIN-Verfahren* folgend (siehe Abschnitt 4.1.1) die Formfunktionen

$$w_l(x,y) = \alpha_l(x,y)$$

verwendet. Mit dem gemäß (4.4) eingeführten Ansatz

$$A^i(x,y) = \sum_{k=1}^{p} \alpha_k(x,y)A_k$$

geht (6.3) bei Zugrundelegung von n Elementen im FEM-Bereich über in

$$\sum_{i=1}^{n}\sum_{k=1}^{p}\left[\int_{\Omega^i}(\nu\,\mathrm{grad}\,\alpha_k\,\mathrm{grad}\,\alpha_l + j\omega\kappa\alpha_k\alpha_l)\,\mathrm{d}\Omega\right]A_k$$

$$-\sum_{i=1}^{n}\int_{\Omega^i}J_0\alpha_l\,\mathrm{d}\Omega - \oint_{\Gamma}\nu\frac{\partial A}{\partial n}\alpha_l\,\mathrm{d}\Gamma \;=\; 0, \quad l=1\ldots p$$

(6.4)

mit $\sum_{i=1}^{n}\Omega^i = \Omega_{\mathrm{FE}}$.

6.2.1 Oberflächenintegral der FEM-Formulierung

Wie beim standardmäßigen FEM-Einsatz sollen auch hier im folgenden lineare Formfunktionen verwendet werden. Das bedeutet, daß der Gradient grad A in einem Element konstant ist, wie es in Abb. 4.16 veranschaulicht wird. Hinsichtlich der am Rand Γ liegenden Flächen-Elemente Ω_j bedeutet dies, daß auch

$$\vec{n}\,\mathrm{grad}\,A = \frac{\partial A}{\partial n} = \mathrm{const} \quad \mathrm{auf}\,\Gamma_j, \tag{6.5}$$

also längs des Elementrandes Γ_j gilt.

Legt man nun N Randelemente $j = 1 \ldots N$ den weiteren Überlegungen zugrunde, so läßt sich das Randintegral in (6.4) in die folgende Summe überführen:

$$\oint_{\Gamma}\nu\frac{\partial A}{\partial n}\alpha_l\,\mathrm{d}\Gamma = \sum_{j=1}^{N}\nu^j\frac{\partial A^j}{\partial n}\oint_{\Gamma_j}\alpha_l\,\mathrm{d}\Gamma = \sum_{j=1}^{N}\nu^j\frac{\partial A^j}{\partial n}\cdot\frac{L_j}{2}, \tag{6.6}$$

wobei L_j die Elementlänge eines Randelements j bedeutet. Abbildung 6.3 veranschaulicht dies.

Die Werte $\partial A^j/\partial n$ in (6.6) sind als pro Randelement unbekannte Größen aufzufassen.

6.2.2 FEM-Formulierung in Matrix-Form

Im Gegensatz zur reinen FEM-Formulierung wird als Folge von (6.4) und (6.6) auch die daraus hervorgehende Matrix-Gleichung nicht nur die Knotenpotentiale im FEM-Bereich sondern auch die Normalableitungen auf dem Rand des FEM-Bereichs enthalten. Es ergibt sich aus (6.4) und (6.6) die folgende Matrix-Gleichung für das Vektorpotential A und seine Normalableitung $\partial A/\partial n$ auf dem Rand:

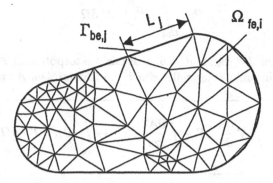

Abb. 6.3. Finite Elemente $\Omega_{\text{FE},i}$ und Randelemente $\Gamma_{\text{BE},j}$

$$(\mathbf{K} + \mathbf{S})\mathbf{A}|_{\text{FE}} - \mathbf{T}\frac{\partial \mathbf{A}}{\partial n}\bigg|_{\text{FE}} = \mathbf{F}. \tag{6.7}$$

mit **K**: Systemmatrix (ohne Einfluß der induzierten Ströme), hervorgehend aus dem ersten Summanden in der eckigen Klammer
von (6.4),

   S: Einflußmatrix der induzierten Ströme, hervorgehend aus dem
zweiten Summanden in der eckigen Klammer von (6.4),

   T: Koeffizientenmatrix resultierend aus dem Randintegral in
(6.4),

   F: Spaltenvektor resultierend aus der eingeprägten Stromdichte
J_0 in (6.4).

Die Koeffizientenmatrix **T** hat dabei die folgende Gestalt:

$$\mathbf{T} = \begin{bmatrix} L_1/2 & 0 & 0 & \ldots & & L_N/2 \\ L_1/2 & L_2/2 & 0 & \ldots & & \\ 0 & L_2/2 & L_3/2 & \ldots & & \\ & & & \ddots & & \\ & & \ldots & 0 & L_{N-1}/2 & 0 \\ & & \ldots & 0 & L_{N-1}/2 & L_N/2 \end{bmatrix}.$$

6.3 BEM-Formulierung für den BEM-Bereich

Die feldbeschreibende Differentialgleichung im BEM-Bereich ist gemäß (6.1)
die POISSON'sche Differentialgleichung. Für die aus ihr bei Nichtexistenz
des Quellterms hervorgehende LAPLACE-Gleichung wurde in Abschnitt 5.2.1
BEM-Formulierung bereits hergeleitet, siehe (5.111). Unter Einbeziehung des
Quellterms, der das erregende Vektorpotential

$$A^{(e)} = \int\limits_{\Omega_{BE}} \mu^{(a)} J^{(e)} A^* \, d\Omega$$

infolge der Quellen $J^{(e)}$ darstellt, läßt sich das Vektorpotential A_i in einem in Ω_{BE} gelegenen Aufpunkt i darstellen durch die Randgrößen A und $\partial A/\partial n$:

$$\frac{\Omega_i}{2\pi} A_i = -\int\limits_{\Gamma} A^* \frac{\partial A}{\partial n} \, d\Gamma + \int\limits_{\Gamma} \frac{\partial A^*}{\partial n} A \, d\Gamma + \int\limits_{\Omega_{BE}} A^* \mu^{(a)} J^{(e)} \, d\Omega. \qquad (6.8)$$

Die Fundamentallösung in Ω_{BE} lautet (siehe Tabelle 5.1)

$$A^* = \frac{1}{2\pi} \ln \frac{1}{\rho}$$

mit dem Abstand ρ zwischen Aufpunkt i und laufendem Punkt j auf Γ. Bei den Vorzeichen in (6.8) wurde wie in (5.111) berücksichtigt, daß die Normale $\vec{n}$ auf dem Rand Γ in das BEM-Volumen Ω_{BE} *hinein* zeigt.

6.3.1 Auswahl der Randelemente

Bei der hiesigen Problematik ist auf dem Rand Γ die FEM-Formulierung für das Volumen Ω_{FE} zu koppeln mit der BEM-Formulierung für das Volumen Ω_{BE}. Wie bereits in Abschnitt 6.2.1 erwähnt, sollen im FEM-Bereich lineare Formfunktionen, d.h. elementweise lineare Potentialverläufe als Approximation verwendet werden, woraus mit (6.5) elementweise konstante Normalableitungen resultieren. Diese beiden Eigenschaften des FEM-Ansatzes werden nun auf natürliche Weise an den BEM-Ansatz angepaßt, indem in den Randelementen für den Potentialverlauf eine lineare Approximation und für die Normalableitung eine konstante Approximation verwendet werden. Man spricht dann auch, wie bereits in Abschnitt 5.1.4 erwähnt, von *gemischten Elementen*:

> *Gemischte Elemente* zur Kopplung von FEM- und BEM-Bereich:
>
> • Lineare Kopplung von A in Γ_j
>
> • Konstante Approximation von $\partial A/\partial n$ in Γ_j

6.3.2 BEM-Formulierung in Matrix-Form

Aus (6.8) geht, wie in Abschnitt 5.1.5 ausgeführt, nach Diskretisierung des Randes ein lineares Gleichungssystem hervor. In Matrix-Formulierung lautet es:

$$\boxed{\mathbf{H}\mathbf{A}|_{\mathrm{BE}} = \mathbf{G}\frac{\partial\mathbf{A}}{\partial n}\bigg|_{\mathrm{BE}} + \mathbf{A}^{(\mathrm{e})}} \tag{6.9}$$

mit   **H**:   Matrix, resultierend aus dem zweiten Randintegral in (6.8),

       G: Matrix, resultierend aus dem ersten Randintegral in (6.8),

       $\mathbf{A}^{(\mathrm{e})}$:   Spaltenvektor resultierend aus den Quellen in Ω_{BE}.

6.4 Kopplung des FEM- und BEM-Systems

Die Bilanz der Unbekannten und Bestimmungsgleichungen in (6.7) und (6.9) sieht folgendermaßen aus, wenn die Gesamtzahl der Knoten

$$p = p_\Gamma + p_\Omega$$

sich zusammensetzt aus p_Γ Knoten auf dem Rand und p_Ω Knoten im Volumen Ω_{FE}:

Unbekannte:

p_Ω Unbekannte $A|_{\mathrm{FE}}$ in p_Ω Knoten in Ω_{FE}
p_Γ Unbekannte $A|_{\mathrm{FE}}$ in p_Γ Knoten auf Γ
p_Γ Unbekannte $\frac{\partial A}{\partial n}|_{\mathrm{FE}}$ in p_Γ Elementen auf Γ

p_Γ Unbekannte $A|_{\mathrm{BE}}$ in p_Γ Knoten auf Γ
p_Γ Unbekannte $\frac{\partial A}{\partial n}|_{\mathrm{BE}}$ in p_Γ Elementen auf Γ

Dieser Zahl von $p_\Omega + 4p_\Gamma$ Unbekannten steht zunächst nur eine Zahl von $p_\Omega + 2p_\Gamma$ Bestimmungsgleichungen gegenüber:

Bestimmungsgleichungen:

p_Ω Gleichungen aus (6.7)
p_Γ Gleichungen aus (6.7)
p_Γ Gleichungen aus (6.9)

Die restlichen $2p_\Gamma$ Gleichungen ergeben sich aus den noch nicht verarbeiteten Übergangsbedingungen auf dem Rand:

$$\boxed{\begin{aligned} A|_{\mathrm{FE}} &= A|_{\mathrm{BE}} \\ \nu^{(\mathrm{a})}\frac{\partial A}{\partial n}\bigg|_{\mathrm{BE}} &= \nu\frac{\partial A}{\partial n}\bigg|_{\mathrm{FE}}. \end{aligned}} \tag{6.10}$$

Damit können die beiden Matrixgleichungen (6.7) und (6.9) mit

$$A|_{\mathrm{FE}} = A|_{\mathrm{BE}} = A$$

gekoppelt werden:

$$
\begin{bmatrix} K+S & \frac{\nu^{(a)}}{\nu}T \\ \varGamma(H) & -G \end{bmatrix}
\begin{bmatrix} A \\ \left.\frac{\partial A}{\partial n}\right|_{BE} \end{bmatrix}
= \begin{bmatrix} F \\ A^{(e)} \end{bmatrix}.
\tag{6.11}
$$

mit $\varGamma(H)$:   Gesamte H-Matrix, aber in spezieller Position innerhalb der Gesamtmatrix,

   A: Spaltenvektor der Vektorpotentiale in allen Knoten $p_\varOmega$ im Volumen $\varOmega_{FE}$ und $p_\varGamma$ auf dem Rand $\varGamma$,

   $\left.\frac{\partial A}{\partial n}\right|_{BE}$:   Spaltenvektor der Normalableitungen des BEM-Bereichs in allen $p_\varGamma$ Randelementen

neben den bereits bekannten Symbolen. Üblicherweise ist die Gesamtzahl p der Knoten erheblich größer als die Zahl $p_\varGamma$ der Randknoten:

$$
p \gg p_\varGamma.
\tag{6.12}
$$

6.4.1 System-Matrix für ein einfaches Beispiel

Um typische Eigenschaften der Gesamtmatrix für die FEM/BEM-Kopplungsmethode aufzuzeigen, wird das in Abb. 6.4 wiedergegebene einfache Beispiel eines leitenden ferromagnetischen Rechteckbereiches $\varOmega_{FE}$ in nichtleitender Umgebung $\varOmega_{BE}$ betrachtet. Die Diskretisierung ist absichtlich sehr grob (nur 6 Finite Elemente und 6 Randelemente), um die Matrix vollständig angeben zu können. Die Erregung sei eine Quellenverteilung in $\varOmega_{BE}$ mit zeitlich sinusförmiger Zeitabhängigkeit, deren zugehörige rechte Seite im Gleichungssystem hier jedoch nicht näher betrachtet werden soll.

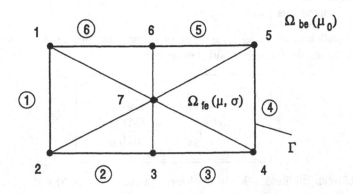

Abb. 6.4. Einfaches Beispiel: Ferromagnetischer Bereich $\varOmega_{FE}$ in nichtleitender Umgebung $\varOmega_{BE}$ mit 6 BEM-Elementen, 6 FEM-Elementen (Dreiecken) und 7 Knoten

$$
\begin{array}{c}
1 \\ 2 \\ 3 \\ 4 \\ 5 \\ 6 \\ 7 \\ 8 \\ \vdots \\ 13
\end{array}
\left[
\begin{array}{cccccccccccc}
C_{11} & C_{12} & & & C_{16} & C_{17} & d_1 & & & & & d_6 \\
C_{21} & C_{22} & C_{23} & & & C_{27} & d_1 & d_2 & & & & \\
 & C_{32} & C_{33} & C_{34} & & C_{37} & & d_2 & d_3 & & & \\
 & & C_{43} & C_{44} & C_{45} & C_{47} & & & d_3 & d_4 & & \\
 & & & C_{54} & C_{55} & C_{56} & C_{57} & & & d_4 & d_5 & \\
C_{61} & & & & C_{65} & C_{66} & C_{67} & & & & d_5 & d_6 \\
C_{71} & C_{72} & C_{73} & C_{74} & C_{75} & C_{76} & C_{77} & & & & & \\
h_{11} & h_{12} & \cdots & & h_{16} & & -g_{11} & -g_{12} & \cdots & & & -g_{16} \\
\vdots & & & & \vdots & & \vdots & & & & & \vdots \\
h_{61} & h_{62} & \cdots & & h_{66} & & -g_{61} & -g_{62} & \cdots & & & -g_{66}
\end{array}
\right]
\left[
\begin{array}{c}
A_1 \\ A_2 \\ A_3 \\ A_4 \\ A_5 \\ A_6 \\ A_7 \\ Q_1 \\ Q_2 \\ Q_3 \\ Q_4 \\ Q_5 \\ Q_6
\end{array}
\right]
$$

Abb. 6.5. Systemmatrix zum einfachen Beispiel in Abb. 6.4; mit $d_j = \frac{\nu^{(a)}}{\nu} \frac{L_j}{2}$, $Q_j = \left(\frac{\partial A}{\partial n}\right)_j$

Zunächst vermittelt Abb. 6.5 eine wesentliche charakteristische Eigenschaft der bei der FEM/BEM-Kopplungsmethode entstehenden *Systemmatrix*: Sie ist *nicht symmetrisch*, nicht nur hinsichtlich der Elementwerte, sondern auch hinsichtlich der Struktur. Es gibt zwar den diagonalendominanten, von der FEM her bekannten Anteil mit den C-Elementen, der aus $\mathbf{K}+\mathbf{S}$ in (6.7) herrührt. Dabei ist die auffallende Belegungsdichte mit C-Elementen in der 7. Zeile und der 7. Spalte hier lediglich auf den Sonderfall eines einzigen Innenknotens zurückzuführen. Zu beachten sind nun die symmetriestörenden Untermatrizen. Zum einen sind es die d-Elemente, die als mit μ_{r} multiplizierte Matrix $\mathbf{T}$ aus dem hier nicht verschwindenden Randintegral der FEM-Formulierung (6.7) herrühren. Weiterhin sind es die von der BEM her bekannten vollbesetzten Blockmatrizen $\mathbf{H}$ und $\mathbf{G}$ in (6.9), die in Abb. 6.5 in Form der Elemente h_{ij} und g_{ij} die Symmetrie stören.

Da im vorliegenden einfachen Beispiel nur ein Knoten (Knoten Nr. 7) innerhalb des FEM-Bereichs liegt, gilt die Ungleichung (6.12) hier nicht. Bei praktischen Problemen ist sie jedoch gültig, und man kann sich die wesentliche Veränderung der Systemmatrix in Abb. 6.5 leicht vorstellen: Der diagonalendominante Anteil mit den C-Elementen wird in der Gesamtmatrix dominieren bei im Vergleich hierzu relativ kleinen $\mathbf{H}$- und $\mathbf{G}$-Blockmatrizen und einer relativ kurzen Nebendiagonale mit den d-Elementen. Insgesamt nimmt die Systemmatrix dann mehr den Charakter einer FEM-typischen als einer BEM-typischen Matrix an.

6.4.2 Lösung des Gleichungssystems

Die Lösung des Gleichungssystems besteht in den Knotenpotentialen $A_1 \ldots A_7$ auf dem Rand und im Volumen Ω_{FE} sowie den Normalableitungen $Q_1 \ldots Q_6$ auf dem Rand, die ja in den sechs Randelementen $\Gamma_1 \ldots \Gamma_6$ als konstant angesetzt worden waren.

Damit ist die gesamte Potentialverteilung approximativ bekannt: Im FEM-Bereich elementweise linear und im BEM-Bereich kontinuierlich als Ergebnis der Anwendung von (6.8) mit im BEM-Bereich Ω_{BE} liegenden Aufpunkt i.

Die Induktion $\vec{B}$ ist dann ebenfalls approximativ bekannt: Im FEM-Bereich elementweise konstant und im BEM-Bereich kontinuierlich, indem mit (6.8)

$$\vec{B}_i = \text{rot } \vec{A}_i$$

zu bilden, d.h. nach den Koordinaten des Aufpunktes i zu differenzieren ist.

Wie in Abschnitt 6.4.1 bereits erläutert, ist die Systemmatrix bei großen Systemen üblicherweise dünn besetzt, im wesentlichen diagonalendominant, aber nicht symmetrisch. Es liegt daher nahe, eine der zahlreichen Varianten des Gradientenverfahrens zu Lösung einzusetzen. Bewährt hat sich in diesem Zusammenhang das *ILUCGS-Verfahren* (Incomplete LU-Decomposition, Conjugate Gradient Square).

Diese Empfehlung ist jedoch nicht so zu verstehen, daß nur iterative Lösungsverfahren für die FEM/BEM-Kopplungsmethode in Frage kommen. Insbesondere, wenn die Ungleichung (6.12) nicht gilt, und das Knotenverhältnis p/p_Γ wie beispielsweise in Abb. 6.3 in der Größenordnung von drei liegt, kann auch wie bei der BEM ein direktes Lösungsverfahren (GAUSS-Algorithmus) eingesetzt werden.

6.5 Beispiel zur Elektromagnetischen Verträglichkeit

Das Problem, empfindliche Meßeinrichtungen, Geräte und Schaltkreise von störenden elektromagnetischen Beeinflussungen abzuschirmen, ist nicht neu, hat aber in den letzten Jahren deutlich an Aktualität gewonnen. Zum einen ist die Zahl und Empfindlichkeit der gestörten Einrichtungen größer geworden, zum anderen aber auch die Zahl der elektrische Energie übertragenden Leitungen, deren Felder die Störung verursachen. Bei letzteren kann es sich um Gleichfelder, schwankende Gleichfelder (Straßenbahn), niederfrequente ($16\frac{2}{3}$ Hz, 50 Hz), mittel- und hochfrequente Felder und Wellen handeln. Da auch der menschliche Organismus den Einflüssen unterliegt, stellt sich verstärkt die Frage nach Abschirm- und Schutzmaßnahmen.

Für geschlossene metallische Abschirmungen, wie prinzipiell in Abb. 6.6 links, sind im Falle einfacher Geometrie (Kugelschale, unendlich langer Hohl-Kreiszylinder) seit langem analytische Lösungen bekannt, wie z.B. bei KADEN [62] nachzulesen ist. Auch bei komplizierterer Geometrie gibt es brauchbare Näherungslösungen, siehe z.B. bei BAUM und BORK [11].

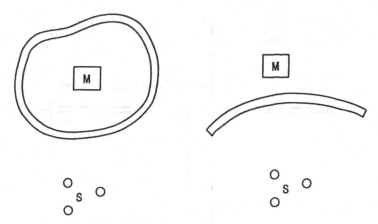

Abb. 6.6. Geschlossene (links) und offene (rechts) Abschirmung; M: Mensch, Monitor, Meß- und Steuergeräte; S: Störquellen

Mittlerweile wird jedoch auch häufig die Frage nach der Wirksamkeit offener Abschirmungen, wie prinzipiell in Abb. 6.6 rechts, gestellt, sei es, weil eine geschlossene Abschirmung aus räumlichen Gründen nicht realisierbar ist, sei es aus finanziellen Gründen. In solchen Fällen ist auf die numerische Feldberechnung zurückzugreifen. Der Einsatz der BEM hierfür wurde bereits in Kapitel 5.2 anhand von Beispielen illustriert.

Sind nun die Störfelder so stark, daß sie beispielsweise ferromagnetisches Abschirmmaterial in die Sättigung treiben, treffen die einleitend zu Kapitel 6 gemachten Bemerkungen zu, die für den Einsatz der FEM/BEM-Kopplungsmethode sprechen.

Ein aktuelles Beispiel liegt bei 400 kV-Drehstromkabeln vor, die in Großstädten teilweise einige Meter unter der Erdoberfläche verlegt sind. Je nach Verlegeanordnung kann der zugehörige Maximalwert der Induktion bei Nennbetrieb in 1.5 m Höhe über dem Erdboden dann rund 30 μT betragen, womit Werte erreicht werden, die heute als obere Grenze für den Betrieb von Herzschrittmachern angesehen werden. Folglich wird die Frage nach Abschirmblechen gestellt, die dann konsequenterweise auch Überlast- und Kurzschlußfälle mit einschließt. Letztere treiben das Abschirmmaterial mehr oder weniger weit in die Sättigung, so daß seine Nichtlinearität berücksichtigt werden muß. Eine vereinfachte Anordnung ist in Abb. 6.7 dargestellt, um die Anwendung der FEM/BEM-Kopplungsmethode zu veranschaulichen.

Da die Permeabilität beim Übergang von Eisen zu Luft stark springt, ist es aus Gründen der Lösungsgenauigkeit zweckmäßig, diesen Übergang nicht mit dem FEM/BEM-Übergang zusammenfallen zu lassen, sondern letzteren in den BEM-Bereich hinein zu verlagern, wie es bereits in Abb. 6.2 angedeutet wurde. Diese Maßnahme im Rahmen der FEM/BEM-Kopplung ist nicht grundsätzlich neu, sondern wird auch bei der FEM im Falle entsprechender Ma-

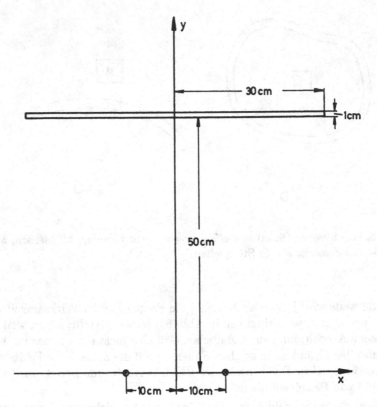

Abb. 6.7. Offene Abschirmung einer Doppelleitung (Wechselstrom, 50 Hz) durch eine ferromagnetische Platte

terialsprünge mit Erfolg angewendet, wenn für die beiden Materialbereiche unterschiedliche Potentialformulierungen eingesetzt werden. Auch hier verschiebt man den Übergang zwischen den unterschiedlichen Formulierungen gegenüber der Trennfläche der Materialien.

Abbildung 6.8 zeigt das Gesamtnetz, das adaptiv verfeinert wurde. Im Bereich der ferromagnetischen Platte kann wegen der dort sehr starken Verfeinerung die Netzstruktur kaum noch aufgelöst werden . Das umliegende Rechteck, innen durch Dreiecke diskretisiert, stellt den FEM-Bereich dar. Der gesamte Außenraum ist der BEM-Bereich, in dem die erregende Doppelleitung nicht eingezeichnet wurde. Die angegebenen Knotenzahlen zu Abb. 6.8 zeigen, daß die Ungleichung (6.12) erfüllt ist, so daß der erwähnte ILUCGS-Gleichungslöser zum Einsatz kam.

Um die Netzstruktur im Platten-Inneren zumindest teilweise zu zeigen, gibt Abb. 6.9 den Bereich um die linksseitigen Plattenkanten wieder. Man sieht, daß der Netzgenerator entsprechend dem sich dort ausbildenden Skineffekt die untere Oberflächen- und seitliche Kantenzone stärker verfeinert hat.

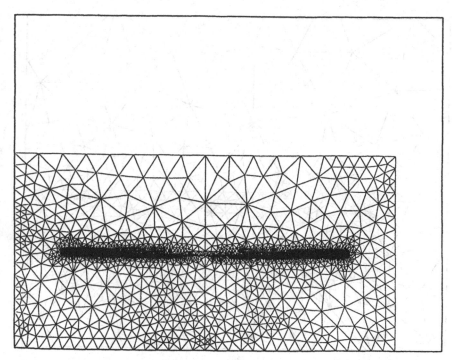

Abb. 6.8. Adaptiv verfeinertes Gesamtnetz (FEM-Bereich); 11911 FEM-Elemente, 5913 FEM-Knoten, 87 BEM-(Rand-)Knoten

Schließlich zeigt das Feldbild in Abb. 6.10 Induktionslinien, wobei zwischen zwei benachbarten immer derselbe Fluß geführt wird (Flußröhren). Da der Induktionslinien-Abstand somit umgekehrt proportional der Induktion ist, wird die Abschirmung der Platte in der Schattenzone deutlich.

Rechnungen mit nichtlinearer Magnetisierungskennlinie bestätigen an derselben Anordnung durchgeführte Messungen: Je weiter die Magnetisierungskennlinie in die Sättigung hinein ausgesteuert wird, desto schlechter wird die Abschirmwirkung der Platte.

6.6 3D-FEM/BEM-Kopplung bei vektoriellen Differentialgleichungen

Betrachtet werde wiederum die Problemstellung gemäß Abb. 6.1, die man sich jedoch dreidimensional vorstelle, wie es auch in Abb. 5.58 gezeigt wird.

Für die Feldbeschreibung sind nach Kapitel 4 mehrere Formulierungen möglich, von denen hier die $\vec{A}^*$–$\vec{H}$-Kombination (Vektorpotential $\vec{A}^*$ im leitenden Bereich, magnetische Feldstärke $\vec{H}$ im nichtleitenden Bereich) verwendet werden soll.

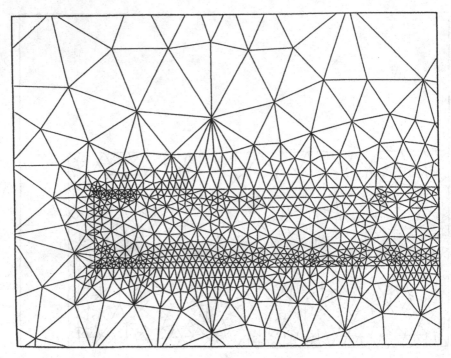

Abb. 6.9. Ausschnitt-Vergrößerung des Netzes von Abb. 6.8 (Umgebung des linksseitigen Plattenbereichs)

$\vec{A}^*$ ist das quellenfreie Vektorpotential das z.B. bei HANNAKAM [48] eingeführt wurde. Für das Volumen Ω gilt damit die Differentialgleichung

$$\text{rot}\left(\frac{1}{\mu}\,\text{rot}\,\vec{A}^*\right) = -\kappa\frac{\partial\vec{A}^*}{\partial t}. \tag{6.13}$$

Zur Anwendung der FEM in Ω wird nun eine vektorielle Gewichtsfunktion $\vec{w}$ eingeführt, und mit der Strategie gewichteter Residuen und dem 1. STRATTON'schen Satz erhält man analog zu Abschnitt 4.2.1 die FEM-Formulierung

$$\int\limits_{\Omega} \text{rot}\,\vec{w} \cdot \frac{1}{\mu}\,\text{rot}\,\vec{A}^*\,d\Omega + \int\limits_{\Omega} \vec{w}\kappa\frac{\partial\vec{A}^*}{\partial t}\,d\Omega + \int\limits_{\Gamma} \vec{w}(\vec{n}\times\vec{H})\,d\Gamma = 0. \tag{6.14}$$

Im Hinblick auf eine geeignete Kopplung von FEM und BEM sollen nun *Kantenelemente (edge elements)* gemäß Abschnitt 4.1.6 im FEM-Bereich eingeführt werden. Es werden solche gewählt, die in den die Oberfläche Γ bildenden Oberflächenelementen eine lineare Approximation von $\vec{A}^*$ und des tangentialen Vektors

$$\vec{H}_t = \vec{n}\times\vec{H} \tag{6.15}$$

bewirken. Damit ergibt sich für die Kantenvariablen $\vec{A}^*$ und $\vec{H}_t$ das folgende Gleichungssystem für Ω, den *FEM-Bereich*:

Abb. 6.10. Flußröhren zum Zeitpunkt $t = 0$ und Abschirmwirkung der Platte. Innerhalb des Rechtecks: FEM-Bereich; außerhalb: BEM-Bereich

$$\mathbf{L}\vec{A}^* + \mathbf{M}\vec{H}_t = 0. \tag{6.16}$$

Im Volumen Ω^a wird die BEM angewendet, wobei man die BEM-Formulierung aus (5.124) mit geänderter Normalen-Richtung direkt übernehmen kann:

$$\frac{\Omega_i}{4\pi}\vec{H}_i^a = \int_{\Omega^a} \vec{J}^e \times \operatorname{grad} \Phi^a \, d\Omega + \int_\Gamma [(\vec{n} \times \vec{H}^a) \times \operatorname{grad} \Phi^a + (\vec{n}\vec{H}^a) \operatorname{grad} \Phi^a] \, d\Gamma \tag{6.17}$$

mit $\Phi^a = 1/(4\pi r)$.

Hier ist es nun zweckmäßig, für den normalen Vektor

$$\vec{H}_n = \vec{n}(\vec{n}\vec{H}) \tag{6.18}$$

keine lineare, sondern im Hinblick auf die FEM/BEM-Kopplung eine konstante Approximation innerhalb eines Oberflächenelements in Γ zu wählen. Aus (6.17) ergibt sich das folgende Gleichungssystem für die Kantenvariablen $\vec{H}_t$ und Normalenvariablen $\vec{H}_n$ in Ω^a, dem *BEM-Bereich*:

$$\mathbf{R}\vec{H}_t + \mathbf{S}\vec{H}_n = \vec{F}. \tag{6.19}$$

Die Anteile $\vec{H}_t$ sind in (6.16) und (6.19) offenbar direkt koppelbar, während $\vec{A}^*$ und $\vec{H}_n$ analytisch auf dem Rand durch

$$\vec{n}\vec{H} = \frac{1}{\mu^a} \operatorname{rot} \vec{A}^* \cdot \vec{n} = \frac{1}{\mu^a} \operatorname{div}(\vec{A}^* \times \vec{n}) \tag{6.20}$$

gekoppelt sind. Zu der diskretisierten Form dieser Gleichung paßt nun die bereits eingeführte Approximation in Form von konstantem $\vec{H}_n$ und linearem $\vec{A}^*$, d.h. auch linearem

$$\vec{A}_t^* = \vec{n} \times \vec{A}^*, \tag{6.21}$$

innerhalb eines Randelements.

Im ebenen Fall, der in den Abschnitten 6.1 bis 6.4 behandelt wurde, gehen die Kantenelemente in Linienelemente über, und aus dem hiesigen längs einer Kante konstanten $\vec{H}_t$ wird dort ein konstantes

$$H_t = \frac{1}{\mu^a} \frac{\partial A}{\partial n}$$

längs eines Linienelements.

Diese offenbar naheliegende, als natürlich zu bezeichnende Kombination einer konstanten und einer linearen Approximation von Feldgrößen erfolgt übrigens auch bei der FIT-Methode, siehe Abschnitt 7.2.

Das Gesamtgleichungssystem, resultierend aus den Gleichungen (6.16) und (6.19) mit (6.21), lautet nun

$$\begin{bmatrix} \mathbf{L} & \mathbf{M} \\ \mathbf{S}' & \mathbf{R} \end{bmatrix} \cdot \begin{bmatrix} \vec{A}^* \\ \vec{H}_t \end{bmatrix} = \begin{bmatrix} \mathbf{0} \\ \vec{F} \end{bmatrix} \tag{6.22}$$

und hat grundsätzlich denselben Aufbau wie in Abb. 6.5.

Die Methode wurde von WAKAO und ONUKI [152] erfolgreich anhand eines TEAM-Workshop Problems getestet.

7 Weitere numerische Methoden

Neben den in den Kapiteln 4, 5 und 6 behandelten Methoden, die ihre Leistungsfähigkeit unter Beweis gestellt haben, und in zunehmendem Maß im Einsatz sind, gibt es eine Reihe weiterer numerischer Methoden zur Feldberechnung. Diese haben zum Teil sehr speziellen Charakter und sind oftmals auf ganz bestimmte Problemstellungen zugeschnitten. Während auf sie alle schon aus Platzgründen nicht eingegangen werden kann, sollen hier zwei Methoden in ihren Grundzügen behandelt werden, die vor einiger Zeit noch ziemlich dominierend waren: Die *Methode der Finiten Differenzen* (FDM) und die *Momentenmethode*.

Die Methode der Finiten Differenzen, auch Differenzenverfahren genannt, wird heute in einer leistungsfähigen neueren Variante, der *FIT-Methode* (Finite Integration Theory), vornehmlich für Anwendungen mit Wellenleitern und Resonatoren eingesetzt, während die Momentenmethode weiterhin in ihrem angestammten Bereich, den Antennen und der Streuung an gutleitenden Objekten verwendet wird. Das Differenzenverfahren ist gelegentlich auch bei der Feldberechnung in Halbleitern anzutreffen. Insgesamt ist eine abnehmende Bedeutung dieser Verfahren zu konstatieren, was darauf zurückzuführen ist, daß diese von den universell einsetzbaren Methoden (FEM, BEM) verdrängt werden.

7.1 Methode der Finiten Differenzen

Bevor die Methode der Finiten Elemente ihre Vorzüge unter Beweis stellte, wurde die FDM zur Lösung elektromagnetischer Feldprobleme in nahezu allen Anwendungsbereichen eingesetzt. Sie war die Basis der ersten Rechenprogramme, die nicht nur auf spezielle Anwendungen zugeschnitten, sondern allgemein einsetzbar waren für statische, dynamische und nichtlineare Probleme. Genannt seien die Arbeiten von HORNSBY [53], MÜLLER und WOLFF [101] sowie ERDELYI und AHMED [33]. In den 60er und frühen 70er Jahren war die FDM die am weitesten verbreitete numerische Methode zur elektromagnetischen Feldberechnung. OBERRETL [111] zeigte, wie auch bei nichtlinearen ferromagnetischen Materialien das diskretisierte FDM-System in ein äquivalentes Netzwerk-Modell überführt werden kann, um die zu Instabilitäten neigenden Lösungsverfahren auf dem Rechner durch Messungen am Netzwerk zu kontrollieren.

Ein Hauptgrund für den Rückzug der FDM ist der Umstand, daß sie eines regelmäßigen Diskretisierungs-Schemas (Gitters) bedarf, was zu beträchtlichen Schwierigkeiten führt, wenn geometrisch komplizierte Ränder oder Materialübergänge vorliegen. Auch der Versuch, (lokale) Approximationen höherer Ordnung einzuführen, war mit erheblichen Komplikationen verbunden. Die genannten Gründe sind gleichzeitig Ursache dafür, daß eine effektive adaptive Netzgenerierung kaum möglich ist, obwohl sie bei 3D-Problemen mit sehr vielen Unbekannten dringend benötigt wird. Bei der FEM treten diese Schwierigkeiten nicht auf.

Andererseits sind Fehlerabschätzungen bei der FDM leichter als bei der FEM vorzunehmen, siehe Abschnitte 7.1.1 und 4.3. Ferner ist von Vorteil, daß die FDM aufgrund des einfachen Differenzenschemas für den Anfänger und viele Anwender leichter zu verstehen ist als die FEM oder die BEM, da hierfür im wesentlichen die Kenntnis der TAYLOR-Entwicklung ausreicht. Dieser Umstand führt zu einer relativ einfachen Programmierung, und man kann auch bei Problemen, welche durch komplizierte Differentialgleichungen beschrieben werden, relativ rasch zu einer numerischen Lösung gelangen.

Die Vor- und Nachteile werden im folgenden aufgelistet. Als *Vorteile der FDM* sind zu sehen:

- Das Methodenschema ist, auch bei 3D, einfach, daher

  - leicht vom Anfänger zu verstehen und

  - im Hinblick auf die Programmierung unkompliziert.

- Die Fehlerabschätzung ist leicht vorzunehmen.

- Es treten dünn besetzte, diagonalendominante Matrizen auf,

- die überwiegend symmetrisch und positiv definit sind, wie bei der FEM.

- Für derartige Matrizen sind zahlreiche effektive Gleichungslöser bekannt.

- Es kann mit einer sehr hohen Zahl von Knoten und Unbekannten gearbeitet werden, wie bei der FEM.

- Die Methode ist für nichtlineare Materialien wie

  - ferromagnetische Werkstoffe und

  - Halbleitermaterialien

  geeignet, wie die FEM.

Nachteile der FDM sind:

- Es ist ein regelmäßiges topologisches Gitter erforderlich (kartesisch, kreiszylindrisch).

- Approximationen höherer Ordnung (*p*-Adaption) sind schwer realisierbar.

- Die lokale Gitterverfeinerung ist unbefriedigend.

- Adaptive Netzgenerierung (h-Adaption) ist kaum möglich.

- Der gesamte Problembereich ist wie bei der FEM zu diskretisieren, auch bei
  linearen Medien, also

  - Volumina im 3D-Fall und

  - Querschnittsflächen in 2D-Fall.

- Es treten Schwierigkeiten bei Problemen mit offenem Rand auf.

7.1.1 FDM-Diskretisierung und Gleichungssystem

Abbildung 1.2 zeigt den für die FDM relevanten Fall eines regelmäßigen Gitters,
das über den interessierenden Feldbereich Ω gelegt wird. Liegt der Rand Γ im
Unendlichen, so ist unter Inkaufnahme eines Fehlers ein künstlicher Rand im
Endlichen einzuführen. Paßt der Rand im Endlichen nicht zur regelmäßigen
Gitterstruktur wie in Abb. 1.1, ist eine Anpassung vorzunehmen, die einen
weiteren Fehler bedingt.

Die NEUMANN'sche Randbedingungen $\partial U/\partial n|_\Gamma$ sowie die ersten und
zweiten Ableitungen in den Differentialgleichungen des elektromagnetischen
Feldes werden durch Differenzenquotienten ersetzt, was dem Verfahren den
Namen gab.

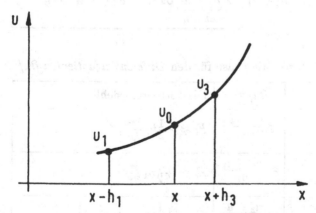

Abb. 7.1. Zur TAYLOR-Entwicklung für die Funktionswerte $u_3(x + h_3)$ und
$u_1(x - h_1)$

Diese Differenzenquotienten werden im folgenden durch benachbarte Funktionswerte ersetzt. Hierzu wird die TAYLOR-Reihe benötigt, mit der ein Funktionswert $u_3(x + u_3)$ durch den Funktionswert und die Ableitungen an der Stelle

x ausgedrückt werden kann, siehe auch Abb. 7.1. Gleiches ist für den Funktionswert $u_1(x - h_1)$ möglich. h_1 und h_2 stellen dabei die Gitterweite dar: h_3 in vorwärtiger (forward) und h_1 in rückwärtiger (backward) Richtung.

$$u_3 = u_0 + h_3 \left.\frac{\partial u}{\partial x}\right|_x + \frac{1}{2!}h_3^2 \left.\frac{\partial^2 u}{\partial x^2}\right|_x + \frac{1}{3!}h_3^3 \left.\frac{\partial^3 u}{\partial x^3}\right|_x + \dots \tag{7.1}$$

$$u_1 = u_0 - h_1 \left.\frac{\partial u}{\partial x}\right|_x + \frac{1}{2!}h_1^2 \left.\frac{\partial^2 u}{\partial x^2}\right|_x - \frac{1}{3!}h_1^3 \left.\frac{\partial^3 u}{\partial x^3}\right|_x + \dots \tag{7.2}$$

Aus (7.1) ergibt sich für den Differentialquotienten $\partial u / \partial x$:

$$\left.\frac{\partial u}{\partial x}\right|_x = \frac{u_3 - u_0}{h_3} \underbrace{-\frac{1}{2}h_3 \left.\frac{\partial^2 u}{\partial x^2}\right|_x - \frac{1}{6}h_3^2 \left.\frac{\partial^3 u}{\partial x^3}\right|_x - \dots}_{= F_f}$$

Aus (7.2) ergibt sich für den Differentialquotienten $\partial u / \partial x$:

$$\left.\frac{\partial u}{\partial x}\right|_x = \frac{u_0 - u_1}{h_1} \underbrace{+\frac{1}{2}h_1 \left.\frac{\partial^2 u}{\partial x^2}\right|_x - \frac{1}{6}h_1^2 \left.\frac{\partial^3 u}{\partial x^3}\right|_x + \dots}_{= F_b}$$

Bei Subtraktion der (7.2) von der (7.1) ergibt sich für den Differentialquotienten $\partial u / \partial x$:

$$\left.\frac{\partial u}{\partial x}\right|_x = \frac{u_3 - u_1}{h_3 + h_1} \underbrace{+\frac{1}{2}\underbrace{\frac{h_3^2 - h_1^2}{h_3 + h_1}}_{=h_3-h_1} \left.\frac{\partial^2 u}{\partial x^2}\right|_x + \frac{1}{6}\frac{h_3^3 + h_1^3}{h_3 + h_1} \left.\frac{\partial^3 u}{\partial x^3}\right|_x + \dots}_{= F_c}$$

Zusammengefaßt resultiert also für den *Differentialquotienten* $\partial u / \partial x$:

Fall	$\partial u / \partial x$	Diskretisierungsfehler
forward difference	$\approx \frac{u_3 - u_0}{h_3}$	$F_f \approx -\frac{1}{2}h_3 \left.\frac{\partial^2 u}{\partial x^2}\right|_x$
backward difference	$\approx \frac{u_0 - u_1}{h_1}$	$F_b \approx +\frac{1}{2}h_1 \left.\frac{\partial^2 u}{\partial x^2}\right|_x$
central difference	$\approx \frac{u_3 - u_1}{h_3 + h_1}$	$F_c \approx +\frac{1}{2}(h_3 - h_1)\left.\frac{\partial^2 u}{\partial x^2}\right|_x$ $F_c \approx +\frac{1}{6}h^2 \left.\frac{\partial^3 u}{\partial x^3}\right|_x$ für $h_3 = h_1 = h$

Aus der Zusammenfassung ist folgendes ablesbar:

• Der Diskretisierungsfehler kann durch die Wahl von h_3 und h_1 beliebig klein gehalten werden.

- Für wenig unterschiedliche, insbesondere aber gleichgroße Gitterweiten h_1 und h_3 ist der Diskretisierungsfehler für den zentralen Differenzenquotienten am kleinsten.

Eine Addition von (7.1) und (7.2), so daß der erste Differentialquotient $\partial u/\partial x$ verschwindet, liefert für den Differentialquotienten $\partial^2 u/\partial x^2$:

$$\left.\frac{\partial^2 u}{\partial x^2}\right|_x = 2\frac{h_3(u_1 - u_0) + h_1(u_3 - u_0)}{h_1 h_3(h_1 + h_3)} \underbrace{-\frac{1}{3}(h_1 - h_3)\left.\frac{\partial^3 u}{\partial x^3}\right|_x + \dots}_{F}$$

Somit resultieren ür den *Differentialquotienten* $\partial^2 u/\partial x^2$:

Fall	$\partial^2 u/\partial x^2$	Diskretisierungsfehler
$h_1 \neq h_3$	$\approx 2\dfrac{h_3(u_1 - u_0) + h_1(u_3 - u_0)}{h_1 h_3(h_1 + h_3)}$	$f \approx -\dfrac{1}{3}(h_3 - h_1)\left.\dfrac{\partial^3 u}{\partial x^3}\right|_x$
$h_1 = h_3 = h$	$\approx \dfrac{u_1 - 2u_0 + u_3}{h^2}$	$f \approx -\dfrac{1}{12}h^2\left.\dfrac{\partial^4 u}{\partial x^4}\right|_x$

Ablesbar ist hier:

- Der Diskretisierungsfehler kann durch die Wahl von h_3 und h_1 beliebig klein gehalten werden.

- Für gleichgroße Gitterweiten h_1 und h_3 ist der Diskretisierungsfehler kleiner als für unterschiedliche Gitterweiten.

Bei zweidimensionalen Problemen ergeben sich die Differentialquotienten in der zweiten Koordinatenrichtung ganz analog. Somit läßt sich beispielsweise die POISSON'sche Differentialgleichung

$$\frac{\partial^2 u}{\partial x^2} + \frac{\partial^2 u}{\partial y^2} + \frac{\rho}{\epsilon} = 0 \tag{7.3}$$

für den in Abb. 7.2 mit dem Index „0" versehenen Punkt als Differenzengleichung schreiben:

$$2\frac{h_3(u_1 - u_0) + h_1(u_3 - u_0)}{h_1 h_3(h_1 + h + 3)} + 2\frac{h_2(u_4 - u_0) + h_4(u_2 - u_0)}{h_4 h_2(h_4 + h_2)} + \left.\frac{\rho}{\epsilon}\right|_0 = 0. \tag{7.4}$$

Dabei ist $\rho/\epsilon|_0$ die Ladung, bezogen auf die Permittivität im Punkt 0.

Für den Fall eines quadratischen Gitters der Gitterweite h im Problemgebiet Ω, ergibt sich aus (7.4)

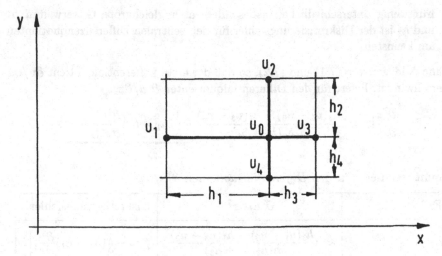

Abb. 7.2. Gitter-Ausschnitt in der x-y-Ebene

$$- 4u_0 + u_1 + u_3 + u_2 + u_4 + h^2 \frac{\rho}{\epsilon}\bigg|_0 = 0. \tag{7.5}$$

Ersetzt man nun in allen Gitterpunkten (Knoten) des Beispiels in Abb. 7.3 die Differential- durch die Differenzenquotienten, so resultieren 16 algebraische Gleichungen für 16 unbekannte Knotenpotentiale, die alle vom Typ der Gleichung (7.4) sind. Infolge des in Abb. 7.3 eingezeichneten charakteristischen Gitternetzes sind also jeweils fünf Knotenpotentiale miteinander gekoppelt, so daß pro Matrixzeile des entstehenden Gleichungssystems nur fünf Elemente ungleich Null sind, in Randnähe wegen bekannter Randvorgaben entsprechend weniger. Abbildung 7.4 zeigt die Struktur des Gleichungssystems. Man vergleiche diese mit der FEM-Struktur in Abb. 4.41 für ein ähnliches Beispiel.

Werden zur Darstellung der Differentialquotienten nicht nur die unmittelbar benachbarten Stützstellen $x + h_3$ und $x - h_1$ (vgl. Abb. 7.1) herangezogen, sondern auch weiter entfernt liegende, so erhöht sich die Approximationsordnung und der Diskretisierungsfehler wird kleiner. Da dann aber die Matrix dichter besetzt ist und der erhöhte Speicherbedarf nicht durch den Genauigkeitsgewinn zu rechtfertigen ist, hat dieses Vorgehen keine Verbreitung gefunden.

7.1.2 FDM-Herleitung aus der Strategie der gewichteten Residuen

Im vorausgehenden Abschnitt erfolgte die Herleitung der FDM wie üblich mittels der Approximation der Differentialquotienten durch Differenzenquotienten. Die FDM kann jedoch auch als ein spezieller Fall der Strategie eines gewichteten Residuums aufgefaßt werden. Um dies zu zeigen, werde wieder die POISSON'sche Differentialgleichung

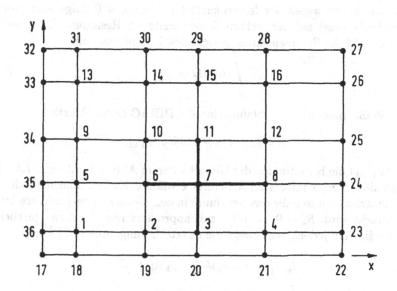

Abb. 7.3. Diskretisiertes Gebiet für die POISSON'sche Differentialgleichung; 16 unbekannte Knotenpotentiale, Potentiale $u_{17} \ldots u_{36}$ bekannt

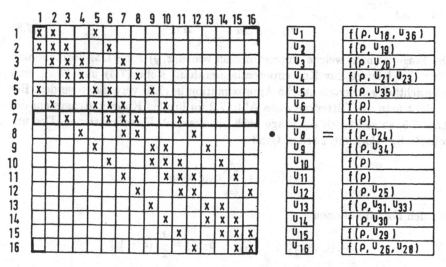

Abb. 7.4. Struktur des Gleichungssystems zu Abb. 7.3

$$\Delta u + \frac{\rho}{\epsilon} = R \tag{7.6}$$

betrachtet, in der wegen der fehlerbehafteten Lösung u (infolge eines numerischen Verfahrens) auf der rechten Seite bereits ein Residuum R eingeführt wurde. Gemäß der Strategie eines gewichteten Residuums muß

$$\int_{\Omega} Rw\,\mathrm{d}\Omega = 0 \tag{7.7}$$

gelten. Wählt man als Gewichtsfunktion die DIRAC-Delta-Funktion

$$w = \delta_k = \delta(x - x_k)\delta(y - y_k),$$

wobei (x_k, y_k) die Koordinaten der Gitterknoten in Abb. 1.1, 7.2 oder 7.3 sind, so liegt die in Abschnitt 4.1.1.3 bereits erwähnte Kollokationsmethode vor (point matching), durch die das Residuum in den Gitterknoten zum Verschwinden gebracht wird: $R_k = 0$. Da für u mit approximativen Ansätzen gearbeitet wird, erhält man jedoch keineswegs die exakte Lösung. Aus (7.7) folgt

$$R_k \underbrace{\int_{\Omega} \delta(x - x_k)\delta(y - y_k)\,\mathrm{d}\Omega}_{\substack{= 1\,\text{für}\,x = x_k\,\text{und}\,y = y_k \\ = 0\,\text{sonst}}} = 0$$

und damit

$$R_k = \left(\Delta u + \frac{\rho}{\epsilon}\right)_k = 0. \tag{7.8}$$

Die Frage ist nun, welche Approximation von $u(x, y)$ zur FDM-Formulierung führt. Da letztere nur Knotenpotentiale enthält, siehe (7.4) und (7.5), muß offensichtlich eine quadratische Approximation in (7.8) verwendet werden. Betrachtet man das Gitterkreuz aus Abb. 7.2 im lokalen Koordinatensystem der Abb. 7.5, so stellt sich die Frage nach „passenden" Formfunktionen. Das unvollständige Polynom zweiten Grades

$$u(\xi, \eta) = \sum_{l=0}^{4} \alpha_l(\xi, \eta) u_l$$

mit den Formfunktionen

$$\alpha_1(\xi) = \frac{1}{2}\xi(\xi - 1), \qquad \alpha_3(\xi) = \frac{1}{2}\xi(\xi + 1),$$

$$\alpha_2(\eta) = \frac{1}{2}\eta(\eta - 1), \qquad \alpha_4(\eta) = \frac{1}{2}\eta(\eta + 1),$$

$$\alpha_0(\xi, \eta) = (1 - \xi^2) + (1 - \eta^2)$$

führt schließlich zum Ziel, was für das Beispiel eines quadratischen Gitters der Gitterweite h mit

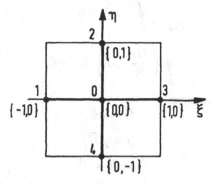

Abb. 7.5. Gitterkreuz im lokalen Koordinatensystem

$$\xi = \frac{x}{h} \quad \text{und} \quad \eta = \frac{y}{h}$$

im folgenden gezeigt werde.

Mit der Wahl des Knotens $k = 0$ und Abb. 7.5 folgt:

$$\left(\frac{\partial^2 u}{\partial x^2}\right)_{k=0} = \frac{1}{h^2}\left(\frac{\partial^2 u}{\partial \xi^2}\right)\Big|_0 = \frac{1}{h^2}\sum_{l=0}^{4} u_l \left(\frac{\partial^2 \alpha_l}{\partial \xi^2}\right)\Big|_0 = \frac{1}{h^2}[-2u_0 + u_1 + u_3],$$

$$\left(\frac{\partial^2 u}{\partial y^2}\right)_{k=0} = \frac{1}{h^2}\left(\frac{\partial^2 u}{\partial \eta^2}\right)\Big|_0 = \frac{1}{h^2}\sum_{l=0}^{4} u_l \left(\frac{\partial^2 \alpha_l}{\partial \eta^2}\right)\Big|_0 = \frac{1}{h^2}[-2u_0 + u_2 + u_4].$$

Somit ergibt sich aus Gleichung (7.8):

$$-4u_0 + u_1 + u_3 + u_2 + u_4 + h^2\frac{\rho}{\epsilon}\Big|_0 = 0.$$

Dieses Ergebnis ist mit der FDM-Formulierung (7.5) identisch. Auch für nicht quadratische Gitter ließe sich die entsprechende Identität zeigen.

7.2 FIT-Methode (Finite Integration Theory)

7.2.1 Methodik

Diese Methode geht aus von den MAXWELL'schen Gleichungen in Integral-form

$$\oint_C \vec{E}\,d\vec{s} = -\int_A \frac{\partial \vec{B}}{\partial t}\,d\vec{A}, \tag{7.9}$$

$$\oint_C \vec{H}\,d\vec{s} = \int_A \frac{\partial \vec{D}}{\partial t} + \vec{J}\,d\vec{A}, \tag{7.10}$$

$$\oint_A \vec{B}\, \mathrm{d}\vec{A} = 0, \tag{7.11}$$

$$\oint_A \left(\frac{\partial \vec{D}}{\partial t} + \vec{J} \right) \mathrm{d}\vec{A} = 0, \tag{7.12}$$

und den Materialgleichungen

$$\vec{D} = \epsilon \vec{E}, \tag{7.13}$$

$$\vec{B} = \mu \vec{H}, \tag{7.14}$$

$$\vec{J} = \kappa \vec{E} + \vec{J}^{(e)}. \tag{7.15}$$

In (7.9) und (7.10) ist A eine über der Kontur C aufgespannte Fläche, in (7.11) und (7.12) eine Hüllfläche. Die Materialgrößen ϵ, κ und μ können orts-, zeit- und feldstärkenabhängig und sowohl skalare Funktionen als auch Tensoren sein. Nun werden die MAXWELL'schen Gleichungen in Integralform nach WEILAND [155] in entsprechende Matrizengleichungen umgeformt. Zur Erläuterung der Methode genügt es, sich auf ein einfaches Gitter, nämlich das quadratische zu beschränken. Abbildung 7.6 zeigt einen elementaren Flächenausschnitt dieses Gitters der Gitterweite h, für den zunächst die erste MAXWELL'sche Gleichung (7.9) näherungsweise gelöst werden soll. Das Konturintegral auf der linken Seite der Gleichung wird mit der einfachst möglichen Näherung bestimmt, die sich wie bei konstanten Randelementen (Linienelementen) nach Kapitel 5 dadurch ergibt, daß der Integrand, also $\vec{E}$, auf den vier Gitterseiten jeweils als konstante Größe approximiert wird. Mit den in Abb. 7.6 eingetragenen Feldstärken resultiert:

$$\oint \vec{E}\, \mathrm{d}\vec{s} = h(E_1 + E_2 - E_3 - E_4). \tag{7.16}$$

Daß die in Wirklichkeit auf der Gitterkontur vorhandenen weiteren vektoriellen Komponenten der elektrischen Feldstärke nicht berücksichtigt werden, mag kühn erscheinen, ist aber der Schlüssel zur konsistenten Lösung der MAXWELL'schen Gleichungen im approximativen Fall. Im übrigen wird bei den „edge elements" in Abschnitt 4.1.6 mit der selben Kühnheit verfahren.

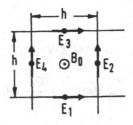

Abb. 7.6. Elementfläche eines quadratischen Gitters; Anordnung der unbekannten Komponenten von $\vec{E}$ und $\vec{B}$

Das Flächenintegral über die Induktion $\vec{B}$ auf der rechten Seite der ersten MAXWELL'schen Gleichung wird dadurch approximiert, daß von einer näherungsweise konstanten Induktion in der elementaren Gitterfläche ausgegangen wird, wie dies auch bei konstanten Randelementen (Flächenelementen) geschieht. Mit Abb. 7.6 ergibt sich:

$$\int_A \frac{\partial \vec{B}}{\partial t}\, d\vec{A} = B_0 h^2.$$ (7.17)

Folglich geht die erste MAXWELL'sche Gleichung mit (7.16) und (7.17) näherungsweise in die algebraische Gleichung

$$h(E_1 + E_2 - E_3 - E_4) = -\dot{B}_0 h^2$$ (7.18)

über. Angesichts der finiten Art der dargestellten Integration hat die Methode zu Recht ihren Namen „Finite Integration Theory" erhalten.

Zwei wesentliche Eigenschaften des Verfahrens sollen festgehalten werden: Das *elektrische Feld* $\vec{E}$ wird nur durch solche Komponenten repräsentiert, die *tangential* zwischen Gitterzellen liegen. Somit kann ohne Schwierigkeit in jeder Elementarzelle ein eigenes ϵ zugelassen werden. Ferner ist aufgrund des Ansatzes die berechnete tangentiale Feldstärke an Materialoberflächen stetig. Daß dies von großem Vorteil ist, wurde bereits bei der Behandlung der Kantenelemente (edge elements) in Abschnitt 4.1.6 hervorgehoben.

Die *Induktion* $\vec{B}$ wird nur durch solche Komponenten repräsentiert, die auf den Oberflächen der Elementarzellen senkrecht stehen. Damit kann elementarzellenweise Material unterschiedlicher Permeabilität berücksichtigt werden. Auch die Induktion wird von vornherein nur durch stetige Komponenten im Netz repräsentiert.

Daß eine Integralform günstiger zur Diskretisierung elementweise veränderlicher Permeabilität ist, wurde bereits bei ECKHARDT [28] im Rahmen des Differenzenverfahrens ausgeführt, indem er die Skineffektgleichung für das Vektorpotential unter Zuhilfenahme des STOKES'schen Satzes integriert. Da er jedoch das Vektorpotential als unbekannte Knotengröße verwendet, und nicht die Feldgrößen $\vec{E}$ und $\vec{B}$ einführt, bleiben die später von WEILAND [155] erkannten günstigen Zusammenhänge verborgen.

In Abb. 7.7 ist erkennbar, daß die Methode ein zum Gitternetz G duales, zweites Gitternetz $\tilde{G}$ erzeugt, siehe WEILAND [155].

Nach Durchnumerierung aller im Gitternetz zu berechnenden Komponenten und Anwendung von (7.18) auf alle Gitterflächen erhält man ein Gleichungssystem für den Spaltenvektor $\mathbf{e}$, bestehend aus allen unbekannten Komponenten der elektrischen Feldstärke und den Spaltenvektor $\mathbf{b}$, bestehend aus allen unbekannten Komponenten der Induktion:

$$\mathbf{CD_C e} = -\mathbf{D_A b}.$$ (7.19)

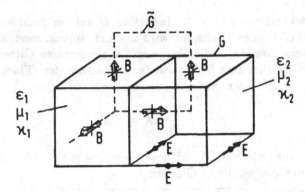

Abb. 7.7. Gitternetz G und duales Gitternetz $\tilde{G}$; zellenweise unterschiedliche Materialien; nur stetige Komponenten von $\vec{E}$ und $\vec{B}$ werden berücksichtigt

Die Matrizen haben die folgende Bedeutung für ein dreidimensionales Netz aus N Knoten:

- **C** ist eine Matrix im $3N$-dimensionalen Vektorraum der elektrischen Feldstärke im Netz G und stellt dort den diskreten Rotations- bzw. Linienintegraloperator dar.

- $\mathbf{D_C}$ ist eine Diagonalmatrix und enthält die Seitenlängen der elementaren Gitterzellen, an denen die Komponenten der elektrischen Feldstärke gemäß Abb. 7.6 anliegen. Im Falle eines regelmäßigen Gitters der Gitterweite h ist $\mathbf{D_C}$ die mit h multiplizierte Einheitsmatrix.

- $\mathbf{D_A}$ ist eine Diagonalmatrix und enthält die Flächeninhalte der elementaren Gitterzellen, die nach Abb. 7.6 jeweils zu der auf ihnen senkrecht stehenden Komponente der Induktion gehören. Im Falle eines regelmäßigen Gitters der Gitterweite h ist $\mathbf{D_A}$ die mit h^2 multiplizierte Einheitsmatrix.

In entsprechender Weise läßt sich auch die zweite MAXWELL'sche Gleichung in Integralform, (7.10), im dualen Gitter $\tilde{G}$ in eine Matrizengleichung überführen, was hier aber nicht im einzelnen ausgeführt werden soll:

$$\tilde{\mathbf{C}}\tilde{\mathbf{D}}_\mathbf{C}\mathbf{h} = \tilde{\mathbf{D}}_\mathbf{A}(\dot{\mathbf{d}} + \mathbf{j}).\tag{7.20}$$

Dabei ist $\tilde{\mathbf{C}}$ der duale, diskrete Rotationsoperator, $\tilde{\mathbf{D}}_\mathbf{C}$ enthält wieder die elementaren Seitenlängen und $\tilde{\mathbf{D}}_\mathbf{A}$ die elementaren Flächeninhalte des dualen Gitters. h, d und j sind Spaltenvektoren, die alle unbekannten Komponenten der magnetischen Feldstärke, Verschiebungsdichte und Stromdichte enthalten.

Auch die dritte und vierte MAXWELL'sche Gleichung (7.11) und (7.12) lassen sich entsprechend überführen:

$$\tilde{\mathbf{S}}\tilde{\mathbf{D}}_\mathbf{A}(\dot{\mathbf{d}} + \mathbf{j}) = 0,\tag{7.21}$$

$$SD_A b = 0. \tag{7.22}$$

S und $\tilde{S}$ sind Matrizen, die den diskreten Divergenzoperator darstellen.

Einschließlich der gleichfalls diskretisierten Materialgleichungen (7.13) bis (7.15)

$$b = D_\mu h, \tag{7.23}$$

$$d = D_\epsilon e, \tag{7.24}$$

$$j = D_\kappa e + j^{(e)} \tag{7.25}$$

stellen die (7.19) bis (7.25) ein *vollständiges, diskretes Analogon der MAX-WELL'schen Gleichungen* einschließlich der Materialgleichungen dar. Bemerkenswert an dieser von WEILAND [155] gefundenen Darstellung ist, daß weder die Zeitabhängigkeit noch die Materialverteilung eingeschränkt wurde.

Eine allgemeine Zeitabhängigkeit läßt sich durch eine Zeitdiskretisierung berücksichtigen. WEILAND verwendet den zentralen Differenzenquotienten für die Approximation von $\dot{b}$ und $\dot{d}$.

Der häufig vorkommende Fall zeitlich sinusförmiger Größen läßt sich leicht aus den Gleichungen (7.19) bis (7.25) ableiten und ist bei HAHNE und WEILAND [47] anläßlich der Behandlung von Wirbelstromproblemen zu finden. Der Vektor b beispielsweise läßt sich in diesem Fall aus den ersten beiden MAXWELL'schen Gleichungen eliminieren und man erhält ein lineares Gleichungssystem für den Vektor e (diskretes Analogon der elektrischen Feldstärke):

$$\left[\tilde{D}_A^{-1} \tilde{C} D_C D_\mu^{-1} D_A^{-1} C D_C - \omega^2 \left(D_\epsilon + \frac{1}{j\omega} D_\kappa \right) \right] e = -j\omega j^{(e)}. \tag{7.26}$$

7.2.2 Besondere Eigenschaften

Alle Material- und Geometrie-Eigenschaften sind in Produkten aus reinen Diagonalmatrizen zusammengefaßt. Die Rotations- und Divergenzoperatoren sind Matrizen, deren Elemente nur die Werte 0, +1 und −1 annehmen.

Neben den bereits im vorangegangenen Abschnitt erwähnten Stetigkeits-Eigenschaften dürfte die wichtigste Eigenschaft der FIT-Methode wohl sein, daß die analytischen Eigenschaften der Lösungen der MAXWELL'schen Gleichungen ein diskretes Analogon haben. Nach WEILAND [155] gilt die analytische Identität, daß ein Wirbelfeld quellenfrei ist,

$$\text{div rot} \equiv 0, \tag{7.27}$$

auch im Raum der $3N$-dimensionalen Lösungsvektoren:

$$SC \equiv \tilde{S}\tilde{C} \equiv 0. \tag{7.28}$$

Auch die analytische Identität, daß ein Potentialfeld wirbelfrei ist,

$$\text{rot grad} \equiv 0, \tag{7.29}$$

gilt im Gitterraum in der Form

$$\tilde{\mathbf{C}}^T \tilde{\mathbf{S}}^T \equiv \mathbf{C} \tilde{\mathbf{S}}^T \equiv 0. \tag{7.30}$$

Mit diesen Eigenschaften ist bei der FIT-Methode eine einfache Möglichkeit gegeben, die numerisch gefundenen Ergebnisse auf ihre Gültigkeit und Genauigkeit hin zu überprüfen. Bei anderen Diskretisierungsarten bleiben diese Eigenschaften der analytischen Operatoren im allgemeinen nicht erhalten.

Der auf der FIT-Methode beruhende MAFIA-Code wurde für zahlreiche Probleme insbesondere mit Großmagneten der Hochenergiephysik, Hohlraum-Resonatoren und Wellenleitern erfolgreich eingesetzt. Bei Problemen, die eine stark unregelmäßige Gitterstruktur benötigen, dürften jedoch Schwierigkeiten auftreten, was auch für eine adaptive Netzgenerierung gilt. Hinsichtlich dieser beiden Punkte dürfte die Finite Elemente Methode (FEM) überlegen sein.

Abschließend sei noch bemerkt, daß die FIT-Methode eine der wenigen Methoden in der elektromagnetischen Feldberechnung ist, die nicht vorher bereits in der Mechanik Einsatz fanden. Das liegt, wie in diesem Abschnitt ausführlich dargelegt, an ihrer engen Orientierung an den MAXWELL'schen Gleichungen.

7.3 Momentenmethode

Der Begriff „Momentenmethode" wurde in den 60er Jahren von HARRINGTON [49] eingeführt. Mit dieser Methode werden hauptsächlich Streufeld- und Antennenprobleme bei gutleitenden Körpern gelöst. Im Grunde ist die Momentenmethode nur ein anderer Begriff für die Strategie der gewichteten Residuen, die in den Kapiteln 4 und 5 die Basis der FEM und der BEM bildet. Dies ergibt sich aus den Arbeiten von HARRINGTON, in denen das Residuum R und die Gewichtsfunktion w

$$\int_\Omega R w \, d\Omega = 0 \tag{7.31}$$

keinen Einschränkungen unterworfen sind und damit ein weites Anwendungsfeld gegeben ist. Überwiegend tritt bei den Anwendungen der Methode allerdings das Residuum von Integralgleichungen auf, so daß des öfteren auch von einer Integralgleichungsmethode gesprochen wird. Hinsichtlich des in das Residuum eingehenden Lösungsansatzes, aufgebaut aus Basisfunktionen, und der Gewichtsfunktion besteht freie Wahl.

Daß die Methode auf Differentialgleichungen, z.B. solche zweiter Ordnung, kaum angewendet wird, liegt an der Tatsache, daß man bei numerischen Verfahren bevorzugt einfache Basisfunktionen wie elementweise konstante oder lineare Funktionen verwendet. Mit diesen würden jedoch die zweiten Ableitungen in R verschwinden, was die Wiedergabe der Differentialgleichung vollkommen verfälscht und zu schlechten Ergebnissen führt.

Genau dies war der Grund, bei der FEM den 1. GREEN'schen Satz einzusetzen, so daß mit linearen Basisfunktionen gearbeitet werden kann. Demgemäß ist die FEM nicht etwa als Sonderfall der Momentenmethode sondern als eigenständige Methode anzusehen.

Das gleiche gilt für die BEM: Auch hier ermöglicht erst der 2. GREEN'sche Satz, der bei der Momentenmethode nicht verwendet wird, eine Problemlösung auf dem Rand. Es erscheint daher ebenfalls abwegig, die BEM als Sonderfall der Momentenmethode zu bezeichnen, wie es gelegentlich geschieht. Ferner ist letztere gemäß (7.31) eine Volumenintegralmethode, während das Besondere der BEM ja gerade die Randintegration ist. Nur in Sonderfällen, wie bei gutleitendem Material und hoher Frequenz, wird aus dem Volumenintegral der Momentenmethode ein Randintegral (wegen des strom- und feldfreien Materialinnenraums), was ihren eingangs erwähnten Einsatzbereich begründet. Sowohl die BEM als auch die Momentenmethode führen zu vollbesetzten Matrizen des Gleichungssystems. Letztere benötigt aufgrund der erforderlichen Volumenintegration wesentlich mehr Knoten und Unbekannte als die BEM bei der Oberflächenintegration. Bei Wellen in verlustbehafteten Materialien beispielsweise ist die BEM daher vorzuziehen.

Mit dem Begriff „Moment" soll in Anlehnung an die Mechanik eine Einwirkung der Gewichtsfunktion auf das Residuum und somit die Basisfunktion ausgedrückt werden.

7.3.1 Prinzip der Methode

Gegenüber der FEM und der BEM ist das Prinzip der Methode sehr einfach. Die zu lösende Differential-, meistens jedoch Integralgleichung werde in Operatorenschreibweise

$$\mathcal{L}u = f \qquad (7.32)$$

dargestellt mit der gesuchten Lösung u, dem linearen Operator $\mathcal{L}$ und einer bekannten Quellenverteilung f.

Als Näherungslösung wird

$$u = \sum_{n=1}^{N} A_n \cdot \psi_n \qquad (7.33)$$

mit den unbekannten Koeffizienten A_n und den Basisfunktionen ψ_n angesetzt, welche ein System linear unabhängiger Funktionen bilden. Setzt man (7.33) in (7.32) ein, so folgt

$$\sum_{n=1}^{N} A_n \mathcal{L}\psi_n = f, \qquad (7.34)$$

wobei

$$R = \sum_{n=1}^{N} A_n \mathcal{L}\psi_n - f$$

das Residuum der (7.31) darstellt, welche mit der Gewichtsfunktion w_m in die Form

$$\sum_{n=1}^{N} A_n \underbrace{\int_{\Omega} \mathcal{L}\psi_n \cdot w_m \, d\Omega}_{a_{nm}} - \underbrace{\int_{\Omega} f \cdot w_m \, d\Omega}_{b_m} = 0 \qquad (7.35)$$

übergeht.

Die Integrale der letzten Gleichung werden von HARRINGTON [49] auch als innere Produkte bezeichnet:

$$\int_{\Omega} \mathcal{L}\psi_n \cdot w_m \, d\Omega = \langle \mathcal{L}\psi_m, w_m \rangle,$$

$$\int_{\Omega} f \cdot w_m \, d\Omega = \langle f, w_m \rangle.$$

Das Gleichungssystem für die N gesuchten Koeffizienten A_n ergibt sich aus (7.35) durch die Wahl von N verschiedenen Gewichtsfunktionen w_m:

$$\sum_{n=1}^{N} a_{nm} A_n = b_m, \quad m = 1 \ldots N. \qquad (7.36)$$

7.3.2 Basis- und Gewichtsfunktion

Die Wahl geeigneter Basis- und Gewichtsfunktionen spielt bei der Momentenmethode eine wichtige Rolle hinsichtlich der Lösungsgenauigkeit und des zeitlichen Lösungsaufwandes. Zusätzlich sollte sie am erwarteten Lösungsverlauf orientiert sein, was hier wichtiger als bei der adaptiv arbeitenden FEM ist.

Im Hinblick auf die oftmals sinusförmigen örtlichen Stromverteilungen auf Antennen werden nicht nur lokale, sondern auch globale Basisfunktionen eingesetzt. Da letztere nicht mehr knotenorientiert betrachtet werden können, soll der Begriff der Formfunktionen, wie er bei der FEM und BEM verwendet wurde, hier nicht eingeführt werden.

Häufig verwendete *globale Basisfunktionen* ψ_n sind:

- Trigonometrische Funktionen ($\sin n\pi x$, $\cos n\pi x$),

- Potenzen (x^n),

- TSCHEBYSCHEFF-Polynome ($T_n(x)$),

- LEGENDRE-Polynome ($P_n(x)$).

Auf lineare Dipole zugeschnittene globale Funktionssysteme findet man bei MILLER und DEADRICK [96].

Häufig verwendete *lokale Basisfunktionen* ψ_n sind die

- Pulsfunktion $P(x)$ und die

- Dreiecksfunktion $T(x)$,

wie sie in Abb. 7.8 dargestellt und von konstanten Randelementen sowie linearen Elementen bei BEM und FEM bekannt sind. Weitere Verwendung finden stückweise sinusförmige Funktionen und Spline-Interpolationen.

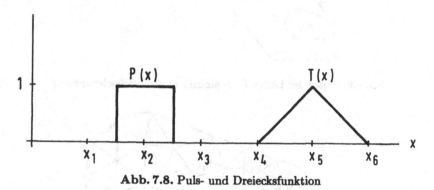

Abb. 7.8. Puls- und Dreiecksfunktion

Für die *Gewichtsfunktion* kommt derselbe Funktionenkatalog in Frage und zusätzlich vor allem die DIRAC-Delta-Funktion, die zur Kollokation (point matching) führt, wie in Abschnitt 4.1.1.3 erläutert wurde.

7.3.3 Beispiel für elementweise definierte Basis- und Gewichtsfunktion (Stromverdrängung)

Behandelt werden soll das Beispiel eines Leiters der Länge L, der an seinen Enden idealleitend kontaktiert ist und an der sinusförmigen Wechselspannung der Amplitude U_0 liegt. Gesucht ist die Stromdichteverteilung $J(r)$ im Leiter. Abbildung 7.9 veranschaulicht die Anordnung. Abbildung 7.10 zeigt die Querschnittsfläche des Leiters, die in N Dreieckselemente unterteilt ist.

Angesichts der idealleitenden Kontaktierung liegt ein ebenes Problem vor, bei dem das Vektorpotential $A(r)$ im Aufpunkt durch Integration über die Stromdichte $J(r')$ im Quellpunkt dargestellt werden kann, wobei unter A und J die komplexen Amplituden zu verstehen sind:

$$A(r) = \frac{\mu}{2\pi} \int_\Omega J(r') \ln \frac{1}{|r - r'|}\, d\Omega'. \tag{7.37}$$

Die Stromdichte $J(r)$ im Aufpunkt läßt sich durch einen Wirbelstrom- und einen eingeprägten Stromanteil darstellen:

$$J(r) = J^{(w)} + J^{(e)} = -j\omega\kappa A(r) + \kappa\frac{U_0}{L}. \tag{7.38}$$

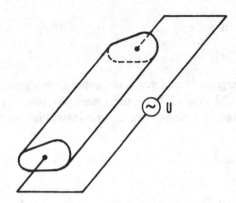

Abb. 7.9. Leiter der Länge L an sinusförmiger Wechselspannung

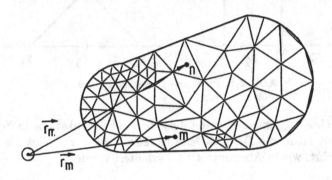

Abb. 7.10. Querschnittsfläche Ω des Leiters, unterteilt in N Dreieckselemente

Durch Einsetzen von (7.37) in (7.38) erhält man eine FREDHOLM'sche Integralgleichung zweiter Art für die Stromdichteverteilung:

$$J(r) = \frac{j\omega\kappa\mu}{2\pi} \int\limits_{\Omega} J(r') \ln |r - r'| \, d\Omega' + J^{(e)}. \qquad (7.39)$$

Schreibt man diese Gleichung in der Form

$$J(r) - \frac{j\omega\kappa\mu}{2\pi} \int\limits_{\Omega} J(r') \ln |r - r'| \, d\Omega' = J^{(e)},$$

so läßt sich der auf J anzuwendende Operator

$$\mathcal{L} = 1 - \frac{j\omega\kappa\mu}{2\pi} \int\limits_{\Omega} \ln |r - r'| \, d\Omega'$$

einführen. Die Stromdichteverteilung wird gemäß (7.33) approximiert:

$$J = \sum_{n=1}^{N} J_n \cdot \psi_n,$$

wobei als *Basisfunktionen* die *Pulsfunktionen*

$$\psi_n = \begin{cases} 1 & \text{innerhalb des Dreieckselements } n \\ 0 & \text{außerhalb des Dreieckselements } n \end{cases}$$

verwendet werden. für die *Gewichtsfunktionen* sollen ebenfalls die *Pulsfunktionen*

$$w_m = \begin{cases} 1 & \text{innerhalb des Dreieckselements } n \\ 0 & \text{außerhalb des Dreieckselements } n \end{cases}$$

mit $m = 1 \ldots N$ eingesetzt werden. Das entsprechend (7.35) entstehende Gleichungssystem für die Stromdichten J_n

$$\sum_{n=1}^{N} J_n \cdot a_{nm} = b_m \qquad (7.40)$$

weist dann die folgenden Matrix-Koeffizienten a_{nm} auf:

$$\begin{aligned} a_{nm} &= \langle \mathcal{L}\psi_n, w_m \rangle \\ &= \int_\Omega \psi_n w_m \, d\Omega - \frac{j\omega\kappa\mu}{2\pi} \int_\Omega \int_\Omega \ln \sqrt{(x_m - x_n)^2 + (y_m - y_n)^2} \psi_n w_m \, d\Omega \, d\Omega' \\ &= \Omega_m \cdot \delta_{nm} - \frac{j\omega\kappa\mu}{2\pi} \Omega_m \Omega_n \ln \sqrt{(x_m - x_n)^2 + (y_m - y_n)^2} \qquad (7.41) \end{aligned}$$

mit dem Kroneckersymbol

$$\delta_{nm} = \begin{cases} 0 & \text{für } n \neq m \\ 1 & \text{für } n = m. \end{cases}$$

Die Koeffizienten b_m ergeben sich zu

$$b_m = \langle J^{(e)}, w_m \rangle = J^{(e)} \Omega_m.$$

Den Pulsfunktionen ψ_n und w_m werden dabei die in Abb. 7.10 eingetragenen Dreiecksmittelpunkte m und n, deren Koordinaten (x_m, y_m) und (x_n, y_n), sowie die Dreiecksflächen Ω_m und Ω_n zugeordnet.

Im Falle von $m = n$ wird der Integrand singulär, und die Punkte (x_m, y_m) sowie (x_n, y_n) müssen als laufende Punkte in die Integration einbezogen werden. Sie liefert für ein Quadrat der Seitenlänge h als Element die Koeffizienten

$$a_{mm} = h^2 - \frac{j\omega\kappa\mu}{2\pi} h^4 \ln(0.44705).$$

Bei der Berechnung sollte die Verteilung der Dreiecke dem Skineffekt angepaßt werden, d.h. in der Oberflächenzone sind mehr und kleinere Dreiecke zu wählen als im Inneren.

7.3.4 Beispiel für elementweise definierte Basisfunktionen und DIRAC'sche Gewichtsfunktion (Antenne)

Mit diesem Beispiel wird noch einmal das in Abschnitt 5.3.3.2 behandelte Thema einer Drahtantenne vor einem dielektrischen Körper aufgegriffen, wobei hier nur die Drahtantenne, siehe auch Abb. 5.79, und ihre Behandlung mit der Momentenmethode interessiert.

Es soll sich um eine dünne Drahtantenne handeln, für die die folgenden Näherungen angenommen werden können:

- Der Strom fließe nur in Richtung der Drahtachse.

- Der Strom und die Ladung werden als auf der Drahtachse konzentriert angenommen (Drahtradius ≪ Wellenlänge).

Unter diesen Voraussetzungen stellen die folgenden Gleichungen die Basis für die letztendlich gesuchte Stromverteilung längs der Antenne dar:

$$- E_l^i = -\mathrm{j}\omega A_l - \frac{\mathrm{d}\varphi}{\mathrm{d}l} \quad \text{auf der Drahtoberfläche,} \tag{7.42}$$

$$\vec{A} = \mu \int_L I(l) \frac{\mathrm{e}^{-\mathrm{j}\beta r}}{4\pi r} \,\mathrm{d}\vec{l}, \tag{7.43}$$

$$\varphi = \frac{1}{\epsilon} \int_L \lambda(l) \frac{\mathrm{e}^{-\mathrm{j}\beta r}}{4\pi r} \,\mathrm{d}l, \tag{7.44}$$

$$\lambda = -\frac{1}{\mathrm{j}\omega} \frac{\mathrm{d}I}{\mathrm{d}l}. \tag{7.45}$$

Die Integration wird längs der Drahtachse ausgeführt. Es bedeuten dabei:

E_l^i: Eingeprägte achsiale Feldstärkekomponente auf der Drahtoberfläche
A_l: Achsiale Vektorpotentialkomponente auf der Drahtoberfläche
φ: Skalarpotential
$\vec{A}$: Vektorpotential
L: Drahtlänge
l: Längenvariable längs der Drahtachse
λ: Linienladungsdichte
r: Abstand zwischen Quellpunkt auf der Drahtachse und
    Aufpunkt auf der Drahtoberfläche

Die Gleichungen (7.42) bis (7.45) können zusammengefaßt werden zu der bereits 1897 von POCKLINGTON angegebenen Integralgleichung, die z.B. bei MAI [91] enthalten ist. Ist der Draht geschlitzt (Dipol) und wird dort eine Spannung eingespeist, geht die Integralgleichung in die von HALLEN angegebene und ebenfalls in [91] enthaltene über. Beide Integralgleichungen können mit der Momentenmethode gelöst werden.

Abb. 7.11. Unterteilung der Drahtachse in N Elemente

Man kann jedoch auch wie bei HARRINGTON [49] vorgehen und das System der Gleichungen (7.42) bis (7.45) mit der Momentenmethode lösen, was im folgenden durchgeführt wird.

Hierzu wird die Drahtachse in N Elemente unterteilt, wie es Abb. 7.11 zeigt. Das $n$te Element ist durch seinen Anfangspunkt n^-, Mittelpunkt n und Endpunkt n^+ festgelegt. Ein Wegelement Δl_n liegt zwischen n^- und n^+, Wegelemente Δl_{n^-} und Δl_{n^+} sind um halbe Elementlängen in negativer bzw. positiver l-Richtung verschoben.

Betrachtet werde nun Gleichung (7.43, aus der sich für das Residuum

$$\mu \int_L I(l) \frac{e^{-j\beta r}}{4\pi r}\, \mathrm{d}\vec{l} - \vec{A} = R \neq 0 \qquad (7.46)$$

ergibt, wobei $I(l)$ als gesuchte Funktion und $\vec{A}$ vorübergehend als bekannte Quellenverteilung angesehen wird. Mit (7.31) resultiert:

$$\int_\Omega \left[\mu \int_L I(l) \frac{e^{-j\beta r}}{4\pi r}\, \mathrm{d}\vec{l} - \vec{A} \right] w\, \mathrm{d}\Omega = 0. \qquad (7.47)$$

Das Volumenintegral über Ω schrumpft zwar hier zu einem Linienintegral längs der Drahtachse zusammen, die Bezeichnung Ω soll jedoch aus methodischen Gründen beibehalten werden.

Die Stromverteilung wird gemäß (7.33) approximiert:

$$I = \sum_{n=1}^{N} I(n)\psi_n,$$

wobei als *Basisfunktion* die *Pulsfunktionen*

$$\psi_n = \begin{cases} 1 & \text{innerhalb des achsialen Elements } n \\ 0 & \text{außerhalb des achsialen Elements } n \end{cases}$$

verwendet werden.

Als *Gewichtsfunktion* soll die *DIRAC-Delta-Funktion*

$$w_m = \begin{cases} \infty & \text{im Oberflächenpunkt } m \\ 0 & \text{außerhalb des Oberflächenpunkts } m \end{cases}$$

ausgewählt werden, was zur Kollokation, d.h. $R = 0$, in den Punkten m führt.
Somit folgt aus (7.47):

$$\mu \sum_{n=1}^{N} I(n) \int_{\Delta l_n} \frac{e^{-j\beta r(n,m)}}{4\pi r(n,m)} \, \vec{dl} - \vec{A}(m) = 0. \tag{7.48}$$

Die Gleichung enthält N unbekannte Elementströme $I(n)$. Die Vektorpotentiale $\vec{A}(m)$ in den Kollokationspunkten m sind in ebenfalls noch unbekannt und resultieren aus dem im folgenden angegebenen Gesamtsystem. $r(n, m)$ ist der Abstand zwischen dem Kollokationspunkt m und einem laufenden Punkt n im Wegelement Δl_n.

In ähnlicher Weise folgt aus (7.44):

$$\varphi(m^+) = \frac{1}{\epsilon} \sum_{n=1}^{N} \lambda(n^+) \int_{\Delta l_{n^+}} \frac{e^{-j\beta r(n^+, m^+)}}{4\pi r(n^+, m^+)} \, dl. \tag{7.49}$$

Für die Differentialgleichungen (7.42) und (7.45) muß auf die Momentenmethode verzichtet werden, da der Differentialoperator die Pulsfunktion innerhalb der Elemente zum Verschwinden bringen würde. Um dennoch ein konsistentes Gesamtsystem zu erhalten, werden die Ableitungen durch finite Differenzen ersetzt. Damit geht (7.42) über in

$$-E_l^i(m) = -j\omega A_l(m) - \frac{\varphi(m^-) - \varphi(m^+)}{\Delta l_m}, \tag{7.50}$$

und (7.45) geht über in

$$\lambda(n^+) = -\frac{1}{j\omega} \frac{I(n+1) - I(n)}{\Delta l_{n^+}}. \tag{7.51}$$

Schließlich lassen sich die Gleichungen (7.48) bis (7.51) zu einem Gleichungssystem für die N unbekannten Elementströme $I(n)$ zusammenfassen:

$$\boxed{\sum_{n=1}^{N} I(n) a_{nm} = b_m,} \tag{7.52}$$

womit die gesuchte Stromverteilung auf der Antenne approximiert wurde.

Zahlreiche weitere Anwendungen der Momentenmethode sind bei MITTRA [96] zu finden. Auch SINGER, z.B. [21], wendet die Methode an.

Literatur

[1] M. Abramowitz und I. A. Stegun. *Handbook of Mathematical Functions*. Dover Publications Inc., New York, 1968.

[2] J. O. Adeyeye, M. J. M. Bernal und K. E. Pitman. An improved Boundary Integral Equation Method for Helmholtz problems. *International Journal for Numerical Methods in Engineering*, 27:779–787, 1985.

[3] M. R. Ahmed, J. D. Lavers und P. E. Burke. Boundary element application of induction heating devices with rotational symmetry. *IEEE Transactions on Magnetics*, 25(4):3022–3024, 1989.

[4] E. Alarcon und A. Reverter. p-adaptive boundary elements. *International Journal for Numerical Methods in Engineering*, 23:801–829, 1986.

[5] J. P. S. Azevedo und C. A. Brebbia. An efficient technique for reducing domain integrals to the boundary. In *Boundary Elements X, Proc. of the 10th Internat. Conf., Southampton*, Seiten 347–362. Springer, 1988.

[6] I. Babuška und A. K. Aziz. On the angle Condition in the Finite Element Method. *SIAM Journal on Numerical Analysis*, Seiten 214–226, 1976.

[7] T. J. Baker. Generation of Tetrahedral Meshes around Complete Aircraft. In *Proceedings AIAA 26th Aerospace Sciences Meeting, Reno*, Seiten 675–685, 1988.

[8] R. E. Bank, A. H. Sherman und A. Weiser. Refinement Algorithms and Data Structures for Regular Local Mesh Refinement. *Scientific Computing*, Seiten 3–17, 1983.

[9] R. E. Bank und A. Weiser. Some A Posteriori Error Estimators for Elliptic Partial Differential Equations. *Mathematics of Computation*, 44(170):283–301, April 1985.

[10] I. Bardi, R. Dyczy-Edlinger, O. Bíró und K. Preis. Edge Finite Element Formulations for Waveguides and Cavity Resonators. *e&i*, 111(3):116–121, 1994.

[11] E. Baum und J. Bork. Systematic design of magnetic shields. *Journal of Magnetism and Magnetic Materials*, 101:69–74, 1991.

[12] R. Beck. *Feldberechnung in dreidimensionalen Leitungsstrukturen der Mikroelektronik mittels p-adaptiver Finite-Elemente-Methoden*. Reihe Elektrotechnik. Verlag Shaker, Aachen, 1993.

[13] C. S. Biddlecombe, J. Simkin und C. W. Trowbridge. Error Analysis in Finite Element Models of Electromagnetic Fields. *IEEE Transactions on Magnetics*, 22(5):811–813, September 1986.

[14] K. J. Binns, P. J. Lawrenson und C. W. Trowbridge. *The analytical and numerical solution of electric and magnetic fields*. J. Wiley & Sons, 1992.

[15] O. Bíró. Use of a Two Component Vector Potential for 3-D Eddy Current Calculations. *IEEE Transactions on Magnetics*, 24(1):102–105, January 1988.

[16]O. Bíró. Numerische Aspekte von Potentialformulierungen in der Elektrodynamik. TU Graz, 1993. Habilitationsschrift.

[17]O. Bíró und K. Preis. On the Use of the Magnetic Vector Potential in the Finite Element Analysis of Three-Dimensional Eddy Currents. *IEEE Transactions on Magnetics*, 25(4):3145–3159, July 1989.

[18]C. A. Brebbia. *The Boundary Element Method for Engineers*. Pentech Press, London, 1978.

[19]C. A. Brebbia, J. C. F. Telles und L. C. Wrobel. *Boundary Element Techniques*. Springer, Berlin, Heidelberg, New York, Tokyo, 1984.

[20]E. Bruch. An effective Solution of the singularities at multi-domain points for laplace-problems. In *Proc. of European Boundary Element Meeting*, Brussels, 1988.

[21]H. D. Brüns, H. Singer und F. Demmel. Calculation of Transient Processes at Direct Lightning Stroke into Thin Wire Structures. In *Zürich Symposium on EMC*, 1987. Paper 17D5.

[22]J. C. Cavendish, D. A. Field und W. H. Frey. An Approach to Automatic Three-Dimensional Finite Element Mesh Generation. *International Journal for Numerical Methods in Engineering*, 21:329–347, 1985.

[23]M. V. K. Chari, A. Konrad, M. A. Palmo und J. D'Angelo. Three-Dimensional Vector Potential Analysis for Machine Field Problems. *IEEE Transactions on Magnetics*, 18(2):436–446, March 1982.

[24]B. Chazelle und L. Palios. Triangulating a Nonconvex Polytope. *Discrete & Computational Geometry*, Seiten 505–526, 1990.

[25]R. W. Clough. The finite element method in plane stress analysis. In *Proc. 2. Conf. Electronic Computation, ASCE, Pittsburg, Pa, USA*, 1960.

[26]G. R. Cowper. Gaussian Quadrature formulas for triangles. *International Journal for Numerical Methods in Engineering*, 7:405–408, 1973.

[27]G. De Mey. The Boundary Element Method for modelling semiconductor components under low current approximation. In *NASECODE IV, Dublin*, Seiten 261–266, 1985.

[28]H. Eckhardt. *Numerische Verfahren in der Energietechnik*. Teubner Studienskripten. B. G. Teubner, 1978.

[29]C. R. I. Emson. Result for a hollow sphere in uniform field. *COMPEL*, 7(1):89–101, 1988.

[30]C. R. I. Emson und J. Simkin. An Optimal Method for 3-D Eddy Currents. *IEEE Transactions on Magnetics*, 19(6):2450–2452, November 1983.

[31]M. Enokizono und T. Todaka. Three-dimensional eddy current analysis on thin conductors with Boundary Element Method. *IEEE Transactions on Magnetics*, 28(2):1655–1658, 1992.

[32]M. Enokizono und T. Todaku. Boundary Element Analysis for the Three-Dimensional Eddy Current Problem. *IEEE Transactions on Magnetics*, 26(2):446–449, 1990.

[33]E. A. Erdelyi und S. V. Ahmed. Non-linear theory of synchronous machines on load. *IEEE Trans. on PAS*, 85, 1966.

[34]N. Ferguson. Delauny Edge Swapping in Three Dimension. Technical report, Institution for Numerical and Computational Analysis, Dublin, September 1987.

[35]P. Fernandes, P. Girdinio, P. Molfino und M. Repetto. Local Error Estimates for Adaptive Mesh Refinement. *IEEE Transactions on Magnetics*, 24(1):299–302, January 1988.

[36]M. Filtz. Über transversale, longitudinale und dreidimensionale Wirbelströme in zylindrischen Leitern mit elliptischem Querschnitt. TU Berlin, 1989. Dissertation.

[37]E. M. Freeman. *MagNet 5 User Guide – Using the Magnet Version 5 Package from Infolytica*. Infolytica, London, Montreal, 1993.

[38]K. Fujiwara. 3-D magnetic field computation using edge element. In *Internat. IGTE Symposium on Numerical Field Calculation in Electrical Engineering*, Graz, Seiten 185–212, 1992.

[39]P. L. George, F. Hecht und E. Saltel. Automatic 3D Mesh Generation with Prescribed Boundaries. *IEEE Transactions on Magnetics*, 26(2):771–774, March 1990.

[40]P. L. George, F. Hecht und E. Saltel. Fully Automatic Mesh Generator for 3D Domains of Any Shape. In *Impact of Computing in Science and Engineering*, 1990.

[41]G. Ghione, R. D. Graglia und C. Rosati. A New General-Purpose Two-Dimensional Mesh Generator for Finite Elements, Generalized Finite Differences, and Moment Method Applications. *IEEE Transactions on Magnetics*, 24(1):307–310, January 1988.

[42]N. A. Golias und T. D. Tsiboukis. Three Dimensional Automatic Adaptive Mesh Generation. *IEEE Transactions on Magnetics*, 28(2):1700–1703, March 1992.

[43]R. D. Graglia. On the Numerical Integration of the Linear Shape Functions Times the 3-D Green's Function or its Gradient on a Plane Triangle. *IEEE Transactions on Antennas and Propagation*, 41(10), 1993.

[44]W. Hackbusch. *Integralgleichungen, Theorie und Numerik*. Teubner Studienbücher, Stuttgart, 1989.

[45]C. Hafner. *Numerische Berechnung elektromagnetischer Felder*. Springer, 1987.

[46]S.-Y. Hahn, C. Calmels, G. Meunier und J. L. Coulomb. A Posteriori Error Estimate for Adaptive Finite Element Mesh Generation. *IEEE Transactions on Magnetics*, 24(1):315–317, January 1988.

[47]P. Hahne und T. Weiland. 3D Eddy Current Computation in the Frequency Domain Regarding the Displacement Current. *IEEE Transactions on Magnetics*, 28(2):1801–1804, 1992.

[48]L. Hannakam. Einführung in die Feldtheorie. TU Berlin, 1974. Vorlesungs-Niederschrift.

[49]R. F. Harrington. *Field Computation by Moment Methods*. The Macmillan Company, New York, 1968.

[50]K. Hayami. Quadrature Methods for Singular and Nearly Singular Integrals in 3-D Boundary Element Method. In *Boundary Elements X, Proc. of the 10th Internat. Conf., Southampton*, Seiten 237–264. Springer, 1988.

[51]K. Hayami. A robust numerical integration method for three-dimensional Boundary Element analysis. In *Boundary Elements XII, Proc. of the 12th Internat. Conf.*, Seiten 33–51. Springer, 1990. Vol. 1.

[52]T. Honma, Hrsg. *Proceedings of the Sapporo TEAM Workshop*. Hokkaido University, January 1993.

[53]J. S. Hornsby. A computer program for the solution of elliptic partial differential equations. Technical Report Technical Report 63-7, CERN, 1967.

[54]Q. S. Huang, L. Krahenbühl und A. Nicolas. Numerical Calculation of steady-state skin effect problems in axisymmetry. *IEEE Transactions on Magnetics*, 24(1):201–204, 1988.

[55]H. Igarashi und T. Honma. A boundary element analysis of magnetic fields near surfaces. In H. Pina und C. A. Brebbia, Hrsg., *Proc. 8th Internat. Conf. on Boundary Element Technology, BETECH 93*, Seiten 157–166, 1993.

[56]K. Ishibashi. Nonlinear eddy current analysis by the Integral Equation Method. In *Proc. Internat. ISEM Symposium on Simulation and Design of Applied Electromagn. Systems, Sapporo, Japan (1993)*, Seiten 49–52. Elsevier, 1994.

[57]L. Jänicke. Finite Elemente Methode mit adaptiver Netzgenerierung für die Berechnung dreidimensionaler elektromagnetischer Felder. TU Berlin, 1994. Dissertation.

[58]L. Jänicke und A. Kost. Universal generation of an inital mesh for adaptive 3-D finite element method. *IEEE Transactions on Magnetics*, 28(2):1735–1738, March 1992.

[59]L. Jänicke und A. Kost. Solution of TEAM Workshop Problem #20 Applying Adaptive Mesh Generation. In *Proceedings of the Miami TEAM Workshop*, Seiten 113–115, 1993.

[60]M. A. Jaswon. Integral equation methods in potential theory I. *Proc. Roy. Soc. (A)*, 275:23–32, 1963.

[61]L. Jun, G. Beer und J. L. Meek. Efficient evaluation of integrals of order $1/r$, $1/r^2$ and $1/r^3$ using Gauss Quadrature. *Eng. Analysis*, 2:118–123, 1985.

[62]H. Kaden. Wirbelströme und Schirmung in der Nachrichtentechnik. In W. Meissner, Hrsg., *Technische Physik in Einzeldarstellungen*. Springer-Verlag, 1959.

[63]S. Kalaichelvan. *A boundary integral equation method for 3-dimensional eddy current problems*. Dissertation, University of Toronto, Canada, 1987.

[64]H. Kardestuncer, Hrsg. *Finite Element Handbook*. McGraw-Hill, New York, 1987.

[65]M. Kasper. *Die Optimierung elektromagnetischer Felder mit Hilfe der Finiten Elemente Methode und deren Anwendung auf ein Wirbelstromproblem*. Fortschritt-Berichte VDI: Reihe Elektrotechnik. VDI Verlag, Düsseldorf, 1990.

[66]D. E. Kayes. Preconditioned block iterative techniques in Boundary Element Analysis. Stuttgart, 1990. DFG Workshop.

[67]D. W. Kelly, J. P. de S. R. Gago, O. C. Zienkiewicz und I. Babuska. A Posteriori Error Analysis and Adaptive Processes in the Finite Element Method: Part I – Error Analysis. *International Journal for Numerical Methods in Engineering*, 19:1593–1619, 1983.

[68]L. Kettunen und K. Forsman. Tetrahedral Mesh Generation in Convex Primitives. *International Journal for Numerical Methods in Engineering*, 1994. To appear.

[69]A. Kost. Calculation of Three-Dimensional Nonlinear Eddy Currents in an Electrical Machine by the Boundary Element Method. In *Proc. IV. Internat. Conf. on Boundary Element Technology, Windsor, Canada*, Seiten 227–338. Comput. Mechanics Publ., 1989.

[70] A. Kost. Comparison of Two Different BEM Formulations for Nonlinear Eddy Currents. In *Proc. 6th Internat. Conf. on Boundary Element Technology, Southampton*, Seiten 101–115, 1991.

[71] A. Kost. Calculation of eddy currents in nonlinear media by a minimum order BEM formulation. In *Proc. Internat. ISEM Symposium on Simulation and Design of Applied Electromagn. Systems, Sapporo, Japan (1993)*, Seiten 53–56. Elsevier, 1994.

[72] A. Kost und M. Ehrich. Abschirmung magnetischer Störfelder mit Stahlplatten. In *3. Internat. Kongr. f. Elektromagn. Verträglichkeit, Karlsruhe*, Seiten 421–432, Berlin, Offenbach, 1992. VDE-Verlag.

[73] A. Kost und M. Kasper. Stromdichte-Verteilung und Kurzschlußwiderstand bei anisotropen Kohlebürsten. In *Proc. 4th Internat. Conf. on Theoretical Electrical Engineering*, Seiten 365–374, Stettin (Polen), 1992.

[74] A. Kost und J. Shen. Parallel Computation of 3-D nonlinear eddy currents by the Boundary Element Method (BEM) and the Fast Fourier Transform (FFT). *COMPEL*, 9:181–184, 1990. Supplement A.

[75] A. Kost und J. Shen. Resistance and current density distribution in anisotropic carbon brushes on moving electrical machine rotor. In *Boundary Elements XII, Proc. of the 12th Internat. Conf.*, Seiten 365–374. Springer, 1990. Vol. 2.

[76] A. Kost und J. Shen. Treatment of singularities in the computation of magnetic fields with periodic boundary conditions by the boundary element method. *IEEE Transactions on Magnetics*, 26(2):607–609, 1990.

[77] A. Kost und J. Shen. Influence of magnetization curve representation on parallel BEM computation of nonlinear eddy currents. *IEEE Transactions on Magnetics*, 27(5):3898–3901, 1991.

[78] A. Kost und J. Shen. Influence of massively parallel computing on applied computational electromagnetics with BEM. In *Proc. Internat. Conf. on Electromagnetic Field Problems and Applications, Hangzhou, China*, Seiten 454–459. Internat. Acad. Publ., 1992.

[79] A. Kost und M. Vix. Calculation of eddy currents in a body of revolution by the boundary element method. In *Boundary Elements X, Proc. of the 10th Internat. Conf., Southampton*, Seiten 517–533. Springer, 1988.

[80] A. Kost. Die Lösung der Sphäroid-Differentialgleichung mit einem imaginären Parameter. *Archiv für Elektrotechnik*, 60:95–101, 1978.

[81] A. Kost. Wirbelstrom-Verteilung in gestreckten Rotationsellipsoid. *Archiv für Elektrotechnik*, 60:1–8, 1978.

[82] A. Kost und M. Vix. Berechnung ebener Felder in bereichsweise homogenen Dielektrika mit weitgehend allgemeiner Trennfläche. *Archiv für Elektrotechnik*, 70:145–150, 1987.

[83] A. Krawczyk. The calculation of transient eddy currents by means of the Boundary Element Method. In C. A. Brebbia et al., Hrsg., *Boundary Elements VIII, Proc. 8th Internat. Conf.*, Seiten 905–917, 1986.

[84] J. C. Lachat. *A further developement of the Boundary Integral Technique for Elastostatics*. Dissertation, University of Southampton, U.K., 1973.

[85] J. C. Lachat und J. O. Watson. Effective numerical treatment of boundary integral equations: a formulation for three-dimensional elastostatics. *International Journal for Numerical Methods in Engineering*, 10:991–1005, 1976.

[86] J. D. Lavers. *Current force and velocity distributions in the coreless induction furnace.* Dissertation, University of Toronto, Canada, 1970.

[87] C. L. Lawson. Software for C^1 Surface Interpolation. In R. Rice, Hrsg., *Mathematical Software III.* Academic Press, New York, 1977.

[88] G. Lehner. *Elektromagnetische Feldtheorie.* Springer-Lehrbuch. Springer-Verlag, Berlin, Heidelberg, New York, 1990.

[89] G. Li. Adaptive Generierung dreidimensionaler Netze zur Berechnung stationärer Felder mit der Finite-Elemente-Methode. TU Berlin, 1993. Dissertation.

[90] R. Löhner und P. Parikh. Generation of Three-Dimensional Unstructured Grids by the Advancing Front Method. In *Proceedings AIAA 26th Aerospace Sciences Meeting, Reno,* 1988.

[91] K. K. Mai. On the Integral Equation of Thin Wire Antennas. *IEEE Transactions on Antennas and Propagation,* 13:374–378, 1965.

[92] J. C. Maxwell. *A Treatise on Electricity and Magnetism, 3rd edition 1891.* Dover Publications, New York, 1954.

[93] I. D. Mayergoyz. 3-D eddy current problems and the boundary integral equation method. In *IMACS – Computational Electromagnetics,* Seiten 163–171, 1986.

[94] R. C. Mesquita. Additional Properties of the Incomplete Gauge Formulation for 3-D Nodal Finite Element Magnetostatics. In *Proceedings of Compumag 93, Miami,* 1993. To appear.

[95] R. C. Mesquita und J. P. A. Bastos. An Incomplete Gauge Formulation for 3D Nodal Finite-Element Magnetostatics. *IEEE Transactions on Magnetics,* 28(2):1044–1047, March 1992.

[96] E. K. Mlller und F. J. Deadrich. Some Computational Aspects of Thin-Wire-Modelling. In R. Mittra, Hrsg., *Topics in Applied Physics, Vol. 3.* Springer, Berlin, Heidelberg, New York, Tokyo, 1975.

[97] K. G. Mitchell und J. Penman. Self Adaptive Mesh Generation for 3-D Finite Element Calculation. *IEEE Transactions on Magnetics,* 28(2):1751–1753, March 1992.

[98] A. K. Mitra und M. S. Ingber. Resolving Difficulties in the BIEM caused by geometric corners and discontinous boundary conditions. In C. A. Brebbia, W. L. Wendland und G. Kuhn, Hrsg., *Boundary Elements IX, Vol. 1,* Seiten 519–532. Springer, 1987.

[99] K. Miya und H. Hashizume. Application of T-Method to A.C. problem based on Boundary Element Method. *IEEE Transactions on Magnetics,* 24(1):134–137, 1988.

[100] O. Mohammed, Hrsg. *Proceedings of the Miami TEAM Workshop,* November 1993.

[101] W. Müller und W. Wolff. General numerical solution of the magnetostatic equations. Technical Report Technical Report 49(3), AEG, 1976.

[102] G. Mur. Edge Elements, their advantages and disadvantages. Technical Report Et/EM 1993-35, TU Delft, 1993.

[103] T. Nakata und K. Fujiwara. Asymmetrical Conductor with a Hole. In *Proceedings of the Vancouver TEAM Workshop,* Seiten 26–39, 1988.

[104] T. Nakata, N. Takahashi und H. Morishige. Proposal of a Model for Verification of Softwares for 3-D Static Force Calculation. In Z. Cheng, K. Jiang und N. Takahashi, Hrsg., *Verification of Softwares for 3-D Electromagnetic Field Analysis,* Seiten 139–147, 1992.

[105]T. Nakata, N. Takahashi, H. Morishige, J. L. Coulomb und J. C. Sabonnadiere. Analysis of 3-D Static Force Problem. In *Proceedings of TEAM Workshop on Computation of Applied Electromagnetics in Materials*, Seiten 73–79, 1993.

[106]T. Nakata, N. Takahashi, M. Nakano, H. Morishige, K. Matsubara, J. L. Coulomb und J. C. Sabonnadiere. Improvement of Measurement of 3-D Static Force Problem (Problem 20). In *Proceedings of Miami TEAM Workshop*, Seiten 133–135, 1993.

[107]C. Neagoe und F. Ossart. Analysis of Convergence in Nonlinear Magnetostatic Finite Element Problems. In *Proceedings of Compumag 93, Miami*, 1993. To appear.

[108]J. C. Nedelec. Mixed finite Elements in IR^3. *Numer. Math*, 35:315–341, 1980.

[109]R. E. Neubauer und K. Reichert. Analytical Solution of 2D Boundary Value Problems within Field-Regions of Adjoining Triangles. In *Proc. Internat. Conf. on Electromagnetic Field Problems and Applications, Hangzhou, China*, Seiten 39–42. Internat. Acad. Publ., 1992.

[110]A. Nicolet, F. Delincé, A. Genon und W. Legros. Indirect and direct BEM for thin magnetic plates. In C. A. Brebbia et al., Hrsg., *Boundary Elements XIV, Proc. of the 14th Internat. Conf.*, Seiten 437–448. Comput. Mechanics Publ., 1992. Vol. 1.

[111]K. Oberretl. Magnetic Fields, Eddy Currents, and Losses, Taking the Variable Permeability into Account. *IEEE Trans. on PAS*, 88(11):1647–1657, 1969.

[112]T. Onuki und S. Wakao. Novel Boundary Element Analysis for 3-D eddy current problems. *IEEE Transactions on Magnetics*, 29(2):1520–1523, 1993.

[113]C. Patterson und M. A. Seikh. Interelement continuity in the Boundary Element Method. In C. A. Brebbia, Hrsg., *Topics in Boundary Element Research, Vol. 1*, Kapitel 6, Seiten 123–141. Springer, Berlin, Heidelberg, New York, Tokyo, 1984.

[114]K. D. Paulsen, D. R. Lynch und J. W. Strohbehn. Boundary and Hybrid Element Solutions of the Maxwell Equations for Lossy Dielectric Media. *IEEE Transactions on Microwave Theory and Techniques*, 36(4):682–693, 1988.

[115]J. Penman und J. R. Fraser. Dual and Complementary Energy Methods ind Electromagnetism. *IEEE Transactions on Magnetics*, 19(6):2311–2316, November 1983.

[116]J. Peraire, J. Peiro, L. Formaggia, K. Morgan und O. C. Zienkiewicz. Finite Element Euler Computations in Three Dimensions. In *Proceedings AIAA 26th Aerospace Sciences Meeting, Reno*, 1988.

[117]N. V. Phai. Automatic Mesh Generation with Tetrahedron Elements. *International Journal for Numerical Methods in Engineering*, 18:273–289, 1982.

[118]K. Preis, I. Bardi, O. Bíró, C. Magele, W. Renhart, K. R. Richter und G. Vrisk. Numerical Analysis of 3D Magnetostatic Fields. *IEEE Transactions on Magnetics*, 27(5):3798–3803, September 1991.

[119]K. Preis, I. Bardi, O. Bíró, C. Magele, G. Vrisk und K. R. Richter. Different Finite Element Formulations of 3D Magnetostatic Fields. *IEEE Transactions on Magnetics*, 28(2):1056–1059, March 1992.

[120]J. J. Rencis und K.-Y. Jong. A self-adaptiv *h*-refinement technique for the Boundary Element Method. *Computer Methods in Appl. Mechanics and Engineering*, 73:295–316, 1989.

[121]L. F. Richardson. The Approximate Arithmetical Solution by Finite Differences of Physical Problems. *Trans. Roy. Soc. (London)*, A210:307–357, 1910.

[122]K. R. Richter und W. M. Rucker. Results of Test Problem 7. In *TEAM Workshop on 3-D Electromagnetic Field Analysis (3DMAG)*, Seite 41, Okayama, 1989.

[123]F. J. Rizzo. An integral equation approach to boundary value problems of classical elastostatics. *Quarterly Applied Mathematics*, 25(1):83–95, 1967.

[124]W. M. Rucker und K. R. Richter. Calculation of two-dimensionale eddy current problems with the boundary element method. *IEEE Transactions on Magnetics*, 19:2429–2432, 1983.

[125]S. J. Salon, J. H. Schneider und S. Uda. Boundary Element solutions to the eddy current problem. In C. A. Brebbia, Hrsg., *Boundary Element Methods, Proc. 3rd Internat. Seminar, Irvine, Cal.*, Seiten 14–25, 1981.

[126]M. K. Seager und A. Greenbaum. *SLAP Version 2.0; The Sparse Linear Algebra Package*. Lawrence Livermore National Laboratory, Livermore, New York, 1988. included READ.ME.

[127]K. R. Shao und K. D. Zhou. The iterative Boundary Element Method for nonlinear electromagnetic field calculations. *IEEE Transactions on Magnetics*, 24(1):150–153, 1988.

[128]J. Shen und A. Kost. Accurate integrations in the Boundary Element Method for 2D-eddy currents. *COMPEL*, 11(1):41–44, 1992.

[129]J. Shen und A. Kost. Parallel computation of a linear 3-D eddy current problem with the Boundary Element Method. Technical Report Technical Report UTRC92-155089-1, UTRC, East Hartford, CT, USA, 1992.

[130]J. Shen, A. Kost und E. P. Gagnon. BEM formulation with $\vec{J}$ and $\vec{H}$ for 3-D eddy currents and its massively parallel implementation. *IEEE Transactions on Magnetics*, 1994. To appear.

[131]J. Shen, J. Yuan und A. Kost. Numerical integrations in the BEM formulation with E and H for 3-D eddy currents. *COMPEL*, 13:63–66, 1994.

[132]J. Shen. Computation of Linear and Nonlinear Eddy Currents with the Boundary Element Method. TU Berlin, 1994. Dissertation.

[133]D. N. Shenton und Z. J. Grieve. Three-Dimensional Finite Element Mesh Generation Using Delaunay Tesselation. *IEEE Transactions on Magnetics*, 21(5):2535–2538, September 1985.

[134]P. P. Silvester. High-Order Polynomial Triangular Finite Elements for Potential Problems. *International Journal on Engineering Science*, Seiten 849–861, 1969.

[135]P. P. Silvester und M. V. K. Chari. Finite Element solution of saturable magnetic field problems. *IEEE Trans. on PAS*, 89:1642–1651, 1970.

[136]J. Simkin und C. W. Trowbridge. On the Use of the Total Scalar Potential in the Numerical Solution of Field Problems in Electromagnetics. *International Journal for Numerical Methods in Engineering*, 14:423–440, 1979.

[137]W. R. Smythe. *Static and Dynamic Electricity*. International Series in Pure and Applied Physics. McGraw-Hill, New York, London, 1968.

[138]A. Sommerfeld. *Elektrodynamik*. Verlag Harry Deutsch, Thun, Frankfurt/Main, 1977.

[139]M. M. Stabrowski. A block equation solver for large unsymmetric linear equation systems with dense coefficioent matrices. *International Journal for Numerical Methods in Engineering*, 24(1):289–300, 1987.

[140] J. A. Stratton. *Elektromagnetic Theory*. International Series in Pure and Applied Physics. McGraw-Hill, New York, London, 1941.

[141] A. H. Stroud und O. Secrest. *Gaussian Quadrature Formulas*. Prentice-Hall, 1966.

[142] N. Takahashi, T. Nakata und H. Morishige. Summary of Results for Problem 20 (3-D Static Force Problem). In *Proceedings of Miami TEAM Workshop*, Seiten 85–91, 1993.

[143] R. E. Tarjan und C. J. van Wyk. An $O(n \log \log n)$-Time Algorithm for Triangulating a Simple Polygon. *SIAM J. Comput.*, 17(1):143–178, February 1988.

[144] J. C. F. Telles. A self adaptive co-ordinate transformation for efficient numerical evaluation of general boundary element integrals. *International Journal for Numerical Methods in Engineering*, 24:959–973, 1987.

[145] C. W. Trowbridge. *An introduction to computer aided electromagnetic analysis*. Vector Fields Ltd., 1990.

[146] H. Tsuboi. Eddy current calculation of the TEAM workshop problem 7 by Boundary Element Method. *COMPEL*, 9:209–211, 1990. Supplement A.

[147] H. Tsuboi, H. Tanaka und M. Fujita. Electromagnetic field analysis of the wire antenna in the presence of a dieclectric with 3-D shape. *IEEE Transactions on Magnetics*, 25(5):3602–3604, 1989.

[148] L. R. Turner, Hrsg. *Proceedings of the Vancouver TEAM Workshop*, July 1988.

[149] L. R. Turner. TEAM Workshops: Test Problems, April 1988.

[150] L. R. Turner, Hrsg. *Proceedings of the Toronto TEAM Workshop*, October 1990.

[151] M. Vix. Anwendung der Tschebyscheff-Approximation auf analytische Lösungsmethoden zur Feldberechnung. TU Berlin, 1990. Dissertation.

[152] S. Wakao und T. Onuki. Electomagnetic Field Computations by the Hybrid FE-BE Method Using Edge Elements. *IEEE Transactions on Magnetics*, 29, 1993.

[153] S. P. Walker und R. T. Fenner. Treatment of corners in BIE analysis of potential problems. *International Journal for Numerical Methods in Engineering*, 28:2569–2581, 1989.

[154] J. P. Webb. Edge Elements and What They can do for You. *IEEE Transactions on Magnetics*, 29(2):1460–1465, March 1993.

[155] T. Weiland. Die Diskretisierung der Maxwell-Gleichungen. *Phys. Bl.*, 42(7):191–201, 1986.

[156] A. Wexler. Finite element analysis of inhomogeneous anisotropic reluctance machine motor. *IEEE Trans. on PAS*, 92(1):145–149, 1973.

[157] M. Yixin, F. Mingwu und Y. Weili. Advanced Two Dimensional Automatic Triangular Mesh Generation for DE2D Interactive Software Package. *IEEE Transactions on Magnetics*, 24(1):318–321, January 1988.

[158] M. Yoshida, H. Igarashi und T. Honma. On the fundamental solution to helically symmetric MHD equilibrium problem. In *Boundary Element Methods – Current Research in Japan and China*, Seiten 41–48. Elsevier, 1993.

[159] J. Yuan und A. Kost. A three-component boundary element algorithm for 3D-eddy current calculation. *IEEE Transactions on Magnetics*, 1994. To appear.

[160] J. S. Yuan und C. J. Fitzsimmons. A Mesh Generator for Tetrahedral Elements Using Delaunay Triangulation. Technical report, Rutherford Appleton Laboratory, September 1992.

[161]O. C. Zienkiewicz und R. L. Taylor. *The Finite Element Method.* McGraw-Hill, London, 4. Auflage, 1991.

[162]O. C. Zienkiewicz und J. Z. Zhu. Adaptivity and Mesh Generation. *International Journal for Numerical Methods in Engineering*, 32:783–810, 1991.

Sachverzeichnis

Springer-Verlag und Umwelt

Als internationaler wissenschaftlicher Verlag sind wir uns unserer besonderen Verpflichtung der Umwelt gegenüber bewußt und beziehen umweltorientierte Grundsätze in Unternehmensentscheidungen mit ein.

Von unseren Geschäftspartnern (Druckereien, Papierfabriken, Verpakkungsherstellern usw.) verlangen wir, daß sie sowohl beim Herstellungsprozeß selbst als auch beim Einsatz der zur Verwendung kommenden Materialien ökologische Gesichtspunkte berücksichtigen.

Das für dieses Buch verwendete Papier ist aus chlorfrei bzw. chlorarm hergestelltem Zellstoff gefertigt und im pH-Wert neutral.

Druck: Mercedesdruck, Berlin
Verarbeitung: Buchbinderei Lüderitz & Bauer, Berlin